KB079925

아인슈타인이 말합니다

세기의 천재 아인슈타인이 남긴 말

알베르트 아인슈타인
앨리스 칼라프리스 지음
프리먼 다이슨 서문
김명남 옮김

에이도스

1600개의 보석 같은 말들로 그려낸 생생한 아인슈타인의 초상

어떤 인물을 책으로 아는 방법에는 여러 가지가 있다. 전기를 읽을 수도 있고, 자서전을 읽을 수도 있고, 그가 쓴 다른 책을 읽어볼 수도 있으며, 그가 학자라면 연구 업적을 해설한 책을 읽는 것도 방법이다. 그런데 이 책 『아인슈타인이 말합니다』는 좀 더 특별한 방법을 제안한다. 그 인물, 즉 아인슈타인이 쓰거나 이야기한 말들 중에서 일부를 발췌한 인용구 모음집으로 그를 읽는 방법이다. 이것은 말하자면 점묘법 같은 방법이다. 넓은 캔버스에 하나하나 독립된 점들이 무수히 찍혀 있는데, 조금 거리를 두고 바라보면 놀랍게도 그 점들의 조화로부터 서서히 큰 그림이 떠오르는 것이다.

이 책에 수록된 인용구는 1,600개에 약간 못 미친다. 각각의 문구는 하나만 떼어서 읽어도 뜻이 완벽하게 이해된다. 혹시라도 독자가 맥락을 파악하는 데 어려움이 있을까 봐 편찬자가 출처는 물론이요 그 말이 나왔던 맥락까지 소상하게 해설해 두었기 때문이다. 그러나 이 책의 진가는 낱낱의 그 1,600개의 점들로부터 하나의 커다란 그림, 아인슈타인이라는 인물의 초상이 홀연히 떠오른다는 데 있다. 이 책을 단순히 '아인슈타인 명언집'으로 부르고 싶지는 않은 이유이다.

게다가 그 초상은 다른 어떤 전기나 자서전이 그려낸 초상보다 더 입체적이고 생생하다. 그도 그럴 것이 이 책에 담긴 말들은 모두 아인슈타인이 직접 말한 육성이고, 더구나 그가 십대 때 쓴 글부터 76세로 사망하기 직전에 쓴 글까지 그의 평생을 아우르며, 그 내용도 친구와 연인에게 보낸 사적인 잡담부터 과학 논문이나 사회문제에 관한 성명까지 그의 삶의 여러 측면들을 모두 포괄하기 때문이다.

물론 전기와 자서전도 똑같은 일차 자료를 활용하여 씌어지지만, 전기에는 당연히 그것을 쓴 작가의 해석이 가미되는 법이고 자서전에는 그 글을 쓴 고정된 시점의 시각이라는 단일한 필터가 입혀지는 셈이다. 그에 비해 이 책에 묶인 무수한 말들은 시점도 맥락도 모두 중구난방이고 어떤 하나의 내러티브에도 억지로 끼워 맞춰지지 않았기 때문에, 칠십 평생을 살면서 끊임없이 자신의 견해를 업그레이드했던 아인슈타인, 모든 인간이 그렇듯이 서로 모순된 신념들도 품고 있었고 착한 면과 못된 면을 둘 다 갖고 있었으며 절친한 사람에게 하는 말과 공적인 자리에서 하는 말이 서로 달랐던 아인슈타인을 노골적으로 보여준다.

예를 들면, 대체로 누구에게나 친절했으면서도 이혼한 첫 부인에게는 더없이 냉혹한 말을 내뱉곤 했던 아인슈타인. 두 번째 부인과 무난한 결혼 생활을 영위하면서도 가끔 혼외 연애를 즐겼던 아인슈타인. 마리 퀴리나 에미 뇌터와 같은 뛰어난 여성 과학자들에게 진심에서 나온 찬탄을 바쳤으면서도 일반적으로 여성은 과학에 알맞지 않은 성정을 타고난다는 편견을 품었던 아인슈타인. 그러니까 사적인 고정관념과 시대의 한계로부터 자유롭지 않았던 아인슈타인이다.

그런가 하면 다른 전기적 사실들에 비해 널리 알려지지 않은 면모들도 여기에는 잘 드러나 있다. 아인슈타인이 미국 시민이 된 뒤 흑인에 대한 차별에 반대하는 시민권 운동에 적극 참여했던 사실, 이스라엘 국가 설립을 달성해낸 시오니즘 운동에 큰 도움을 주었지만 훗날 민족중심주의로 기우는 이스라엘의 모습에 환멸을 느꼈던 것, 동물을 깊이 사랑했던 것, 인간의 운명은 정해져 있고 자유의지란 망상에 가깝다는 결정론을 고수했던 것, 인생을 다시 살 수 있다면 학계의 경쟁과 실적 압박에 시달리지 않아도 되도록 과학은 취미로만 하겠다고 생각했던 것…….

육성을 모은 인용구로만 책 한 권을 채우는 이런 특별한 묘사는 아무에게나 적용할 수 있는 게 아니다. 우선은 그 인물에 관한 기록 자료가 많이 남아 있어야 하고, 나아가 그 자료가 꼼꼼하게 취합되고 정리되어 있어야 한다. 과학자 중 그 점에서 가장 만족스러운 대상은 아인슈타인과 찰스 다윈이 아닐까. 아인슈타인은 모든 기록물 유산이 예루살렘의 히브리 대학에 보관되어 있을뿐더러 말년의 비서였던 헬렌 두카스와 그의 뒤를 이은 아인슈타인 연구자들의 헌신적인 작업 덕분에 그 자료가 깔끔하게 정리되어 있다. 더구나 아인슈타인이 "손 닿는 것은 뭐든지 금으로 바꾸었다는 동화 속 남자처럼, 나를 둘러싼 모든 것은 신문의 야단법석으로 변합니다"라고 하소연했을 만큼, 그가 했던 말은 지나가듯이 한 실없는 말이든 농담이든 모조리 경청되고 기록되어 우리에게 남았다.

《타임》지가 20세기를 대표하는 단 한 명의 인물로 아인슈타인을 꼽은 데는 그럴 만한 이유가 있었다. 아인슈타인은 20세기 인류 지성사에서 가장 훌륭한 업적을 남긴 사람이었을 뿐 아니라 홀로코스트와 원자폭탄 투하로 대변되는 제2차 세계대전의 비극, 나아가 그 비극을 극복하기 위한 범인류 평화 운동의 상징으로도 꼽을 만한 인물이기 때문이다. 이 책을 편찬한 칼라프리스가 아인슈타인은 여러 면에서 현재의 우리에게도 의미 있는 인물이라고 말한 것은 그 때문이리라. 더구나 아인슈타인은 그 이름이 천재의 일반명사가 될 만큼 창조적인 정신을 지녔으면서도 자신을 대단하게 여기지 않고 늘 겸손하고 소박했다는 점에서 한 인간으로서도 대단히 매력적이다. 그런 그이기에 칼라프리스의 이 책이 십여 년 넘게 몇 번이고 개정판을 내면서 줄곧 독자들에게 사랑받았을 것이다.

이 책의 사소한 재미로 꼭 언급하지 않을 수 없는 것은 세상에 아인슈타인의 명언이라고 알려졌으나 실은 그가 말하지 않은 '거짓 명언'을 가려낼 수 있다는 점이다. 오죽하면 '아인슈타인이 했다는 말'이라는 장이 따로 있겠는가. 가령 "상식이란 열여덟 살까지 습득한 편견의 집합"이라는 말, "상대성이론보다 소득세 계산이 더 어렵다"는 말, "우리는 뇌의 10%만 쓴다"는 말 등은 아인슈타인의 명언이라고 널리 회자되지만 실은 그가 하지 않았던 말들이다. 그러나 이만큼 재치 있진 않을지언정 이보다 더 큰 영감을 주는 말들이 그 밖에도 잔뜩 들어 있으니, 전혀 실망할 것은 없다.

옮긴이 김명남

1930년대 초 베를린에서 알베르트 아인슈타인.
(P. & A. 포토스의 E. 치버 사진. 저자는 이 사진의 원판인
젤라틴 은판을 토드 요더로부터 선물받아 소장하고 있다.)

CONTENTS

서문

내가 무슨 자격으로 이 서문을 쓰는지 변명해보자면, 나는 지난 삼십 년간 프린스턴 대학 출판부의 친구 겸 자문으로서 '아인슈타인 문서 출간 사업'이라는 방대하고 까다로운 작업이 성사되도록 이것저것 도왔다. 이 책의 저자인 앨리스 칼라프리스는 바로 그 사업의 주역이었다. 출간 사업은 그동안 오랜 지연과 씁쓸한 논쟁을 겪었으나, 지금은 비로소 전속력으로 추진되면서 과학적으로나 역사적으로나 귀중한 자료가 가득 든 책을 착실히 펴내고 있다.

나는 아인슈타인을 한 다리 건너서 알았다. 그의 비서이자 기록물 관리인이었던 헬렌 두카스를 통해서였다. 헬렌은 어른에게나 아이에게나 똑같이 따스하고 너그러운 친구였다. 우리 아이들이 오랫동안 가장 좋아한 베이비시터이기도 했다. 헬렌은 아인슈타인 이야기를 들려주기를 좋아했는데, 늘 그의 유머 감각이 얼마나 뛰어났는지를, 그와는 다른 평범한 인간들의 마음을 동요시키는 여러 감정에 대해서 그가 얼마나 초연하고 평온했는지를 강조했다. 우리 아이들은 헬렌을 온화하고 쾌활하며 독일 억양을 쓰는 할머니로 기억한다. 그러나 헬렌에게는 완강한 면도 있었다. 헬렌은 아인슈타인이 살아 있을 때는 그의 프라이버시를 침해하려는 사람들을 쫓아내기 위해서 맹호처럼 싸웠고, 아인슈타인이 죽은 뒤에는 그가 남긴 은밀한 문서의 프라이버시를 지키기 위해서 맹호처럼 싸웠다. 헬렌은 오토 나탄과 함께 아인슈타인의 유언집행인이었다. 두 사람은 자신들의 허락 없이 아인슈타인의 문서를 출간하려는 사람이 나타나면 가차 없이 소송을 걸어 응징했다. 이따금 우리에게도 헬렌의 고요한 겉모습 아래에 숨어 있는 긴장이 느껴지곤 했다. 헬렌은 누구라고 이름을 밝히진 않았지만 자기 삶을 비참하게 만드는 사람들에 대해서 중얼중얼 험악한 말을 뱉고는 했다.

아인슈타인의 유언에 따라, 그가 남긴 문서를 비롯한 모든 기록물은 일단 오토 나탄과 헬렌이 관리하다가 두 사람이 적당한 때가 되었다고 판단하면 그때 예루살렘의 히브리 대학으로 옮겨서 영구 보관하기로 했다. 아인슈타인은 1955년에 죽었다. 이후 26년 동안 그의 기록물은 프린스턴 고등연구소에 길게 늘어선 서류함들 속에 보관되었다. 헬렌은 매일 그곳으로 출근해서 엄청나게 많은 편지를 처리하고 컬렉션에 추가할 새로운 문서를 수천 건 더 발굴했다.

1981년 12월 초에 오토 나탄과 헬렌은 둘 다 그럭저럭 건강해 보였다. 그러던 어느 날 밤, 연구소 사람들이 대부분 겨울 휴가를 떠났을 때, 갑작스레 이사가 벌어졌다. 비 내리는 컴컴한 밤이었다. 큰 트럭 한 대가 연구소 앞에 섰다. 단단히 무장한 경비원도 한 무리 있었다. 나는 우연히 그 앞을 지나다가 무슨 일인가 싶어서 지켜보았다. 시야에 들어온 구경꾼은 나 혼자뿐이었지만, 그 자리에 틀림없이 헬렌도 있었다는 사실을 나는 추호도 의심하지 않는다. 헬렌은 아마 연구소 꼭대기층 창문으로 내다보며 작전을 감독하고 있었을 것이다. 큼직한 궤짝 여러 개가 줄

줄이 나오기 시작했다. 궤짝들은 꼭대기층에서 엘리베이터로 내려진 뒤 활짝 열린 정문을 통과하여 트럭에 실렸다. 경비원들이 훌쩍 트럭에 올라타자 트럭은 어둠 속으로 사라졌다. 그리고 얼마 후, 기록물은 최후의 안식처인 예루살렘에 안착했다. 헬렌은 그 뒤에도 계속 연구소에 나와서 편지를 챙기고 기록물이 보관되어 있던 빈 자리를 정돈했다. 그러고는 두 달쯤 지났을까, 너무도 갑작스럽고 돌연하게 그녀는 죽었다. 헬렌이 자신의 죽음을 예감했던 것인지 아닌지, 우리로서는 알 수 없었다. 아무튼 헬렌은 자신이 떠나기 전에 사랑하는 기록물이 안전한 곳으로 가 있도록 용의주도하게 조치했던 것이다.

기록물 관리 책임이 히브리 대학으로 넘어가고 1987년 1월에 오토 나탄마저 죽자, 생전에 헬렌을 못살게 굴었던 유령들이 기다렸다는 듯 모습을 드러냈다. 그 몇 년 전에 아인슈타인 문서 출간 사업에 합류했던 과학사학자 로버트 슐먼은 아인슈타인과 첫 아내 밀레바 마리치가 20세기 초에 주고받았던 연애편지가 아직까지 비밀리에 보관되어 있을지 모른다는 정보를 스위스로부터 입수했다. 슐먼은 그 편지들이 밀레바가 남긴 문서 속에 보관되어 있을 것이라고 짐작했다. 밀레바가 남긴 모든 문서는 1948년에 밀레바가 스위스에서 죽은 뒤 그 며느리, 즉 아인슈타인의 큰아들 한스 알베르트의 첫 아내였던 프리다가 캘리포니아로 갖고 왔다. 현존하는 편지는 밀레바가 아인슈타인과 별거하기 시작한 1914년 이후에 씌어진 것밖에 없다는 답을 거듭 들었음에도, 슐먼은 그 말을 믿지 않았다. 마침내 슐먼은 아인슈타인의 손녀 에벌린을 1986년에 버클리에서 만났고, 두 사람은 함께 결정적인 단서를 찾아냈다. 프리다가 밀레바에 관해서 쓰다 만 미발표 원고에 비록 본문의 일부로 언급한 것은 아니지만 54통의 연애편지를 아주 직접적으로 언급한 메모들이 포함되어 있었던 것이다. 결론은 분명했다. 캘리포니아에 사는 밀레바의 상속인들을 대변하는 법인인 '아인슈타인 가족 서신 신탁'에서 관리하는 400여 통의 편지 중 그 편지들이 포함되어 있는 게 분명했다. 이전에는 오토 나탄과 헬렌 두카스가 프리다의 전기 출간을 막았기 때문에 가족 신탁은 연구자들에게 서신을 보여주지 않았다. 그래서 그 내용을 직접 아는 사람이 아무도 없었다. 그러나 이제 프리다의 메모가 발견되었고 기록물이 히브리 대학으로 넘어갔으니 다시금 서신 출간을 추진해볼 기회가 열린 셈이었다.

1986년 봄, 당시 기록물 출간을 책임졌던 편집자 존 스타첼과 히브리 대학의 레우벤 야론은 꽉 막힌 상태를 푸는 데 성공했다. 가족 신탁과 협상해보기로 이야기가 되었던 것이다. 그들의 목표는 출간 사업 팀과 히브리 대학이 관리하는 편지들의 복사본을 얻는 것이었다. 결정적인 만남은 물리학자의 맏손자이자 가족 신탁의 관리인인 토머스 아인슈타인이 사는 캘리포니아에서 이루어졌다. 협상자들은 그 청년이 테니스용 반바지를 입고 나타난 모습에 대번 긴장이 풀렸고, 양측은 금세 우호적인 합의에 도달했다. 그리하여 그 은밀한 편지들이 대중에 공개되었다. 아인슈타인이 밀레바에게 보낸 편지들은 인간의 정상적인 감정과 약점으로부터 면제된 인물이 아니라 있는 그대로의 아인슈타인을 보여준다. 다정하고 장난스러운 사랑으로 시작했으나 결국 가혹하고 냉정한 거절로 마감하고 만 실패한 결혼의 슬픈 옛 이야기를 들려주는 그 편지들은 통렬한 문장의 걸작들이다.

헬렌은 직접 기록물을 관리하는 동안 “체텔케스트헨(작은 상자)”이라고 부르는 나무 상자를 늘 곁에 두었다. 그 상자는 토막 정보를 담아두는 곳이었다. 헬렌은 일하다가 아인슈타인이 했던 말 중 놀랍거나 매력적인 것을 발견하면 그것을 따로 타이핑해서 상자에 집어넣었다. 내가 사무실을 찾아가면 헬렌은 최근에 상자에 집어넣은 글귀를 내게 보여주곤 했다. 그 상자의 내용물은 결국 1979년에 헬렌과 바네시 호프먼이 함께 엮어낸 아인슈타인 명언집, 『알베르트 아인슈타인의 인간적인 면』의 골자가 되었다. 그 책에는 헬렌이 세상 사람들에게 보여주고 싶어 했던 아인슈타인의 모습이 담겨 있다. 전설의 아인슈타인, 어린 학생들과 고학생들의 친구인 아인슈타인, 약간 비꼬듯이 말하는 철학자 아인슈타인, 어떤 격렬한 감정도 비극적 실수도 겪지 않은 아인슈타인. 그 책에서 헬렌이 묘사한 아인슈타인을 이 책에서 앨리스 칼라프리스가 묘사한 아인슈타인과 비교해보면 재미있다. 앨리스는 오래된 문서와 새로운 문서를 가리지 않고 인용문을 취합했다. 아인슈타인의 성격에서 어두운 측면을 구태여 부각하진 않았지만 굳이 숨기지도 않았다. 예컨대 ‘가족에 관하여’라는 짧은 장에는 그의 어두운 면모가 여실히 드러나 있다.

이 선집에 서문을 쓰면서, 나는 내가 배신을 저지르고 있는 건 아닐까 하는 의문을 마주하지 않을 수 없었다. 헬렌은 아인슈타인이 밀레바와 두 번째 아내 엘자에게 보냈던 사적인 편지를 출간한다는 사실에 틀림없이 심하게 반대했을 것이다. 자신이 꺼렸던 그 편지들에서 발췌한 내용이 많이 포함된 이 책에 내 이름이 붙은 걸 보았다면, 헬렌은 내게 배신당했다고 느꼈을 것이다. 나는 헬렌이 신뢰하는 친구였다. 그러니 나로서도 헬렌의 자명한 바람을 거스르는 것은 쉽지 않은 일이다. 설령 지금 내가 헬렌을 배신하는 꼴일지라도, 내가 가벼운 마음으로 그러는 것은 절대 아니다. 결론적으로, 나는 헬렌이 많은 미덕을 지닌 사람이었음에도 불구하고 아인슈타인의 참모습을 세상 사람들에게 숨기려고 애썼던 것만큼은 대단히 잘못된 일이었다고 생각함으로써 내 양심을 달랜다.

헬렌이 살아 있을 때도 나는 이 문제에 관해서 그녀의 의견에 동의하는 척하지 않았다. 헬렌이 아인슈타인에 대해서 느끼는 의무감은 누구도 바꿀 수 없다는 것을 알았기 때문에 섣불리 그녀의 마음을 돌리려고 시도하진 않았지만, 소송까지 동원해서 아인슈타인의 문서 출간을 저지하는 것은 결코 좋아 보이지 않는다는 내 견해를 헬렌에게 똑똑히 밝혔다. 나는 헬렌을 한 인간으로서 더없이 사랑하고 존경했지만, 헬렌의 검열 정책을 나 또한 지지하겠다고 약속한 적은 없었다. 나는 그저 바랄 뿐이다. 만일 헬렌이 살아 있었다면, 그래서 아인슈타인의 은밀한 편지가 공개되었다고 해서 그에 대한 사람들의 감탄과 존경이 줄진 않았다는 사실을 자기 눈으로 확인했다면, 그녀도 나를 용서해주었을 것이라고. 아마 틀림없이 그랬으리라고 믿는다.

아인슈타인의 은밀한 편지를 공개한 것이 헬렌 두카스에 대한 배신이기는 할지언정 아인슈타인에 대한 배신은 아니라는 것은 이제 분명한 사실인 듯하다. 다양한 자료에서 가져온 말들을 모은 이 책은 온전하고 총체적인 한 인간으로서 아인슈타인을 보여준다. 이 아인슈타인은 헬렌의 책에 묘사된 유순한 철학자보다 더 대단하고 놀라운 인물이다. 우리가 아인슈타인의 삶에 어두운 면이 있었다는 것을 알게 되면, 그가 과학과 사회 문제에서 거둔 업적이 더욱 기적처럼 느껴질 따름이다. 이 책은 그의 본모습을 보여준다. 초인적인 천재가 아니라 인간적인 천재인 그를, 인간이기 때문에 더더욱 위대한 그를.

몇 년 전, 운 좋게도 우주론학자 스티븐 호킹과 함께 도쿄에서 강연할 기회가 있었다. 휠체어에 앉은 호킹과 함께 도쿄 거리를 거니는 것은 근사한 경험이었다. 마치 예수 그리스도와 함께 갈릴리를 거니는 것 같았다. 가는 곳마다 일본 사람들이 묵묵히 우리를 뒤따르면서 팔을 뻗어 호킹의 휠체어를 만졌다. 호킹은 태연하고 기분 좋게 그 광경을 즐겼다. 그때 내 머릿속에는 아인슈타인의 1922년 일본 방문에 관한 글이 떠올랐다. 당시 일본 사람들은 70년 후에 호킹의 뒤를 쫓았던 것처럼 아인슈타인의 뒤를 쫓았고, 현재 호킹을 공경하는 것처럼 아인슈타인을 공경했다. 일본 사람들은 늘 영웅을 고르는 데 있어서 탁월한 취향을 보여주었다. 그들은 문화와 언어의 장벽을 넘어, 멀리서 찾아온 이 두 손님에게는 어딘가 성스러운 자질이 있다는 사실을 감지했다. 아인슈타인과 호킹이 위대한 과학자일 뿐 아니라 위대한 인간이라는 사실을 그들은 어쩐 일인지 제대로 이해했다. 이 책은 그 이유를 설명하는 데 도움이 될 것이다.

프리먼 다이슨

미국 뉴저지 주 프린스턴 고등과학연구소

1996년, 2000년, 2005년, 2010년

1921년 빈에서 강의하는 아인슈타인.

최종판에 관한 (긴) 메모

내가 1996년에 출간된 이 책의 초판을 위해서 의식적으로 정보를 모으기 시작했던 것이 벌써 15년 전 일이다. 사실은 그 전부터, 그러니까 내가 프린스턴 고등연구소의 아인슈타인 문서 정리 작업에 참가한 1978년부터 비공식적으로 수집은 해오고 있었다. 지난 그 세월은 내 삶을 아주 풍요롭게 만들어주었다. 출판계에서 상대편이 된다는 게 어떤 것인지를, 즉 편집자가 아니라 저자가 된다는 게, 서점의 독자들과 친구들에게 사인을 해주는 게, 서평을 접하고 인터뷰를 당하는 게 어떤 것인지를 알게 되었기 때문이다. 그중에서도 2005년은 특히 흥분된 순간이었다. 아인슈타인의 특수상대성이론 탄생 100주기이자 그의 사망 50주기였던 그해에 나는 아인슈타인의 여러 과학자 동료들과 함께 수많은 국제, 국내, 지역, 언론 행사에 참석했다. 모두가 학수고대했던 프린스턴의 아인슈타인 동상 제막도 그해에 이루어졌다.

그러나 이제 내가 이 작업에서 손을 놓고 마무리할 때가 되었다. 이 작업은 시작부터 지금까지 늘 현재 진행형이었다. 늘 변하지만 (내가 바라기로는) 그래도 계속 나아지는 내 정원과도 좀 닮았다. 4판인 이 최종판은 내가 편집하는 마지막 판일 것이다. 항목을 좀 더 추가할 뿐 아니라 여러 대목을 바로잡고 뜻을 좀 더 명확하게 밝힐 기회를 마지막으로 얻을 수 있어서 고맙다. 어쩌면 몇 년 뒤에 다른 적극적인 편집자가 나타나서 이 작업을 잇겠다고 나설지도 모른다. 아인슈타인이 남긴 방대한 아카이브는 보석 같은 문구를 끝도 없이 파낼 수 있는 바닥 모를 채굴장 같으니까 말이다.

나는 이번 최종판에 세 개의 장을 추가했다. 그러나 두께를 더 늘리기는 싫었기 때문에 이전 판들의 권두와 권말에 수록되었던 부속 자료는 대부분 삭제했다. 그 '잉여' 자료가 궁금한 독자는 이전 판들을 찾아보기 바란다. 내용은 다음과 같다. 좀 더 길게 정리한 아인슈타인 연대기, 아인슈타인의 가계도, 아인슈타인에 관한 흔한 질문들에 대한 대답, FBI의 아인슈타인 파일 발췌문, 아인슈타인이 루스벨트 대통령에게 독일의 원자폭탄 제조 가능성을 경고했던 유명한 편지, 요한나 판토바가 말년의 아인슈타인과 나눈 대화를 기록한 글, 헬렌 두카스가 아인슈타인의 말년을 기록한 글, 아인슈타인이 지그문트 프로이트에게 보낸 편지 중 『왜 전쟁인가?』에 실렸던 글, 그리고 내가 이 작업에 관여하게 된 계기를 약간 설명했던 옛 서문들.

그 대신 독자가 이번 최종판에서 새롭게 즐기기를 바라는 내용은 다음과 같다. 아이들에 관한 글을 묶은 '아이들에 관하여, 혹은 아이들에게' 장에는 아인슈타인의 두 아들에 관한 내용도 포함되었다. '인종과 편견에 관하여'를 별도의 장으로 묶은 것은 프레드 제롬과 로저 테일러의 『인종과 인종차별에 관한 아인슈타인의 견해』가 출간됨으로써 새로운 자료가 더 많이 밝혀졌기 때문이다. 아인슈타인이 쓴 운문, 리머릭, 시 중에서도 몇 편을 모아보았다. 아카이브에 있는 오백 편 남짓의 글 중에서 고른 이 작품들은 원래는 모두 독일어로 씌어졌다. 나는 또 정치와 유대인에 관한 주제를 다룬 장들을 제법 더 확장하고 조정했다. 여기에는 데이비드 로와 로버트 슐먼이 아인슈타인의 정치, 사회, 휴머니즘 관련 글을 모아서 엮은 귀중하고 종합적인 저작, 『정치에 관한 아인슈타인의 견해: 국가주의, 시오니즘, 전쟁, 평화, 핵폭탄에 관한 그의 사적이고 공적인 견해』가 상당한 도움이 되었다. 셸리 프리슈가 영어로 꼼꼼하게 번역한 위르겐 네페의 전기 『아인슈타인』, 프레드 제롬의 『이스라엘과 시오니즘에 관한 아인슈타인의 견해』, 월터 아이작슨의 『아인슈타인』도 귀중한 자료였다. 또한 『아인슈타인 문서집』 10~12권이 출간되었기 때문에 일차 자료도 좀 더 활용할 수 있었다. 덕분에 나는 이번 판에 약 400개 항목을 추가할 수 있었고, 책에 실린 문구는 총 1,600여 편이 되었다. 새로 추가한 항목 앞에는 별표(*)를 붙여두었다.

나는 아인슈타인에 대한 자료를 꾸준히 찾아 읽으면서, 그의 독일어 원문을 영어로 번역한 글들이 여러 버전으로 계속 늘어나고 있다는 걸 알게 되었다. 예를 들어 『사상과 견해』나 나탄과 노던의 『평화에 관한 아인슈타인의 견해』에 재수록된 글들은 애초에 그 글이 《포럼 앤드 센추리》나 《뉴욕 타임스 매거진》에 발표되었을 때의 번역을 그대로 가져다 쓴 게 아니라 그 책이나 다른 선집이나(예컨대 다양한 자료에서 짧은 문구를 추려서 표현을 살짝살짝 바꿔 실은 듯한 『우주적 종교』 같은 선집) 이후에 나온 많은 전기에 싣기 위해서 새로 번역한 것이다. 그동안 『사상과 견해』는 믿을 만한 자료로 널리 인용되었기 때문에, 많은 사람이 그렇다면 대체 아인슈타인이 실제로 말한 내용은 무엇이었을까 하고 혼란스러워한 것도 당연한 일이다. 어쩌면 아인슈타인 자신이 말년이 되어 과거에 자신이 했던 말이 더 이상 마음에 맞지 않는다고 느낀 나머지 예전에 발표된 글을 수정해달라고 요청했을 수도 있다. 그러니 여러분이 이 책을 인용할 때는, 최소한 학자들이라면, 가급적 원래 언어로 쓰인 원래 자료를 찾아보고 여러 번역문들의 발표 시점과 출처를 밝히기를 권한다.

지금으로부터 200년도 더 전에 옥스퍼드 모들린 칼리지의 학장이었던 조지프 라우스에게 누군가 야심 찬 청년들이 인생 수칙으로 삼을 만한 조언을 들려달라고 청했다. 라우스는 이렇게 경고했다. "늘 출처를 확인하는 습관을 들이는 게 아주 좋을 겁니다!" 인정하건대, 나는 이전 판들에서 이 현명한 조언을 꼬박꼬박 따르지는 못했다. 아인슈타인의 방대한 문헌에 철저히 익숙하지 않았던 데다가 내가 찾은 출처가 일반 독자에게는 충분히 믿을 만한 수준일 것이라고 믿었기 때문이다. 그리고 나는 이 책이 엄밀한 의미에서 학술적인 책은 아니라는 주의도 곁들였다. 그래도 나는 책에 실린 모든 문구들의 요지만큼은 정확했다고 자신한다. 소수의 예외는 있었지만 1,600여 개 항목을 다루면서 그 정도라면 그렇게 나쁜 수준은 아니다. 아무래도 출처를 확인할 수 없는 의심스러운 문구들은 이번에 삭제하거나 '아인슈타인이 했다고 하는 말' 장으로 옮겼다. 따라서 이 4판의 인용문과 출처는 앞선 판들의 내용을 완전히 대체한다.

또한 우리가 명심해야 할 점은, 원래 어딘가에 인터뷰로 발표되었던 글은 그 내용을 약간 가감하고 들어야 한다는 점이다. 그것은 질문자의 시각으로 한 번 걸러낸 내용이고 그 글이 공개되기 전에 아인슈타인에게 미리 검토할 기회가 늘 있었던 건 아니기 때문이다. 다른 사람의 회상, 대화 기록, 회고록, 그리고 아니타 엘레르스의 『사랑하는 헤르츠!』처럼 여기저기에서 수집한 일화들을 짜깁은 가벼운 책에 대해서도 마찬가지다. 나는 새로 찾은 번역문이 이전 판에 실었던 번역문보다 더 낫다고 판단한 소수의 경우에는 번역을 살짝 수정했다. 몇몇 주석에 설명을 좀 더 달기도 했다.

지금까지 출간된 『아인슈타인 문서집』(출간 작업은 아직 진행 중이다)에 포함된 문구인 경우에는 문서집의 해당 권 번호와 문서 번호를 밝혔다. 이 정보가 있다면 여러분도 누구든 해당 책을 들춰서 이야기의 맥락을 더 자세히 알아볼 수 있다. 로와 슐먼의 『정치에 관한 아인슈타인의 견해』에 재수록된 글들, 프레드 제롬의 여러 책에 재수록된 글들도 역시 믿을 만한 출처이다. 아직 출간되지 않은 문서, 특히 편지의 경우에는 가능한 한 아카이브 번호를 덧붙였다. '아인슈타인 아카이브'나 '아인슈타인 문서 출간 사업' 데이터베이스에 접근할 수 있는 학자들에게는 도움이 될 것이다.

이전 판을 읽었던 독자라면 원래 '아인슈타인이 했다는 말' 장에 수록되어 있던 항목 중 다수가 이제 다른 장에 수록되어 있는 것을 알아차릴지도 모르겠다. 하지만 그 외의 유명한 몇몇 문구들은 여전히 출처를 찾을 수 없었다. 아마도 그중 상당수는 누군가 아인슈타인의 견해를 변형된 문장으로 표현했거나 일반화한 표현일 것이다. 그러나 말짱 가짜로 지어낸 말임에도 불구하고 아인슈타인의 이름을 빌려 자기 주장을 선전하려는 사람들이 계속 부정직하게 사용하고 있는 말도 많다.

아인슈타인의 유머 감각에 대해서도 한 마디 짚고 넘어가는 게 좋겠다. 왜냐하면 유머란 늘 제대로 번역된다고 보장할 수 없는 것이기 때문이다. 아인슈타인의 신랄한 발언 중 비록 전부는 아닐지언정 일부는 그저 웃자고 떤 익살이었거나 눈을 찡긋하면서 한 말이었을지도 모른다. 우리가 다들 그러듯이, 아인슈타인도 자기가 했던 말 중에서 일부는 훗날 후회했을지도 모른다. 여러분은 아인슈타인을 알면 알수록 그의 유머도 더 잘 이해하게 될 것이다. 역시 우리들 대부분이 그러는 것처럼, 그가 나이가 들어가면서 여러 주제에 관한 의견을 바꾸었다는 사실도 알게 될 것이다. 그러니 어떤 말을 읽든, 그것은 아인슈타인이 그 말을 했던 시점에 느꼈던 내용일 뿐 이후에도 그가 계속 그렇게 느꼈다는 보장은 없음을 명심하자. 그런 모순은 아인슈타인이 한결같이 완고하고 편협했던 사람은 아니었다는 것을 보여준다. 그가 상황에 따라 필요하다고 느낀 새로운 사상과 생각에 열려 있었다는 것을, 그러면서도 언제까지나 휴머니즘의 기본 가치에 충실하려고 노력했다는 것을 보여준다. 반면에 과학적인 문제에 관해서는 견해가 좀 더 견고한 편이었다.

아인슈타인은 지금은 물론이거니와 앞으로도 영원히 전 세계 과학자들과 평범한 찬미자들 양쪽 모두를 매료시킬 것이다. 그는 허물없고 상냥하고 겸손한 이미지를 통해서 모종의 카리스마를 내뿜었다. 사회학자 막스 베버는 그것을 가리켜 "개성의 어떤 특질, 바로 그것 덕분에 보통 사람들과는 구별되고 마치 초자연적인, 초인적인, 최소한 대단히 특출한 힘이나 특징을 부여받은 사람인 것처럼 여기게끔 만드는 요소"라고 묘사했다. 그러나 이 책에서 여러분은 아인슈타인도 결국 더없이 인간적인 사람이었다는 사실을, 그리고 대개의 측면에서 그는 오늘날에도 여전히 중요한 사람이라는 사실을 새삼 깨달을 것이다.

최종판이 출간될 수 있도록 관심과 배려로 도와준 프린스턴 대학 출판부의 담당 편집자 잉그리드 널리치, 제작 과정까지 효율적으로 이끌어준 제작 담당 편집자 새러 러너, 예리한 교열자 캐런 베르데에게 고맙다. 이전 판들을 제작해주었던 프린스턴 대학 출판부의 옛 동료들에게도 고맙고, 따뜻하고 너그러운 편지와 함께 내가 미처 알지 못했던 새 문구나 편지 사본을 보내준 많은 독자에게도 고맙다. 예루살렘 아인슈타인 아카이브에서 일하는 바버라 울프는 틀린 곳을 바로잡아주고 새 출처를 알려주고 내가 잘 몰랐던 세부 사항을 알려줌으로써 특별히 기여했다. 좀 더 나은 책이 되도록 도와준 그녀에게 깊이 감사한다. 칼텍에서 아인슈타인 문서 출간 사업을 담당하고 있는 편집자 오시크 모지스는 늘 누구보다도 많이 도와주었고 내 질문에 효율적이면서도 신속하게 답해주었으며, 다이애나 부흐발트는 내가 그곳 자료를 활용할 수 있도록 너그럽게 허락해주었다. 로버트 슐먼은 늘 그랬던 것처럼 중요한 질문들에 답해주었다. 그 밖에도 많은 친구가, 특히 패트릭 르윈이 작업을 격려하고 관심을 가져주었다. 멋진 서문을 써준 프리먼 다이슨에게도 다시 한 번 감사를 전한다. 다이슨은 자신의 글을 두어 군데 사소하게 수정하는 것도 허락해주었다. 이 마지막 판본이 모든 독자들에게 쓸모가 있기를 바란다.

캘리포니아 주 클레어몬트에서

앨리스 칼라프리스

2010년 1월

1932년 베를린에서 아인슈타인.
(예루살렘 히브리 대학의 알베르트 아인슈타인 아카이브 제공)

간략한 연대표

1879년 3월 14일, 독일 울름에서 알베르트 아인슈타인이 태어났다.

1880년 가족이 뮌헨으로 이사했다.

1881년 11월 18일, 여동생 마야가 태어났다.

1885년 가을에 학교에 들어갔고 바이올린 수업을 받기 시작했다.

1894년 가족이 이탈리아로 이사했으나 알베르트는 학업을 마치기 위해서 뮌헨에 남았다. 연말에 학교를 그만두고 이탈리아의 가족에게로 갔다.

1895년 스위스 아라우의 아르가우 주립 학교에 들어갔다.

1896년 독일 시민권을 포기했다. 학교를 졸업한 뒤 10월 말에 취리히로 옮겨 스위스연방공과대학에 들어갔다(이 학교는 당시에는 '폴리'라고 불렸고 나중에 'ETH'로 이름을 바꾸었다).

1900년 스위스연방공과대학을 졸업했다. 동급생 밀레바 마리치와 결혼하겠다고 선언했다.

1901년 스위스 국민이 되었다. 가정교사 일을 하면서 일자리를 찾아보았다. 취리히 대학에서 박사 과정을 밟기 시작했다.

1902년 아마도 1월에 밀레바가 두 사람의 사생아인 딸 리제를을 낳았다. 6월에 베른 특허청의 기술 전문가로 임명되었다.

1903년 1월 6일, 베른에서 밀레바와 결혼하고 정착했다. 리제를은 다른 집에 입양되었거나 죽었을지도 모른다. 이해 9월 이후로는 그 아이에 대한 언급을 찾아볼 수 없기 때문이다.

1904년 5월 14일, 아들 한스 알베르트가 베른에서 태어났다.

1905년 아인슈타인이 놀라운 논문들을 쏟아낸 '기적의 해'.

1906년 1월 15일, 취리히 대학에서 박사 학위를 받았다.

1908년 2월, 베른 대학 강사가 되었다.

1909년 취리히 대학의 물리 교수로 특별 채용되었다.

1910년 7월 28일, 둘째 아들 에두아르트가 태어났다.

1911년 프라하로 가서 일 년 동안 가르쳤다.

1912년 사촌인 이혼녀 엘자 뢰벤탈과 재회하여 연인 사이로 발전했다. 그의 결혼도 와해되는 중이었다. 스위스연방공과대학(현재의 ETH)의 이론 물리학 교수 자리를 받아들였다.

1913년 9월, 아들 한스 알베르트와 에두아르트가 엄마 밀레바의 고향인 헝가리 노비사드(훗날 유고슬라비아에 포함되었고 지금은 세르비아에 해당하는 지역이다) 근처의 정교회에서 세례를 받았다. 아인슈타인은 사촌 엘자가 사는 베를린의 교수직 제안을 받아들였다.

1914년 4월, 새 직장에 나가기 위해서 베를린으로 옮겼다. 밀레바와 두 아이도 따라 옮겼지만 아인슈타인이 결혼을 끝내기를 원했기 때문에 그들은 7월에 취리히로 돌아갔다.

1916년 《물리학 저널》에 논문 '일반상대성원리의 기원'을 발표했다.

1917년 10월 1일, 베를린의 카이저 빌헬름 물리학 연구소 소장직을 시작했다.

1919년 2월 14일, 마침내 밀레바와 이혼했다. 5월 29일, 아서 에딩턴 경이 개기일식 중 빛이 휘는 현상을 실험적으로 측정함으로써 아인슈타인의 예측이 옳다는 것을 확인했고 덕분에 아인슈타인은 유명 인사로 이름을 떨치기 시작했다. 6월 2일, 엘자와 결혼했다. 엘자에게는 이전 결혼에서 얻은 두 딸 일제(22세)와 마르고트(20세)가 있었다.

1920년 독일 사람들이 반유대주의와 반상대성이론 정서를 눈에 띄게 드러내기 시작했지만 아인슈타인은 계속 독일에 충실했다. 평화주의 운동, 자기 나름의 시오니즘을 비롯하여 과학계 외부의 관심사에 관여하기 시작했다.

1921년 4, 5월에 미국을 처음 여행했다. 하임 바이츠만과 동행한 여행의 목적은 예루살렘에 히브리 대학을 세울 자금을 모금하는 것이었다. 프린스턴 대학에서 상대성이론을 주제로 네 차례 강연했다.

1922년 10월에서 12월까지 동아시아를 여행했다. 11월에 상하이에 있을 때 자신이 1921년 노벨 물리학상 수상자로 결정되었다는 소식을 들었다.

1923년 팔레스타인과 스페인을 방문했다.

1925년 남아메리카를 여행했다. 징병제에 반대하는 성명에 간디와 연대 서명했다. 열렬한 평화주의자가 되었다.

1928년 4월에 헬렌 두카스를 비서로 고용했다. 두카스는 아인슈타인의 남은 평생 그의 비서로 일했고 그의 살림도 도맡아 건사했다.

1930년 12월에 뉴욕과 쿠바를 방문한 뒤(1931년 3월까지) 패서디나의 캘리포니아 공대(칼텍)에 머물렀다.

1931년 5월에 옥스퍼드를 방문하여 로즈 강연을 했다. 12월에 다시 패서디나로 갔다.

1932년 1월에서 3월까지 칼텍에 있다가 베를린으로 돌아왔다. 12월에 또 한 번 미국을 여행했다.

1933년 1월에 나치가 독일의 실권으로 부상했다. 아인슈타인은 독일 시민권을 포기했고(스위스 시민권은 유지했다) 두 번 다시 독일로 돌아가지 않았다. 대신 엘자와 함께 미국에서 벨기에로 가서 르코크쉬르메르에서 임시로 머물렀다. 6월에 옥스퍼드로 가서 허버트 스펜서 강연을 한 뒤 스위스로 건너가서 정신병원에 입원해 있던 아들 에두아르트를 마지막으로 만났다. 10월 초 유럽을 떠나 미국 뉴저지 주 프린스턴으로 와서 고등연구소 교수가 되었다.

1936년 12월 20일, 엘자가 심장과 콩팥 질환으로 오래 투병한 끝에 죽었다.

1939년 8월 2일, 루스벨트 대통령에게 보낸 유명한 편지에 서명했다. 핵에너지의 군사적 의미를 일깨운 그 편지는 결국 맨해튼 프로젝트로 이어졌다.

1940년 미국 시민권을 땄다.

1945년 프린스턴고등연구소 교수진에서 공식적으로 은퇴했다.

1948년 8월 4일, 밀레바가 취리히에서 죽었다.

1950년 3월 18일, 최종 유언장에 서명했다. 그가 남긴 문서들은 신탁관리인들이 적당하다고 결정한 시점에 예루살렘 히브리대학에 전달하기로 정해두었다.

1952년 이스라엘 대통령직을 제안받았으나 거절했다.

1955년 4월 11일, 마지막으로 편지에 서명했다. 버트런드 러셀에게 보낸 편지는 세계 각국에 핵무기 포기를 촉구하는 공동성명서에 서명하겠다고 동의하는 내용이었다. 4월 13일, 동맥류가 파열되었다. 4월 15일, 프린스턴 병원에 입원했다. 4월 18일 새벽 1시 15분, 알베르트 아인슈타인은 복부대동맥의 동맥경화성 동맥류 파열로 사망했다.

1장

아인슈타인 자신에 관하여

초상화를 그리기 위해서 화가에게 자세를 취한 '모델'.

⊠

행복한 사람은 현재에 만족하기 때문에 미래를 많이 생각하지 않는다.

17세에(1896년 9월 18일) 학교에서 '나의 미래 계획'이라는 제목으로 쓴 프랑스어 작문 중. *CPAE*, Vol. 1, Doc. 22

활발한 지적 작업과 신이 만든 자연에 대한 연구는 내게 위안, 힘, 불굴의 단호함을 주어 삶의 어려움을 헤쳐 나가도록 이끄는 나의 천사들입니다.

여자 친구 마리의 어머니 파울리네 빈텔러에게, 1897년 5월(?). *CPAE*, Vol. 1, Doc. 34

* 나는 정신이 맑을 때면 내가 꼭 위험을 외면하려고 사막 모래에 머리를 처박은 타조처럼 느껴집니다. 혼자만의 작은 세상을 만들고서는 …… 스스로를 기적적으로 위대하고 중요한 사람처럼 느끼는 겁니다. 자기가 판 땅굴에 들어앉은 두더지처럼.

상동

* 나는 그런 인간을 개인적으로 겪어 봐서 알아. 내가 바로 그런 사람이거든. 그들에게 너무 많은 걸 기대해선 안 돼. …… 우리 같은 사람은 오늘은 부루퉁했다가 내일은 쾌활해지고, 내일이 지나면 냉정해졌다가, 또 다

시 인생에 짜증과 염증을 느끼지. 충실하지 못하고 감사할 줄 모르고 이기적인 건 말할 것도 없고.

친구 율리아 니글리에게, 1899년 8월 6일경. 나이 많은 남자와의 관계에 대해서 의견을 묻는 편지에 답하며. *CPAE*, Vol. 1, Doc. 51

우리 미래를 다음과 같이 결정했어. 나는 당장 일자리를 찾아볼 거야. 아무리 보잘것없는 일이라도 좋아. 과학자로서의 목표와 개인적인 허영 때문에 변변찮은 자리를 거절하진 않을 거야.

미래의 아내 밀레바 마리치에게, 첫 직장을 잡는 데 어려움을 겪고 있던 1901년 7월 7일경. *CPAE*, Vol. 1, Doc. 114

이른바 "위대한 시대"를 살아가고 있는 요즈음, 저렇듯 미치고 타락했으며 자신의 자유의지를 한껏 자랑스러워하는 종족에 나 또한 속한다는 사실을 받아들이기가 어렵습니다. 현명하고 선한 자들만 사는 섬이 어딘가 존재한다면 얼마나 좋을지! 그런 곳에서는 나 또한 열렬한 애국자가 될 텐데!

파울 에렌페스트에게, 1914년 12월 초. *CPAE*, Vol. 8, Doc. 39

나를 안됐다고 생각할 건 없습니다. 겉으로는 끔찍해 보이겠지만 사실 내 삶은 아주 조화롭게 굴러가고 있습니다. 나는 사색에 빠져 있습니다. 지금 나는 망망한 지평선에 매료되어 멀리 내다보는 사람, 뭔가 불투명한 물체가 시야를 가로막을 때만 눈앞으로 시선을 돌리는 사람과 같습니다.

헬레네 사비치에게, 가족과 헤어진 뒤인 1916년 9월 8일. Popovic, ed., *In Albert's Shadow*, 110. *CPAE*, Vol. 8, Doc. 258

나는 언어로 생각하는 경우가 거의 없습니다. 어떤 생각이 먼저 떠오르고, 경우에 따라 나중에 그것을 언어로 표현하려고 애쓸 뿐입니다.

심리학자 막스 베르트하이머와 1916년 나눈 대화에서. Wertheimer, *Productive Thinking* (New York: Harper, 1945), 184쪽 주석.

인간관계란 무릇 변하는 법임을 알게 되었고, 나 자신을 너무 뜨겁지도 차갑지도 않게 잘 보호해서 온도를 일정하게 유지하는 방법을 익혔습니다.

하인리히 창거에게, 1917년 3월 10일. *CPAE*, Vol. 8, Doc. 309

나는 혈통으로는 유대인이고 국적으로는 스위스인이며 기질상으로는 인간입니다. 어떤 나라와 조직에도 특별한 애착을 갖지 않은 한 인간일 뿐입니다.

아돌프 크네저에게, 1918년 6월 7일. *CPAE*, Vol. 8, Doc. 560

원래 나는 엔지니어가 될까 했지만, 가증스러운 금전적 소득을 목표로 삼아서 현실의 일상을 좀 더 세련되게 만드는 일에 창조성을 쏟는다는 것은 생각만 해도 견딜 수 없었습니다.

하인리히 창거에게, 1918년 8월경. *CPAE*, Vol. 8, Doc. 597

내게는 그런 정서가 없습니다. 모든 사람들에 대한 의무감과 나와 가까운 사람들에 대한 애착이 있을 뿐입니다.

하인리히 창거에게, 자신은 가령 물리학자 막스 플랑크가 독일에 느끼는 것처럼 특정 장소에 애착을 느끼진 않는다고 말하면서, 1919년 6월 1일. *CPAE*, Vol. 9, Doc. 52

나도 [학교 다닐 때] 역사에 별로 취미가 없었단다. 하지만 주제 자체가 문제였다기보다는 교습 방식에 문제가 있었던 것 같아.

아들 한스 알베르트와 에두아르트에게, 1919년 6월 13일. *CPAE*, Vol. 9, Doc. 60

나는 아직 지식의 열매를 충분히 많이 따 먹지 못했습니다. 직업상 정기적으로 섭취하는 처지이긴 합니다만.

막스 보른에게, 1919년 11월 9일. Born, *Born-Einstein Letters*, 16; *CPAE*, Vol. 9, Doc. 162

상대성이론을 독자의 구미에 맞게 소개하려다 보니, 요즘 나는 독일에서는 독일 과학자라고 불리고 영국에서는 유대계 스위스인으로 소개됩니다. 만일 사람들이 나를 가증스러운 인간으로 여기게 된다면 묘사가 뒤바뀌겠지요. 그러면 나는 독일에서는 유대계 스위스인이 될 것이고 영국에서는 독일 과학자가 될 것입니다!

〈타임스〉(런던)에 실린 글에서, 1919년 11월 28일, 13~14쪽. 신문의 요청으로 기고한 글이었다. 1919년 12월 4일 파울 에렌페스트에게 보낸 편지도 참고하라. 뒤에 나오는 1922년 4월 6일 문구도 함께 보라. *CPAE*, Vol. 7, Doc. 26

또 하나 웃긴 건 어디서나 사람들이 나를 볼셰비키로 여긴다는 겁니다. 왜 그런지 통 모르겠지만, 아마도 내가 〈베를리너 타게블라트〉에 실리는 쓰레기 같은 헛소리를 달콤한 젖과 꿀처럼 받아들이지 않는 탓이겠지요.

하인리히 창거에게, 1919년 12월 15일 혹은 22일. *CPAE*, Vol. 9, Doc. 217

나는 유명해질수록 점점 더 멍청해졌는데 물론 이것은 아주 흔한 현상입니다.

하인리히 창거에게, 1919년 12월 24일. *CPAE*, Vol. 9, Doc. 233

빛 굴절 결과가 발표된 뒤 사람들이 나를 컬트처럼 숭배하는 바람에 내가 꼭 이교異教의 우상이 된 것 같습니다. 하지만 별일 없다면 이 일도 다 지나가겠지요.

하인리히 창거에게, 1920년 1월 3일. *CPAE*, Vol. 9, Doc. 242. 아인슈타인은 런던 팰러디움 극장에서 삼 주 동안 상대성이론을 해설하는 '공연'을 해달라는 요청까지 받았다.

내가 오랫동안 열심히 일했으니 운명이 너그럽게 봐주어 괜찮은 발상을 두어 개 발견하도록 허락한 것임을 잘 압니다.

네덜란드 물리학자 헨드릭 안톤 로런츠에게, 1920년 1월 19일. *CPAE*, Vol. 9, Doc. 265

요즘은 내 한계를 더욱더 깊이 인식하고 있습니다. 일반상대성이론의 몇몇 예측이 시험을 통과한 것 때문에 사람들이 내 능력을 과대평가하고 있으니까 말입니다.

상동

끔찍한 질문, 초청, 요청이 무수히 쏟아지다 보니 밤이면 내가 지옥에서 불타고 있고 악마가 된 우편배달부가 전에 받은 편지에 아직도 답장하지 않았느냐고 고함쳐대면서 새로 온 편지 뭉치를 내 머리맡에 던지는 꿈을 꿉니다.

루트비히 호프에게, 1920년 2월 2일. *CPAE*, Vol. 9, Doc. 295

아버지의 유해는 밀라노에 묻혀 있습니다. 어머니는 불과 며칠 전에 여기[베를린] 묻었습니다. 나 자신은 여기저기 끊임없이 돌아다녔지요. 나는 어디서나 이방인이었습니다. 아이들은 스위스에 있습니다. …… 나 같은 사람의 이상은 내가 사랑하는 친밀한 사람들이 있는 곳이라면 어디든 고향처럼 여기는 것입니다.

막스 보른에게, 1920년 3월 3일. Born, *Born-Einstein Letters*, 25. *CPAE*,

Vol. 9, Doc. 337

초등학교 선생님들은 진보적이었고 학생을 종교에 따라 차별하지 않았습니다. 김나지움 선생들 중에는 반유대주의자가 몇 명 있었습니다. 학생들 사이에서는 특히 초등학교 때 반유대주의가 심했습니다. 그 아이들의 근거는 몇 가지 뚜렷한 인종적 특징과 종교 수업 시간에 받은 인상이었지요. 그들이 통학길에 실제로 때리거나 욕을 퍼붓는 일은 잦았습니다만 대체로 그렇게 심각하진 않았습니다. 그러나 그것만으로도 유년기부터 뚜렷한 소외감을 느끼게 만들기에는 충분했습니다.

〈베를리너 타게블라트〉의 정치면 담당 편집자 폴 나탄에게, 반유대주의를 다룬 기사에 관하여, 1920년 4월 3일. *CPAE*, Vol. 9, Doc. 366

당신 집에서 보냈던 시간을 늘 즐겁게 떠올립니다. 당신의 호의와 작업 덕분에 알게 된 페르시아의 진주 같은 지혜들도. 내가 동양 혈통이라 그런지 그 지혜들이 유달리 의미 있게 여겨집니다.

헤이그 국제사법재판소의 독일 사절인 프리드리히 로젠에게, 1920년 5월. 로젠은 한때 페르시아로 파견되어 그곳에서 수집한 페르시아 민담을 책으로 엮어 냈던 모양이다. Einstein Archives 9-492

요즘 같은 시절에도 커다란 두 서랍 중 한쪽으로 분류되는 대신 세계적 개인으로 대우받을 수 있다는 것 또한 내게는 기쁜 일입니다.

헨드릭 안톤 로런츠에게, 1920년 6월 15일. 당시의 "커다란 두 서랍"이란

친동맹국 진영과 친연합국 진영을 가리킨다. *CPAE*, Vol. 10, Doc. 56

* 나한테 너무 가혹하게 굴진 마십시오. 누구나 이따금 신과 인류를 만족시키기 위해서 어리석음의 제단에 자신을 희생해야 하는 법입니다. 나는 그 글에서 정확히 그렇게 한 겁니다.

막스와 헤디 보른에게, 자신이 쓴 글에 대한 그들의 비판을 대단치 않게 넘기면서, 1920년 9월 9일. Born, *Born-Einstein Letters*, 25. *CPAE*, Vol. 7, Doc. 45

손 닿는 것은 뭐든지 금으로 바뀌었다는 동화 속 남자처럼, 나를 둘러싼 모든 것은 신문의 야단법석으로 변합니다.

상동. 십 년 뒤인 1930년 3월 21일에는 친구 파울 에렌페스트에게 이렇게 썼다. "내 말은 작게 짹짹거리는 소리라도 전부 트럼펫 솔로로 바뀝니다." (Einstein Archives 10-212)

개인적으로 나는 예술 작품을 접하는 데서 가장 큰 즐거움을 맛봅니다. 예술 작품이 안기는 강렬한 행복감은 다른 곳에서는 얻을 수 없습니다.

1920년. 다음에 인용됨. Moszkowski, *Conversations with Einstein*, 184. 맥락에 따르면 여기에서 아인슈타인이 말하는 예술 작품은 문학 작품이다.

* 내 일에 대해서는 말하고 싶지 않습니다. 조각가, 화가, 음악가, 과학자는 자기 일을 사랑하기 때문에 그 일을 합니다. 명성과 명예는 부차적입니

다. 내 일이 내 삶이고, 그러다 진리를 발견하면 그것을 선포할 뿐입니다. …… 사람들의 반대는 내 일에 영향을 미치지 않습니다.

1921년 5월 31일자 〈뉴욕 콜〉에 인용됨. 다음도 참고하라. Illy, *Albert Meets America*, 312

남들이 당신의 이름을 끌어들여 말한 것에 대해서 공개적으로 책임져야 하는 것, 스스로를 변호할 수 없는 처지에 처하는 것은 정말이지 슬픈 일이다.

1921년 8월 '아인슈타인과 인터뷰어들'에서. Einstein Archives 21-047

상대성이론이 성공적인 이론으로 밝혀진다면, 독일은 나를 독일인이라고 주장할 것이고 프랑스는 나를 세계 시민이라고 주장할 것입니다. 내 이론이 옳지 않은 것으로 판명된다면, 프랑스는 나를 독일인이라고 부를 것이고 독일은 나를 유대인으로 선언할 것입니다.

1922년 4월 6일, 소르본에서 열린 프랑스철학협회 모임의 연설에서. 1922년 4월 7일 프랑스 신문 기사를 오린 자료(Einstein Archives 36-378)와 1922년 4월 8일자 〈베를리너 타게블라트〉 기사(Einstein Archives 79-535)도 참고하라.

굽은 나뭇가지 위를 기어가는 눈 먼 딱정벌레는 그 길이 굽어 있다는 걸 알아차리지 못할 거야. 하지만 나는 운 좋게도 그 벌레가 알아차리지 못하는 것을 알아차렸단다.

아빠는 왜 그렇게 유명하느냐는 아들 에두아르트의 질문에 답하며, 1922년. 다음에 인용됨. Flückiger, *Albert Einstein in Bern*; Grüning, *Ein Haus für Albert Einstein*, 498

이제 홀란드에 평화롭게 머무르고 있으려니, 독일에서 어떤 사람들이 나를 "유대인 성자"로 둔갑시켰다는 얘기가 들려오는구나. 슈투트가르트에서는 부유한 유대인들을 보여주면서 나를 그 첫 번째로 내세운 포스터까지 등장했다는구나.

아들 한스와 에두아르트에게, 1923년 11월 24일. Einstein Archives 75-627

인간이 소속될 수 있는 모든 공동체 중에서 내가 헌신하고 싶은 것은 진정한 탐구자들의 공동체뿐입니다. 어느 시점이든 그 공동체의 구성원 중 살아 있는 사람의 수는 아주 적지요.

막스와 헤드비히 보른에게, 1924년 4월 29일. Born, *Born-Einstein Letters*, 79. Einstein Archives 8-176

[나는] 지상에서 [내게] 허락되지 않은 것을 별들 사이에서나 찾아보아야 할 것입니다.

비서 베티 노이만에게, 1924년. 아인슈타인은 엘자와 결혼 생활을 하는 동안 노이만과 사랑에 빠졌었는데 그 관계를 끝내면서 한 말이다. 노이만은 아인슈타인의 친구 한스 뮈잠의 조카였다. Pais, *Subtle Is the Lord*, 320; Fölsing, *Albert Einstein*, 548

지식보다 상상력이 더 중요합니다. 지식은 한계가 있지만 상상력은 온 세상을 다 포함합니다.

"지식보다 상상력을 더 믿습니까?"라는 질문에 답하며. 1929년 10월 26일자 〈새터데이 이브닝 포스트〉에 실린 G. S. 피레크와의 인터뷰 '아인슈타인에게 삶이란 무엇인가' 중에서. 다음에도 재수록됨. Viereck, *Glimpses of the Great*, 447

내 경력은 내 의지가 아니라 내가 통제할 수 없는 여러 요인들에 의해서, 특히 자연이 우리에게 삶의 정수를 제공하는 통로인 신비로운 분비샘들에 의해서 결정된 게 분명합니다.

자유의지와 결정론에 관해 이야기하면서. 상동. 다음에 재수록됨. Viereck, *Glimpses of the Great*, 447

운명은 권위를 멸시하는 나를 벌주기 위해서 나를 권위자로 만들어버렸지.

1930년 9월 18일 어느 친구에게 말한 아포리즘. 다음에 인용됨. Hoffmann, *Albert Einstein: Creator and Rebel*, 24. Einstein Archives 36-598

나는 화가의 모델입니다.

허버트 새뮤얼이 떠올린 말, 1930년 10월 31일. 아인슈타인에게 직업이 무엇이냐고 물었을 때 나온 대답이라고 한다. 당시 조각상이나 초상화를 제작하기 위해서 쉴 새 없이 포즈를 취했던 아인슈타인의 기분이 반영된 말이다. 사진가 필리프 홀스먼의 회상은 좀 다르다. 버스에서 어느 노부인이 아인슈타인에게 얼굴이 낯익다면서 어디서 사진을 봤던 모양이라고 말하자 아인슈타인이 "나는 사진가의 모델이거든요"라고 대답했다고 한다. 홀스먼이 1966년 5월 26일 《뉴욕 리뷰 오브 북스》 편집자에게 보낸 편지에서.

나는 평안과 행복 그 자체를 목표로 여긴 적은 한 번도 없다. 그런 것에 기반한 윤리를 나는 돼지우리의 이상이라고 부른다. …… 언제나 내 앞길을 밝히고 삶의 즐거움을 가득 채워준 이상은 선함과 아름다움과 진실함이다. 나는 안락과 행복을 목표로 삼는 데는 이끌린 적이 없다.

'나는 무엇을 믿는가'에서. *Forum and Century* 84 (1930), 193~194. 이 말의 배경과 에세이 전문은 다음을 참고하라. Rowe and Schulmann, *Einstein on Politics*, 226. 위의 문장을 비롯하여 이 에세이에서 발췌된 여러 문장들이 여러 버전으로 번역되었다. 나는 《포럼 앤드 센추리》의 번역문을 사용했다.

* 소유, 외형적 성공, 명성, 사치. 이런 것을 나는 늘 경멸했다. 단순하고 소박한 삶이 …… 몸과 마음에 최고라고 믿는다.

상동

나는 사회정의와 사회적 책임에 열렬한 관심이 있지만, 묘하게도 그와는 대조적으로 현실에서 사람들과 직접 어울리고 싶은 마음은 별로 없다. 나는 일인용 마구馬具에 맞는 말이지 이인용 마구나 단체 작업에 맞는 말이 아니다. 나는 국가에도, 친구들에게도, 심지어 가족에게도 전적으로 소속되었다고 느낀 적이 없다. 그런 유대 관계에도 늘 어쩐지 초연한 태도가 따랐으며, 나 혼자 조용히 있고 싶은 바람은 세월이 갈수록 커지기만 했다.

상동

내 외적인 삶과 내적인 삶이 지금 살아 있거나 이미 죽은 다른 사람들의 노고에 얼마나 많이 의존하고 있는지를 하루에도 몇 번씩 깨닫는다. 내가 받은 만큼 돌려주려면 엄청나게 애써야 한다는 것을 깨닫는다.

상동

내가 남들로부터 지나친 찬사와 존경을 받는 대상이 된 것은 운명의 아이러니가 아닐 수 없다. 그것은 내 탓도 아니고 내가 잘해서도 아니다.

상동

아인슈타인 교수님은 당분간 귀하가 귀하의 간행물에서 자신을 죽은 사람으로 취급해주기를 간청합니다.

아인슈타인을 대신하여 비서 헬렌 두카스가 1931년 3월에 쓴 편지에서. 그가 너무 많은 원고에 둘러싸여 있었기 때문이다. Einstein Archives 46-487

소수의 개인을 골라서 그들에게 초인적인 정신력과 개성이 있다고 여기면서 무한한 찬사를 바치는 것은 불공평한 것 같다. 심지어 악취미 같다. 내 운명이 바로 그랬다. 내 능력과 업적에 대해 대중이 생각하는 바와 현실의 대조는 그로테스크할 정도다.

'미국의 인상'에서, 1931년경. 다음에 재수록됨. Rowe and Schulmann,

Einstein on Politics, 242~246. Einstein Archives 28-168

나는 사상 면에서는 보편적인 인간이 되려고 노력하지만 본능과 성향 면에서는 분명 유럽인입니다.

1933년 9월 11일자 〈데일리 익스프레스〉(런던)에 인용됨. 다음에도 실렸다. Holton, *Advencement of Science*, 126

사람들은 내가 자기들에게 쓸모가 있는 한 내게 알랑거립니다. 그러나 그들이 동의하지 않는 목표를 내가 추구하려고 하면 그 즉시 태도를 바꾸어 나를 욕하고 비방하면서 자신들의 이해를 변호합니다.

누군지 알 수 없는 어느 평화주의자에게, 1932년. Einstein Archives 28-191

나도 선생님들에게 비슷한 대접을 받았단다. 선생님들은 내가 자립적인 걸 싫어했고 조수가 필요할 때면 나는 그냥 무시해버렸지. (하지만 내가 너만큼 모범적인 학생은 아니었다는 점을 인정해야겠구나.)

어린 소녀 이레네 프로이더에게, 1932년 11월 20일. 다음에 재수록됨. "Education and Educators", *Ideas and Opinions*, 56. Einstein Archives 28-221

내 인생은 하도 단순해서 누구에게도 재미가 없을 겁니다. 내가 세상에 태어났다는 것은 다들 아는 사실이고 중요한 얘기는 그걸로 다 끝났습니다.

프린스턴 고등학교의 기자 헨리 루소에게. 다음에 인용됨. *The Tower*, April 13, 1935

열두 살에 초급 수학을 처음 배웠을 때, 나는 오로지 논증만으로 진리를 발견할 수 있다는 것을 깨닫고 전율했습니다. …… 자연마저도 비교적 단순한 수학 구조로 이해될 수 있다는 확신이 점점 굳어졌습니다.

상동

내게도 증오의 화살이 겨누어졌지만, 그것이 나를 맞힌 적은 한 번도 없었다. 어째서인지 그런 것은 나와는 아무런 상관없는 딴 세상에 속한 것이었기 때문이다.

화가 조르주 슈라이버의 『초상화와 자화상』(Boston: Houghton Mifflin, 1936)을 위해서 쓴 글. 다음에 재수록됨. *Out of My Later Years*, 13. Einstein Archives 28-332

나는 여기에 훌륭하게 정착했습니다. 나는 겨울잠에 든 곰처럼 동면하고 있고, 정말로 과거에 떠돌았던 어느 곳보다 여기를 편하게 느낍니다. 나보다 사람들과 더 많이 접촉했던 짝꿍이 죽은 뒤에는 곰 같은 성질이 한층 더 드러났습니다.

아내 엘자가 죽은 뒤인 1937년 초 막스 보른에게. Born, *Born-Einstein Letters*, 125. Einstein Archives 8-199

일을 할 수 없다면 살고 싶지 않습니다. …… 그리고 어쨌든 나는 이미 늙었으니 개인적으로는 긴 미래를 예상할 필요가 없어서 다행입니다.

절친한 친구 미셸 베소에게, 1938년 10월 10일, 히틀러의 득세를 염두에 둔 말. Einstein Archives 7-376

[어떤 주제나 취미에 대한] 사랑이 의무감보다 더 나은 스승임을 굳게 믿습니다. 적어도 내게는.

필리프 프랑크에게 보내는 편지 초고에서, 1940년. Einstein Archives 71-191

* 당신의 요청과는 달리 사람들이 정황을 오해할 여지가 없는 경우에도 나는 내 이름을 상업적 용도로 쓰도록 허락한 적이 없습니다. 따라서 당신도 내 이름을 어떤 방식으로든 사용할 수 없습니다.

자신의 복통 치료제를 선전하는 데 아인슈타인의 이름을 쓰게 해달라고 요청한 마빈 루부시에게, 1942년 3월 22일. Einstein Archives 56-066

아무도 나를 이해하지 못하면서 다들 나를 좋아하는 건 왜지요?

〈뉴욕 타임스〉와의 인터뷰에서, 1944년 3월 12일

정확한 사실을 모르고서는 의견을 밝히고 싶지 않습니다.

〈뉴욕 타임스〉의 리처드 J. 루이스와의 인터뷰에서, 1945년 8월 12일, 독일의 원자폭탄 개발 진척 상황에 대해 언급하기를 거절하면서

나는 미래에 대해서 고민하지 않는다. 어차피 금방 와버릴 텐데.

1945~46년경에 말한 아포리즘. 『옥스퍼드 유머 명언 사전』(2nd ed., 2001)에 따르면, 이 문구는 1930년 12월 벨겐란트 호에 승선한 상태에서 했던 인터뷰에서 나왔다. 아마도 누군가가 나중에 떠올려서 나중 날짜로 아카이브에 집어넣었을 것이다. Einstein Archives 36-570

이런 사상의 세계를 발전시킨다는 것은 어떤 의미에서 "경이로움"으로부터 지속적으로 달아나는 것이다. 내가 네다섯 살쯤에 아버지가 보여준 나침반에서 느꼈던 그런 종류의 경이로움으로부터.

1946년에 '자전적 기록'을 쓰고자 작성했던 메모에서, 9

나는 수학 분야에서는 통찰이 뛰어나지 않아서 근본적으로 중요한 지식과 …… 대충 없어도 되는 지식을 분명하게 구분할 줄 몰랐다. 그러나 수학을 제외한 나머지 분야에서는 자연을 알고자 하는 흥미가 엄청나게 강했다. …… 이런 분야에서는 곧 무엇이 근본적인 것으로 이어지는 길이고 무엇이 빗나가는 길인지 낌새를 챌 줄 알게 되었고 …… 머릿속을 산란하게 채워서 본질로부터 멀어지게 만드는 수많은 다른 것들을 가려낼 줄 알게 되었다.

상동, 15~17

나 같은 사람의 본질은 무엇을 행하고 겪는가가 아니라 무엇을 생각하고 어떻게 생각하느냐에 달려 있다.

상동, 33

나에 대한 뻔뻔한 거짓말과 말도 안 되는 소설이 이미 한가득 발표되었기 때문에, 만일 내가 그런 것에 신경을 썼더라면 진작 무덤에 누워 있을 겁니다.

작가 막스 브로트에게, 1949년 2월 22일. Einstein Archives 34-066.1

* 나는 [고등연구소에서] 영향력이 없습니다. 대개들 나를 세월에 눈과 귀가 멀어 화석이 된 물체처럼 취급합니다. 이 역할이 아주 불쾌하지만은 않습니다. 내 성질과 상당히 잘 맞기 때문입니다.

막스와 헤디 보른에게, 1949년 4월 12일. Born, *Born-Einstein Letters*, 178~179. ("내 명성은 프린스턴 밖에서 시작됩니다. 파인홀에서는 내 말은 그다지 쳐주지 않아요"라는 말과도 비슷하다. 다음에 인용됨. Infeld, *Quest*, 302) Einstein Archives 8-223

* 나는 정말로 모든 면에서 받기보다 주기를 즐깁니다. 나 자신의 행동이든 남들의 행동이든 너무 진지하게 여기지 않고, 내 약함과 악함을 부끄러워하지 않고, 매사를 있는 그대로 침착하고 유머 있게 받아들입니다. 이렇게 사는 사람이 나 말고도 많은데 왜 내가 우상처럼 떠받들어지는지 정말 모르겠습니다.

상동. 막스 보른이 간소한 삶에 대한 아인슈타인의 태도가 어떤지 묻자 그 대답으로 내가 과학을 연구하는 동기는 자연의 비밀을 이해하고자 하는 억누를 수 없는 갈망뿐, 다른 어떤 감정도 아닙니다. 정의를 사랑하고 인간의 처지를 개선하는 데 기여하고자 하는 것은 과학적 관심사와는 별개의 문제입니다.

과학 연구의 동기를 물었던 F. 렌츠의 편지에 답하면서, 1949년 8월 20일. Einstein Archives 58-418

나는 특별한 재능이 없습니다. 열렬한 호기심이 있을 뿐입니다.

카를 젤리히에게, 1952년 3월 11일. Einstein Archives 39-013

나치즘과 두 아내의 죽음을 의연하게 겪어냈다는 점을 고려하자면, 나는 꽤 잘 살고 있는 편입니다.

야코브 에라트에게, 1952년 3월 12일. Einstein Archives 59-554

이렇게 유명하면서도 이렇게 외롭다는 건 이상한 일입니다. 하지만 이런 유명세가 …… 피해자를 방어적인 입장으로 몰아넣어 결국 고립시킨다는 건 어쩔 수 없는 사실이지요.

E. 마란고니에게, 1952년 10월 1일. Einstein Archives 60-406

나는 평생 객관적인 문제만을 다뤄왔습니다. 그래서 사람들을 적절히 다루고 공직자의 기능을 수행하는 문제에서는 타고난 소질도 경험도 부족합니다.

미국 주재 이스라엘 대사 아바 에반에게, 1952년 11월 18일. 하임 바이츠만의 사망 후 이스라엘 대통령을 맡아달라는 요청을 거절하며. Einstein Archives 28-943

* 나도 내가 들인 노력이 만족스러운 것은 사실이지만, 구두쇠가 땀 흘려 긁어모은 몇 푼 안 되는 동전을 악착같이 지키는 것처럼 내 연구를 "재산권"으로 간주하여 방어하는 것은 양식 있는 행동이 못 된다고 봅니다.

막스 보른에게, 1953년 10월 12일. Born, *Born-Einstein Letters*, 195. Einstein Archives 8-231

나는 세상의 온갖 괴짜들을 끌어모으는 자석인 것 같습니다. 그렇지만 나도 그들에게 흥미가 있습니다. 그런 사람들의 사고방식을 짐작해보는 것이 내 취미입니다. 나는 그들이 진심으로 불쌍합니다. 그래서 그들을 도우려는 겁니다.

다음에 인용됨. Fantova, "Conversations with Einstein," October 15, 1953

사람들이 내가 별 뜻 없이 한 말까지 몽땅 낚아채서 녹음할 것이라는 생각은 예전에는 미처 못했습니다. 그걸 진작에 알았더라면 내 껍데기 속으로 더 깊이 파고들었을 텐데요.

카를 젤리히에게, 1953년 10월 25일. Einstein Archives 39-053

제1차 세계대전 중, 내가 서른다섯 살이었고 독일에서 스위스로 여행하던 중, 국경에서 검문자들이 나를 저지하고 이름을 물었는데 나는 한참 머뭇거린 뒤에야 대답할 수 있었답니다. 늘 그렇게 기억력이 나빴지요.

다음에 인용됨. Fantova, "Conversations with Einstein," November 7, 1953

내 이름은 원래 할아버지 이름을 따서 아브라함이 될 예정이었습니다. 하지만 부모님은 그게 너무 유대인스러운 이름이라고 생각했기 때문에 알파벳 'A'만 따서 알베르트라고 지었지요.

상동, December 5, 1953

내 인간성에 대해서 온갖 꾸며낸 이야기가 난무합니다. 기발하게 지어낸 이야기가 얼마나 많은지, 끝을 모르겠습니다. 그럴수록 나는 진정으로 진실된 것을 더욱더 고마워하고 존경하게 됩니다.

벨기에의 엘리자베트 왕비에게, 1954년 3월 28일. Einstein Archives 32-410

오늘 버크스 씨가 나를 모델로 제작한 흉상을 보여주었습니다. 초상으로서 훌륭하거니와 하나의 예술 작품이자 내 정신적 개성을 묘사한 점에서도 나쁘지 않다고 봅니다.

1954년 4월 15일에 영어로 쓰고 서명한 글에서. 로버트 버크스는 워싱턴 D.C.의 국립과학아카데미 앞에 설치된 아인슈타인의 조각상을 만든 조각가다. 여기에서 말하는 흉상은 그 조각상의 모형으로 사용되었다. 흉상 자체는 조각가가 기증하여 2005년 4월에 뉴저지 프린스턴의 버러홀 앞에 세워졌다. (이 글의 원본을 갖고 있는 버크스 씨가 내게 복사본을 보내주었다.)

내가 말문이 늦게 틔어서 부모님이 걱정했던 건 사실입니다. 의사에게 문의하기까지 했죠. 말문이 정확히 언제 틔었는지는 모르지만 세 살 전은 아니었던 게 분명합니다.

지빌레 블리노프에게, 1954년 3월 21일. Einstein Archives 59-261. 아인슈타인의 여동생 마야는 오빠의 전기에서 이 나이를 두 살 반으로 적었다. *CPAE*, Vol. 1, lvii

나는 당신 생각과는 달리 속물이나 노출광이 아닙니다. 게다가 당신 예상과는 달리 그 관심사에 대해서 할 말이 전혀 없습니다.

1954년 3월 27일, 칠레의 새 박물관에 아인슈타인의 메시지를 전시하여 관람객들에게 보여주고 싶으니 메시지를 보내달라고 요청하는 편지에 답하며. Einstein Archives 60-624

당신이 이 주제에 피상적인 지식만 갖고 있으면서도 스스로의 판단을 그토록 확신하는 게 참 이상하군요. 심지어 비정상적입니다. 유감스럽지만 나는 딜레탕트들에게 내줄 시간은 없습니다.

자신이 더 나은 상대성이론을 안다고 주장한 치과의사 G. 레바우에게, 1954년 7월 10일. 치과의사는 아인슈타인의 답장 밑부분에 "나는 서른 살입니다. 겸손을 배우려면 시간이 걸리지요"라고 적어서 돌려보냈다. Einstein Archives 60-226

남들이 나에 대해서 쓴 글은 절대 안 읽습니다. 대부분 신문에 노상 오르는 거짓말인 것을 …… 유일한 예외는 스위스 사람 [카를] 젤리히가 쓴 책입니다. 젤리히는 아주 좋은 사람이고 책도 잘 썼습니다. 그 책도 사실 나는 안 읽었지만 두카스가 몇 대목을 읽어주었지요.

다음에 인용됨. Fantova, "Conversations with Einstein," September 13, 1954

내가 젊은 시절로 돌아가서 생계를 꾸릴 방법을 다시 고른다면, 과학자나 학자나 선생은 되지 않겠습니다. 차라리 배관공이나 행상이 되겠습니다. 그런 직업은 요즘 같은 환경에서도 여전히 어느 정도 독립성을 지킬 수 있으니까요.

《리포터》(1954년 11월 18일자, 11, no. 9)의 편집자에게. 다음을 보라. Rowe and Schulmann, *Einstein on Politics*, 485~486. 매카시 시절의 지식인 마녀사냥에 관해서 대답하다가 나온 말이다. 아인슈타인은 과학은 취미로 하고 생계는 다른 일로 꾸리는 게 최선이라고 보았다(Straus, "Reminiscences, in Holton and Elkana, *Albert Einstein: Historical and Cultural Perspectives*, 421). 스탠리 머리라는 배관공은 11월 11일에 아인슈타인에게 이렇게 말했다. "내 꿈은 늘 학자였고 당신 꿈은 배관공인 모양이니 우리가 팀을 이루면 대성공하지 않을까요. 그러면 지식과 독립성을 둘 다 가질 수 있겠네요." (Rosenkranz, *Einstein Scrapbook*, 82~83) 아인슈타인은 또 다른 자리에서 직업을 고를 수 있다면 음악가가 되겠다고 말했다고 한다. 1933년 런던 로열앨버트홀 강연에서는 젊은 과학자들에게 등대지기를 추천하기도 했다(Nathan and Norden, *Einstein on Peace*, 238).

* 내가 요즘 같은 상황에서 직업을 고른다면 지식 추구와는 아무 관련 없는 일로 생활비를 벌 수 있는 직업일 겁니다.

막스 보른에게, 1955년 1월 17일. Born, *Born-Einstein Letters*, 227. Einstein Archives 8-246

나는 수학과 물리에서만 독학을 통해서 교과 과정을 한참 앞질렀습니다. 철학도, 학교에서 가르치는 내용에 국한해서지만, 마찬가지였습니다.

헨리 콜린에게, 1955년 2월. 다음에 인용됨. Hoffmann, *Albert Einstein: Creator and Rebel*, 20. Einstein Archives 60-046

사람을 타락시키는 칭찬의 영향에서 벗어나는 유일한 방법은 그냥 하던 일을 계속하는 것이다.

다음에 인용됨. Lincoln Barnett, "On His Centennial, the Spirit of Einstein Abides in Princeton," Smithsonian, February 1979, 74

신은 내게 노새의 고집과 상당히 예민한 후각을 주었다.

에른스트 슈트라우스가 회상한 말. 다음에 인용됨. Seelig, *Helle Zeit, dunkle Zeit*, 72

보통 어른은 시공간 문제를 거들떠도 안 봅니다. …… 그러나 나는 워낙 늦되어서 어른이 되고서야 시공간 문제를 궁금하게 생각하기 시작했지요. 그러고는 다른 어떤 어른이나 아이보다도 그 문제를 더 깊게 파고들었습니다.

노벨상 수상자 제임스 프랭크가 회상한 말. 보통 시공간 문제를 고민하는 것은 어른이 아니라 아이라는 아인슈타인의 생각에 대해 이야기하다가. 다음에 인용됨. Seelig, *Albert Einstein und die Schweiz*, 73

내가 어릴 때 인생에서 바라고 기대한 것은 사람들의 관심을 벗어나서 한구석에 조용히 앉은 채 내 일을 하는 것이었다. 그런데 지금 내가 어떻게 되었는지 보라.

다음에 인용됨. Hoffmann, *Albert Einstein: Creator and Rebel*, 4

나 자신의 사고 기법을 따져보면, 절대적 지식을 흡수하는 능력보다 상상력이 더 중요했다는 결론에 이른다.

앞에서 인용했던 "지식보다 상상력이 더 중요하다"(1929)는 말과 비슷하다. 아인슈타인 탄생 백주기였던 1979년 2월 18일을 맞아 한 친구가 회상한 말. 다음에 인용됨. Ryan, *Einstein and the Humanities*, 125

나는 과학 연구로부터 윤리적 가치를 끌어낸 적은 한 번도 없었다.

맨프레드 클라인즈가 회상한 말. 다음에 인용됨. Michelmore, *Einstein: Profile of the Man*, 251

내가 했다고들 하는 말 중에는 독일어를 잘못 번역한 것이나 아예 딴 사람이 지어낸 것이 많습니다.

『위대한 명언들』(1960)을 편찬한 조지 셀데스에게. 다음에 인용됨. Kantha, *An Einstein Dictionary*, 175

나는 내가 찍힌 사진이 싫습니다. 내 얼굴을 보세요. 이게[콧수염이] 없다면 꼭 여자 같지 않겠습니까!

생애 마지막 십 년 중 언젠가 사진가 앨런 리처드에게 한 말. 다음에 인용됨. Richards, "Reminiscencs," in *Einstein as I Knew Him* (unnumbered pages)

너는 아주 오랜만에 처음으로 나에 대한 생각을 솔직하게 표현한 사람이구나.

아인슈타인을 소개받고 비명을 질러버린 18개월 남자아이에게 한 말. 상동

여기에서 내 할 일은 다 마쳤습니다.

죽어가면서 한 말. Einstein Archives 39-095. 전기 작가 카를 젤리히의 기록에서 재인용. 젤리히는 아인슈타인의 비서 헬렌 두카스에게 들었을 수도 있고 의붓딸 마르고트 아인슈타인에게 들었을 수도 있다.

2장

가족에 관하여,
혹은 가족에게

첫 아내 밀레바와 아들 한스 알베르트와 함께 1904년 베른에서.
(이스라엘 예루살렘 히브리 대학의 알베르트 아인슈타인 아카이브 제공)

첫 아내 밀레바 마리치에 관하여, 혹은 마리치에게

아인슈타인은 자신이 세르비아 출신의 밀레바와 17년간 부부 사이로 지냈지만 사실은 그녀를 제대로 알지도 못했다고 말한 바 있다. 그는 밀레바와 결혼한 것은 주로 "의무감" 때문이었다고 회상했다. 그것은 아마도 그녀가 두 사람의 사생아를 낳았기 때문일 것이다. "나는 내면의 저항을 느끼면서도 내 역량을 한참 넘는 일을 감행했다." 두 사람은 스위스연방공과대학에서 만났다. 둘 다 물리학도였다. 그는 열여덟 살이었고 그녀는 스물두 살이었다. 약 5년 뒤 결혼할 때 그는 밀레바의 모계에 정신질환이 유전된다는 사실을 모르고 있었다. 밀레바도 종종 우울증을 겪었고 여동생 조르카는 조현병을 앓았다. 그래도 밀레바는 마음이 따뜻하고 배려할 줄 알았으며 아주 지적인 여성이었다. 그리고 평생 많은 괴로움을 겪어야 했다. 그녀는 임박한 이혼을 받아들일 수 없었기 때문에, 아인슈타인이 자주 그녀를 무신경하게 다뤘기 때문에, 그리고 사생아로 낳았던 딸 리제를을 직접 키울 수 없다고 결정했던 것 때문에 마음에 억울함을 품게 되었다. 두 사람이 헤어진 뒤 아인슈타인과 두 아들의 관계를 가끔 어렵게 만들 정도였다. 아인슈타인이 두 아들에게 보낸 많은 편지를 보면, 특히 한스 알베르트에게 보낸 편지를 보면 그가 유년기의 아들들과 가깝게 지내고 싶어 했으며 아들들을 배려와 걱정을 담은 따뜻한 시선으로 바라보았다는 것을 알 수 있다. 나중에 그는 밀레바가 좋은 엄마라는 사실을 인정하기도 했다. (그가 두 아들에게 쓴 편지뿐 아니라 부부가 헤어진 뒤 까다로운 금전 문제와 양육 문제를 처리하는 내용이 담긴 편지는 『아인슈타인 문서집』 8권에 수록되어 있다. 포포비치가 엮은 『알베르트의 그림자에 가려』도 참고하라.) 그러나 둘의 이혼을 둘러싼 비참한 정황은 아인슈타인에게도 늙어서까지 깊은 흔적을 남겼으며, 그것은 그가 개인적이지 않은 활동들에 깊이 관여한 계기가 되었을지도 모른다. 그가 1952년 3월 26일과 5월 5일에 전기 작가 카를 젤리히에게 보낸 편지를 참고하라 (Einstein Archives 39-016, 39-020).

❖

어머니는 침대에 몸을 던지고 베개에 고개를 묻고 아이처럼 우셨어. 평정을 되찾은 뒤에는 절박한 공격 태세로 즉각 전환하셨지. "네가 미래를 망치고 기회를 날리려고 하는구나." "점잖은 집안이라면 어디도 그 애를 들이려고 하지 않을 거다." "그 애가 임신했다면 넌 정말 큰일 난 거야." 이런 말이 한참 쏟아지고 나서 마지막으로 저 말이 나왔을 때 나는 결국 참을성을 잃었어.

밀레바에게, 1900년 7월 29일. 그와 밀레바가 결혼할 계획임을 어머니에게 알린 뒤. 두 사람은 1903년 1월 6일에야 결혼했다. *The Love Letters*, 19; *CPAE*, Vol. 8, Doc. 68

내 사랑하는 마녀로부터 편지가 오기를 얼마나 끔찍이 기다리는지. 우리가 더 오래 떨어져 있어야 한다는 걸 못 믿겠어. 내가 널 얼마나 사랑하는지 이제야 잘 알겠어! 몸조심해. 내 귀여운 애인이 환하게 빛나게끔, 길거리 부랑아처럼 말괄량이 같게끔!

밀레바에게, 1900년 8월 1일. *The Love Letters*, 21; *CPAE*, Vol. 1, Doc. 69

너와 함께 있지 않으면 뭔가 부족한 느낌이야. 가만히 앉아 있다 보면 다른 데로 가고 싶어. 다른 데로 가면 차라리 집에 가고 싶어. 사람들과 이야기하다 보면 차라리 공부하고 싶어. 하지만 공부하다 보면 가만히 집중할 수가 없어. 잠자리에 들 때면 하루가 이렇게 지나갔다는 게 마음에 들지 않아.

밀레바에게, 1900년 8월 6일. *The Love Letters*, 23~24; *CPAE*, Vol. 1, Doc. 70

내 소중한 모든 것, 전에는 나 혼자 어떻게 살았을까? 너 없이는 자신감도 없고, 공부할 의욕도 없고, 삶을 즐길 수도 없어. 한마디로 네가 없으면 내 삶은 텅 비어.

밀레바에게, 1900년 8월 14일경. *The Love Letters*, 26; *CPAE*, Vol. 1, Doc. 72

부모님은 내가 널 사랑하는 걸 무척 걱정스러워 하셔. …… 내가 죽기라도 한 것처럼 나 때문에 우시지. 내가 너한테 빠져서 스스로 불행을 불러

왔다고 자꾸 투덜대서.

밀레바에게, 1900년 8월~9월. *The Love Letters*, 29; *CPAE*, Vol. 1, Doc. 74

널 그리는 일만 아니라면, 이 딱한 인간들의 무리 속에서 더 이상 살고 싶지 않을 거야. 하지만 내게는 네가 있어서 자랑스럽고, 너를 생각하면 나는 행복해져. 너를 다시 품에 끌어안고 오로지 내게만 빛나는 사랑스러운 눈동자를 볼 수 있다면, 오로지 나를 위해서만 떨리는 달콤한 입술에 입 맞출 수 있다면, 나는 두 배로 행복할 거야.

상동

나도 우리의 새 과제를 연구하게 되기를 기대하고 있어. 너도 계속 연구해야 해. 나는 그저 평범한 사람일 뿐이라도 내 사랑스런 연인이 박사 학위를 가진 사람이라면 얼마나 자랑스러울지!

밀레바에게, 1900년 9월 13일. *The Love Letters*, 32; *CPAE*, Vol. 1, Doc. 5

네가 [취리히에서] 할 수 있는 일을 찾아볼까? 내가 개인 교습 자리를 구했다가 나중에 네게 넘기면 어떨까 싶어. 아니면 달리 염두에 둔 일이 있어? …… 어떤 일이 닥치든 우리는 상상할 수 있는 가장 근사한 삶을 살게 될 거야.

밀레바에게, 1900년 9월 19일. *The Love Letters*, 33; *CPAE*, Vol. 1, Doc. 76

너를 만나다니 얼마나 행운인지. 나와 대등한 존재, 나처럼 강하고 독립적인 존재를.

밀레바에게, 1900년 10월 3일. *The Love Letters*, 36; *CPAE*, Vol. 1, Doc. 79

우리가 함께 상대운동에 관한 연구를 보란 듯이 끝마칠 수 있다면 얼마나 행복하고 자랑스러울지!

밀레바에게, 1901년 3월 27일. *The Love Letters*, 29; *CPAE*, Vol. 1, Doc. 94. 이 문장 때문에 어떤 사람들은 밀레바가 상대성이론에 아인슈타인 못지않게 기여했다고 믿는다.

내가 얼마나 기쁘고 명랑한 사람이 되었는지를 네가 직접 볼 수 있을 거야. 우거지상을 지었던 건 다 지난 일이란 걸. 이렇게 다시 너를 사랑해! 네게 못되게 굴었던 건 신경이 날카로워서였어. …… 다시 만나고 싶어서 애가 탈 지경이야.

밀레바에게, 1901년 4월 30일. *The Love Letters*, 46; *CPAE*, Vol. 1, Doc. 102

네가 다시는 슬프고 우울하지 않도록 내 행복을 조금 나눠줄 수만 있다면.

밀레바에게, 1901년 5월 9일. *The Love Letters*, 51; *CPAE*, Vol. 1, Doc. 106

아내는 지금 아주 복잡한 기분으로 베를린으로 오고 있어. 친척들이 두렵기 때문인데 그중에서도 아마 네가 제일 두렵겠지. …… 하지만 너와 나는 아내를 상처 입히지 않고도 함께 행복할 수 있어. 아내가 애초에 갖지 못한 것을[즉 그의 사랑을] 네가 그녀에게서 빼앗을 순 없는 거니까.

새 연인인 사촌 엘자 뢰벤탈에게, 1913년 8월. *CPAE*, Vol. 5, Doc. 465

요즘 우리 집은 어느 때보다도 으스스해. 얼음장 같은 침묵.

엘자에게, 1913년 10월 16일. *CPAE*, Vol. 5, Doc. 478

상대편의 유책을 증명할 수 없는 상황에 이혼이 그렇게 쉬울 것 같아? …… 나는 아내를 해고할 수 없는 고용인 다루듯이 하고 있어. 침실도 혼자 쓰고 아내와 함께 있는 것도 피해. …… 네가 왜 그렇게 심란해 하는지 모르겠어. 내 삶의 주인은 전적으로 나고 …… 나 자신이 내 아내야.

엘자에게, 1913년 12월 2일 이전. *CPAE*, Vol. 5, Doc. 488

[아내 밀레바는] 쌀쌀맞고 유머라곤 없는 데다가 인생에서 좋은 것을 끌어낼 줄 모르는 사람이야. 게다가 자기 존재만으로도 남들이 삶에서 얻는 즐거움을 꺼버리지.

엘자에게, 1913년 12월 2일 이후. *CPAE*, Vol. 5, Doc. 489

아내는 내게 베를린의 친척들이 무섭다고 쉴 새 없이 징징거려. …… 어머니는 성품이 원만한 편이지만 시어머니로는 몹시 사악하지. 어머니가 함께 있을 때는 공기에 다이너마이트가 가득한 것 같아. …… 하지만 둘의 비참한 관계에는 둘 다 잘못이 있어. …… 이런 상황이니 내 연구가 잘되어 가는 것도 무리가 아니지. 연구는 나를 사적인 일에서 벗어나게 하고 눈물의 계곡으로부터 좀 더 평화로운 곳으로 끌어올려 주니까.

엘자에게, 1913년 12월 21일 이후. *CPAE*, Vol. 5, Doc. 497

* 그는 내 아내와 모종의 관계를 맺었지만, 누구도 그 일에 대해서 두 사람을 비난할 순 없습니다.

하인리히 창거에게, 1914년 6월 27일. 아인슈타인은 밀레바가 자그레브 대학 수학 교수인 블라디미르 바리차크와 혼외 관계를 맺었다고 의심했다. 바리차크는 상대성이론에 관하여 두 가지 중요한 발견을 해낸 인물로 볼프강 파울리가 상대성이론에 관한 리뷰 논문에서 바리차크를 인용한 바 있다. *CPAE*, Vol. 8, Doc. 34a, Vol. 10에서도 언급됨.

(A) 다음을 지킬 것 (1) 내 옷과 빨래를 항상 잘 챙길 것 (2) 내가 하루 세 번 규칙적으로 내 방에서 식사하도록 챙길 것 (3) 내 침실과 서재를 깔끔하게 청소하되 특히 내 책상은 나만 쓰는 곳임을 명심할 것. (B) 사회적 이유에서 꼭 필요한 경우가 아닌 한 나로부터 개인적인 관계를 일체 기대하지 말 것. 특히 다음을 포기할 것 (1) 내가 집에 함께 머무르는 것 (2) 함께 외출하거나 여행하는 것. (C) 나와의 관계에서 다음 사항을 지킬 것 (1) 나로부터 다정함을 기대하지 말고 당신도 내게 그런 태도를 보이지 말 것 (2) 내가 요청한다면 어떤 사안에 대해서든 내게 더 이상 말하지 말 것 (3) 내가 요청한다면 말대답하지 않고 내 침실이나 서재에서 나

가줄 것. (D) 아이들 앞에서 말로든 행동으로든 나를 우습게 만드는 짓을 하지 않는다고 약속할 것.

밀레바에게 전달한 메모, 1914년 7월 18일경. 그녀가 이런 조건을 지킨다면 베를린에서 그녀와 함께 계속 살겠다고 말한 것이다. 밀레바는 처음에는 조건을 받아들였지만 7월 말에 아이들과 함께 베를린을 떠났다. *CPAE*, Vol. 8, Doc. 22

나는 아이들을 잃고 싶지 않고 아이들이 나를 잃는 것도 원하지 않아. …… 지금까지 있었던 일 때문에라도 당신과의 우호적인 관계는 더 이상 생각할 수 없어. 우리는 사려 깊고 사무적인 관계를 맺어야 할 거야. 사적인 일은 최소한으로 줄이고 …… 이혼을 요구할 마음은 없지만 당신이 아이들과 함께 스위스에 남았으면 좋겠고 …… 소중한 아이들에 대한 소식을 2주마다 알려주었으면 해. …… 그 대가로 나는 가령 딴 여자에 대한 태도라든가 하는 측면에서 적절하게 처신할 것을 약속하지.

밀레바에게, 1914년 7월 18일경. 베를린으로 옮긴 뒤에도 결혼을 지속하겠다는 제안이었으나 결국 밀레바는 동의하지 않았다. *CPAE*, Vol. 8, Doc. 23

아내가 끼어들어 방해가 된다면 아이들과 함께 사는 게 좋지만은 않다는 걸 깨달았어.

엘자에게, 1914년 7월 26일. *CPAE*, Vol. 8, Doc. 26

아이들은 [미래의] 우리 집이 아닌 다른 중립적인 장소에서만 만날 거야.

아이들이 자기 엄마가 아닌 다른 여자와 아빠가 함께 있는 걸 보는 건 옳지 않으니까 그래야 할 거야.

엘자에게, 1914년 7월 26일 이후. *CPAE*, Vol. 8, Doc. 27

우리 둘이 오붓하게 수다 떨면서 보낼 밤을 얼마나 고대하는지! 우리가 앞으로 함께할 평화로운 경험들을 얼마나 고대하는지! 온갖 번민과 노력 끝에 이제 나는 집에서 쾌활하고 편안하게 나를 맞아줄 소중하고 귀여운 아내를 찾았어. …… [밀레바와의] 관계가 조화롭지 못했던 것은 그녀가 못생겨서가 아니라 그녀가 고집스럽고, 융통성 없고, 완고하고, 무신경하기 때문이었어.

엘자에게, 1914년 7월 30일. *CPAE*, Vol. 8, Doc. 30

아이들과 내가 다정한 사랑으로 묶여 있는데도 불구하고 내가 이 여자를 더 이상 참지 못하는 데는 그럴 만한 이유가 있습니다.

하인리히 창거에게, 1915년 11월 26일. *CPAE*, Vol. 8, Doc. 152

이런 여자의 타고난 교활함이 어떤지 모를 겁니다. 내가 기어이 용기를 내어 그녀를 내 눈과 귀가 닿지 않는 곳으로 멀찍이 치우지 않았다면 나는 육체적으로나 정신적으로나 진작 무너졌을 겁니다.

미셸 베소에게, 1916년 7월 14일. *CPAE*, Vol. 8, Doc. 233

그녀는 걱정 하나 없고, 소중한 두 아들을 곁에 두었고, 근사한 동네에서 살고, 하고 싶은 일을 하며, 죄 없는 입장이라는 처지를 짐짓 내세우고 있습니다.

미셸 베소에게, 1916년 7월 21일. *CPAE*, Vol. 8, Doc. 238

그녀에게 단 하나 부족한 것은 그녀를 정복할 누군가입니다. …… 그렇게 뻔히 악취 나는 존재를 평생 이유 없이 참으면서 더구나 상냥한 얼굴까지 해보여야 한다는 부차적인 의무를 감당하려는 사람이 세상에 어디 있겠습니까?

상동

지금부터는 이혼 문제로 그녀를 성가시게 하지 않을 겁니다. 그 때문에 벌써 친척들과도 싸움이 벌어졌습니다. 나는 눈물 공세를 견디는 법을 익혔습니다.

미셸 베소에게, 1916년 9월 6일. 아인슈타인의 친척들은 그가 결혼 상태를 확실히 마무리하지 않는 것에 반대했다. 그러면 (엘자의 큰딸인) 일제가 결혼하는 데 지장이 있으리라 여겼기 때문이다. 아인슈타인은 1919년 2월에 마침내 스위스에서 이혼했다. 유책자였던 아인슈타인에게는 향후 2년간 혼인하지 말라는 금지령이 내려졌지만 그는 두 달 반 만에 엘자와 결혼했다. 독일법에서는 금지령이 유효하지 않았기 때문이다. *CPAE*, Vol. 8, Doc. 254; Fölsing, *Albert Einstein*, 425, 427

밀레바와의 별거는 내게 생사의 문제였습니다. …… 그래서 여전히 깊이 사랑하는 아이들과 헤어지는 것도 감수해야 했습니다.

헬레네 사비치에게, 1916년 9월 8일. *CPAE*, Vol. 8, Doc. 258

미차[밀레바]가 지나치게 내성적인 성격으로 간혹 고통받는다는 걸 압니다. 그 부모와 여동생조차 …… 그녀의 주소를 모릅니다. 친애하는 헬레네, 이 점에서 당신이 그녀에게 큰 도움이 될 수 있을 겁니다. 당신은 그녀가 낙심한 순간을 견디도록 도울 수 있을 겁니다. 당신이 미차에게, 특히 아이들에게 해준 모든 일에 깊이 감사합니다.

상동

내가 죽으면 어떻게 될까 하는 문제에 하도 골몰한 나머지 내가 아직 살아 있다는 사실에 나도 놀랐군.

밀레바에게, 1918년 4월 23일. 그가 죽은 후에도 밀레바와 아이들을 경제적으로 뒷받침하겠다는 법적 문서를 작성한 뒤. *CPAE*, Vol. 8, Doc. 515

밀레바는 함께 있을 때는 절대 견딜 수 없는 사람입니다. 하지만 함께 있지 않을 때는 꽤 좋게 여길 수 있습니다. 꽤 괜찮은 사람처럼 느껴집니다. 아이들의 엄마로서도.

미셸 베소에게, 1918년 7월 29일. *CPAE*, Vol. 8, Doc. 591

* 여기에서는 밀레바와 아이[에두아르트]가 그녀의 고향 유고슬라비아로 이사하는 게 나을지 여부를 결정하기 어렵습니다. …… 그곳에서는 그들이 물가가 비싼 스위스에서보다 한결 여유롭게 지낼 수 있을 텐데

…… 내가 그들을 더 이상 돕기가 어렵습니다. 정치 상황 때문에 내 친척들과 친구들도 다들 극심한 곤란을 겪고 있고 나도 한계에 다다랐습니다.

하인리히 창거에게, 1938년 9월 18일. Einstein Archives 40-116

밀레바는 별거와 이혼을 결코 받아들이지 못했고 고전적인 메데아의 사례라고 할 만한 성향을 띠게 되었습니다. 그 때문에 내가 사랑하는 두 아이와 내 관계까지 어두워졌습니다. 내 삶의 비극이라 할 수 있는 이 문제는 세월이 더 흐른 뒤에도 해소되지 않았습니다.

카를 젤리히에게, 1952년 5월 5일. 밀레바에 관하여. Einstein Archives 39-020

❖

두 번째 아내 엘자 뢰벤탈에 관하여, 혹은 뢰벤탈에게

아인슈타인은 베를린에 살던 사촌 엘자와 1912년부터 장거리 연애를 하기 시작했다. 그가 여전히 밀레바와 결혼한 상태로 취리히에서 살던 때였다. 불륜은 1914년에 온 가족이 베를린으로 이사한 뒤에도 이어졌다. 밀레바는 금세 취리히로 돌아갔지만, 그는 1919년 2월이 되어서야 밀레바와 이혼했다. 그리고 같은 해 6월에 엘자와 결혼했다. 이전까지 친구들에게는 엘자와 결혼할 생각은 없다고 말했으며 심지어 엘자 대신 엘자의 딸 일제와 결혼할까 싶다고 말했으면서 말이다. 그는 한때 엘자의 여동생 파울라에게도 눈독을 들였다. 『아인슈타인 문서집』 8권의 편지들과 슈테른의 『아인슈타인의 독일』 105쪽 주석을 참고하라.

⊠

바라는 대로 네 편지는 항상 없앨게. 첫 번째 편지도 벌써 없앴어.

엘자에게, 1912년 4월 30일. 자신들의 관계에 관한 그녀의 염려에 답하며. *CPAE*, Vol. 5, Doc. 389

나는 누군가를 사랑해야 해. 그러지 않으면 삶은 비참할 뿐이야. 그리고 그 누군가는 바로 너야.

상동

나는 너보다 더 괴로워. 너는 네가 갖지 않은 것에 대해서만 괴로워하면 되니까.

엘자에게, 1912년 5월 7일. 까다로운 아내 밀레바를 암시하며. *CPAE*, Vol. 5, Doc. 391

편지가 늦은 건 우리 관계가 좀 염려스럽기 때문이야. 우리가 이보다 더 친밀해진다면 우리 둘에게도 다른 사람들에게도 안 좋을 거란 생각이 들어.

엘자에게, 1912년 5월 21일. *CPAE*, Vol. 5, Doc. 399

이제 나는 한없이 기쁘게 그릴 수 있는 사람, 삶을 바칠 수 있는 사람을 찾았어. …… 우리는 그토록 간절히 원했던 서로를 갖게 될 거야. 안정된 생활과 세상에 대한 낙관적인 전망이라는 선물을 서로에게 줄 거야.

엘자에게, 1913년 10월 10일. *CPAE*, Vol. 5, Doc. 476

당신이 세상에서 가장 아름다운 시를 읊어주었던들 …… 나를 위해 준비한 버섯과 거위 껍질 요리를 보았을 때 느꼈던 기쁨에는 발끝에도 미치지 못할 거야. …… 이 고백으로 내 가정적인 면이 드러났다고 해서 나를 비웃진 않겠지.

엘자에게, 1913년 11월 7일. *CPAE*, Vol. 5, Doc. 482

이곳에 사는 친척들과 즐겁게 지내고 있습니다. 특히 오랜 우정을 쌓아온 내 또래의 사촌과. 내가 이 대도시에[베를린에] 잘 적응하고 있는 건 대체로 그 때문입니다. 그렇지 않았다면 이곳은 내게 혐오스러운 동네일 뿐이었을 겁니다.

파울 에렌페스트에게, 1914년 4월 10일경. 베를린에 적응하는 것에 관하여. *CPAE*, Vol. 8, Doc. 2

* 엘자는 내가 베를린으로 온 주된 이유입니다.

하인리히 창거에게, 1915년 6월 27일. *CPAE*, Vol. 8, Doc. 16a, Vol. 10에

서도 언급됨.

* 나는 결국 사촌[엘자]과 결혼이라는 형식을 갖추기로 결정했습니다. 안 그러면 그녀의 장성한 딸들이 심각한 피해를 입을 테니까요. 나나 내 아들들에게는 아무 해가 될 게 없지만 어쨌든 그러는 게 내 의무입니다. …… 그 때문에 내 삶이 바뀔 건 하나도 없습니다. 어째서 인간의 원죄는 이브의 가련한 딸들에게 좀 더 가혹하게 가해지는 걸까요?

하인리히 창거에게, 1916년 3월 1일. 아인슈타인 집안은 엘자가 혼외 관계를 맺고 있다면 그 딸인 마르고트와 일제가 결혼 상대를 구하기 어려울 것이라고 여겼다. 그러나 아인슈타인은 12월 5일에 미셸 베소에게 보낸 편지에서 "재혼할 생각은 깡그리 버렸습니다"라고 다시 한 번 단언했다. 하지만 결국 삼 년 뒤에 그는 재혼했다. *CPAE*, Vol. 8, Doc. 196a, and 283a, Vol. 10에서도 둘 다 언급됨.

여자는 엘자나 일제 중에서 한 명만 데려갈 겁니다. 일제가 더 적당하겠지요. 더 건강하고 더 쓸모 있으니까요.

프리츠 하버에게, 1920년 10월 6일. 노르웨이로 강연 여행을 떠날 때 데려갈 사람에 관하여. Einstein Archives 12-325. 아인슈타인은 자신이 엘자와 결혼하기 전에 엘자의 딸인 일제에게 푹 빠졌었다는 사실은 언급하지 않았다(일제가 게오르크 니콜라이에게 1918년 5월 22일에 보낸 편지를 참고하라. *CPAE*, Vol. 8, Doc. 545).

⊠

자신의 두 아들에 관하여, 혹은 두 아들에게

아인슈타인은 밀레바와 두 아들 한스 알베르트와 에두아르트를 두었고 편지에서 "리제를"이라고 불리는 딸을 두었다. 엘자와의 결혼으로는 두 의붓딸 일제와 마르고트를 두었다. 리제를은 아인슈타인과 밀레바가 결혼하기 전인 1902년 1월에 태어났는데 아마 딴 집에 입양되었거나 친구가 길러주었을 것이다. 어쩌면 아기일 때 앓은 성홍열 때문에 죽었을지도 모른다. 1903년 9월 이후로는 리제를에 대한 언급이 전혀 등장하지 않으며 아인슈타인은 딸을 한 번도 직접 보지 못한 듯하다. 『아인슈타인 문서집』 5권과 『러브레터』를 참고하라. 리제를의 운명에 대해서는 지금까지도 이런저런 추측이 있다. 리제를은 성홍열을 이겨냈지만 친부모에 대해서는 전혀 몰랐을 수도 있고 우리로서는 알 수 없는 또 다른 운명을 겪었을 수도 있다. 아인슈타인의 두 아들 중에서는 한스 알베르트만이 자녀를 두었다. 에두아르트는 약하기는 해도 대체로 건강한 젊은이로서 의학 공부를 하고 있었으나 스무 살에 조현증이 발병했고, 평생 스위스에서 살았다. 아인슈타인은 전기 작가 카를 젤리히에게 자신이 유럽을 떠난 뒤에는 에두아르트에게 편지를 거의 쓰지 않았는데 그 이유는 스스로도 분석하기 어렵다고 말했다(Einstein Archives 39-060). '아이들에 관하여, 혹은 아이들에게' 장에서 아인슈타인이 어린 두 아들에게 썼던 편지도 참고하라.

리제를에게 생긴 일은 너무 안됐어. 성홍열은 만성 후유증을 남기기 쉬워. 부디 이 일이 무사히 지나가기를. 아이를 등록하는 문제는 어떻게 됐어? 나중에 문제가 생기지 않도록 조심해야 해.

(독자에게는) 약간 암호 같은 이 편지는 1903년 9월 19일경 밀레바에게 보낸 것이다. 아이를 등록한다는 것은 입양을 보내겠다는 부모의 의향을 확인하는 절차인지도 모른다. 그들은 리제를이 사생아로 태어난 사실이 밝혀지면 스위스 연방 특허청에 임시로 임용된 아인슈타인에게 해가 될 거라고 생각했을지도 모른다. *CPAE*, Vol. 5, Doc. 13, n. 4

우리[아인슈타인과 밀레바]가 별거할 때, 나는 아침에 눈뜰 때마다 아이들을 떠나야 한다는 생각에 심장이 칼에 찔리는 듯했습니다. 그럼에도 불구하고 그 조치를 후회한 적은 전혀 없었습니다.

하인리히 창거에게, 1915년 11월 26일. *CPAE*, Vol. 8, Doc. 152

알베르트는 내가 그 아이에게 대단히 중요한 존재가 될 수 있는 나이로 접어들고 있어. …… 내 영향력은 지적이고 미적인 측면으로만 한정될 거야. 나는 그 아이에게 제대로 생각하고 판단하고 사물을 객관적으로 음미하는 방법을 주로 가르치고 싶어. 그러려면 일 년에 몇 주는 필요해. 겨우 며칠로는 심오한 가치를 배우지 못한 채 짧게 재미만 느끼고 말 거야.

아인슈타인이 아들 한스 알베르트와 너무 많이 접촉하면 자신과 아들의 관계가 나빠질 거라고 걱정하던 밀레바에게, 1915년 12월 1일. *CPAE*, Vol. 8, Doc. 159

아이들이 훌륭하게 자라는 데 대해서 당신에게 고마워. 아이들은 육체적으로나 정서적으로나 더 이상 바랄 게 없을 만큼 훌륭한 상태더군. 그건 무엇보다도 당신이 제대로 키우고 있기 때문이란 걸 알아. …… 아이들은 나를 자연스럽고 다정하게 대했어.

취리히를 방문한 동안 밀레바에게, 1916년 4월 8일. *CPAE*, Vol. 8, Doc. 211

* 아이들과의 관계는 다시 꽁꽁 얼어붙었습니다. 부활절 소풍은 대단히 좋았지만 이후 취리히에서 며칠을 지내는 동안에는 그렇게 싸늘할 수 없었습니다. 나로선 통 이해되지 않습니다. 아이들과 거리를 좀 두는 게 낫겠습니다. 아이들이 잘 자라고 있다는 걸 아는 걸로 만족해야겠지요. 전쟁통에 아이를 잃은 수많은 부모에 비하면 나는 얼마나 행복한 처지인지요!

하인리히 창거에게, 1916년 7월 11일. 창거는 아인슈타인의 가까운 친구로서 그의 아들들을 살펴봐주었다. 한스 알베르트는 가끔 밀레바가 아플 때 창거와 함께 지내기도 했다. *CPAE*, Vol. 8, Doc. 232, Vol. 10에도 언급됨.

[한스] 알베르트가 아직 당신과 함께 있나요? 그 애가 자주 그립습니다. 그 애는 벌써 대화 상대로 손색이 없을 만큼 주관이 뚜렷한 한 인간이 되

었더군요. 아주 정직하고 건전하고요. 그 애가 내게 편지를 자주 쓰진 않지만 글쓰기는 그 애가 썩 좋아하는 일이 아니란 걸 아니까 괜찮습니다. …… 그 애가 온통 겉치레뿐인 대도시에서 자라지 않아 다행입니다.

하인리히 창거에게, 1919년 12월 24일. *CPAE*, Vol. 9, Doc. 233

어쩌면 그들이[밀레바와 아이들이] 계속 취리히에서 살도록 외환을 충분히 모을 수 있을지도 모르겠습니다. 아이들의 먼 미래를 생각하면 그러는 편이 더 나을 테니까 어려움을 감수할 이유는 충분하겠지요.

미셸 베소에게, 1920년 1월 6일. 스위스-독일 환율이 불리했기 때문에 아인슈타인은 그들에게 독일 남부로 이사하라고 요청할까 고민하고 있었다. 그러면 그가 보내는 돈을 더 여유 있게 쓸 수 있을 테니까. *CPAE*, Vol. 9, Doc. 245

언제 스위스에 갈 수 있을지는 아직 모르겠습니다. …… 알베르트가 당신과 함께 있다니 기쁩니다. 가족을 위해서 어서 유럽 통화를 좀 더 보내려고 합니다. 지역 통화는 이제 아무짝에도 쓸모없으니까요. …… 아빠가 자신의 양육비를 걱정하지 않는다는 인상을 알베르트가 받아서는 안 될 겁니다.

하인리히 창거에게, 1920년 2월 27일, 독일 마르크화의 디플레이션을 암시하며. *CPAE*, Vol. 9, Doc. 332

* 다른 면에서는 쾌활하기만 한 내 아들들은 너희 둘을 약간 질투하며 괴로워한단다. …… 내가 자기들과 너희들을 바꿨다고 느끼는 모양이야.

마르고트 아인슈타인에게, 그녀와 일제를 언급하며, 1921년 8월 26일. *CPAE*, Vol. 12, Doc. 214

* 소중한 아이들과 함께할 시간을 허락한 데 대해 당신에게 감사해야겠지. 아이들이 나를 친근하게 여기도록 길러준 것, 그 밖의 측면에서도 모범적인 태도를 지니도록 길러준 것을 고맙게 생각해. 가장 만족스러운 것은 아이들이 쾌활하고 겸손하다는 점이고 두 번째는 물론 활발한 지성을 지녔다는 점이야.

밀레바에게, 1921년 8월 28일. *CPAE*, Vol. 12, Doc. 218

* [에두아르트는] 지적 능력이 [한스 알베르트보다] 뛰어날지도 모르지만 균형 감각과 책임감이 부족한 것 같아(너무 자기중심적이야). 사람들과 사적인 상호작용이 부족한데 그러면 고립감이 들 테고 온갖 형태의 지장이 생길 수 있어. 그 애는 흥미로운 아이지만 인생 살기가 쉽진 않을 거야.

밀레바에게, 1925년 8월 14일. Einstein Archives 75-963

[한스] 알베르트가 그런 추악한 여자와 결혼하지만 않았어도 지금쯤 나도 할아버지가 되었을 텐데요.

얼마 전에 할아버지가 된 삼촌 체자어 코흐에게, 1929년 10월 26일. Einstein Archives 47-271. 아인슈타인은 한스 알베르트가 아홉 살 연상의 프리다 크네히트와 결혼하는 것을 심하게 반대했다. 그러나 두 사람은 결국 결혼했고 프리다가 죽을 때까지 함께했다. 1930년에 두 사람은 베른하르트를 낳아서 아인슈타인을 할아버지로 만들어주었다. 다음을 참고하라.

Sotheby's auction catalog, June 26, 1998, 424

* 나는 그동안 당신과 아이들과의 사적인 다툼에서 받은 괴로움을 짐짓 의식하지 않으려고 일부러 노력해왔어.

밀레바에게, 1933년 6월 15일. 다음에 번역되어 인용됨. Neffe, *Einstein*, 199. Einstein Archives 75-962

자식을 사랑하는 부모가 겪을 수 있는 가장 깊은 슬픔이 너희에게 닥쳤구나. 내가 너희 어린 아들을 봤던 바로는 원만하고 자신감 있고 건전한 인생관을 지닌 인간으로 커갈 게 분명하다 싶었는데. 그 아이를 본 건 잠깐뿐이었지만 마치 내 곁에서 자란 아이인 양 가깝게 느껴졌단다.

한스 알베르트와 그 아내 프리다에게, 1939년 1월 7일. 그들의 아들인 여섯 살 클라우스가 아마도 디프테리아로 갑자기 죽은 뒤. Roboz Einstein, *Hans Albert Einstein*, 34

정상적인 인생을 살 희망 없이 평생을 보내야 한다니, 그 애가 한없이 딱합니다. 인슐린 주사가 효과가 없었으니 의학적인 측면으로는 더 이상 희망을 품지 않습니다. …… 그냥 자연스럽게 놔두는 편이 전체적으로 더 나을 거라고 봅니다.

미셸 베소에게, 1940년 11월 11일, 아들 에두아르트에 관하여. Einstein Archives 7-378

여기에는 내가 완전히 파악할 수 없는 어떤 장애물이 놓여 있는 것 같습니다. 하지만 한 가지 분명한 요인은 내가 어떤 형식으로든 그 애 앞에 나타난다면 그 애가 이런저런 고통스러운 감정을 느낄지도 모른다는 점입니다.

카를 젤리히에게, 1954년 1월 4일. 왜 에두아르트와 연락하지 않는지 이야기하며. 아인슈타인은 유언에서 한스 알베르트보다 에두아르트에게 더 많은 돈을 남겼다. Einstein Archives 39-059

내 성격의 주요한 측면을 물려받은 아들이 있다는 건 기쁜 일이구나. 사적이지 않은 목표에 꾸준히 헌신함으로써 단순히 목숨만 붙어 있는 상태를 넘어서는 능력 말이다. 우리가 사적인 운명과 딴 사람들로부터 벗어나서 독립성을 지킬 수 있는 방법은 정말이지 그 길뿐이란다.

한스 알베르트에게, 1954년 5월 11일. Einstein Archives 75-918

솔직히 털어놓을 수밖에 없겠는데, 프리다가 내게 네 쉰 번째 생일을 상기시켜주었어.

상동

마르고트가 입을 열면 꽃이 마구 자라나지요.

의붓딸 마르고트가 자연을 얼마나 사랑하는지 이야기하며. 친구 프리다 부퀴가 회상한 말. 다음에 인용됨. "You Have to Ask Forgiveness," *Jewish Quarterly* 15, no. 4 (Winter 1967~68), 33

동생 마야와 어머니 파울리네에 관하여

좋아요, 그런데 바퀴는 어디 달렸어요?

1881년에 여동생 마야가 태어난 뒤 당시 두 살 반이었던 알베르트가 함께 놀 상대가 생겼다는 말을 듣고서. Maja Winterler-Einstein, "Biographical Sketch", *CPAE*, Vol. 1, lvii

나는 어머니와 동생이 딱하면서도 그들이 어쩐지 시시하고 속물스럽게 느껴져. 신기한 일이지. 인생은 우리의 섬세한 영혼을 조금씩 변화시켜서 결국 가까운 가족과의 유대마저도 습관적인 우정으로 축소시켜 버리니까 말이야. 우리는 마음 깊은 곳에서는 더 이상 서로 이해하지 못해. 서로 공감하지 못하고 상대가 어떤 감정으로 행동하는지도 알지 못해.

밀레바 마리치에게, 스무 살이었던 1899년 8월 초. *The Love Letters*, 9; *CPAE*, Vol. 1, Doc. 50

가엾은 어머니는 일요일에 여기 도착하셨습니다. …… 지금은 서재에 누워서 심신에 끔찍한 고통을 앓고 계십니다. …… 어머니의 고통은 오래 갈 것 같습니다. 겉으로는 아직 괜찮은 듯합니다만 정신적으로는 대단히 괴로워하십니다.

하인리히 창거에게, 1920년 1월 3일, *CPAE*, Vol. 9, Doc. 242

어머니는 끔찍한 고통을 겪다가 딱 일주일 전 돌아가셨습니다. 우리는 완전히 지쳐버렸습니다. 혈육의 의미를 뼈에 사무치게 느낍니다.

하인리히 창거에게, 1920년 2월 27일, *CPAE*, Vol. 9, Doc. 332; Einstein Archives 39-732

어머니가 고통스럽게 죽어가는데 아무것도 도울 수 없는 심정이 어떤지 압니다. 무엇도 위안이 안 되지요. 우리는 누구나 그 무거운 짐을 져야 합니다. 그것은 삶과 떼려야 뗄 수 없는 짐이기 때문입니다.

헤드비히 보른에게, 1920년 6월 18일, 헤드비히의 어머니가 죽은 뒤. Born, *Born-Einstein Letters*, 28. *CPAE*, Vol. 10, Doc. 59

3장

나이듦에 관하여

1949년 아인슈타인의 일흔 생일을 맞아 준비된 케이크.
(이스라엘 예루살렘 히브리 대학의 알베르트 아인슈타인 아카이브 제공)

⊠

나는 세상에 아무것도 요구하지 않는 단순한 인간 그대로입니다. 다만 젊음은 사라졌지요. 언제까지나 구름 위를 걷는 것만 같았던 매혹적인 젊음은.

안나 마이어-슈미트에게, 1909년 5월 12일. *CPAE*, Vol. 5, Doc. 154

나는 고독 속에 살아 왔다. 젊을 때는 그것이 고통스러웠지만 성숙해서는 오히려 감미로웠다.

조르주 슈라이버의 『초상화와 자화상』(Boston: Houghton Mifflin, 1936)을 위해서 쓴 글. 다음에 재수록됨. *Out of My Later Years*, 13. Einstein Archives 28-332

운명의 손아귀와 인간의 모든 환상 너머에는 틀림없이 뭔가 영원한 것이 있습니다. 그 영원한 것은 두려움과 희망 사이를 쉴 새 없이 오가는 젊은이보다는 나이 든 사람에게 더 가까이 있는 법입니다.

벨기에의 엘리자베트 왕비에게, 1936년 3월 20일. Einstein Archives 32-387

* 우리 나이에는 악마가 여유를 많이 주지 않는 법!

하인리히 창거에게, 1938년 2월 27일. 다음에 인용됨. Seelig, *Helle Zeit, dunkle Zeit*, 45. 다음에 번역되어 있다. Neffe, *Einstein*, 199. Einstein Archives 40-105

당신과 나 같은 사람은, 우리도 물론 언젠가 죽을 테지만, 다른 사람들과는 달리 아무리 오래 살더라도 늙지 않습니다. 우리는 어쩌다 몸담은 이 거대한 수수께끼 같은 세상 앞에서 언제까지나 호기심 어린 아이처럼 서 있는다는 뜻입니다.

오토 율리우스부르거에게, 1942년 9월 29일. Einstein Archives 38-238

* "폭삭 늙은 기분"이라는 당신의 말은 심각하게 여기지 않습니다. 나도 그런 기분을 아니까요. 가끔은 …… 그런 기분이 불쑥 솟았다가 도로 꺼지지요. 우리는 결국 자연이, 좀 더 신속한 방법을 택하지 않는 한, 우리를 서서히 먼지로 되돌리도록 내버려둘 수밖에 없으니까요.

막스 보른에게, 1944년 9월 7일. Born, *Born-Einstein Letters*, 145. Einstein Archives 8-207

* 나는 이제 늙은 영감탱이이지만 여전히 열심히 일하고 있고 여전히 신은 주사위 놀이를 하지 않는다고 믿습니다.

베를린 시절에 그의 학생이었던 일제 로젠탈-슈나이더에게, 1945년 5월 11일. Einstein Archives 20-274

나는 말년에 만족합니다. 나는 유머를 잃지 않았고 나 자신이든 다른 사람이든 그다지 중요하게 여기지 않습니다.

P. 무스에게, 1950년 3월 30일. Einstein Archives 60-587

비슷한 연배로 함께 늙어가는 친구들은 다들 조심스럽게 균형을 잡으면서 살고 있습니다. 늙으면 자기 의식이 예전만큼 또렷하지 않다고 느끼게 됩니다. 그래도 차분히 가라앉은 고유의 색깔들을 띤 황혼은 그 나름대로 매력이 있습니다.

게르트루트 바르샤우어에게, 1952년 4월 4일. Einstein Archives 39-515

나는 늘 고독을 사랑했습니다. 더구나 나이가 들수록 점점 더 그렇게 되더군요.

E. 마란고니에게, 1952년 10월 1일. Einstein Archives 60-406

젊은이들이 돌봐주지 않는다면 나는 틀림없이 요양원에 들어가려고 하겠지요. 내 신체적, 정신적 능력이 쇠퇴하는 것을 스스로 너무 걱정하지 않아도 되도록 말입니다. 어쨌거나 이건 결코 막을 수 없는 자연스러운 과정이니까요.

W. 레바흐에게, 1953년 5월 12일. Einstein Archives 60-221

껍데기만 남은 계란 같은 기분입니다. 75세가 되면 다른 건 아무것도 기대할 수 없지요. 누군가에게 자신의 죽음을 준비시켜야 합니다.

다음에 인용됨. Fantova, "Conversations with Einstein," January 1, 1954

젊을 땐 모든 사람과 모든 사건이 독특해 보이지만 나이가 들면 비슷한 사건들이 재발한다는 걸 깨닫게 됩니다. 기쁜 일도 놀라는 일도 점점 줄지만 실망하는 일도 줍니다.

벨기에의 엘리자베트 왕비에게, 1954년 1월 3일. Einstein Archives 32-408

더 이상 잃을 게 없는 늙은이들이 훨씬 더 많은 제약을 겪는 젊은이들을 대신하여 나서서 말해줘야 합니다.

벨기에의 엘리자베트 왕비에게, 1954년 3월 28일. Einstein Archives 32-411

나이를 절실히 느끼고 있습니다. 이제 일하고 싶어서 안달하는 마음이 없어졌고 식사한 뒤에는 늘 좀 누워 있어야 합니다. 사는 게 여전히 즐겁지만, 갑자기 모든 게 끝난다고 해도 신경 쓰지 않을 겁니다.

다음에 인용됨. Fantova, "Conversations with Einstein," April 27, 1954

예전에 느꼈던 심한 통증은 사라졌지만 이제 아주 쇠약해진 기분입니다. 이런 늙다리 영감에게는 당연한 일이지만.

상동, 1954년 5월 29일

오늘은 [아파서] 18세기 귀부인처럼 침대에 누운 채 손님들을 맞았습니다. 당시 파리에서는 이런 게 유행이었다지요. 하지만 나는 여자가 아니고 지금은 18세기가 아닌걸!

상동, 1954년 6월 11일

나는 낡아빠진 자동차 같습니다. 구석구석 죄다 고장났습니다. 그래도 여전히 일할 수만 있다면 삶은 아직 살 만하지요.

상동, 1955년 1월 9일

늙어도 아주 아름다운 순간들이 있단다.

마르고트 아인슈타인에게. 다음에 인용됨. Sayen, *Einstein in America*, 298

4장

미국과 미국인에 관하여

1940년 10월 1일, 뉴저지 트렌턴에서 미국 시민증을 받는 모습.
(프린스턴역사협회 제공)

⊠

보스턴에 오게 되어 기쁩니다. 보스턴은 세계에서 가장 유명한 도시이자 교육의 중심지라고 들었습니다. 이곳에 오게 되어 기쁘고, 이 도시와 하버드를 방문하는 일이 즐겁기를 기대합니다.

하임 바이츠만과 함께 보스턴에 방문했을 때. 〈뉴욕 타임스〉 1921년 5월 17일자. 이 책에 실린 프린스턴 관련 인용문들을 보고서 A. J. 콕스가 내게 알려준 항목이다.

* 미국은 흥미로운 곳입니다. 엄청나게 분주하고요. 내가 떠돌았던 다른 어떤 나라들보다 더 큰 열기를 느낄 수 있는 곳입니다. 나는 크고 작은 무수한 모임에 참석하여 상품으로 내걸린 수소처럼 전시되는 데 동의해야 했지요. …… 내가 지금 살아 있는 것만도 놀랄 일입니다.

미셸 베소에게, 1921년 5월 21~30일경. *CPAE*, Vol. 12, Doc. 141

* 미국인의 삶은 …… 여자들이 장악하고 있습니다. 남자들은 아무 데도 흥미가 없습니다. 일만 합니다. 다른 어떤 나라에서도 본 적 없을 만큼 열심히. 나머지 시간에는 그저 자기 아내의 애완견이죠. 여자들은 몹시 호화로운 패션에 돈을 쓰고 사치의 베일을 휘두르고 다닙니다.

1921년 7월 4일 〈니우어 로테르담스허 쿠란트〉와의 인터뷰에서. 아인슈타인은 자기 말이 잘못 보도되었다고 우겼다. 인터뷰 엿새 뒤에 〈포시셰 차이퉁〉에 실린 기사를 읽고는 자신도 충격을 받았다며 반박문을 발표했다. 이 소동에 관한 설명은 다음을 보라. Rowe and Schulmann, *Einstein on Politics*, 111~112.

미국인이 독일인보다 덜 학구적이기는 해도 열정과 에너지가 더 많기 때문에 새로운 아이디어가 사람들 사이에 더 널리 전파됩니다.

〈뉴욕 타임스〉 1921년 7월 12일자에서 재인용

미국에서는 어딜 가든 분명한 태도를 취해야 합니다. 아니면 돈을 못 받고 존중도 못 받습니다.

마우리체 솔로비네에게, 1922년 1월 14일. *Letters to Solovine*, 49. Einstein Archives 21-157

살면서 여성에게 구애했다가 이토록 열렬하게 거절당한 건 처음입니다. 설령 전에 있었다고 해도 이렇게 많은 여성으로부터 동시에 거절당한 건 처음입니다.

1932년 12월 연합통신(AP)를 통해 여성애국자협회에 전달한 답신 중에서. 로와 슐먼의 책에 따르면(Rowe and Schulmann, *Einstein on Politics*, 261~262), 프로싱엄 여사가 이끈 그 우익 단체는 아인슈타인이 무정부주의-공산주의 음모의 우두머리이고 상대성이론은 교회와 국가를 무법천지로 만들려는 전복적 이론이라고 주장하면서 그의 미국 방문을 국무부에 항의했다. Einstein Archives 28-213

* 그러나 경계심 많은 여성 시민들의 말에는 제법 일리가 있지 않습니까? 옛날옛적 크레타의 미노타우로스가 아리따운 그리스 처녀들을 잡아먹었듯이 비정한 자본가를 게걸스레 잡아먹는 사람, 더군다나 자기 아내와의 피치 못할 전쟁 외에는 어떤 전쟁도 거부하는 비열한 사람에게 왜 국가의 문호를 열어주겠습니까?

상동, 262

미국에서는 다른 어느 나라에서보다도 다수의 업적에 개인이 묻힙니다.

G. S. 피레크와의 인터뷰에서. "What Life Means to Einstein," *Saturday Evening Post*, October 26, 1929. 다음에 재수록됨. Viereck, *Glimpses of the Great*, 438

미국인은 인종의 용광로에 크나큰 빚을 지고 있습니다. 인종이 이렇게 뒤섞여 있기 때문에 미국의 국가주의가 유럽 나라들의 국가주의보다 반대를 덜 겪는 것일 수도 있습니다. …… [미국인은] 유럽 나라들의 관계를 물들인 증오와 두려움의 유산을 물려받지 않았기 때문이겠지요.

상동, 451

* 이 나라에서는 누구나 당당하고 씩씩하게 자신의 인권을 주장합니다. 출생과는 무관하게 누구나 인류를 위해서 자신의 에너지를 계발할 기회를 동등하게 누립니다. 문서에서만 그런 것이 아니라 현실에서도 …… 개인의 자유는 생산적인 노동을 낳는 기반으로서 어떤 독재보다

더 훌륭합니다.

1930년 12월 11일 뉴욕에 도착하여 선상에서 방송으로 미국 국민에게 전한 인사에서. 전문은 다음을 보라. Rowe and Schulmann, *Einstein on Politics*, 238~239. Einstein Archives 36-306

* 여러분과 여러분의 땅에 경의를 표합니다. 앞으로 여러분 속에서 많은 것을 보고 배우면서 오래된 우정을 갱신하고 이해를 넓힐 수 있기를 간절히 바랍니다.

상동

여러분은 든든한 확신을 갖고서 미래를 내다보아도 좋을 것 같습니다. 여러분에게는 일상의 즐거움과 노동의 즐거움이 조화롭게 결합된 생활양식이 있기 때문입니다. 여기에 더해 모든 사람들에게 야심 찬 기상이 속속들이 스며 있어, 나날의 노동을 아이의 행복한 놀이처럼 만들어주는 듯합니다.

〈뉴욕 타임스〉 1931년 1월 1일자, 새해맞이 인사에서. 다음에 인용됨. *Stevenson's Book of Quotations: Classical and Modern*. Einstein Readex 324 (아인슈타인 아카이브에는 항목으로 포함되어 있지 않음)

여기 패서디나는 천국 같습니다. …… 늘 해가 쨍쨍하고 공기가 상쾌하며, 정원은 야자와 후추나무로 가득하고, 친절한 사람들은 내게 미소를 보내면서 사인을 부탁합니다.

레바흐 가족에게, 스모그가 덮치기 전인 1931년 1월 16일. 패서디나는 칼텍이 있는 도시다. Einstein Archives 47-373

대조와 놀라움의 땅인 이곳은[미국은] 사람을 감탄하게 만들었다가 불신을 안기기를 반복합니다. 그래서 나는 숱한 고통과 고난을 간직한 오래된 유럽에 더욱더 애착을 느끼게 됩니다. 그곳으로 돌아가는 게 기쁘게 느껴집니다.

벨기에의 엘리자베트 왕비에게, 1931년 2월 9일. 미국에서 석 달 체재하는 동안 향수를 드러내면서. Einstein Archives 32-349

사람들의 얼굴에 떠오른 미소는 …… 미국인의 뛰어난 자질 중 하나를 보여주는 증표이다. 미국인은 친절하고 자신만만하고 낙천적이다. 그리고 남을 시기하지 않는다.

1931년경에 쓴 '미국의 인상'에서. 다음에 출처가 잘못 표기된 채 인용되어 있다. *Ideas and Opinions*, 3. Einstein Archives 28-167

미국인은 유럽인에 비해 좀 더 자신의 목표와 미래를 위해서 살아간다. 미국인에게 삶은 늘 현재 진행형일 뿐 한순간도 완성된 것이 아니다. …… 미국인은 유럽인보다 덜 개인주의적이고 …… '나'보다 '우리'를 더 강조한다.

상동

미국의 과학 연구 기관들에게 훈훈한 경의를 표한다. 미국의 과학 연구가 갈수록 우수해지는 것을 전적으로 부유함 탓으로 돌리는 것은 부당하다. 미국인의 헌신, 인내, 동지애, 협동 능력이 미국의 성공에 중요하게 기여하고 있다.

상동

이것은 인구 중 다수가 권력이나 돈보다 지식과 정의에 더 높은 우선순위를 매긴다는 뜻이다.

상동. 아인슈타인이 이런 결론을 내린 것은 미국인이 물질주의적이라는 평판에도 불구하고 그를 대단히 우러르고 존경하는 태도를 보였기 때문이다.

장기적으로는 미국보다 홀란드에서 사는 편을 택하겠습니다. …… 정말 빼어난 학자가 한 줌 있기는 하지만 그 밖에는 따분하고 황량한 동네라서 금세 지루함에 손이 떨릴 겁니다.

파울 에렌페스트에게, 1932년 4월 3일, 유럽으로 돌아간 뒤. Einstein Archives 10-227

내년에 미국 시민이 될 수 있다는 전망에 아주 행복합니다. 나는 늘 자유공화국의 국민이 되고 싶었고, 어릴 때 독일에서 스위스로 옮긴 것도 그 때문이었습니다.

예순 생일에 발표한 성명에서. *Science* 89, n.s. (1939), 242

* 미국에서는 개인이 자신의 창조성을 맘껏 계발할 수 있다. 내게는 그 점이 인생에서 가장 중요한 자산이다.

1940년 6월 22일에 쓴 '나는 미국인이다'에서. Rowe and Schulmann, *Einstein on Politics*, 470. Einstein Archives 29-092

* 여기 와서 미국인을 관찰한 바 …… 미국인은 기질 면에서나 전통 면에서나 전체주의 체제에서 살기에 알맞은 사람들이 아니다. 많은 미국인은 그런 환경에서는 살 가치가 없다고 느낄 것 같다. 그렇다 보니 미국인에게는 자유를 보존하고 보호하는 것이 한층 더 중요한 문제가 된다.

상동

* 미국은 민주주의가 그저 건전한 헌법에 기초한 정부 형태인 것만이 아니라 도덕적 힘이라는 위대한 전통에 결부된 삶의 방식이라는 사실을 증명할 것이다. 과거 어느 때보다도 오늘날 인류의 운명은 우리들의 도덕적 역량에 달려 있다.

상동, 472

오늘날 미국은 타인의 권리를 존중하고 자유와 정의의 원칙을 믿는 모든 명예로운 인간들의 희망이다.

진주만이 폭격당한 1941년 12월 7일, 백악관 기자에게 전화로 읽어준 '독일에게 보내는 메시지'에서. 다음에 인용됨. Nathan and Norden, *Einstein on Peace*, 320. Einstein Archives 55-128

정치 제도를 정당화해주는 단 하나의 목적은 그것이 개개인이 아무런 방해 없이 자신을 계발하도록 보장하는 데 있다. …… 내가 미국인이라서 특히 다행이라고 여기는 점이 바로 그것이다.

상동

[미국] 정부는 대체로 자본가들에게 통제되고 있는데, 그들의 사고방식은 파시스트적 사고방식과 비슷합니다. 히틀러가 만일 미치광이만 아니었다면 서구 열강의 반감을 쉽게 피했을 겁니다.

프랭크 킹던에게, 1942년 9월 3일. Einstein Archives 55-469

* 미국에서는 누구나 자신의 가치를 믿어 의심치 않는다. 누구도 다른 사람이나 계급 앞에서 자신을 낮추지 않는다. 큰 빈부 격차도 소수에게 집중된 권력도 이런 건전한 자신감과 다른 시민들의 존엄을 존중하는 자연스러운 태도를 훼손하지 못한다.

'제2의 조국에게 보내는 메시지'에서. "Message to My Adopted Country," *Pageant* 1, no. 12 (January 1946), 36~37. 다음을 보라. Rowe and Schulmann, *Einstein on Politics*, 474; Jerome and Taylor, *Einstein on Race and Racism*, 140

[유대인과 비유대인의] 분리는 독일을 포함한 서유럽 어느 나라보다 [미국에서] 더 뚜렷합니다.

한스 뮈잠에게, 1948년 3월 24일. Einstein Archives 38-371

요즘처럼 내가 고립되었다고 느낀 적은 또 없습니다. …… 최악은 내가 동일시할 수 있는 집단이 전혀 없다는 겁니다. 어디나 야만과 거짓이 널렸습니다.

게르트루트 바르샤우어에게, 1950년 7월 15일, 매카시 시절에 관하여. Einstein Archives 39-505

오래전 독일에서 벌어졌던 재앙이 반복되고 있습니다. 사람들은 악의 세력에 저항 없이 순응하고 동조합니다.

벨기에의 엘리자베트 왕비에게, 1951년 1월 6일. 미국의 매카시즘에 관하여. Einstein Archives 32-400

나는 새로운 고향으로 택한 나라에서 일종의 앙팡테리블이 되어버렸습니다. 여기서 벌어지는 일을 뭐든지 잠자코 받아들이지 못하는 성질머리 때문입니다.

벨기에의 엘리자베트 왕비에게, 1954년 3월 28일. Einstein Archives 32-410

⊠

제2의 고향으로 선택한 뉴저지 주 프린스턴에 관하여

프린스턴은 예쁜 곳이더군요. 피우지 않은 파이프처럼 신선하고 젊은.

그가 미래에 살게 될 곳을 강연차 방문했던 일을 보도한 〈뉴욕 타임스〉 1921년 7월 8일자 기사에서 재인용

프린스턴은 작고 멋진 동네입니다. 허세를 부리는 시시한 반신半神들이 살고 있는, 고풍스럽고 격식 있는 동네이지요. 그래도 나는 사회적 관습을 어느 정도 무시함으로써 연구하기에 좋고 정신 산란한 일도 없는 환경을 스스로 구축했습니다.

벨기에의 엘리자베트 왕비에게, 1933년 11월 20일. Einstein Archives 32-369

나이 든 사람에게 이 사회는 언제까지나 사실상 외국처럼 낯설기만 합니다.

벨기에의 엘리자베트 왕비에게, 1935년 2월 16일. Einstein Archives 32-385

우호적인 미국과 프린스턴의 자유로운 기풍에서 찾아낸 내 새 집이 아주 만족스럽습니다.

《서베이 그래픽》과의 인터뷰에서. *Survey Graphic* 24 (August 1935), 384, 413

나는 운명의 특혜를 받아, 마치 …… 라컨[벨기에]의 매혹적인 왕립 정원을 닮은 섬에서 사는 것처럼 프린스턴에서 살아가고 있습니다. 이 작은

대학 도시에는 분란을 겪는 세상 사람들의 어수선한 목소리가 거의 파고 들지 못합니다. 남들은 애쓰고 괴로워하며 살고 있는데 나만 이런 곳에서 살고 있다는 게 부끄러울 지경입니다.

벨기에의 엘리자베트 왕비에게, 1936년 3월 20일. Einstein Archives 32-387

내가 최근 감당했던 온갖 무거운 짐을 생각하자면, 프린스턴 대학에서 내게 연구 공간과 과학적 분위기를 마련해준 것에 두 배로 감사하지 않을 수 없습니다. 이보다 더 알맞고 조화로운 곳은 없을 겁니다.

프린스턴 대학 총장 해롤드 도즈에게, 1937년 1월 14일. 아인슈타인은 대학과 별개의 기관인 고등연구소 소속이었지만 그 캠퍼스가 아직 지어지지 않은 터라 임시로 대학의 사무실을 쓰고 있었다. 이 메시지의 일부는 프린스턴의 아인슈타인 동상에 새겨져 있다. Einstein Archives 52-823

마퀀드 사유지는 이제 공원입니다. 오늘은 일요일이라서 연구소에 나가지 않고 그곳에서 산책했습니다. 아주 가깝고 아름답지요.

다음에 인용됨. Fantova, "Conversations with Einstein," May 8, 1954

천국으로의 추방.

프린스턴으로 가는 것에 관하여. 다음에 인용됨. Sayen, *Einstein in America*, 64

솔직히 놀랐지요? 내가 전 세계에 퍼진 명성과는 대조적으로 …… 이곳에서 이렇게 고립되어 조용하게 살아가고 있다는 사실에. 나는 평생 이런 고립을 꿈꿨고 마침내 프린스턴에서 그 꿈을 이뤘습니다.

다음에 인용됨. Frank, *Einstein: His Life and Times*, 297

5장

아이들에 관하여, 혹은 아이들에게

캘리포니아에 도착하여 여학생들에게 둘러싸인 모습.
(원본 와이어포토는 뒷면에 1931년 1월 1일자 소인이 찍혀 있다.)

⊠

내가 어떻게 생겼는지 알려줄게. 희멀건 얼굴, 긴 머리카락, 똥배가 약간 나오기 시작했지. 걸음걸이는 어색하고, 입에는 시가를 물고 있고 …… 호주머니나 손에 펜을 쥐고 있어. 그래도 다리가 휘거나 사마귀가 나진 않았으니 이만하면 잘생겼지. 못생긴 남자들이 종종 그렇듯이 손등에 털이 나지도 않았고 말이야. 그러니 네가 나를 못 만난 건 정말 안된 일이구나.

8세 사촌 엘리자베트 나이에게 보낸 엽서에서, 1920년 9월 30일. 그 아이는 부모가 아인슈타인을 방문할 때 함께 초대받지 못해서 무시당했다고 느끼고 있었다. 다음을 보라. Calaprice, *Dear Professor Einstein*, 113. *CPAE*, Vol. 10, Doc. 157

* 친애하는 어린 친구에게: 네가 적었듯이, 운동은 상대운동으로만 경험되고 제시될 수 있다는 명제는 참이란다. …… 그러나 상대성이론이 등장하기 전에는 다들 운동 법칙을 구축하려면 반드시 절대운동 개념이 있어야 한다고 생각했지. …… 하지만 네가 스스로 좀 더 배운 뒤에야 남들을 가르치는 게 좋을 것 같구나.

아인슈타인에게 논문을 보내온 12세 아서 코언에게, 1928년 12월 26일. Einstein Archives 42-547. 코언의 친척 베티가 이 인용문을 읽은 뒤 내게 연락해왔는데, 어린 아서는 나중에 스탠퍼드에 진학했고 하버드에서 식물학 박사 학위를 받았으며 결국 워싱턴 주립 대학 교수가 되었다고 한다.

* 친애하는 꼬마 사촌에게: 네가 구매자로서 요령이 썩 좋은 것 같진 않지만 최소한 호기심이 많다는 점만큼은 다행이구나. 그러니까 답을 알려주마. 수프가 생각만큼 많이 식지 않은 것은 윗면을 덮은 기름 층 때문에 증발이 어려워져서 냉각 속도가 느려졌기 때문이란다.

이름을 알 수 없는 탐구심 많은 아이에게, 1930년 1월 13일. Calaprice, *Dear Professor Einstein*, 121. Einstein Archives 42-592

* 일본 학생들에게: …… 나는 아름다운 너희 나라를 방문한 적 있단다. 그곳의 도시들, 집들, 산과 숲, 일본 청년들에게 고향에 대한 사랑을 불러일으키는 자연을 보았단다. 지금 내 탁자에는 일본 학생들이 그린 알록달록한 그림이 잔뜩 수록된 커다란 책이 놓여 있어. …… 우리 시대는 역사상 처음으로 다른 나라의 사람들이 우호적이고 사려 깊은 방식으로 서로가 관련된 일을 처리할 수 있는 시대임을 잊지 말렴. …… 우애로운 이해의 기상이 …… 계속 자라나기를 …… 늙은 나는 …… 언젠가 너희 세대가 우리 세대를 부끄럽게 만들기를 바란단다.

1930년 가을에 쓴 글. Calaprice, *Dear Professor Einstein*, 121~123. Einstein Archives 42-594

* 친애하는 젊은 여러분: 여러분이 학교에서 배운 멋진 것들은 모두 이전 세대들의 작품임을 명심하십시오. …… 그것은 세계 모든 나라에서 많은

사람들이 열정적으로 애쓰고 엄청난 수고를 들여서 성취한 것입니다. 여러분은 그 모든 것을 물려받았습니다. 여러분은 이제 그것을 받아들이고, 존중하고, 더욱 발전시켜서, 언젠가 여러분의 후손에게도 충실하게 전수할 수 있을 것입니다. …… 이 사실을 끊임없이 되새긴다면, 여러분은 여러분의 인생과 노력에서 의미를 찾을 수 있을 것이고 다른 사람들과 다른 시대에 대해서도 올바른 태도를 취할 수 있을 것입니다.

1931년 2월 26일 패서디나 시티 칼리지에서 했던 강연에서. 〈패서디나 스타 뉴스〉 1931년 2월 26일자와 〈패서디나 크로니클〉 1931년 2월 27일자에 실렸다. 다음에는 다른 번역으로 실렸다. *Mein Weltbild*, 25. 이 강연에 관한 추가 정보는 '교육, 학생, 학문의 자유에 관하여' 장을 보라.

* 어떤 형태로든 생명이 우리 행성에만 존재하진 않을 거라는 가정이 자연스럽지만, 그 문제는 현재 우리의 지식을 넘어서는 문제입니다.

16세 아마추어 천문학자 딕 에몬스에게, 1935년 11월 11일. 에몬스는 훗날 스미스소니언 재단의 후원으로 1956년 시작된 위성 추적 활동 '문워치 작전'의 터줏대감이 되었다. Smithsonian Institution Archives, Richard Emmons Collection, Record Unit 08-112, Box 1. 다음도 참고하라. Patrick McCray, *Keep Watching the Skies!* (Princeton, N.J.: Princeton University Press, 2008), 35. Einstein Archives 92-381

* 친애하는 어린이 여러분: 어린이 여러분이 크리스마스에 모두 한자리에 모여 있는 모습을 기쁜 마음으로 머리에 그려봅니다. 따뜻하게 빛나는 크리스마스 불빛이 조화로운 분위기를 북돋워 모두들 한마음이 되어

있겠지요. 그런데 여러분이 찬양하는 생일의 주인공이 가르쳐주었던 교훈도 잊지 말고 떠올려보세요. …… 여러분은 스스로 누리는 행운과 친구들에게 얻는 즐거움을 통해서 행복할 줄 알아야지, 무분별한 싸움에서 재미를 느껴서는 안 됩니다. …… 여러분의 짐은 좀 더 가볍거나 견딜 만하게 느껴질 테고, 인내를 통해서 여러분만의 방식을 찾을 수 있을 것이며, 여러분이 온 세상에 기쁨을 퍼뜨리게 될 것입니다.

뜻깊은 크리스마스 메시지를 부탁한 학교에게, 1935년 12월 20일. Calaprice, *Dear Professor Einstein*, 134~135. Einstein Archives 42-598

* 친애하는 필리스에게: …… 과학자들은 인간사를 비롯하여 세상 모든 사건이 자연법칙에 따라 발생한다고 믿는단다. 따라서 과학자는 기도가 사건의 경과에 영향을 미친다고 믿기 어려워. …… 하지만 한편으로 과학을 진지하게 추구하는 사람이라면 누구나 우주의 법칙에는 모종의 정신이 드러나 있다고 믿게 되기 마련이지. 인간의 정신과는 비교가 안 될 만큼 훨씬 우월한 정신이. 이런 방식으로 과학 연구가 특별한 종교적 감정으로 이끌기도 한단다.

필리스 라이트에게, 1936년 1월 24일. Calaprice, *Dear Professor Einstein*, 128~129. Einstein Archives 42-602

* 친애하는 바버라에게: 친절한 편지를 받고 무척 기뻤단다. 지금까지 내가 영웅 같은 게 된다는 생각은 꿈에도 해본 적이 없었어. 하지만 이제 네가 나를 영웅으로 임명했으니 정말 그런 것처럼 느껴지는구나. …… 수학이

어려운 건 걱정하지 말려무나. 장담하는데 나는 너보다 더 어려워했단다.

중학생 바버라 윌슨에게, 1943년 1월 7일. Calaprice, *Dear Professor Einstein*, 140. Einstein Archives 42-606

* 친애하는 휴에게: 저항할 수 없는 힘과 움직일 수 없는 물체 같은 건 세상에 없단다. 하지만 그 목표를 달성하기 위해서 스스로 구축한 희한한 난관을 용감하게 뚫고 나간 고집쟁이 소년이 있다는 건 사실인 모양이구나.

휴 에버릿 3세에게, 1943년 6월 11일. 휴가 보낸 편지는 아카이브에 없기 때문에 맥락은 알 수 없다. Einstein Archives 89-878

* 친애하는 머파누이에게: …… 내가 아직 멀쩡히 살아 있어서 미안하다고 사과해야겠구나. 하지만 이 문제에는 틀림없이 해결책이 있을 거란다. "굽은 공간"에 대해서는 걱정하지 말아라. 나중에 다 이해하게 될 거야. …… 엄밀하게 따지자면 "굽었다"는 뜻은 우리가 일상에서 쓰는 뜻과 똑같진 않단다. …… 앞으로 [네] 천문학 활동이 학교의 감시에 더 이상 발각되지 않기를 바란다.

남아프리카공화국의 머파누이 윌리엄스에게, 1946년 8월 25일. 머파누이는 아인슈타인이 죽은 줄 알았다고 고백했고, 자기와 친구들이 기숙학교에서 소등 후 몰래 망원경으로 관측한다고 말했다. 예전에는 아이의 이름이 '티파니'라고 잘못 옮겨 적혀 있었다. 이 점을 바로잡아준 아인슈타인 아카이브의 바버라 울프에게 고맙다. Calaprice, *Dear Professor Einstein*, 153. Einstein Archives 42-612

* 나는 네가 여자아이란 사실에 전혀 신경 쓰지 않는단다. 그러나 더 중요한 건 네 자신이 신경 쓰지 않는 거야. 그럴 이유가 전혀 없단다.

역시 머파누이에게 보낸 편지에서, 1946년 9월~10월. 아인슈타인은 아이의 이름을 남자아이 이름으로 착각했고 아이는 답장을 보내어 자기가 여자라고 말하면서 그 사실이 "늘 속상하지만" 이제 "체념했다"고 말했다. Calaprice, *Dear Professor Einstein*, 156. Einstein Archives 42-614

* 친애하는 모니크에게: 지구의 역사는 십억 년이 좀 넘는단다. 그 종말에 관해서 묻는다면 이렇게 대답하지. 두고 보자! …… 네 우표 컬렉션에 추가할 우표를 몇 장 동봉한다.

뉴욕의 모니크 엡스타인에게, 1951년 6월 19일. Calaprice, *Dear Professor Einstein*, 174~175. Einstein Archives 42-647

* 친애하는 어린이 여러분: …… 햇빛이 없다면 세상에는 밀도, 빵도, 풀도, 소도, 고기도, 우유도 없을 거야. 그리고 온 세상이 얼어붙을 거란다. 어떤 생명도 없을 거야.

루이지애나의 "여섯 명의 꼬마 과학자들"에게, 1951년 12월 12일. Calaprice, *Dear Professor Einstein*, 187. Einstein Archives 42-652

* 오래전 교사 출신으로서 내가 여러분의 협회 회장으로 지명된 사실을 대단히 즐겁고 자랑스럽게 전해 들었습니다. 나는 늙은 집시입니다만, 노년에는 본질적으로 존중할 만한 면이 있는 편이지요. 나도 예외는 아니고

요. …… 내가 (많이는 아니지만) 약간 당황스러운 점은 …… 지명이 내 동의와 무관하게 이뤄졌다는 사실입니다.

영국 뉴캐슬언더타인의 대학준비과정협회에게, 1952년 3월 17일. Einstein Archives 42-660

* 젊은이 여러분은 자신을 행운아로 여겨야 합니다. …… 문화적 배경이 다양한 청년들과 서로 관점과 아이디어를 교환할 기회가 있으니까요. 국제 문제와 갈등을 해결하는 데 꼭 필요한 평생의 통찰을 얻는 데 그보다 더 좋은 기회는 없습니다.

오스트리아의 '어린이와 청소년 우정 협회'에게 보낸 메시지에서, 1952년 11월 22일. Calaprice, *Dear Professor Einstein*, 203. Einstein Archives 42-667.1

* 친애하는 어린이 여러분: …… 우리는 다음과 같은 특징들을 갖춘 존재를 동물이라고 부릅니다. 영양을 섭취할 것, 자신과 비슷한 부모로부터 태어났을 것, 성장할 것, 스스로 움직일 것, 수명이 다하면 죽을 것 …… [사람도] 위에서 말한 기준으로 판단해보고 우리를 동물로 여기는 게 자연스러운지 아닌지 여러분 스스로 결정해보세요.

웨스트뷰 학교 아이들에게, 1953년 1월 17일. Calaprice, *Dear Professor Einstein*, 206. Einstein Archives 42-673

* 여러분의 선물은 앞으로 좀 더 말쑥하게 입고 다니라는 타당한 제안으로

여겨야겠군요. …… 내게 넥타이와 커프스는 이미 오래된 기억으로만 존재하는 물건이기 때문입니다.

뉴욕 파밍데일 초등학교 아이들에게, 죽기 한 달도 안 남았던 1955년 3월 26일. Calaprice, *Dear Professor Einstein*, 219~220. Einstein Archives 42-711

⊠

어린 아들들에게

('가족' 장에서 '자신의 두 아들에 관하여, 혹은 두 아들에게' 부분도 참고하라)

남자애들에게 취리히만큼 좋은 곳이 없지. …… 너무 많은 숙제에 시달리지도 않고 너무 잘 차려입거나 예의를 차릴 필요도 없고.

아들 한스 알베르트에게, 아들들이 엄마와 함께 취리히로 돌아간 뒤인 1915년 1월 25일. *CPAE*, Vol. 8, Doc. 48

오늘 너와 테테에게 장난감을 좀 보낼게. 피아노 연습을 게을리하지 말아라, 아튼. 음악을 멋지게 연주할 줄 알게 되면 자신은 물론이고 남들에게도 얼마나 큰 즐거움이 되는지 모를 거야. …… 또 하나, 매일 이를 닦거라. 이가 조금이라도 이상하면 당장 치과에 가고. 나도 그러는데, 덕분에 이가 튼튼한 게 지금 얼마나 다행인지 모른단다. 이게 아주 중요한 일이란 걸 너도 나중에 깨달을 거야.

한스 알베르트에게(이전에는 내가 '아튼'을 '아두'로 잘못 옮겨 적었다. '테테'는 에두아르트를 가리킨다), 1915년 4월경. *CPAE*, Vol. 8, Doc. 70. 같은 해 나중에 보낸 편지에서 아인슈타인은 두 아들에게 치아와 뼈를 튼튼하게 발달시키기 위해서 식후 반드시 염화칼슘을 챙겨 먹으라고 일렀다.

일 년에 한 달은 너와 함께 보내도록 노력할게. 친근하고 사랑하는 아버지가 될 수 있도록 하마. 남들은 네게 쉽게 알려줄 수 없는 이런저런 좋은 것도 나는 잔뜩 가르쳐줄 수 있단다. 내가 엄청나게 애써서 알아낸 것들은 남들한테만 귀중할 게 아니라 특히 내 아들들에게 가치 있게 쓰여야겠지. 요 며칠 동안 내 인생에서 가장 훌륭한 논문으로 꼽을 만한 걸 완성했단다. 네가 더 크면 어떤 내용인지 알려줄게.

11살 한스 알베르트에게, 1915년 11월 4일. 일반상대성이론 논문을 언급한 것이다. *CPAE*, Vol. 8, Doc. 134

피아노를 칠 때는 주로 네가 좋아하는 곡을 연주해. 선생님이 숙제로 내준 게 아니라도. 사람은 자기가 좋아하는 걸 할 때 가장 많이 배우는 법이고 그럴 때면 시간이 흐르는 것도 눈치채지 못한단다. 가끔 나는 일에 몰두해서 점심 먹는 것도 잊어버려.

상동

피아노를 아주 즐긴다니 반갑구나. 내가 사는 작은 아파트에도 피아노가 있어서 나도 매일 연주한단다. 바이올린도 많이 켜고. 네가 바이올린 반주를 연습할 수도 있겠구나. 그러면 부활절에 만났을 때 함께 연주할 수 있겠지.

한스 알베르트에게, 1916년 3월 11일. 전쟁 중 국경을 넘기가 어려웠기 때문에 아인슈타인은 크리스마스에 아이들을 만나러 가지 못했고 부활절에 찾아가기로 계획했다. *CPAE*, Vol. 8, Doc. 199

여전히 철자를 많이 틀리는구나. 그 점에 조심하렴. 철자를 틀리면 나쁜 인상을 준단다.

한스 알베르트에게, 1916년 3월 16일. *CPAE*, Vol. 8, Doc. 202

이게 세 번째 편지인데 너는 답장이 없구나. 아빠를 이제 잊었니? 다시는 서로 안 볼 거니?

한스 알베르트에게, 1916년 9월 26일. 아인슈타인은 아이들이 자신에게 화나 있다는 것을 알게 되었다. 그들은 결국 화해했고 계속 간간이 편지를 주고받았으며 아인슈타인은 전쟁 중에 일 년에 약 한 번 꼴로 아이들을 보러 갔다. *CPAE*, Vol. 8, Doc. 261. Doc. 258도 참고하라.

성적은 걱정하지 마. 그저 착실히 공부하면 되고 유급만 안 하면 돼. 모든 과목에서 좋은 성적을 받을 필요는 없단다.

한스 알베르트에게, 1916년 10월 13일. *CPAE*, Vol. 8, Doc. 263

내 몸은 여기 떨어져 있지만, 네게는 누구보다 너를 사랑하고 언제나 너를 생각하며 아끼는 아빠가 있단다.

상동, 떨어져 사는 것에 관하여

* 나도 너희 둘을 자주 못 보는 게 가슴 아파. 하지만 나는 바쁜 사람이라 여길 자주 비울 수 없단다. 내가 아빠지만 우리는 함께 지낸 적이 적어서 나는 널 거의 모르지. 너도 나에 대해 상당히 막연한 인상만 갖고 있을 테고.

에두아르트 아인슈타인에게, 1920년 8월 1일. *CPAE*, Vol. 10, Doc. 96

* 제 아빠에게 알베르트처럼 대해선 안 되는 법이야. 네 형의 편지에는 나에 대한 불신이 가득했고 존경심이라곤 없었고 심술궂은 태도였다. 내가 그런 취급을 받을 이유가 없어. 참지 않을 거다.

에두아르트 아인슈타인에게, 1923년 7월 15일. 한스 알베르트와 계속 말다툼하고 나서. 한스 알베르트는 부모가 별거하고 이혼하는 동안 충실하게 엄마 편을 들었다. Einstein Archives 75-627

* 내 아이들이 무엇이 되었든 과학적 사고에 위반되는 것을 배우는 건 너무 싫습니다.

필리프 프랑크가 『아인슈타인: 그의 삶과 시대』(280)에서 회상한 말. 아인슈타인이 자식들의 종교 교육에 관해서 한 말이었다.

6장

죽음에 관하여

'알베르트 아인슈타인이 여기 살았도다.'
1955년 허블록(허브 블록)의 만화. 허브 블록 재단 저작권.
(의회도서관 LC-USZ62-126902. 허브 블록 재단의 허가를 받아 수록.)

❖

갈 때가 되면 의학적 연명을 최소한으로 하고 죽기로 확실히 결심했어. 그때까지는 내 사악한 심장에게 계속 죄를 지으면서 살 테고.

엘자 아인슈타인에게, 1913년 8월 11일. *CPAE*, Vol. 5, Doc. 466

인간의 삶은 자기 자신이나 사랑하는 사람이 죽을 때가 되었다고 해서 불평할 수 있는 게 아닙니다. 오히려 삶을 용감하고 명예롭게 견뎌 왔다는 사실을 돌아보며 만족해야 합니다.

이다 후르비츠에게, 1919년 11월 22일. *CPAE*, Vol. 9, Doc. 172

나이 든 사람은 설령 죽더라도 젊은 사람들의 마음속에서 계속 살아갑니다. 당신도 지금 사별을 겪으면서도 아이들을 보면 그런 생각이 들지 않습니까?

헤드비히 보른에게, 1920년 6월 18일, 그녀의 어머니가 죽은 뒤. Born, *Born-Einstein Letters*, 28~29(이 책에는 날짜가 4월 18일이라고 잘못 나와 있다). *CPAE*, Vol. 10, Doc. 59

우리가 자식들과 젊은 세대 속에서 살아왔다면, 우리가 죽더라도 곧 끝이 아닙니다. 그들이 우리이기 때문입니다. 우리 육신은 생명의 나무에서 시든 이파리 한 잎에 지나지 않습니다.

네덜란드 물리학자 헤이커 카메를링 오너스가 죽은 뒤 그 아내에게, 1926년 2월 25일. Einstein Archives 14-389

죽음은 현실입니다. …… 주체가 자신의 행동을 통해서 주변 환경에 더 이상 영향을 미칠 수 없을 때 삶은 확실히 마감됩니다. …… 자신이 겪은 경험의 총체에 아무리 사소한 것이라도 더 이상 추가할 수 없습니다.

G. S. 피레크와의 인터뷰에서. "What Life Means to Einstein," *Saturday Evening Post*, October 26, 1929. 다음에 재수록됨. Viereck, *Glimpses of the Great*, 444~445

나는 임종하는 자리에서든 그 전이든 스스로에게 그런 질문은 던지지 않을 겁니다. 자연은 엔지니어나 도급업자가 아닙니다. 나 자신이 자연의 일부입니다.

그의 삶이 성공이었는지 실패였는지를 어떤 사실로 판단할 수 있겠느냐는 질문에 답하며, 1930년 11월 12일. 다음에 인용됨. Dukas and Hoffmann, *Albert Einstein, the Human Side*, 92. Einstein Archives 45-751

사람은 끝없는 갈등 속에서 살다가 때가 되면 영영 가는 거지.

여동생 마야에게, 1935년 8월 31일. 다음에 인용됨. *Einstein: A Portrait*, 42. Einstein Archives 29-417

위로가 되기를 바라서 하는 말입니만, 이 좋은 세상을 그처럼 갑작스럽게 하직하는 것은 우리가 사랑하는 사람에게 무엇보다 간절히 바라는 일입니다. 하이든의 고별 교향곡처럼 오케스트라의 악기들이 하나씩 차례로 사라지는 방식으로 죽지 않는 것 말입니다.

아버지의 죽음을 겪은 보리스 슈워츠에게, 1945년. 다음에 인용됨. Holton and Elkana, *Albert Einstein: Historical and Cultural Perspectives*, 416. Einstein Archives 79-678

개체의 삶에 자연스러운 한계가 정해져 있어서 그 끝이 되면 삶이 하나의 예술 작품처럼 보일 수도 있다는 사실은 어쩐지 만족스럽지 않은가?

다음에 인용됨. "Paul Langevin," *La Pensée*, n.s., no 12 (May-June 1947), 13~14. Einstein Archives 5-150

* 가까운 가족이 죽으면 오래된 어린 시절의 상처가 도로 터지기 마련이지. …… 남은 사람들은 각자의 몫을 각자 처리해야 해.

한스 알베르트 아인슈타인에게, 1948년 8월 4일. Einstein Archives 75-836

나는 당신들이 계획하는 '최후의 2분'이라는 방송에 출연할 의향이 없습니다. 사람들이 최후의 해방을 누리기 직전 2분을 각자 어떻게 쓰느냐 하는 것은 별달리 의미 있는 주제로 보이지 않습니다.

유명 인사들이 생의 마지막 2분을 어떻게 쓰고 싶은가를 이야기하는 텔레비전 프로그램에 출연해달라는 요청에 답하여, 1950년 8월 26일. Einstein Archives 60-684

나부터 벌써 죽었어야 하겠지만 나는 아직 이렇게 살아 있습니다.

E. 셰러-마이어에게, 1951년 7월 27일. Einstein Archives 60-525

인간의 삶은 짧습니다. 마치 이상한 집에 잠시 머물다 가는 것과 같습니다. 우리가 걷는 복도는 어두컴컴합니다. 우리에게 한계를 규정하여 남들과 구별해주는 '나'를 둘러싼 의식이 깜박거리며 그곳을 비출 뿐입니다. …… 개인이 모여 '우리'라는 조화로운 전체가 될 때, 우리는 인간이 달성할 수 있는 가장 높은 곳에 도달합니다.

물리학자 루돌프 라덴부르크의 부고를 위해서, 1952년 4월. 다음을 보라. Stern, *Einstein's German World*, 163. Einstein Archives 5-160

* 인간은 운명이 부여한 비극 앞에서 무력할 따름입니다. …… 그러나 고통 덕분에 우리는 …… 삶의 작은 부분조차 공유할 기회를 갖기 어려웠던 사람들과 뭉치게 됩니다. …… 진심을 담아 당신의 손을 잡습니다.

프린스턴 대학 생물학 교수 게르하르트 판크하우저에게, 1954년 11월 10일. 판크하우저의 아내가 교통사고로 죽었을 때. 아인슈타인은 판크하우저의 어린 아이들에게 자기 집에 놀러 오라고도 했다. 로빈 레미가 내게 보내준 정보로, 레미의 어머니가 편지 원본을 물려받아 갖고 있었다고 한다. Einstein Archives 59-630

허리 굽은 노인에게 죽음은 해방으로 다가올 겁니다. 나도 이제 그런 느낌을 짙게 받습니다. 나도 늙었고, 죽음을 마침내 갚아야 할 묵은 빚으로 여기게 되었습니다. 그래도 사람은 최후의 지불을 늦추기 위해서 본능적으로 할 수 있는 한 뭐든지 하기 마련이지요. 자연은 그렇게 우리를 가지고 놉니다.

게르트루트 바르샤우어에게, 1955년 2월 5일. 다음에 인용됨. Nathan and Norden, *Einstein on Peace*, 616. Einstein Archives 39-532

나는 내가 원할 때 죽고 싶다. 생명을 인위적으로 연장하는 건 품위 없는 짓이다. 나는 내 몫을 다 살았다. 이제 갈 시간이다. 우아하게 가고 싶다.

헬렌 두카스가 아인슈타인 전기를 쓴 아브라함 파이스에게 보낸 편지에서 회상한 말, 1955년 4월 30일. Pais, *Subtle Is the Lord*, 477. (두카스가 아인슈타인의 말년을 기록한 글에서 직접 말한 문장은 약간 다르다. "[병원이 제안한 수술을 받는다는 것은] 품위 없는 짓이다. 나는 내가 원할 때 죽고 싶다. 우아하게!" 영어 번역은 다음 자료의 부록에 나와 있다. Calaprice, *The New Quotable Einstein*. 독일어 원문은 다음을 보라. Einstein Archives 39-071)

자연을 살펴보라. 그러면 죽음을 더 잘 이해할 수 있을 것이다.

마르고트 아인슈타인이 카를 젤리히에게 보낸 편지에서 회상한 말, 1955년 3월 8일. 출처를 알려준 바버라 울프에게 고맙다.

나는 살아 있는 모든 사람들과 일체감을 느낍니다. 개개인이 어디에서 시작되고 끝나는지가 중요하지 않을 정도로.

다음에 인용됨. Max Born, *Physik im Wandel meiner Zeit* (Wiesbaden, Germany: Vieweg, 1957), 240. 이 말이 처음 언급된 것은 헤디 보른이 1926년 혹은 1927년에 쓴 편지로, 그녀는 아인슈타인이 심각하게 아팠을 때 이 말을 했다고 적었다.

내 집은 순례자들이 성인의 유골을 보러 찾아오는 참배지는 절대로 되지 않을 겁니다.

그가 죽은 뒤에 집은 어떻게 되겠느냐는 학생의 질문에 답하여. 존 휠러가 회상한 말이 다음에 인용됨. French, *Einstein*, 22. 다음도 참고하라. Wheeler, "Mentor and Sounding Board," in Brockman, ed., *My Einstein*, 35

나는 화장되고 싶다. 사람들이 내 유골을 숭배하지 못하도록.

아인슈타인 전기를 쓴 아브라함 파이스가 〈맨체스터 가디언〉 1994년 12월 17일자에서 떠올린 말. 아인슈타인이 말로만 했던 이야기를 파이스가 문장으로 적은 것일 가능성이 높다.

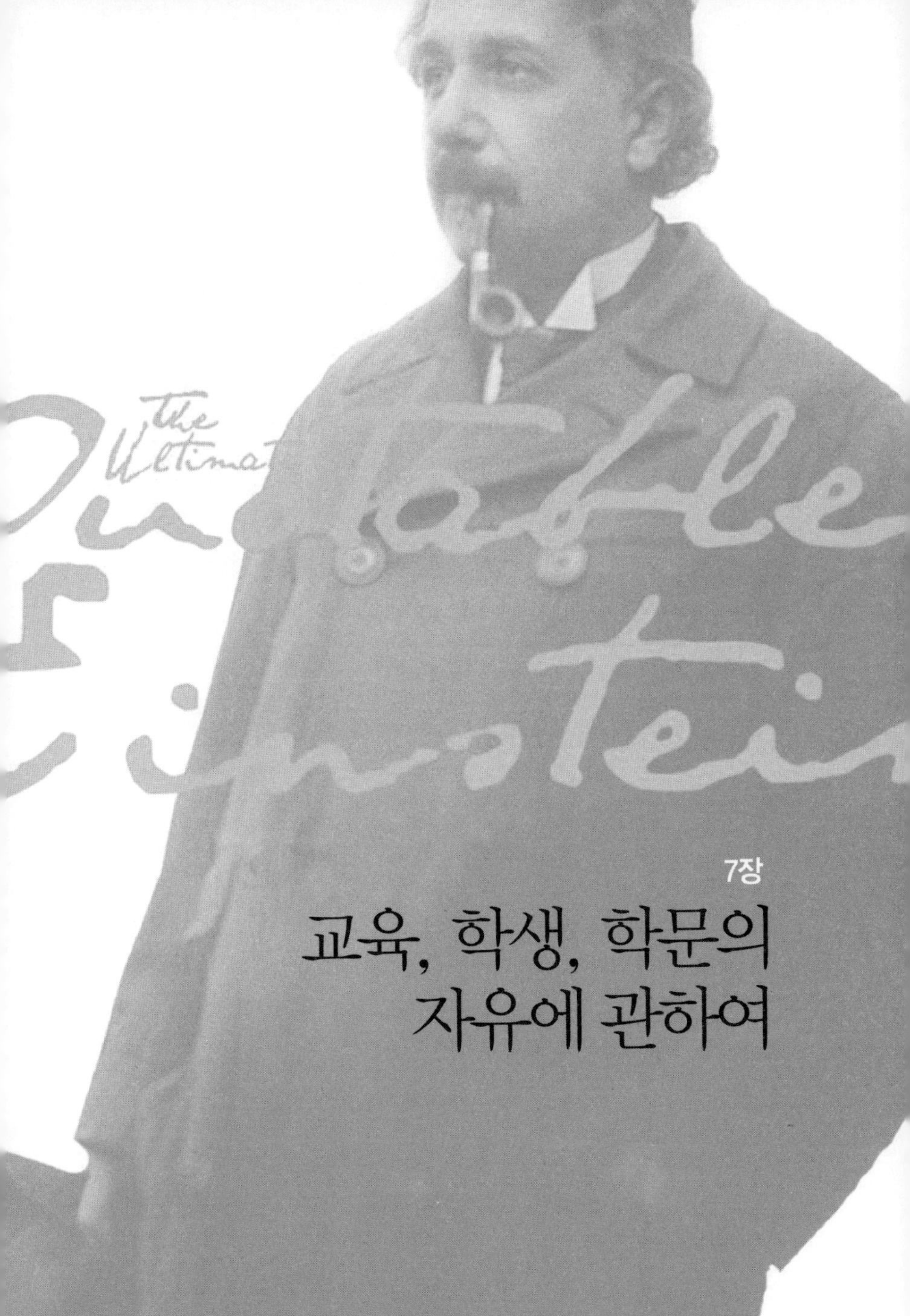

7장

교육, 학생, 학문의 자유에 관하여

패서디나 시티 칼리지의 천문학과 건물 내부에 설치된 명판. 1931년 2월 26일에 부착되었다. 아인슈타인의 이름에서 가운데 이니셜 'E'가 새겨진 것은 잘못이다(아인슈타인은 가운데 이름이 없다). 교사에 관한 말인 이 문장의 번역은 이 책 본문에 실려 있다.

조직이 지적 활동을 만들어낼 순 없습니다. 이미 존재하는 활동을 지원할 수 있을 뿐.

루돌프 린데만에게, 1919년 10월 7일. "야만적 전통"을 지닌 남학생 클럽들을 없애고 그것을 대신할 학생 조직을 꾸리자는 제안에 관하여. *CPAE*, Vol. 9, Doc. 125

특정 직종에 대한 학생의 적성을 무시해선 안 됩니다. 더구나 그런 적성은 개인의 재능, 다른 가족의 모범, 그 밖의 다양한 환경을 통해 형성되어 대개 어린 나이에 드러납니다.

1920년. 다음에 인용됨. Moszkowski, *Conversations with Einstein*, 65

대부분의 선생들은 학생이 무엇을 모르는지 알아내려고 질문을 던지는데 그것은 시간 낭비입니다. 진정한 질문의 기술은 학생이 무엇을 아는지 혹은 알 능력이 있는지 알아내는 것입니다.

상동

* 이 학교에서 교직원과 학생이 친근하게 지내는 모습에 놀랐습니다. 독일에서는 보기 드물고 심지어 불가능한 일입니다.

뉴욕 시티 칼리지에서 1921년 4월 21일에 했던 강연에서. 다음에 인용됨. *The Campus* (CCNY), April 26, 1921, 1, 2. 다음도 참고하라. Illy, *Albert Meets America*, 114

* 공부하는 것, 또한 어디에서든 진실과 아름다움을 추구하는 것은 우리가 평생 어린아이로 남도록 허락되는 영역입니다.

아드리아나 엔리퀘스에게 바치는 말에서, 1921년 10월 22일경. Einstein Archives 36-588

물리학의 경우에 첫 수업은 실험할 수 있고 눈으로 보기에 흥미로운 것으로만 채워야 합니다.

다음에 인용됨. "Einstein on Education," *Nation and Athenaeum*, December 3, 1921. 이름을 알 수 없는 글의 저자는 다음 자료를 인용했다. Moszkowski, *Conversations with Einstein*, 69

사실을 배우는 것은 그다지 중요하지 않다. 그뿐이라면 대학이 꼭 필요하지 않다. 사실은 책으로도 배울 수 있다. 대학 교양 교육의 가치는 많은 사실을 배우는 데 있는 게 아니라 교과서로 못 배우는 것을 스스로 생각해내는 방식을 훈련하는 데 있다.

1921년. 대학 교육은 쓸모없다는 토머스 에디슨의 견해에 관하여. 다음에 인용됨. Frank, *Einstein: His Life and Times*, 185

교사의 최상의 기술은 창조적 표현과 지식의 즐거움을 깨우치게끔 만드는 것이다.

패서디나 시티 칼리지의 천문학과 건물에 설치된 명판의 독일어 원문을 번역한 것. 아인슈타인은 1931년 2월 26일에 해당 건물과 천문대 헌정식에 참석하여 짧게 강연했고, 작은 청동 명판에 위의 말을 새겨서 부착하는 데 동의했다. 공들여 준비한 행사에는 패서디나에서 학교를 다니는 아이들이 거의 다 참석했다. 다음을 보라. *Pasadena Star News*, February 26, 1931; *Pasadena Chronicle*, February 27, 1931. (출처를 알려주고 기사 복사본을 보내준 패서디나 시티 칼리지의 댄 헤일리, 셸리 어윈, 마네 하코피얀에게 고맙다.) 이 말이 아인슈타인이 처음 한 말인지는 확실하지 않다. 패서디나 시티 칼리지의 연구 사서인 댄 헤일리는 아나톨 프랑스의 『실베스트르 보나르의 죄』 2부 4장에서 비슷한 문장을 발견했다. '가르침의 기술은 젊은이가 타고난 호기심을 일깨워서 앞으로 그것을 충족시킬 수 있도록 만들어주는 것뿐이다.' 내가 찾아보니 이 말은 1881년에 쓰였다. 물론 그 밖에 다른 사람들도 오래전부터 비슷한 생각을 했을 테고 이 생각을 프랑스가 처음 떠올린 것도 아닐 것이다. 이 문장은 아인슈타인의 『나의 세계관』 중 연설문을 수록한 장의 에피그램으로도 쓰였는데 이 경우에도 그가 직접 한 말인지 남의 말을 출처를 밝히지 않고 인용한 것인지는 명확하지 않지만 내 느낌에는 그가 쓴 말인 것 같다. 이 강연으로부터 삼 년 뒤에 한 말인 다음 인용구도 읽어보라.

* 선생이 아이에게 줄 수 있는 가장 귀한 것은 지식과 이해 자체가 아니라 지식과 이해에 대한 갈망과 예술이든 과학이든 도덕이든 모든 지적 가치를 음미하는 능력이다.

바로 앞 인용문과 비슷하지만 1934년에 '전국 초등 과학 교사 모임'을 위해서 썼던 글이다. Einstein Archives 28-277

* 학계의 자리는 많지만 현명하고 고결한 선생은 드물다. 강의실은 크고 많지만 정말로 진리와 정의에 목마른 학생은 많지 않다. 자연이 무더기로 생산해내는 인간은 많지만 상급의 제품은 적다.

'학문의 자유에 관하여'에서, 1931년 4월 28일. 다음을 보라. Rowe and Schulmann, *Einstein on Politics*, 464. Einstein Archives 28-151

* 오늘날의 세상에는 사회의 진보를, 관용과 사상의 자유를, 더 큰 정치 단위를 지향하는 욕구가 있으나 …… 대학생들은 교수들과 마찬가지로 대중의 희망과 이상을 체현하기를 완전히 그만둔 상태이다.

상동

지적 작업의 모든 분야에서 전문화가 이뤄짐으로써 지적 노동자와 비전문가 사이의 간극이 갈수록 넓어지고 있다. 그래서 국가가 예술과 과학의 성취를 받아들임으로써 그 생명력을 비옥하고 풍성하게 가꾸기가 더욱 어려워졌다.

'솔프 박사에게 보내는 축하'에서, 1932년 10월 25일. 다음에 재수록됨. *The World as I See It*, 20

* 현대 사회에도 고립되어 지내야 하고 대단한 육체적, 지적 노력을 필요로 하지 않는 직업이 약간은 남아 있습니다. 가령 등대나 등대선에서 일하는 사람이 떠오릅니다. 과학을 탐구하고 싶어 하는 젊은이들, 특히 수학이나 철학을 고민하고 싶어 하는 젊은이들을 그런 직업에 배치하는 게

불가능할까요? 그런 야심을 지닌 젊은이는 인생에서 가장 생산적인 시기에 다른 일로 그다지 많이 훼방받지 않은 채 과학에만 몰두할 기회를 갖기가 너무 어렵습니다.

로열앨버트홀에서 했던 강연 '과학과 문명'에서, 1933년 10월 3일. 1934년에 '유럽의 위험—유럽의 희망'이라는 제목으로 발표되었다. 다음을 보라. Rowe and Schulmann, *Einstein on Politics*, 280. Einstein Archives 28-253

공부를 의무로 여기지 마십시오. 지성의 해방적인 아름다움을 배울 수 있는 기회, 남들이 부러워할 만한 기회로 여기십시오. 자신의 즐거움을 위해서, 또한 여러분의 향후 작업이 소속될 공동체의 이익을 위해서 말입니다.

프린스턴 대학의 신입생 신문 〈딩크〉에게 준 글에서, 1933년 12월. Einstein Archives 28-257

지리와 역사를 가르칠 때는 전 세계의 서로 다른 사람들의 특징을 공감하며 이해하는 능력을 배양해야 합니다. 특히 우리가 습관적으로 '원시적'이라고 부르는 사람들에 대해서.

'진보주의 교육 협회' 모임에 보낸 메시지 '교육과 세계 평화'에서, 1934년 11월 23일. 다음에 발표됨. *Progressive Education* 9 (1934), 440. 다음에 재수록됨. *Ideas and Opinions*, 58

학교에서 역사는 문명의 발전을 해석하는 수단으로 이용되어야 하지 제국주의 세력과 군사적 성공의 이상을 심어주는 수단이어서는 안 됩니다.

상동

무지하고 이기적인 선생이 가하는 굴욕과 정신적 억압은 청년의 정신을 망가뜨린다. 그 훼손은 결코 돌이킬 수 없고 그의 나중 인생에 해로운 영향을 미칠 때가 많다.

'파울 에렌페스트를 기리며'에서. 다음에 재수록됨. *Out of My Later Years* (1934), 214~217. Einstein Archives 5-136

내가 볼 때 학교가 저지르는 최악의 행위는 두려움, 강압, 인위적 권위라는 수단을 동원해서 가르치는 것입니다. 그런 취급은 학생의 건전한 정서와 성실성과 자신감을 망가뜨립니다.

올버니의 뉴욕 주립 대학에서 열렸던 미국 고등교육 300주년 기념식 연설에서, 1936년 10월 15일. 다음에 발표됨. *School and Society* 44 (1936), 589~592. 다음에 재수록됨. "On Education," in *Ideas and Opinions*, 62. Einstein Archives 29-080

[교육의] 목표는 독립적으로 행동하고 생각하지만 공동체를 위해서 일하는 것을 인생에서 가장 고귀한 업적으로 여기는 개인을 길러내는 것입니다.

상동, 60

학교는 젊은이가 그곳을 떠날 때 조화로운 인간성을 갖추고 있기를 바라야 하지 전문가가 되어 있는 것을 목표로 삼아서는 안 됩니다.

상동, 64. 이로부터 16년 뒤에 씌어진 다음 말은 그러지 않을 경우 어떻게 되는지를 알려준다.

그러지 않으면 그는—즉 전문 지식만 갖춘 사람은—조화롭게 발달한 인간이라기보다는 잘 훈련된 개와 비슷한 상태가 됩니다.

〈뉴욕 타임스〉 벤저민 파인과의 인터뷰에서, 1952년 10월 5일. 다음에 재수록됨. "Education for Independent Thought" in *Ideas and Opinions*, 66. Einstein Archives 60-723

출판물과 언론에서 마음껏 가르치고 의견을 표명할 자유는 인간이 건전하고 자연스럽게 발달하는 데 꼭 필요한 기반 조건입니다.

1936년에 대학 교수 모임에서 할 연설문으로 씌어졌으나 모임은 열리지 않았다. 다음에 발표됨. "At a Gathering for Freedom of Opinion" in *Out of My Later Years*, 183~184. Einstein Archives 28-333

시대를 불문하고 모든 현자들을 괴롭혔던 진정한 어려움은 이것입니다. 어떻게 하면 우리는 한 인간이 기본적으로 타고난 정신적 성향이 가하는 압력을 이길 수 있을 만큼 강력한 영향을 그의 정서에 미쳐서 가르침을 줄 수 있을까?

스와스모어 칼리지에서 했던 연설에서, 1938년 6월 6일. 다음에 발표됨.

“Morals and Emotions” in *Out of My Later Years*. Einstein Archives 29-083

* 우리는 이웃을 이해하고 그들을 늘 공정하게 대하고 남들을 기꺼이 돕는 것으로만 우리 사회를 영속시킬 수 있으며 개개인의 안전을 보장할 수 있습니다. 교육에서 가장 핵심적인 이런 요소들은 다른 어떤 지성과 발명과 제도로도 대체할 수 없습니다.

'유대인 호소 연합'을 위해서 했던 CBS 라디오 연설에서, 1939년 3월 21일. 다음도 참고하라. Jerome, *Einstein on Israel and Zionism*, 141. Einstein Archives 28-475

인생이라는 학교는 혼란스럽고 무계획적인 데 비해 교육 체제는 정해진 계획에 따라 운영됩니다. …… 교육이 중요한 정치적 도구가 된 것은 그 때문입니다. 서로 각축하는 정치 집단들이 교육을 악용할 위험은 늘 존재합니다.

애틀랜틱시티의 '뉴저지 교육 협회'에게 보낸 메시지에서, 1939년 11월 10일. 다음에 발표됨. Nathan and Norden, *Einstein on Peace*, 389. Einstein Archives 70-486

* 알고 탐구하는 즐거움을 강요나 의무감으로 북돋울 수 있다고 생각하는 것은 대단히 심각한 실수다. …… 아무리 건강한 맹수라도 …… 우리가 채찍을 동원해서 배고프지 않을 때도 끊임없이 먹게끔 강요한다면 식성

이 달아나지 않을 도리가 없으리라.

1946년에 '자전적 기록'을 쓰고자 작성했던 메모에서, 17~19

자본주의 최악의 악덕은 개인을 불구로 만드는 것인 듯하다. 우리 교육 체제 전체가 그런 악덕을 앓고 있다. 학생들에게 지나치게 경쟁적인 태도를 주입하며, 미래의 경력에 대비하여 물질적 성공을 숭배하도록 훈련시킨다.

1949년 5월 《먼슬리 리뷰》에 실렸던 '왜 사회주의인가?'에서. 다음을 보라. Rowe and Schulmann, *Einstein on Politics*, 445

* 개인을 가르친다는 것은 그의 타고난 재주를 북돋는 것 외에도 그가 현 사회에서의 권력과 성공을 찬미하는 대신 다른 인간들에 대한 책임감을 느끼도록 만들려는 시도여야 한다.

사회주의 체제의 교육에 관하여. 상동, 445~446

현대의 훈육 기법이 무언가를 탐구하려는 성스러운 호기심을 완전히 말살하진 않았다는 것은 가히 기적이다. 작고 섬세한 이 식물은 약간의 자극 외에는 대체로 자유롭게 놓아두어야만 한다. 자유가 없다면 그것은 분명 황폐해지고 말 것이다.

상동, 17

가르침이란 상대가 그것을 귀중한 선물로 여겨야 하지 고된 의무로 여겨서는 안 됩니다.

〈뉴욕 타임스〉 벤저민 파인과의 인터뷰에서, 1952년 10월 5일. 다음에 재수록됨. "Education for Independent Thought" in *Ideas and Opinions*, 66. Einstein Archives 60-723

나는 어린 학생들을 가르칠 기회가 없었습니다. 아쉽지요. 고등학생을 가르쳤다면 좋았을 것 같은데.

다음에 인용됨. Fantova, "Conversations with Einstein," October 17, 1953

내가 이해하는 학문의 자유란 진리를 탐구할 권리, 스스로 진리라고 믿는 것을 발표하고 가르칠 권리입니다. 이 권리에는 의무도 따릅니다. 자신이 진리로 깨달은 것을 일부분이라도 숨기지 말아야 한다는 의무입니다. 학문의 자유를 조금이라도 제약했다가는 지식 전파가 저해되고 그럼으로써 합리적 판단과 행동이 저지된다는 것은 자명한 사실입니다.

'비상 시민 자유 위원회' 모임에 보낸 글에서, 1954년 3월 13일. 다음에 인용됨. Nathan and Norden, *Einstein on Peace*, 551. 사본이 다음에 수록되어 있다. Cahn, *Einstein*, 97. Einstein Archives 28-1025

나는 시험에 반대합니다. 시험은 공부에 대한 흥미를 저해할 뿐입니다. [대학] 학창 시절을 통틀어 두 번 넘게 시험을 치르게 하지 말아야 합니다. 나라면 세미나를 열겠습니다. 학생들이 세미나에 흥미를 느끼고 잘 듣는다면 학위를 주겠습니다.

다음에 인용됨. Fantova, "Conversations with Einstein," January 20, 1955

헌신적인 선생은 과거로부터 와서 당신을 미래로 이끌어줄 소중한 전령이라는 사실을 명심해야 합니다.

선생에 대해 불평하는 학생에게. 다음에 인용됨. Richards, *Einstein as I Knew Him*, Postscript

8장

친구들, 특정 과학자들, 그 밖의 사람들에 관하여, 혹은 그들에게

위에서 아래로, 왼쪽에서 오른쪽 순서로:
구스타프 부퀴, 오토 율리우스부르거, 한스 뮈잠, 하인리히 창거.

⊠

미셸 베소(1873~1955)에 관하여

그가 나보다 조금 앞서서 이 희한한 세상을 떠났군요. 이 사실에는 아무런 의미도 없습니다. 물리학을 믿는 우리에게 과거, 현재, 미래의 구분은 끈질기게 퍼진 망상일 뿐이니까요.

평생 친구였던 미셸 베소가 죽었을 때 베소 가족에게 보낸 위로 편지에서, 1955년 3월 21일. 자신이 죽기 한 달도 안 남은 시점이었다. Einstein Archives 7-245

내가 그를 인간으로서 가장 존경한 점은 그가 오랫동안 한 여성과 평화롭게 지냈을뿐더러 지속적인 조화를 이루면서 살았다는 점입니다. 그것은 내가 두 번이나 꽤 비참하게 실패한 사업이었지요.

상동

닐스 보어(1885~1962)에 관하여

내 인생에서 당신처럼 존재만으로 나를 기쁘게 한 사람은 많지 않습니다. …… 당신의 뛰어난 논문들을 공부하는 중인데, 어디선가 막히는 대목이 나오면 기쁘게도 친절하고 소년 같은 당신의 얼굴이 눈앞에 떠올라 웃으면서 내게 설명해줍니다.

덴마크 물리학자이자 훗날 노벨상(1922년)을 받은 닐스 보어에게, 1920년 5월 2일. *CPAE*, Vol. 10, Doc. 4

보어가 여기 왔었습니다. 나도 당신처럼 그에게 홀딱 반했습니다. 그는 꼭 무아지경에 빠져서 세상을 누비는, 지극히 예민한 어린아이 같습니다.

파울 에렌페스트에게, 1920년 5월 4일. *CPAE*, Vol. 10, Doc. 6

보어가 과학 사상가로서 대단히 매력적인 점은 드물게도 대담함과 조심성을 겸비하고 있다는 점이다. 그처럼 숨은 현상을 직관적으로 파악하면서도 강한 비판 능력을 갖춘 사람은 드물다. …… 그는 의심할 여지 없이 우리 시대 과학계에서 가장 위대한 발견자다.

'닐스 보어'에서, 1922년 2월. 『나의 세계관』(1934년)에 발표됨. Einstein Archives 10-035

보어는 진짜 천재입니다. …… 나는 그의 사고방식을 전적으로 신뢰합니다.

파울 에렌페스트에게, 1922년 3월 23일. Einstein Archives 10-035

* [보어가] 스펙트럼선과 원자의 전자껍질에 관한 중요한 법칙들을 발견했

을 뿐 아니라 그 발견이 화학에서 갖는 의미도 알아냈다는 사실은 기적처럼 느껴진다. …… 그 발견은 사상의 영역에서 최고로 훌륭한 음악성을 갖추었다.

1946년에 '자전적 기록'을 쓰고자 작성했던 메모에서, 47

막스 보른(1882~1970)에 관하여

보른은 에든버러에서 연금 생활자가 되었는데 연금이 쥐꼬리만 해서 영국에서 살 형편이 안 되었기 때문에 독일로 이사했지요.

아인슈타인이 흠모했던 독일 물리학자에 관하여. 보른은 1954년에 노벨상을 받았는데 그것이 경제적 여건을 개선하는 데 도움이 되었을지 모른다. 다음에 인용됨. Fantova, "Conversations with Einstein," November 2, 1953

루이스 브랜다이스(1856~1941)에 관하여

당신처럼 지적으로 깊이가 있으면서도 사적인 욕심이 없고 더구나 묵묵히 사회에 봉사하는 것을 일생의 의미로 삼는 분을 나는 달리 알지 못합니다.

연방대법관 루이스 브랜다이스에게, 1936년 11월 10일. Einstein Archives 35-046

파블로 카살스(1876~1973)에 관하여

내가 특히 존경하는 점은 그가 자기 나라 사람들의 압제자뿐만 아니라 언제든 악마와 계약할 태세가 되어 있는 모든 기회주의자들에게 굳게 반대한다는 점이다. 그는 악행을 몸소 저지르는 사람들보다 악을 용인하고 지지하는 사람들이 세상에 좀 더 중대한 위협이라는 사실을 똑똑히 안다.

1953년 3월 30일. 아인슈타인은 스페인 첼리스트의 음악뿐 아니라 그가 휴머니즘을 견지하고 스페인의 프랑코 파시스트 정권에게 단호하게 반대한 점을 존경했다. Einstein Archives 34-347

찰리 채플린(1889~1977)에 관하여

[채플린은] 자기 집에 일본 극장을 차려 놓고 있습니다. 그곳에서 일본 아가씨들이 진짜 일본 무용을 공연합니다. 영화에서처럼 실제로도 매력적인 사람입니다.

레바흐 가족에게, 1931년 1월 16일. 할리우드에서 그 배우를 만난 뒤. (같은 달 나중에 아인슈타인은 채플린과 함께 그의 영화 〈시티 라이트〉 개봉 상영을 관람했다.) Einstein Archives 47-373

* 채플린마저도 나를 진기한 동물 보듯이 했고 어떻게 대해야 할지 몰라

난처해했습니다. 내 방에 와서는 마치 신전으로 안내된 것처럼 굴었지요.

콘라트 박스만이 회상한 말. 다음에 인용됨. Grüning, *Ein Haus für Albert Einstein*, 145

마리 퀴리(1867~1934)에 관하여

마담 퀴리가 권력에 굶주렸다거나 다른 무엇에라도 굶주렸다고는 믿지 않습니다. 그녀는 겸손하고 정직하며 그저 자기 몫의 책임과 짐을 넘치도록 갖고 있을 뿐입니다. 그녀는 번득이는 지성을 갖고 있습니다. 하지만 비록 열정적인 사람이기는 해도 누구에게든 위험스러울 만큼 매력적이진 않습니다.

하인리히 창거에게, 1911년 11월 7일. 폴란드 출신 프랑스 물리학자이자 노벨상 수상자(1903년 물리학상, 1911년 화학상)인 퀴리가 기혼자인 프랑스 물리학자 폴 랑주뱅과 연애한다는 소문에 관하여. *CPAE*, Vol. 5, Doc. 303

당신의 지성, 활기, 정직성을 참으로 존경하게 되었음을 말씀드려야겠군요. 브뤼셀에서 직접 만나 아는 사이가 된 것이 얼마나 행운인지 모릅니다.

마리 퀴리에게, 1911년 11월 23일. *CPAE*, Vol. 5, Doc. 312a, Vol. 8에서도 언급됨.

여러분의 일상에 나를 다정하게 끼워주었던 데 대해 당신과 친구들에게 고맙습니다. 멋진 사람들의 멋진 동료애를 지켜보는 것은 내가 상상할 수 있는 가장 고무적인 일이었습니다. 모든 것이 참으로 자연스럽고 단순하여 훌륭한 예술품을 보는 듯했습니다. …… 혹시라도 내가 세련되지 못한 태도로 당신을 불편하게 한 일이 있었다면 사과드립니다.

마리 퀴리에게, 1913년 4월 3일. *CPAE*, Vol. 5, Doc. 435

마담 퀴리는 대단히 지적이지만 감정이 부족해. 기쁨과 고통을 느끼는 능력이 결여되었다는 뜻이지. 유일하게 감정을 표현하는 방식은 자기가 싫어하는 것을 욕하는 거야. 그 딸은 더 심해. 꼭 척탄병 같아. 딸도 재능이 아주 많아.

엘자 뢰벤탈에게, 1913년 8월 11일경, *CPAE*, Vol. 5, Doc. 465

* 내가 당신을 저항하는 인간으로, 마음 한구석에서 늘 이런 감정을 이해하는 사람으로, 유달리 친근한 사람으로 느끼지 않았다면 감히 이런 불평을 털어놓진 않았을 겁니다.

마리 퀴리에게, 1923년 12월 25일. 국제연맹에 대해 불평하고 자신이 지적협력위원회에서 사퇴한 이유를 설명하면서. 아인슈타인은 육 개월 뒤에 재합류했다. 다음을 보라. Rowe and Schulmann, *Einstein on Politics*, 196. Einstein Archives 8-431

그녀의 강인함, 순수한 의지, 자신에 대한 금욕적인 태도, 객관성, 타락하지 않은 판단력 …… 이 모든 것이 한 사람에게 갖춰져 있기란 드문 일입니다. …… 일단 어떤 방식이 옳다고 여기면 그녀는 결코 타협하지 않고서 끈질기게 그것을 추구했습니다.

뉴욕 레리크 박물관에서 열린 퀴리 기념식에서, 1934년 11월 23일. Einstein Archives 5-142

파울 에렌페스트(1880~1933)에 관하여

객관적으로는 전혀 그렇지 않음에도 불구하고 그는 자신이 부족하다는 생각에 끊임없이 시달렸습니다. 그 때문에 가끔 평온한 연구 활동에 필요한 마음의 평화마저 빼앗길 정도였습니다. …… 그의 비극은 기괴할 정도의 자신감 부족에서 기인한 게 분명합니다. …… 그의 인생에서 가장 강한 유대는 동료 연구자이자 …… 지적으로 대등한 상대였던 아내와의 관계였습니다. …… 그는 아내에게 공경과 사랑으로 갚아주었습니다. 그것은 내가 살면서 그다지 자주 보지 못한 광경이었습니다.

물리학자이자 친한 친구였던 에렌페스트가 자살한 뒤 쓴 '파울 에렌페스트를 기리며'에서, 1934년. 에렌페스트는 다운증후군이 있던 16세 아들 바시크가 치료를 받으려고 병원에서 기다리는 동안 대기실에서 아이를 쏘아 죽이고 자신도 총으로 자살했다. 다음에 재수록됨. *Out of My Later Years*, 214~217. Einstein Archives 5-136

그는 우리 직종에서 지금까지 내가 본 사람들 중 가장 훌륭한 선생이었습니다. 그뿐 아니라 그는 타인들, 특히 학생들의 발전과 미래에 열렬한 관심을 쏟았습니다. 사람들을 이해하는 것, 우정과 신뢰를 얻는 것, 누구든 외적으로나 내적으로나 고난에 빠진 사람을 돕는 것, 젊은 재능을 격려하는 것 …… 이것이 그의 진정한 본성이었습니다. 어쩌면 과학에 대한 몰입보다 더할 정도로.

상동

드와이트 D. 아이젠하워(1890~1969)에 관하여

아이젠하워는 라디오에서 "군사력으로는 평화를 얻을 수 없다"고 말했습니다. 주목할 만한 발언입니다. 아이젠하워는 괜찮은 사람입니다. 그는 미국인에게 중국의 정치적 책략에 말려들지 말라고 충고하는 겁니다.

미국 34대 대통령(1953~1961년 재임)에 관하여. 다음에 인용됨. Fantova, "Conversations with Einstein," November 13, 1953

마이클 패러데이(1791~1867)에 관하여

이 사람은 연인이 멀리 있는 애인을 사랑하듯이 신비로운 자연을 사랑했습니다. …… [패러데이 시절에는] 뿔테 안경과 교만한 시선을 통해 시정詩情을 파괴하고 마는 지루한 전문화가 아직 벌어지지 않았습니다.

영국 화학자 겸 물리학자에 관하여. 게르트루트 바르샤우어에게, 1952년 12월 27일. Einstein Archives 39-517

에이브러햄 플렉스너(1866~1959)에 관하여

연구소 소장이었던 플렉스너는 내가 이곳에서 만든 몇 안 되는 적입니다. 오래전에 내가 그에게 대항하는 반란을 일으켰고 그래서 그가 달아났지요.

다음에 인용됨. Fantova, "Conversations with Einstein," January 23, 1954. 플렉스너는 아인슈타인이 프린스턴고등연구소에 고용될 때 그곳 소장이었다. 플렉스너는 아인슈타인에게 지나치게 집착하면서 보호하려 들었다. 루스벨트 대통령이 연구소를 통해서 아인슈타인을 백악관으로 초청한 사실도 일부러 알리지 않았다. 결국 아인슈타인이 사실을 알게 되어 루스벨트에게 사과했고, 다른 날 다시 초대를 받아 응했다.

지그문트 프로이트(1856~1939)에 관하여, 혹은 프로이트에게

어째서 내 사례에서 행복을 강조합니까? 당신이, 수많은 사람의 신경을 거슬렀고 사실상 온 인류의 신경을 거스른 당신이 내 신경까지 거스를 필요는 없을 텐데요.

지그문트 프로이트에게, 1929년 3월 22일. 빈의 정신분석가가 아인슈타인의 쉰 살 생일에 편지를 보내어 "행복한 인간"임을 축하한다고 말했던 데 답하여. Einstein Archives 32-530

그의 결론에 전부 동의할 마음은 없지만 그가 인간 행동을 연구하는 과학에 엄청나게 귀중한 기여를 했다고는 생각합니다. 그는 심리학자로서보다 작가로서 더 훌륭한 것 같습니다. 프로이트의 탁월한 문체는 쇼펜하우어 이래 누구보다 뛰어납니다.

G. S. 피레크와의 인터뷰에서. "What Life Means to Einstein," *Saturday Evening Post*, October 26, 1929. 다음에 재수록됨. Viereck, *Glimpses of the Great*, 443

* 융의 모호하고 부정확한 개념들을 이해하긴 하지만 그것들은 내게 쓸데없어 보인다. 말만 많을 뿐 명확한 지시는 없다. 세상에 꼭 정신분석학자가 있어야만 한다면 나는 프로이트를 택하겠다. 프로이트의 주장을 믿진 않지만 간명한 문체와 약간 과시적이기는 해도 독창적인 정신만큼은 아주 좋다.

1931년 12월 6일 일기에서. 다음을 보라. Nathan and Norden, *Einstein on Peace*, 185. 의심의 시기가 지난 뒤 나중에 아인슈타인은 프로이트의 개념을 믿는다고 말했다. 1936년 4월 21일에 프로이트에게 보낸 편지에서 그는 "위대하고 아름다운 관념이 현실과 조화를 이루는 것으로 밝혀지는 것은 늘 축복 같은 일입니다"라고 말했다. 다음을 보라. Rowe and Schulmann, *Einstein on Politics*, 220

* 진리 추구에 전력투구함으로써, 평생 자신의 신념을 당당히 천명하는 희귀한 용기를 보여줌으로써, 당신은 나를 비롯한 모든 사람들에게 감사받을 자격이 있습니다.

프로이트에게, 1932년 12월 3일. Einstein Archives 32-554

그 노인은 …… 시각이 예리합니다. 종종 자기 생각을 지나치게 믿는 것이 흠이지만, 그 밖에는 다른 어떤 망상도 그를 잠재우지 못했습니다.

A. 바하라흐에게, 1949년 7월 25일. Einstein Archives 57-629

갈릴레오 갈릴레이(1564~1642)에 관하여

* 그의 목표는 화석처럼 메마른 사상 체계 대신 편견에 사로잡히지 않은 근면한 탐구를 선택함으로써 물리적 사실과 천문학적 사실을 좀 더 깊고 일관되게 이해하는 것이었다.

『갈릴레오 갈릴레이: 주요한 두 세계관의 대화』에 붙인 서문에서, 1953년경. 다음도 참고하라. Rowe and Schulmann, *Einstein on Politics*, 133. Einstein Archives 1-174

그게 바로 자만입니다. 너무나 많은 과학자들이 그걸 갖고 있지요. 나는 갈릴레오가 케플러의 연구를 인정하지 않았다는 사실을 떠올릴 때마다 가슴이 아픕니다.

죽기 직전에 I. 버나드 코언과 나눈 '아인슈타인의 마지막 인터뷰'에서, 1955년 4월. 다음에 발표됨. *Scientific American* 193, no. 1 (July 1955), 69. 다음에 재수록됨. Robinson, *Einstein*, 215

갈릴레오가 과학적 추론을 발견하고 사용한 것은 인류 사상사에서 최고의 업적으로 꼽힐 만한 사건이자 물리학의 진정한 시작을 알리는 사건이었다.

Einstein and Infeld, *Evolution of Physics*, 7

마하트마 간디(1869~1948)에 관하여

간디를 대단히 존경합니다. 하지만 그의 프로그램에는 두 가지 약점이 있다고 봅니다. 무저항은 고난에 직면하는 가장 지적인 방식이지만, 오직 이상적인 상황에서만 실천될 수 있습니다. …… 현재의 나치당에 대항해서는 사용될 수 없습니다. 또 간디는 현대 문명에서 기계를 몽땅 없애려고 하는데 그것은 잘못입니다. 기계는 이미 존재하는 것이므로 우리는 그것을 적절히 다룰 줄 알아야 합니다.

《서베이 그래픽》과의 인터뷰에서, 인도 평화주의자의 목표에 관하여. *Survey Graphic* 24 (August 1935), 384, 413.

어떤 외부의 권위에도 기대지 않은, 자기네 민중의 지도자. 어떤 기교가 있거나 기술적 도구에 능통하기 때문이 아니라 오직 그 자신의 인격이 지닌 설득력 때문에 성공한 정치인. 무력의 사용을 늘 경멸하면서도 승리를 거둔 투사. 지혜롭고 겸손하고 불굴의 결의와 굳센 일관성을 갖추었으며 자기네 민중을 각성시키고 그들의 운명을 개선하는 일에 온 힘을 쏟은 사람. 유럽의 만행에 소박한 한 인간의 위엄으로 맞섬으로써 늘 그들보다 우월했던 사람. 어쩌면 미래 세대들은 이런 사람이 육신을 가진 실체로 이 땅을 거닐었다는 사실을 믿기 힘들지도 모릅니다.

간디의 75세 생일에 발표한 글에서, 1939년. Gandhiji, *Gandhiji: His Life and Work* (Bombay: Karnatak, 1944), xi. 다음에 재수록됨. *Einstein on Humanism*, 94. Einstein Archives 28-60

간디의 견해는 우리 시대의 모든 정치인을 통틀어 가장 계몽된 것이었다고 믿습니다. 우리는 그의 정신을 따르도록 노력해야 합니다. 대의를 추구하고자 폭력을 쓸 게 아니라 우리가 악이라고 믿는 것에 협조하지 않음으로써 행동해야 합니다.

유엔 라디오 인터뷰에서, 1950년 6월 16일. 아인슈타인의 프린스턴 집에서 녹음되었다. 다음에 재수록됨. *New York Times*, June 19, 1950. 다음에도 인용됨. Pais, *Einstein Lived Here*, 110

우리 시대 최고의 정치 천재인 간디는 우리가 갈 길을 보여주었습니다. 그는 인간이 올바른 길을 발견하기만 하면 엄청난 희생도 감수할 수 있다는 사실을 증명해 보였습니다. 인도 해방 운동은 불굴의 신념으로 지탱되는 인간의 의지가 언뜻 극복할 수 없을 것처럼 보이는 물질적 세력들보다 더 강력하다는 것을 보여주는 산 증거입니다.

일본 잡지 《카이조》 편집자에게, 1952년 9월 20일. Rowe and Schulmann, *Einstein on Politics*, 489. Einstein Archives 60-039

간디라는 존재는 특출한 지적, 도덕적 힘이 정치적 재간, 독특한 상황과 결합하여 발달한 결과였습니다. 소로와 톨스토이가 없었더라도 간디는 간디였을 거라고 생각합니다.

소로 협회 회원인 월터 하딩에게, 1953년 8월 19일. 다음에 인용됨. Nathan and Norden, *Einstein on Peace*, 594. Einstein Archives 32-616

요한 볼프강 폰 괴테(1749~1832)에 관하여

그에게는 독자를 약간 얕잡는 태도가 느껴집니다. 위대한 인물이 보여줄 때 우리에게 한층 위안이 되기 마련인 겸손함이 아쉽습니다.

독일 시인에 대하여 레오폴트 카스퍼에게, 1932년 4월 9일. Einstein Archives 49-380

나는 괴테를 달리 비길 상대가 없는 시인으로서 존경하고, 역사를 통틀어 가장 똑똑하고 현명했던 사람 중 하나로 존경합니다. 그가 학자로서 내놓았던 발상들도 굉장히 높이 살 만하며, 그의 흠결은 위대한 인물이라면 누구나 갖고 있는 것이었습니다.

상동

프리츠 하버(1868~1934)에 관하여

* 속상하게도 어딜 가든 하버의 사진이 눈에 들어와. 그를 생각할 때마다 가슴만 아파. 다른 면에서는 그리도 뛰어난 사람이 가장 불쾌한 종류의 개인적 허영에 굴복하고 말았다는 사실을 나도 이만 받아들여야겠지. 그런 거창한 허영심은 베를린 사람들의 특징이야. 프랑스, 영국 사람들과 어찌나 다른지!

엘자 아인슈타인에게, 1913년 12월 2일. *CPAE*, Vol. 5, Doc. 489. 화학자 하버가 유대교에서 기독교로 개종하는 무렵에 드러냈던 독일에 대한 열렬한 애국심은 아인슈타인에게 역겨운 일이었다. 1918년에 노벨상을 받게 될 하버는 전투에 쓸 독가스를 연구했고 1915년 4월에는 직접 참호전에서 최초의 염소가스 사용을 감독했다. 역시 화학자였던 그의 아내는 남편의 행동을 승인하지 않았고, 삼 주 뒤에 자살했다.

리처드 B. S. 홀데인 경(1856~1928)에 관하여

* 그렇게 유력한 사람이 매일 어머니와 짧게라도 대화를 나눈다는 말은 처음 들었습니다. 홀데인 경과 저는 대단히 흥미로운 과학적 대화를 나눴

고, 경을 개인적으로 알게 된 것은 뜻깊은 경험이었습니다.

홀데인의 어머니 메리에게, 영국을 여행한 뒤인 1921년 6월 15일. 홀데인은 노동당 유력 정치인이자 변호사이자 철학자였다. *CPAE*, Vol. 12, Doc. 149

베르너 하이젠베르크(1901~1976)에 관하여

하이젠베르크 교수도 여기 왔었습니다. 독일인이죠. 중요한 나치 당원이었습니다. 훌륭한 물리학자이지만 썩 기분 좋은 사람은 아니지요.

노벨상 수상자(1932년)이자 양자역학의 창시자에 관하여. 다음에 인용됨. Fantova, "Conversations with Einstein," October 30, 1954

아돌프 히틀러(1889~1945)에 관하여

이곳에서 미국의 여름을 즐기면서 행복하게 지내고 있습니다. 절박한 히틀러가 미친 짓을 저질렀다는 소식도 기쁘게 들었습니다. 자신의 강력한 도구 겸 후광을 제 손으로 파괴했으니, 그와 심복들은 이제 오래 버티지 못할 겁니다. 그러면 아마도 장군이 뒤를 잇겠고 유대인들은 숨통이 트이겠지요.

랍비 스티븐 와이즈에게 보낸 낙관적인 편지에서, 1934년 7월 3일. "절박한 히틀러의 미친 짓"이란 6월 말 '장검의 밤' 사건을 가리킨다. 히틀러는 증거가 없음에도 불구하고 돌격대(SA) 고위 간부들이 자신에게 충성하지 않는다고 의심하여 그들을 체포했다. 지휘관 에른스트 룀은 총살당했고 나머지는 맞아 죽었다. 룀은 1920년대 말에 히틀러가 공산주의자들과 싸울 때 그의 유용한 "도구"였다. 장군이란 히틀러의 선임이었던 쿠르트 폰 슐라이허를 말하는 듯하다. 이 시점에서 아인슈타인은 폰 슐라이허도 이미 처형되었다는 사실을 몰랐던 것 같다. Einstein Archives 35-152

그때 히틀러가 등장했다. 지적 능력에 한계가 있고, 어떤 유용한 일에도 쓸모없으며, 자신보다 환경과 자연의 총애를 더 많이 받은 사람들에 대한 시기와 억울함으로 들끓는 자가 …… 그는 길거리나 술집에서 빈들거리던 인간 쓰레기들을 모아서 자신의 조직을 꾸렸다. 그의 정치 경력은 그런 방식으로 시작되었다.

1935년에 쓴 미발표 원고에서. 나중에 다음과 같은 여러 선집에 실렸다. Nathan and Norden, *Einstein on Peace*, 263~264; Dukas and Hoffmann, *Albert Einstein, the Human Side*, 110; Rowe and Schulmann, *Einstein on Politics*, 295. Einstein Archives 28-322

* 히틀러가 내 예금을, 아이들 앞으로 된 것까지 몽땅 훔쳤을 때 스위스 당국이 어떤 방식으로도 나를 돕지 않았던 걸 여태 잊지 않았습니다.

하인리히 창거에게, 1938년 9월 18일. Einstein Archives 40-116

그래요, 나는 여자 친구들과 요트를 베를린에 남겨두고 왔습니다. 하지만 전자에게 모욕적이게도 히틀러는 후자만 원했지요.

조수였던 에른스트 슈트라우스가 회상한 말. Seelig, *Helle Zeit, dunkle Zeit*, 68

헤이커 카메를링 오너스(1853~1926)에 관하여

미래 세대에게 늘 모범으로 남을 생애가 마감되고 말았습니다. …… 내가 아는 사람 중에서 부군처럼 의무와 즐거움이 하나로 잘 결합된 사람은 없었습니다. 그 때문에 그가 그토록 조화로운 인생을 살 수 있었던 것입니다.

네덜란드 물리학자이자 노벨상 수상자(1913년)인 오너스가 죽은 뒤 그 부인에게, 1926년 2월 25일. Einstein Archives 14-389

이마누엘 칸트(1724~1804)에 관하여

* 사람들은 시간에 관한 칸트의 견해를 널리 칭송하지만 나는 그걸 들으면 안데르센의 동화 속 황제의 새 옷이 떠오릅니다. 이 경우 황제의 새 옷 대신 직관의 형태가 있는 셈이지요.

학생 일제 로젠탈-슈나이더에게, 1919년 9월 15일. 18세기 프로이센 철학자에 관하여. Einstein Archives 20-261

* 칸트는 말하자면 이정표가 엄청나게 많이 늘어선 고속도로와 같습니다. 그곳에 시시한 개들이 잔뜩 나타나서 이정표마다 각자 흔적을 남기고 가는 것이지요.

학생 일제 로젠탈-슈나이더에게 위와 비슷한 시기에 했다는 말. Rosenthal-Schneider, *Reality and Scientific Truth*, 90

칸트 철학에서 제일 중요한 요소는 그것을 바탕으로 과학을 구축할 수 있게끔 하는 선험적 관념을 주장했다는 점 같습니다.

프랑스철학협회 토론에서, 1922년 7월. 다음에 인용됨. *Bulletin Socéité Française de Philosophie* 22 (1922), 91. 다음에 재수록됨. *Nature* 112 (1923), 253

오늘날 우리가 자연의 질서에 대해서 아는 지식을 칸트가 알았더라면 그는 틀림없이 자신의 철학적 결론을 근본적으로 수정했을 겁니다. 칸트는 케플러와 뉴턴의 세계관을 기반으로 자신의 구조를 세웠습니다. 그러나 이제 그 기반이 무너졌으니 칸트의 구조도 더는 유효하지 않습니다.

하임 체르노비츠와의 《센티넬》 인터뷰에서, 날짜 미상

칸트는 몇몇 관념이 필수 불가결하다고 굳게 믿었기 때문에 자신이 선택한 그 관념들을 모든 종류의 사고에서 꼭 필요한 전제 조건으로 여겼고 경험에서 비롯한 관념과는 구별했다.

1946년에 '자전적 기록'을 쓰고자 작성했던 메모에서, 13

조지 케넌(1904~2005)에 관하여

프린스턴 대학 출판부가 조지 케넌의 새 책[『미국 외교 정책의 현실』]을 보내줘서 그 자리에서 읽어치웠습니다. 아주 좋았습니다. 케넌은 아주 잘 썼습니다.

다음에 인용됨. Fantova, "Conversations with Einstein," August 22, 1954. 프린스턴에서 살았던 케넌은 소련 대사였고 견제적 외교 정책을 수립했다.

요하네스 케플러(1571~1630)에 관하여

[케플러는] 어떤 사안에 대해서든 자기 신념을 공공연히 천명하지 않고서는 못 배기는 사람이었다. …… [그는] 자신이 몸담은 정신적 전통으로부터 자신을 대체로 해방시킨 뒤에야 평생의 업적을 남길 수 있었다. …… 그가 이런 이야기를 말로 꺼낸 적은 없지만 그의 편지들을 보면 내면의 투쟁이 드러나 있다.

슈바벤 출신의 천문학자 겸 수학자에 관하여. 카롤라 바움가르트의 『요하네스 케플러: 삶과 편지』 서문에서. Carola Baumgardt, *Johannes Kepler: Life and Letters*, New York: Philosophical Library, 1951, 12~13

케플러는 가난에도, 그의 인생과 일을 좌지우지했던 동시대 사람들의 몰이해에도 무력해지거나 낙담하지 않았다.

상동

여기에서 우리는 대단히 예민했던 한 인간을 만난다. 자연적 사건의 본질을 더 깊이 통찰하기 위하여 열정적으로 헌신했던 사람, 안팎의 어려움에도 불구하고 스스로 정한 드높은 목표에 기어이 도달하고야 말았던 사람.

상동, 9

⊠

연인이자 소련 스파이라고도 일컬어지는
마르가리타 코넨코바(1900년경~?)에게

1998년, 아인슈타인이 웬 여성에게 보낸 편지들이 뉴욕 소더비 경매장에서 경매에 부쳐졌다. 그가 제2차 세계대전 이전과 도중에 프린스턴에서 사귀었다는 그 수수께끼의 여성은 마르가리타 코넨코바였다. 소련의 스파이 대장이었던 파벨 수도플라토프가 1995년에 낸 책을 보면 코넨코바는 러시아 요원으로서 아인슈타인을 뉴욕의 소련 부영사에게 소개하는 것과 "프린스턴에서 자주 만나는 오펜하이머를 비롯한 미국 유력 과학자들에게 영향을 미치는 것"이 공식 임무였다고 한다. 그녀는 실제로 아인슈타인을 소련 부영사 파벨 미하일레프에게 소개했다. 아인슈타인도 그녀와 주고받은 편지에서 미하일레프를 언급하고 있다.

그러나 수도플라토프의 기록은 그 밖에는 의심스러운 편이다. 그는 오펜하이머가 당시 프린스턴에 있었다고 말했는데 실제로 오펜하이머는 그로부터 3천 킬로미터 넘게 떨어진 뉴멕시코 주 로스앨러모스에서 원자폭탄 설계를 돕고 있었다. 오펜하이머는 코넨코바 부인이 프린스턴을 떠난 지 2년 뒤인 1947년에야 프린스턴으로 왔다. 아인슈타인은 코넨코바 부인에게 편지를 쓰기 시작한 1945년 말에 66세였고 당시 그녀는 40대 중반이었는데(그러나 〈뉴욕 타임스〉는 그녀가 당시 51세였다고 보도했다), 그녀의 남편 세르게이는 1935년에 고등연구소에 설치한 아인슈타인 청동 흉상을 제작한 바로 그 조각가였다.

러시아 망명자였던 코넨코바 부부는 1920년대 초부터 그리니치빌리지에서 살다가 1945년에 고국의 부름을 받고 소련으로 돌아갔다. 마르가리타는 마르고트 아인슈타인과도 좋은 친구였다. 마르고트의 전남편은 1930년대 초에 베를린의 소련 대사관에서 담당관으로 일했다. 마르가리타는 아인슈타인 외에도 다른 유력한 남자들과 연애했다고 한다. 그녀가 스파이일지도 모른다는 가능성을 아인슈타인이 알았다는 증거는 없다.

1998년 6월 1일 〈뉴욕 타임스〉 A1면과 1998년 6월 26일 소더비 경매장 카탈로그를 참고하라. 아래에 소개한 편지들은 전부 소더비 카탈로그나 〈뉴욕 타임스〉에 공개되었던 내용이지만 번역은 살짝 다르다.

당신은 고향을 무척 사랑하니까 만일 [러시아로 돌아가는] 그 조치를 취하지 않았다면 언젠가 속상해했을 겁니다. 나와 달리 당신은 앞으로도 수십 년 더 활동적으로 살아갈 테니까요. 반면에 나는 모든 정황으로 보건대 …… 머지않아 여생이 다할 것 같습니다. 당신을 자주 떠올립니다.

1945년 11월 8일 편지에서

얼마 전에는 혼자 머리를 감았습니다. 결과가 썩 성공적이진 않았지만. 나는 당신처럼 세심하지 못합니다. 하지만 이곳의 모든 것이 당신을 떠올리게 합니다. …… 사전들, 우리가 잃어버렸다고 생각했던 근사한 파이프, 내 은둔자의 독실에 있는 여타 자잘한 물건들, 외로운 내 보금자리도.

1945년 11월 27일 편지에서. 여자들은 아인슈타인의 유명한 곱슬머리를 가지고 놀기를 좋아했던 모양이다. 프린스턴의 또 다른 여자 친구는 그의 머리카락을 잘라주었다고 한다(자주는 아니었던 게 분명하지만).

[전쟁이 끝난 지금] 사람들은 예전과 다름없이 살고 있습니다. …… 이제까지 접했던 공포스런 사건들로부터 아무것도 배우지 못한 게 분명합니다. 이전에 자기네 삶을 복잡하게 만들었던 시시한 음모들에 다시금 정신을 흠뻑 팔고 있습니다. 인간은 얼마나 희한한 종인지요.

1945년 12월 30일 편지에서

행운을 빌며 키스를 보냅니다. 이 편지가 당신에게 잘 간다면 말이지만. 혹 중간에 가로채는 사람이 있다면 악마한테 잡혀가기를.

1946년 2월 8일 편지에서

[모스크바의] 노동절 기념식이 얼마나 근사했을지 상상됩니다. 하지만 당신도 알다시피 나는 그렇게 애국심을 과장하는 행사를 우려하는 편입니다. 나는 늘 사람들에게 세계적이고 합리적이고 공정한 사고가 중요하다는 사실을 알리려고 합니다.

1946년 6월 1일 편지에서

폴 랑주뱅(1872~1946)에 관하여

그가 마담 퀴리를 사랑하고 그녀도 그를 사랑한다면 두 사람은 야반도주할 필요가 없습니다. 파리에서 얼마든지 만날 기회를 가질 수 있을 테니까요. 하지만 두 사람 사이에 특별한 관계가 있다는 인상은 받지 못했습니다. 오히려 세 사람이 유쾌하고 순수한 관계를 맺고 있다는 느낌이었습니다.

하인리히 창거에게, 1911년 11월 7일. 유부남인 프랑스 물리학자가 마리 퀴리와 연애한다는 소문에 관하여. 아인슈타인이 언급한 제삼자는 그들의 동료인 장 페랭을 말한다. *CPAE*, Vol. 5, Doc. 303

세대를 불문하고 사물의 속성을 또렷하게 통찰하면서도 진정한 인간성의 훼손을 딱하게 여기고 적극적으로 행동할 능력까지 갖춘 사람은 수가 지극히 적습니다. 그런 사람이 떠남으로써 남긴 빈자리는 산 사람들이 감당하기 힘든 것 같습니다. …… 어쩌면 그에게는 모든 사람들이 더 행복해지도록 돕고 싶다는 마음이 순수한 지적 계몽에 대한 갈망보다 더 강했을지도 모릅니다. 그의 사회적 양심에 호소한 사람치고 빈손으로 돌아간 사람은 아무도 없었습니다.

랑주뱅의 부고에서. *La Pensée*, n.s., no. 12 (May-June 1947), 13~14. Einstein Archives 5-150

랑주뱅이 죽었다는 소식은 벌써 들었습니다. 그는 내가 가장 사랑하는 친구였고, 진정한 성자였으며, 게다가 재능이 뛰어난 사람이었습니다. 정치인들이 그의 착한 마음씨를 이용해 먹은 건 사실입니다. 그에게는 그런 야비한 동기가 너무도 낯선 것이라서 미처 꿰뚫어보지 못했기 때문입니다.

마우리체 솔로비네에게, 1947년 4월 8일. 다음에 발표됨. *Letters to Solovine*, 99. Einstein Archives 21-250

막스 폰 라우에(1879~1960)에 관하여

* [폰 라우에가] 강한 정의감의 발로로 집단의 전통으로부터 단계적으로

관계를 끊는 모습을 지켜보는 건 흥미로웠습니다.

친구이자 노벨 물리학상 수상자인 독일인에 관하여. 막스 보른에게 보낸 편지에서, 1944년 8월 7일. Born, *Born-Einstein Letters*, 145. Einstein Archives 8-207

필리프 레나르트(1862~1947)에 관하여

레나르트를 실험물리학의 대가로서 존경하지만 그는 이론물리학에서는 중요한 업적을 이루지 못했습니다. 일반상대성이론에 대한 그의 반대는 워낙 피상적이라서 지금 이 순간까지 그의 반박에 상세히 답할 필요도 느끼지 못했습니다.

완고한 나치이자 반유대주의자이자 노벨 물리학상 수상자(1905년)인 레나르트에 관하여. *Berliner Tageblatt*, August 27, 1920, 1~2. *CPAE*, Vol. 7, Doc. 45

블라디미르 일리치 레닌(1870~1924)과 프리드리히 엥겔스(1820~1895)에 관하여

사적인 삶을 몽땅 희생하고 사회주의 정의 실현에 온 힘을 헌신한 사람으로서 레닌을 존경하지만, 그의 수단이 적절했다고 생각하진 않습니다.

그래도 분명한 사실은 그와 같은 사람들이야말로 인류의 양심을 수호하고 재생하는 사람들이라는 점입니다.

레닌의 사망을 맞아 국제인권연맹이 발표한 성명에서, 1929년 1월 6일. Einstein Archives 34-439

러시아 밖에서는 물론 레닌과 엥겔스가 과학적 사상가로서 높이 평가되지 않기 때문에 아무도 그런 측면에서 반박하려고 애쓰지 않습니다. 혹 러시아에서도 사정이 같을지 모르겠지만 그곳에서는 아무도 감히 그렇다고 말을 꺼내지 못하겠지요.

K. R. 라이스트너에게, 1932년 9월 8일. Einstein Archives 50-877

헨드릭 안톤 로런츠(1853~1928)에 관하여

로런츠는 놀라운 지성과 탁월한 감각을 갖췄습니다. 살아 있는 예술품이랄까! 내가 볼 때 그는 그곳에[브뤼셀에서 열린 솔베이 회의에] 모였던 이론가들 중 제일 똑똑한 사람이었습니다.

하인리히 창거에게, 1911년 11월. 네덜란드 물리학자이자 노벨상 수상자(1902년)에 관하여. *CPAE*, Vol. 5, Doc. 305

내가 당신에게 지적으로 열등하다는 기분마저도 [우리] 대화에서 느낀 크나큰 즐거움을 망치지 못합니다. 더구나 당신은 모두에게 아버지처럼 친절하기 때문에 상대에게 의기소침한 감정이 생겨날 이유가 없지요.

로런츠에게, 1912년 2월 18일. *CPAE*, Vol. 5, Doc. 360

* 나를 둘러싼 인간사가 절망적으로 슬프게 느껴질 때 내가 당신의 고결하고 탁월한 인간성에서 깊은 위안을 찾은 적이 얼마나 많았는지요. 당신 같은 분은 그저 세상에 존재하고 모범이 되어주는 것만으로도 위안과 행복감을 줍니다.

로런츠에게, 1923년 7월 15일. Einstein Archives 16-552

그는 자신의 삶을 마치 귀중한 예술품처럼 세세한 부분까지 다듬었습니다. 한결같은 친절과 너그러움과 정의감이 세상 사람들과 인간사에 대한 분명하고도 직관적인 이해와 결합하여, 그는 어느 분야에서든 지도자가 되었습니다.

로런츠의 무덤에서 읽은 추모사에서, 1928년. 다음에 발표됨. *Ideas and Opinions*, 73. Einstein Archives 16-126

개인적으로 그는 내가 평생 만난 다른 사람들을 다 합한 것보다 더 중요한 사람이었습니다.

레이던에서 열린 기념식에 보낸 메시지에서, 1953년 2월 27일. *Mein Weltbild*, 31. Einstein Archives 16-631

에른스트 마흐(1838~1916)에 관하여

그에게는 알고 이해하는 데서 얻는 직접적인 즐거움이—스피노자가 말했던 '신에 대한 지적인 사랑'이—무척 강했기 때문에 나이가 한참 들어서도 어린아이의 호기심 어린 시선으로 세상을 볼 줄 알았습니다. 그래서 만물이 어떻게 서로 연결되어 있는지를 이해하는 데서 기쁨과 만족을 찾을 줄 알았습니다.

뉴턴 역학을 비판함으로써 아인슈타인이 상대성이론을 수립하는 데 결정적 역할을 했던 철학자를 추모하면서. 그러나 마흐 자신은 상대성이론에 비판적이었다. *Physikalische Zeitschrift*, April 1, 1916; *CPAE*, Vol. 6, Doc. 29

마흐는 역학 연구자로서는 훌륭했지만 철학자로서는 형편없었다.

다음에 인용됨. *Bulletin Socéité Française de Philosophie* 22 (1922), 91. 다음에 재수록됨. *Nature* 112 (1923), 253. 다음도 참고하라. *CPAE*, Vol. 6, Doc. 29, n. 6; Vol. 13, "Discussion Remarks"

리제 마이트너(1878~1968)에 관하여

* 그녀는 방사성 물질을 하나도 빼놓지 않고 다 잘 안다. 내가 내 가족을 아는 것보다 더 잘 알 것 같다.

다음에 인용됨. Rosenthal-Schneider, *Reality and Scientific Truth*, 113

앨버트 마이컬슨(1852~1931)에 관하여

나는 늘 마이컬슨을 과학의 예술가로 여겼다. 그는 실험 자체의 아름다움과 자신이 사용한 기법의 깔끔함에서 무엇보다 큰 기쁨을 만끽하는 듯했다.

'앨버트 A. 마이컬슨의 백 번째 생일에 그를 기억하며'에서, 1952년 12월 19일. Einstein Archives 1-168. 물리학자이자 노벨상 수상자(1907년)인 마이컬슨은 광속은 그것을 측정하는 좌표계에 무관하게 늘 일정하다는 아인슈타인의 가정을 이미 1881년에 에드워드 몰리와 함께 실험으로 확인하는 데 성공했다. 아인슈타인은 1905년에 특수상대성이론 논문을 쓸 때 그 실험을 알지 못했다고 말했다. 이 내용에 대해서는 다음을 보라. Fölsing, *Albert Einstein*, 217~219

* 내가 마이컬슨의 실험에서 감탄한 점은 간섭 패턴의 위치와 광원 영상의 위치를 비교해본다는 기발한 착상입니다. 그는 그 방법으로써 우리가 지구 자전 방향을 바꿀 순 없다는 난관을 극복했지요.

로버트 생클랜드에게, 1953년 9월 17일. Einstein Archives 17-203

자와할랄 네루(1889~1964)에 관하여

인도제헌의회가 최근 불가촉천민 제도를 폐지했다는 소식을 읽고서 얼마나 감동했는지 말씀드리고 싶습니다. 당신이 인도 해방 투쟁의 여러 국면에서 중요한 역할을 수행했다는 사실을 압니다. 자유를 사랑하는 모든 사람들이 당신과 당신의 위대한 스승이었던 마하트마 간디에게 대단히 고마워한다는 사실도 압니다.

인도 총리(1947~1964년 재임)에게. 1947년 6월 13일 편지에서. Einstein Archives 32-725

아이작 뉴턴(1643~1727)에 관하여

명징하고 보편적인 그의 발상들은 자연철학의 영역에서 현대적 개념 구조의 기반으로서 언제까지나 특별한 의미를 지닐 것이다.

〈타임스〉(런던) 1919년 11월 28일자에 실린 '상대성이론이란 무엇인가?'에서. *CPAE*, Vol. 7, Doc. 25

뉴턴이 절대공간을 가정하기로 한 것은 그의 논리적 양심을 지키는 명예로운 일이었습니다. …… 그는 절대공간을 '견고한 에테르'라고 불러도 괜찮았을 겁니다. 가속에 객관적 의미를 부여하기 위해서는 그런 실체가 필요했습니다. 훗날 역학에서 그런 절대공간을 없애려고 시도했던 일들은 (마흐의 시도를 제외하고는) 그저 눈 가리고 아웅하는 것일 뿐이었습니다.

모리츠 슐리크에게, 1920년 6월 30일. *CPAE*, Vol. 10, Doc. 67

내가 볼 때 최고로 창조적이었던 천재는 갈릴레오와 뉴턴이었습니다. 어떤 의미에서 두 사람은 하나의 존재나 다름없습니다. 그렇게 둘을 결합한 형태로 말할 때 뉴턴은 과학 분야에서 역사상 최고로 인상적인 묘기를 해낸 인물이었습니다.

1920년. 다음에 인용됨. Moszkowski, *Conversations with Einstein*, 40

* 그는 자신의 기량으로 달성할 수 있는 수준보다 더 한층 중요한 존재가 되었는데, 왜냐하면 그가 세상의 지적 발전 과정에서 전환점에 해당하는 지점에 운명적으로 놓여 있었기 때문이다. 뉴턴 이전에는 구체적 경험의 세계를 어떤 방식으로든 좀 더 깊이 있게 묘사하도록 돕는 종합적인 물리적 인과 체계가 존재하지 않았다는 사실을 떠올리면 그 점을 더욱더 실감할 수 있다.

뉴턴 사망 200주기를 맞아 《맨체스터 가디언 위클리》 1927년 3월 19일자에 실린 '아이작 뉴턴'에서. 다음에 재수록됨. *Smithsonian Annual Report for* 1927

그는 실험가이자 이론가이자 기계공이었으며 그 못지않게 뛰어난 전시 예술가였다.

뉴턴의 『광학』(New York: McGraw-Hill, 1931) 서문에서, Einstein Archives 4-046

뉴턴은 수학적 사고를 통해 광범위한 현상을 추론하도록 돕는 형식적 기반을 처음으로 명료하게 구축한 인물이었습니다. 논리적으로, 정량적으로, 경험과 조화를 이루는 방식으로 말입니다.

다가오는 뉴턴의 탄생 300주년에 관하여 〈맨체스터 가디언〉에 한 말, 1942년 크리스마스. 다음도 보라. *Out of My Later Years*, 201

* 그를 말한다는 것은 곧 그의 업적을 말한다는 것입니다. 그런 인물은 영원한 진리를 추구하는 노력이 벌어졌던 현장으로서 파악할 때만 이해할 수 있기 때문입니다.

상동

뉴턴 당신은 …… 최고의 사고력과 창조력을 지닌 사람이 당대에 가까스로 알아낼 수 있었던 유일한 방법을 찾아냈습니다. 당신이 만든 개념들은 요즘에도 물리학적 사고의 길잡이로 쓰입니다. 물론 우리는 여러 관계들을 더 깊이 이해하기 위해서는 …… 당신의 개념을 다른 것으로 바꿔야 한다는 사실을 알고 있지만 말입니다.

1946년에 '자전적 기록'을 쓰고자 작성했던 메모에서, 31~33

알프레드 노벨(1833~1896)에 관하여

알프레드 노벨은 이전에 알려진 어떤 폭발물보다도 강력한 폭약을, 비길 데 없이 강력한 파괴의 수단을 발명했습니다. 그 일을 속죄하고 죄책감을 덜기 위해서 그는 평화를 진작하고 달성한 사람에게 주는 이 상을 제정했습니다.

뉴욕에서 열린 제5회 노벨상 만찬에서 한 연설 '전쟁은 이겼지만 평화는 얻지 못했다'에서, 1945년 12월 10일. Rowe and Schulmann, *Einstein on Politics*, 381~382

에미 뇌터(1882~1935)에 관하여

뇌터 양의 새로운 연구를 받아보니 그녀가 공식적으로 강단에 설 수 없다는 사실이 새삼 너무나 부당하게 느껴집니다. [그 규칙을 없애기 위한] 적극적인 활동에 나서야 한다는 데 적극적으로 찬성합니다.

펠릭스 클라인에게, 1918년 12월 27일. 뛰어난 독일 수학자 에미 뇌터는 여자라서 괴팅겐 대학 교수진으로 받아들여지지 않았다. *CPAE*, Vol. 8, Doc. 677

괴팅겐의 구세력들이 그녀에게서 조금이라도 배운다면 자기들에게도 해될 게 없을 텐데요. 그녀는 분명 자기 일을 제대로 알고 있습니다.

다비트 힐베르트에게, 1918년 5월 24일. *CPAE*, Vol. 8, Doc. 548

현재 생존한 가장 유능한 수학자들의 평가에 따르면, 뇌터 양은 여성의 고등교육이 시작된 이래 배출된 인재 가운데 가장 중요하고 창조적인 수학 천재였습니다.

〈뉴욕 타임스〉 1935년 5월 4일자에 실린 에미 뇌터의 부고에서, Einstein Archives 5-138

J. 로버트 오펜하이머(1904~1967)에 관하여

오펜하이머가 특출한 인물이라는 건 인정해야겠지요. 그렇게 재능 있고도 강직한 사람은 드뭅니다. 과학에 특별히 기여한 바는 없겠지만, 즉 과학을 발전시킨 바는 없겠지만 기술적인 재주가 좋지요. 나와의 관계에서도 늘 점잖았습니다.

미국 물리학자로서 로스앨러모스 연구소에서 맨해튼 프로젝트를 지휘했고(1942~1945년) 프린스턴고등연구소 소장을 지냈던(1947~1966년) 오펜하이머에 관하여. 다음에 인용됨. Fantova, "Conversations with Einstein," April 24, 1954

볼프강 파울리(1900~1958)에 관하여

파울리는 머리가 쌩쌩 돌아가.

오스트리아 물리학자이자 노벨상 수상자(1945년)에 관하여 여동생 마야에게, 1933년 8월. Einstein Archives 29-416. 막스와 헤디 보른에게 1921년 12월 30일에 보낸 편지에서는 파울리를 "21세인 것을 감안하면 대단한 친구"라고 말했다. 파울리가 상대성이론을 요약한 백과사전적 논문으로 호평 받은 뒤였다. Born, *Born-Einstein Letters*, 62. *CPAE*, Vol. 12, Doc. 345

막스 플랑크(1858~1947)에 관하여

상대성이론이 이 분야 동료들 사이에서 그렇게 금세 주목받은 것은 플랑크가 단호하면서도 우호적인 태도로 지지해준 덕이 컸다.

아인슈타인이 존경했던 독일 물리학자이자 노벨상 수상자(1918년)에 관하여, '과학자 막스 플랑크'(1913)에서. 플랑크는 1905년 이후 상대성이론을 확립하는 데 누구보다 크게 기여했다. *CPAE*, Vol. 4, Doc. 23

플랑크를 여기가 아닌 다른 곳으로 꾀어낸다는 건 상상도 못 할 일입니다. 그는 누구보다 깊게 온몸 구석구석 고국에 뿌리박고 있습니다.

하인리히 창거에게, 1919년 6월 1일. *CPAE*, Vol. 9, Doc. 52

플랑크의 불행에 몹시 심란합니다. 로스토크에서 돌아가서 그를 만났을 때 눈물을 참지 못하겠더군요. 그는 놀랍도록 용감하고 침착하지만 그를 갉아먹는 고통이 어쩔 수 없이 드러나 보였습니다.

막스 보른에게, 1919년 12월 8일. *CPAE*, Vol. 9, Doc. 198. 플랑크의 아내는 1909년에 48세로 죽었고 쌍둥이 딸은 1917년과 1919년에 죽었다(둘 다 출산하다가 죽었다). 아들 에어빈은 1914년에 프랑스에 전쟁 포로로 잡혔다가 풀려났고 다른 아들은 1917년에 전투 중 죽었다. 에어빈은 훗날 1945

년에 히틀러 암살 모의에 가담했다가 나치에 교수형당했다.

그 같은 분이 우리 중에 좀 더 많다면 인류는 지금과는 얼마나 다를까요. 얼마나 더 나을까요. 그처럼 고결한 사람들은 시대와 장소를 불문하고 늘 고립된 소수라서 외부의 사건들에 영향을 미칠 수 없었습니다.

플랑크의 두 번째 아내에게 플랑크에 관해 말하며, 1947년 11월 10일. Einstein Archives 19-406

그는 내가 아는 가장 좋은 사람입니다. …… 하지만 물리학을 아주 잘 이해하진 못했지요. [왜냐하면] 1919년 월식 때 그 현상을 관찰하면 중력장 때문에 빛이 굽는 현상을 확인할 수 있을까 하여 밤을 지샜거든요. 그가 일반상대성이론을 제대로 이해했다면 나처럼 그냥 잠이나 잤을 텐데요.

에른스트 슈트라우스가 다음에서 회상한 말. French, *Einstein: A Centenary Volume*, 31

발터 라테나우(1867~1922)에 관하여

뜬구름 잡는 이상주의자가 되기는 쉽습니다. 그러나 그는 땅에 발붙이고 살아가면서 지상의 냄새를 누구보다 잘 맡았던 이상주의자였습니다.

1922년 7월에 '영사 조직'이라는 비밀 파시스트 테러 조직에게 암살된 독일 외무 장관에 대하여. 《노이에 룬트샤우》에 실린 라테나우의 부고에서. *Neue Rundschau* 33, no. 8 (1922), 815~816. Einstein Archives 32-819

다양한 주제를 놓고 라테나우와 몇 시간씩 대화한 적이 몇 번 있었습니다. 대화는 일방적인 편이었습니다. 대체로 그가 말하고 나는 들었지요. 우선 그의 말에 끼어들기가 쉽지 않았고 둘째로 그의 말을 듣는 게 즐거웠기 때문에 별로 끼어들 마음이 들지 않았거든요.

요하논 트버스키에게, 1943년 2월 2일. 다음에 인용됨. Nathan and Norden, *Einstein on Peace*, 52. Einstein Archives 32-836

로맹 롤랑(1866~1944)에 관하여

개개인의 부에 대한 탐욕과 국가들의 각축이 전쟁을 불가피하게 만든다고 지적한 점에서 그는 옳았습니다. 전쟁의 구도를 깨뜨릴 유일한 수단으로서 사회 혁명에 의지한 점에서도 아주 틀리진 않았을 겁니다.

《서베이 그래픽》과의 인터뷰에서. *Survey Graphic* 24 (August 1935), 384, 413. 당대 발군의 평화주의자였던 노벨 문학상 수상자(1915년)에 관하여

프랭클린 D. 루스벨트(1882~1945)에 관하여

* 그가 진 짐은 무거웠습니다. 하지만 그는 유머 감각이 있었기에 쉴 새 없이 중차대한 결정을 내려야 하는 사람들에게서 좀처럼 찾아보기 힘든 내면의 자유를 간직했습니다. 자신의 최종 목표를 달성하겠다는 결의가 믿을 수 없을 만큼 굳었지만 그러면서도 멀리 내다보는 정치인이라면 민주국가에서 누구나 직면하기 마련인 강력한 저항에 부딪쳤을 때는 놀랍도록 유연하게 극복할 줄도 알았습니다.

《아우프바우》에 실린 루스벨트 기념사에서. *Aufbau* 11, no. 17 (April 27, 1945), 7

이 인물이 어느 시점에 우리 곁을 떠났든 우리는 대체 불가능한 손실을 겪었다는 슬픔을 느끼지 않을 수 없었을 것입니다. …… 부디 그가 우리 생각과 신념에 영원한 영향을 미치기를.

상동. 〈뉴욕 타임스〉 1946년 8월 19일자에 따르면, 아인슈타인은 루스벨트가 살아 있었다면 히로시마 폭탄 투하를 막았을 것이라고 믿었다. 아인슈타인은 1945년 3월에 핵폭탄의 참혹한 결과를 경고하는 편지를 루스벨트에게 보냈지만 대통령은 그것을 읽지 못하고 죽었다.

루스벨트가 대통령이라서 아쉽습니다. 아니면 더 자주 찾아갈 텐데.

친구 프리다 부퀴에게. 다음에 인용됨. *The Jewish Quarterly* 15, no. 4 (Winter 1967~68), 34

일제 로젠탈-슈나이더(1891~1990)에 관하여

* 그녀는 이런 주제에 관한 지식이 탄탄하고 관점과 견해도 상당히 독립적이며 독창적입니다. 그녀가 과학철학과 과학사를 매력적이고 고무적인 방식으로 가르칠 수 있다고 믿습니다.

그의 학생이었던 로젠탈-슈나이더가 시드니 대학 과학철학 종신 강사직에 지원했을 때 써준 추천사에서, 1944년. Rosenthal-Schneider, *Reality and Scientific Truth*, 22

버트런드 러셀(1872~1970)에 관하여

당신이 저서에서 논리적, 철학적, 인간적 문제를 다룰 때 적용한 명료함, 분명함, 공정함은 우리 세대에서 달리 비길 상대가 없습니다.

버트런드 러셀에게, 1931년 10월 14일. Grüning, *Ein Haus für Albert Einstein*, 369. Einstein Archives 33-155

위대한 정신들은 늘 범상한 사람들의 반대를 겪습니다. 범상한 사람들은 관습적인 선입견에 무조건 굴복하기를 거부하고 용감하고 정직하게 자기 의견을 표명하고 나서는 사람을 이해하지 못합니다.

러셀이 뉴욕 시티 대학 교수진에 임명된 것을 둘러싸고 벌어진 논란에 관하여. 일부 종교적 보수주의자들과 이른바 애국적 뉴욕 시민들은 러셀을 종교와 도덕에 반대하는 선동가로 여겨서 그의 임명에 반대하는 소송을 제기했다. 결국 강의 계약은 철회되었다. 다음에 인용됨. *New York Times*, March 19, 1940. Einstein Archives 33-168

종교에 관한 버트런드 러셀의 글을 [손님들에게] 읽어주었습니다. 그는 생존 작가 중 최고입니다. 그의 글은 솜씨 좋게 짜여 있습니다. 말이 되지 않는 것이 하나도 없습니다.

다음에 인용됨. Fantova, "Conversations with Einstein," December 31, 1953. 러셀의 그 글은 다음에 수록된 '불가지론자란 무엇인가'였다. Leo Rosten, *Religions in America*, 1952

알베르트 슈바이처(1875~1965)에 관하여

슈바이처는 세계의 도덕적 지도자 자리에 도전한 위인입니다.

인터뷰에서, 알자스 출신 의사이자 선교사이자 휴머니스트이자 노벨 평화상 수상자(1952년)에 관하여. *Survey Graphic* 24 (August 1935), 384, 413

슈바이처는 우리 세대에서 서구인으로는 유일하게 간디에 비견할 만한 도덕적 영향을 미친 사람이다. 간디와 마찬가지로 그의 영향력은 평생의 활동을 통해서 스스로 모범을 보였다는 데 압도적으로 기인한다.

1953년 『나의 세계관』 개정판에 실을 계획으로 썼지만 실리지 않은 글. 다음에 인용됨. Sayen, *Einstein in America*, 296. Einstein Archives 33-223

조지 버나드 쇼(1856~1950)에 관하여

쇼는 대단한 사람입니다. 인간 조건을 깊이 통찰하고 있지요.

영국 작가이자 노벨 문학상 수상자(1925년)에 관하여, 사회주의에 관한 쇼의 책을 논하면서. 미셸 베소에게, 1929년 1월 5일. Einstein, *Correspondance avec Michèle Besso 1903~1955* (Paris: Hermann, 1979), 240

쇼는 의심할 여지없이 세상에서 가장 뛰어난 인물 중 한 명이다. 한번은 그에게 그의 희곡은 모차르트의 작품을 연상시킨다고 말해주었다. 모차르트의 음악에 쓸데없이 넘치는 음표가 하나도 없듯이 쇼의 산문에는 쓸데없이 넘치는 단어가 하나도 없다.

Cosmic Religion (1931), 109. 원 출처는 불명

우리 시대의 볼테르가 바로 그렇게 말씀하셨지.

헤드비히 피셔가 회상한 말, 1928년. P. de Mendelssohn, *The S. Fischer Verlag* (1970), 1164

풀턴 J. 신(1895~1979) 주교에 관하여

신 주교는 현재 세상에서 가장 지적인 사람 중 하나입니다. 과학에 대응

하여 종교를 변호하는 책을 썼지요.

미국 가톨릭 주교에 관하여. 다음에 인용됨. Fantova, "Conversations with Einstein," December 13, 1953. 아인슈타인이 언급한 신의 책은 『신 없는 종교』(1928)다. 한편 신은 아인슈타인의 이른바 '우주적 종교'를 폄하했다. '아인슈타인에 관한 다른 사람들의 말' 장을 참고하라.

업턴 싱클레어(1878~1968)에 관하여

여기에서 싱클레어는 미움을 사고 있습니다. 그가 미국인의 삶에서 엉망진창이고 어두운 측면을 끈질기게 조명하기 때문이지요.

미국 작가이자 퓰리처상 수상자(1942년)에 관하여. 레바흐 가족에게, 1931년 1월 16일. Einstein Archives 47-373

바뤼흐 스피노자(1632~1677)에 관하여

나는 스피노자의 범신론에 매료되었습니다. 그가 현대 사상에 기여한 바는 더욱더 존경합니다. …… 그는 영혼과 육체를 별개가 아니라 하나의 존재로 다룬 최초의 철학자였습니다.

G. S. 피레크와의 인터뷰에서, 아인슈타인에게 큰 영향을 주었던 17세기 유대인 철학자에 관하여. "What Life Means to Einstein," *Saturday Evening Post*, October 26, 1929. 다음에 재수록됨. Viereck, *Glimpses of the Great*,

448. 독일 낭만파 시인 노발리스는 스피노자를 "신에 중독된 사람"이라고 불렀다.

명료함과 논리적 엄정성을 추구하는 이들이 스피노자의 견해를 널리 받아들이지 않는 것은 오로지 그들이 사상의 일관성뿐 아니라 비범한 완전성과 아량과 겸손함까지 요구하기 때문이라고 봅니다.

D. 루네스에게, 1932년 9월 8일. Einstein Archives 33-286

* 그동안 스피노자의 서신을 읽었습니다. 그는 인간이 초야에 은둔함으로써 얻는 해방감을 잘 알았습니다.

레오 실라르드에게, 1928년 9월 15일. Einstein Archives 33-271

스피노자는 우리 유대 민족이 낳은 가장 심오하고 순수한 영혼입니다.

1946년 편지에서. 다음에 인용됨. Hoffmann, *Albert Einstein: Creator and Rebel*, 95. 원 출처는 찾지 못했다.

* 당신이 스피노자의 글에 관심이 깊다니 무척 반갑습니다. 나도 그 인물을 굉장히 존경하지만 그의 작품에 관한 지식은 그다지 깊지 않습니다.

1951년 11월 23일 편지에서. 이 편지는 2008년 10월 16일 이베이에 경매물로 올라왔는데 수신인은 확인되지 않았다.

애들레이 스티븐슨(1900~1965)에 관하여

스티븐슨은 재능이 뛰어나지만 그걸 제대로 사용할 줄 모릅니다.

일리노이 주지사 출신의 민주당원으로서 1952년과 1956년에 아이젠하워와 대통령 선거에서 맞섰으나 진 애들레이에 관하여. 다음에 인용됨. Fantova, "Conversations with Einstein," December 12, 1953

라빈드라나트 타고르(1861~1941)에 관하여

타고르와의 대화는 소통의 어려움 때문에 그야말로 재앙이었습니다. 그건 발표되지 말았어야 했습니다.

로맹 롤랑에게, 1930년 10월 10일. 인도의 신비주의자이자 시인이자 노벨 문학상 수상자(1913년)와 1930년 여름에 나눈 대화에 관하여. 대화 내용은 1930년 8월 10일 《뉴욕 타임스 매거진》에 실렸다. (두 번째 대화는 8월 19일에 이뤄졌다.) 기자 드미트리 마리아노프는 아인슈타인이 사전에 기사를 검토했다고 주장했지만, 이 시점에서 아인슈타인은 그 내용의 정확성에 관해 마음이 바뀌었거나 아니면 실제 검토할 기회를 못 얻었는지도 모른다. 아인슈타인은 타고르의 이름을 생략하고 "랍비 타고르"라고 불렀다. Einstein Archives 33-029

니콜라 테슬라(1856~1943)에 관하여

* 75세 생신을 축하하며, 고주파 교류의 저명한 개척자인 당신이 그 분야가 이뤄낸 근사한 기술 발전을 직접 목격하고 있다는 점을 기쁘게 여깁니다. 평생의 작업이 대성공을 거둔 것을 축하드립니다.

테슬라에게, 1931년 6월. Einstein Archives 48-566

레오 톨스토이(1828~1910)에 관하여

톨스토이 이래 전 세계에 영향을 미친 진정한 도덕적 지도자가 또 있는지 의심스럽습니다. …… 톨스토이는 많은 면에서 우리 시대 최고의 예언자였습니다. …… 오늘날은 톨스토이의 심오한 통찰과 도덕적 힘을 갖춘 사람이 없습니다.

위대한 러시아 소설가에 관하여. 다음 인터뷰에서. *Survey Graphic* 24 (August 1935), 384, 413

아르투로 토스카니니(1867~1957)에 관하여

당신은 세상의 음악을 해석함에 있어서 타의 추종을 불허하는 존재이고 그 해석은 최고의 존경을 받아야 마땅합니다. 그뿐 아니라 당신은 파시스트 악당들에게 맞섬으로써 자신의 뛰어난 양심을 증명해 보였습니다.

이탈리아 지휘자이자 작곡가이자 피아니스트에게, 1936년 3월 1일. Einstein Archives 34-386

온 힘과 영혼을 하나의 뜻에 바친 사람만이 진정한 대가가 될 수 있습니다. 그렇기에 대가가 되려면 그 인간 전체가 필요합니다. 토스카니니는 삶의 모든 측면에서 이 사실을 증명해 보였습니다.

토스카니니가 1938년 미국 히브리 메달을 받게 되었을 때 발표한 성명에서. 토스카니니는 독일과 이탈리아의 파시즘에 강하게 반대했고 1930년대 중반에 유럽을 떠나 미국으로 갔다. Einstein Archives 34-390

라울 발렌베리(1912~?)에 관하여

나는 한 사람의 늙은 유대인으로서 당신이 무슨 수를 써서라도 라울 발렌베리를 찾아내어 제 나라로 돌려보내주십사 간청합니다. 그는 나치의 박해가 극심하던 시절에 제 목숨까지 걸면서 불행한 내 유대인 동포들을 수천 명이나 자발적으로 구출해주었던, 지극히 보기 드문 선인이었습니다.

이오시프 스탈린에게, 1947년 11월 17일. 스탈린의 부하가 수색이 실패했음을 아인슈타인에게 답장으로 알려주었다. 스웨덴 사람 발렌베리는 제2차 세계대전 중 헝가리 유대인 수만 명의 목숨을 구했다고 알려져 있다. 그는 결국 붙잡혔는데 나치에게 잡힌 게 아니라 1945년에 부다페스트에 진주한 소련군에게 잡혔고 이후 다시는 모습을 드러내지 않았다. 발렌베리의 최후는 아직 수수께끼다. 다음을 보라. Roboz Einstein, *Hans albert Einstein*, 14. Einstein Archives 34-750

하임 바이츠만(1874~1952)에 관하여

선택된 민족의 선택된 인간.

하임 바이츠만에게, 1923년 10월 27일. 바이츠만은 1949년에 이스라엘 초대 대통령이 되었다. Einstein Archives 33-366

프로이트라면 바이츠만에 대한 내 감정을 이중적이라고 표현하겠지요.

아브라함 파이스에게 했다는 말, 1947년. Pais, *A Tale of Two Continents*, 228

헤르만 바일(1885~1955)에 관하여

그는 뛰어난 사람이지만 현실에서 약간 동떨어져 있습니다. 이번에 개정판을 낸 책에서 상대성이론을 완전히 엉망으로 소개한 것 같더군요. 신이 그를 용서하기를. 결국에는 그도 자신이 예리한 인지력에도 불구하고 과녁에서 한참 벗어났다는 사실을 깨달을 겁니다.

하인리히 창거에게, 1920년 2월 27일. 독일-스위스-미국계 물리학자로서 훗날 아인슈타인과 같은 해에 프린스턴고등연구소에 합류한 바일에 관하여. *CPAE*, Vol. 9, Doc. 332

존 휠러(1911~2008)에 관하여

휠러의 말은 대단히 인상적이었지만 우리 둘 중 누가 옳은지 밝혀지기 전에 내가 죽을 것 같습니다. …… 말이 되는 소리를 들은 건 그게 처음이었습니다. …… 그의 아이디어와 내 아이디어를 결합한 것이 옳을 가능성도 있겠지요.

프린스턴 대학의 이론물리학자로서 1967년에 블랙홀이라는 용어를 만든 휠러에 관하여. 다음에 인용됨. Fantova, "Conversations with Einstein," November 11, 1953.

우드로 윌슨(1856~1924)에 관하여

* 윌슨이 국제연맹에 크게 기여했던 것은 언뜻 실패로 보일지도 모른다. 윌슨의 동시대 사람들이 국제연맹을 무력화했고 그의 고국이 국제연맹을 거부했음에도 불구하고 나는 언젠가 그의 노력이 좀 더 효과적인 형태로 다시 등장하리라는 것을 믿어 의심치 않는다.

제28대 미국 대통령(1913~1921년 재임)이자 이전에 프린스턴 대학 총장(1902~1910년)과 뉴저지 주지사를 지냈던 윌슨에 관하여. 1940년 6월 22일에 쓴 '나는 미국인입니다'에서. Rowe and Schulmann, *Einstein on Politics*, 471. Einstein Archives 29-092

미국의 주요 정치인들 중 제일 지적인 타입은 윌슨일 것이다. 그런 그도 대인 관계 면에서는 기술이 썩 좋지 않았던 것 같다.

상동

9장

독일인과 독일에 관하여

독일이 1935년부터 1945년까지 아인슈타인과 독일이 맺었던 관계를 베를린의 아인슈타인 탑에서 일소해버리는 모습. (의회도서관 LC-USZ62-94410)

* 선생님이 독일 교수들에 대해서 했던 말은 과장이 아니었습니다. …… 권위에 대한 맹목적 복종은 진리의 가장 큰 적입니다.

스위스 교사로서 아인슈타인이 아라우에서 학교를 다닐 때 하숙했던 집 주인이기도 했던 요스트 빈텔러에게, 비판을 허락하지 않는 교수에 대해 불평하며, 1901년 7월 8일. *CPAE*, Vol. 1, Doc. 115

이 사람들은 자연스러운 정서란 게 없습니다. 다들 차갑고, 계급에 기반한 우월감과 노예 근성이 묘하게 섞여 있고, 이웃 시민들에게 선의를 보이지 않습니다. 거리에는 과시적인 사치와 은밀한 비참함이 공존합니다.

미셸 베소에게, 1911년 5월 13일. 프라하의 독일인들에 관하여. *CPAE*, Vol. 5, Doc. 267

베를린 시민들이 현상에 안주하는 이유를 이제야 알겠습니다. 이곳에서는 사람들이 외부 자극을 하도 많이 받기 때문에 좀 더 고요하고 작은 동네에서 살 때만큼 내면의 공허를 심하게 느끼지 못합니다.

후르비츠 가족에게, 1914년 5월 4일. *CPAE*, Vol. 8, Doc. 6

베를린은 엄청나게 자극적인 곳입니다.

빌헬름 빈에게, 1914년 6월 15일. *CPAE*, Vol. 8, Doc. 14

사람들이야 다른 곳과 다를 바 없지만 그 수가 워낙 많기 때문에 더 잘 고를 수 있습니다.

로베르트 헬러에게, 1914년 7월 20일, 베를린에 관하여. *CPAE*, Vol. 8, Doc. 25

* 내가 아는 독일인 중에는 사생활에서는 거의 무한한 이타주의자이면서도 잠수함 전면전이 선포되기를 이제나저제나 고대하는 사람들이 있습니다. …… 이들에게는 독일인이 아닌 사람도 동등한 가치를 지닌 인간으로 여겨야 한다는 것, 국가가 존속하기 위해서는 반드시 외국의 신뢰를 얻어야 한다는 것, 무력과 기만을 통해서는 자국이 설정한 목표를 결코 달성할 수 없다는 것을 가르쳐주어야 합니다.

로맹 롤랑에게, 1917년 8월 22일. *CPAE*, Vol. 8, Doc. 374

* 문화를 사랑하는 독일인은 곧 조국에 대한 자긍심을 어느 때보다도 강하게 다시 품을 수 있을 것입니다. 그 자긍심은 1914년 이전보다 더 정당할 것입니다.

아르놀트 좀머펠트에게, 1918년 12월 6일. *CPAE*, Vol. 8, Doc. 665

이 나라는 꼭 속이 뒤집혔는데 아직 다 게워내지 못한 사람 같습니다.

아우렐 스토돌라에게, 1919년 3월 31일, 두 주 전 발생한 베를린 우파 폭동

에 관하여. *CPAE*, Vol. 9, Doc. 16

이곳 사람들은 행복하고 풍요로울 때보다 불행할 때 내게 더 친밀하게 느껴지는 것 같습니다.

하인리히 창거에게, 1919년 6월 1일. *CPAE*, Vol. 9, Doc. 52

* 이들은 자신들이 교만하고 부도덕한 소수의 눈먼 도구로 쓰이고 있다는 사실을 확실히 깨닫지 못하고 있습니다. 따라서 "강제된 평화"라는 지적에 분개하는 것은 공허한 표현이나 거짓말이 아니라 그들의 실제 느낌이 반영된 반응입니다.

아드리안 포커에게, 1919년 7월 30일. *CPAE*, Vol. 9, Doc. 78

사태가 이곳 사람들에게 나쁘게 돌아가기 시작한 뒤로 이들이 이전과는 비할 나위 없이 더 낫게 느껴집니다. 인간들에게는 성공보다 불행이 압도적으로 더 어울립니다.

하인리히 창거에게, 1919년 12월 24일. *CPAE*, Vol. 9, Doc. 233

베를린은 내가 인간적 유대와 과학적 유대로 가장 긴밀하게 매여 있는 장소입니다.

프로이센 교육부 장관 K. 헤니슈에게, 1920년 9월 8일. Einstein Archives 36-022

* 독일 사람들은 나에 대한 짜증을 숨기지 못합니다. 평화주의를 비롯한 내 정치적 태도 때문인데, 그게 이 나라의 어려운 정치 상황으로 좀 더 증폭되었으니까 말입니다.

에벌린 와그너에게, 1921년 1월 31일. *CPAE*, Vol. 12, Doc. 38

독일은 처음에는 풍요에, 다음에는 결핍에 중독되는 불행을 겪었다.

1923년에 쓴 아포리즘. Einstein Archives 36-591

독일 사람들은 참 웃기다. 나는 그들에게 악취 나는 꽃이지만 그들은 그런 나를 가지고 몇 번이고 작은 꽃다발을 만들어낸다.

여행 일기에서, 1925년 4월 17일.

히틀러는 독일의 텅 빈 배 속에서 살고 있다. 아니, 그 속에 억지로 들어앉아 있다. 경제 상황이 호전되자마자 사람들은 히틀러를 까맣게 잊을 것이다.

Cosmic Religion (1931), 106~107. 아마 실제 표현을 다듬은 말이겠지만 원 출처는 알려지지 않았다.

선택권이 있는 한, 나는 정치적 자유와 관용이 있고 법 앞에서 모든 국민이 평등한 나라에서만 머물 것입니다. …… 현재의 독일은 이런 조건을 갖추지 못했습니다.

유럽으로 돌아가기 전 미국 언론에 발표한 '정치적 선언문'에서 히틀러 체제를 언급하며, 1933년 3월 11일. 다음에 재수록됨. Rowe and Schulmann, *Einstein on Politics*, 269~270. Einstein Archives 28-235

독일의 과장된 군사적 기풍은 어린 내게도 생경했습니다. 그래서 아버지는 이탈리아로 이사할 때 내 요청에 따라 내 독일 국적을 말소해주었습니다. 내가 스위스 국적을 원했기 때문입니다.

줄리어스 막스에게, 1933년 4월 3일. 다음에 인용됨. Hoffmann, *Albert Einstein: Creator and Rebel*, 26. Einstein Archives 51-070

내가 언론에 발표한 성명은 아카데미에서 탈퇴하고 프로이센 시민권을 포기하겠다는 의향을 밝힌 내용입니다. 그런 조치를 취하는 이유를 묻는다면, 모든 개인이 법 앞에서 평등하고 각자 자신이 좋아하는 것을 자유롭게 말하고 가르치지 못하는 나라에서는 살기 싫기 때문입니다.

프로이센과학아카데미에게, 1933년 4월 5일. Einstein Archives 29-295

* 새삼스럽게 말씀드리는 바, 나는 지난 세월 동안 독일의 위신을 높이기만 했고 극우 언론의 조직적 공격을 받더라도 나 스스로 독일을 멀리한 적이 없었습니다. 최근에는 누구도 기꺼이 나를 위해 나서주지 않는데도 말입니다. …… 독일에서 유대인이 굶어 죽고 있는 것이 현 정부의 공식적인 계획이 아니란 말입니까?

막스 플랑크에게, 1933년 4월 6일. 프로이센과학아카데미에서 탈퇴한 뒤. Einstein Archives 19-391

귀하는 내가 "독일 대중"에 대해서 뭔가 "호의적인 말"을 해주었다면 해외에서도 큰 효과가 있었을 것이라고 말했는데, 그에 대해 이렇게 대답하겠습니다. 귀하가 제안한 그런 증언은 내가 평생 고수한 정의와 자유의 개념을 송두리째 부정하는 것과 마찬가지였을 것입니다. 그런 증언은 귀하가 표현한 대로 독일에게 호의적인 말이 되지도 않았을 것입니다.

아인슈타인의 탈퇴를 받아들인 프로이센과학아카데미에게 보낸 답장에서, 1933년 4월 12일. Einstein Archives 29-297

이제 나는 독일에서 "사악한 괴물"로 격상되었고 돈도 몽땅 압수당했습니다. 그러지 않아도 그 돈은 어차피 금방 사라졌을 거라고 생각하면서 위안합니다.

막스 보른에게, 1933년 5월 30일. 아인슈타인이 독일 계좌를 몰수당한 뒤. Born, *Born-Einstein Letters*, 112. Einstein Archives 8-192

전 세계 문명사회가 현대의 이런 야만주의에 수동적인 반응만 보이는 이유를 알 수가 없습니다. 히틀러가 전쟁을 벌일 태세라는 사실이 세상 사람들의 눈에는 안 보인단 말입니까?

〈분테 보헤〉(빈)의 기자가 인용한 말, 1933년 10월 1일. 다음에도 인용됨. Pais, *Einstein Lived Here*, 194

옛 독일은 사막의 [문화적] 오아시스였습니다.

알프레트 케어에게, 1934년 7월. Einstein Archives 50-687

독일은 여전히 전쟁을 염두하고 있고 갈등은 불가피합니다. 독일은

1870년 이래 정신적으로나 도덕적으로나 줄곧 내리막이었습니다. 내가 프로이센과학아카데미에서 교유했던 사람들을 평가하자면 세계대전 이후 국수주의적 시절에는 최고의 자질을 갖춘 사람들이 아니었습니다.

인터뷰에서, *Survey Graphic* 24 (August 1935), 384, 413

당신은 우리 시대의 위급한 문제들을 제대로 지적했고 그 말이 아무 효과가 없진 않을 것입니다. 다만 "아리안"이라는 단어가 합리적 개념인 것처럼 쓰지는 말았더라면 더 좋았을 것 같습니다.

랍비 스티븐 와이즈에게, 135년 9월 11일. 와이즈가 루체른에서 했던 강연을 언급하며. Einstein Archives 35-172

* 잘 알려져 있듯이 독일 파시즘은 내 유대인 동포들을 유독 맹렬히 공격해왔습니다. …… 박해의 이유랍시고 드는 것은 독일에서 '아리안' 민족의 혈통을 순수하게 보존하기 위해서라고 합니다. 그러나 사실 그런 '아리안' 민족이란 존재하지 않습니다. 그것은 유대인을 박해하고 재산을 빼앗는 행위를 정당화하기 위해서 지어낸 가상의 개념에 불과합니다.

'독일 망명자를 위한 미국 기독교 위원회'와 '나치즘에서 탈출한 폴란드 망명자를 돕기 위한 비상 위원회'가 후원한 CBS 라디오 방송에서, 1935년 10월 22일. Rowe and Schulmann, *Einstein on Politics*, 293. Einstein Archives 28-317

* 독일인은 지난 수백 년간 세대마다 면면히 이어진 선생들과 교관들에게

세뇌되었다. 고된 노동을 감당하는 훈련을 받았고 갖가지 작업을 해내는 능력을 배웠지만 그와 동시에 야만적인 복종과 군사 활동과 잔인함도 함께 주입받았다. 전후 바이마르 공화국의 민주 헌법은 엄지손가락 톰에게 거인의 옷이 맞지 않는 것만큼이나 독일 사람들에게 어울리지 않았다.

1935년에 쓴 미발표 원고에서. 나중에 다음의 여러 선집에 실렸다. Nathan and Norden, *Einstein on Peace*, 263~264; Dukas and Hoffmann, *Albert Einstein, the Human Side*, 110; Rowe and Schulmann, *Einstein on Politics*, 295. Einstein Archives 28-322

이 일에서 딱 하나 좋은 점을 찾자면 히틀러가 자기 권력에 집착한 나머지 우둔하게도 전 세계를 독일의 적으로 뭉치게끔 할 거라는 점입니다. 훨씬 더 그로테스크한 차원의 카이저 빌헬름이라고 할 수 있겠지요.

오토 나탄에게, 1936년 9월 15일. Bergreen Albert Einstein Collection, Vassar College, Box M2003-009, Folder 1.15. Einstein Archives 38-507

* 1919년에 아카데미는 나더러 스위스 국적 외에 독일 국적도 획득하라고 설득했지. 나는 한심하게도 그 말에 넘어갔고.

밀레바 아인슈타인-마리치에게, 1938년 7월 20일. 다음에 번역되어 인용됨. Neffe, *Einstein*, 276. Einstein Archives 75-949

그들에게는 늘 사이코패스를 섬기는 노예 근성이 있었다. 그러나 요즘처럼 그 일을 성공리에 해낸 경우는 없었다.

1939년 7월 28일 날짜가 적힌 편지 뒷면에 8월에 갈긴 낙서. 히틀러를 언급한 것이다. Einstein Archives 28-500.1

독일인은 비참한 역사 탓에 너무도 사악해졌기 때문에, 인간적인 수단이라고까지 말하진 않겠지만 분별 있는 수단으로 상황을 바로잡기는 대단히 어려울 겁니다. 신이 너그럽게 도우사 전쟁이 끝날 즈음에는 그들이 스스로의 손에 잔뜩 죽어나갔기를 바랍니다.

오토 율리우스부르거에게, 1942년 여름. 다음에 인용됨. Sayen, *Einstein in America*, 146. Einstein Archives 38-199

독일 국민 전체가 대량 살인에 책임이 있으며 따라서 국민 전체가 처벌받아야 합니다. …… 나치당의 배후에는 독일 국민이 있습니다. 그들은 히틀러가 책과 연설에서 본인의 염치없는 의도를 오해의 소지 없이 명명백백히 밝혔음에도 불구하고 그를 지도자로 뽑았습니다.

바르샤바 게토의 영웅들에 대해서 이야기하며. *Bulletin of the Society of Polish Jews* (New York), 1944. Einstein Archives 29-099

독일인이 유럽의 내 유대인 동포를 학살했으니 앞으로 독일인과는 아무것도 함께하지 않겠습니다. 비교적 무해한 아카데미와도. 여기에는 가능한 선에서 줄곧 양식을 지켰던 소수의 친구들은 포함되지 않습니다.

아르놀트 좀머펠트에게, 1946년 12월 14일. 아인슈타인이 말한 소수의 친구는 오토 한, 막스 폰 라우에, 막스 플랑크, 아르놀트 좀머펠트 등이었다. Einstein Archives 21-368

독일인의 범죄는 이른바 문명국의 역사에서 이제껏 기록된 모든 범죄 중 최악으로 혐오스러운 것입니다. 독일 지식인들의 행동도—집단적으로—대중보다 더 나을 게 없었습니다.

오토 한에게, 1949년 1월 26일. Einstein Archives 12-072

압도적 다수의 독일인이 우리 유대인을 대한 태도를 볼 때 우리는 그들을 위험으로 여길 수밖에 없습니다. 독일과 다른 나라들의 관계도 마찬가지로 위험하다고 판단합니다.

《리버럴 유다이즘》의 알프레드 베르너와의 인터뷰에서. *Liberal Judaism* 16 (April~May 1949), 4~12

독일이 유대 민족을 학살한 뒤, 자신을 아낄 줄 아는 유대인이라면 누구든 독일의 공식 행사에는 결코 관여하지 않는 게 바람직하다는 사실은 누가 봐도 당연할 것입니다. 따라서 내 공로 훈장을 갱신하겠다는 제안은 내게 일고의 가치도 없습니다.

독일 대통령 테오도르 호이스에게, 1951년 1월 16일. 아인슈타인은 1923년에 명예 훈장을 받았으나 1933년에 나치의 압력에 못 이겨 반환했다. 1950년에 독일 정부가 다시 받아달라고 요청했으나 위의 편지가 보여주듯이 아인슈타인은 거절했다. 1842년 이래 그 훈장을 받은 수백 명의 예술가와 과학자 중에는 찰스 다윈, 마이클 패러데이, 막스 플랑크, 발터 네른스트, 다비트 힐베르트, 그림 형제, 리하르트 슈트라우스 등이 있다. Einstein Archives 34-427

만일 내가 틀렸다면 작가 한 명으로도 충분했을 텐데!

독일에서 『아인슈타인에 반대하는 100명의 작가』라는 책이 나왔다는 이야기를 듣고서 자신의 이론을 언급하며 대꾸한 말. 다음에 인용됨. Stephen Hawking, *A Brief History of Time* (London: Bantam, 1988), 178

10장

인류에 관하여

1939년 뉴욕 세계 박람회에서 의붓딸 마르고트를 무릎에 앉힌 아인슈타인.
(마틴 해리스의 사진)

이런 시절에는 인간이 얼마나 딱한 종인지 깨닫게 됩니다. 연민과 반감이 뒤섞인 기분으로 나만의 상념에 젖어 조용히 움직일 뿐입니다.

파울 에렌페스트에게, 1914년 8월 19일. 제1차 세계대전의 개전에 관하여. *CPAE*, Vol. 8, Doc. 34

권력욕이 누구보다 강하고 정치적으로 치우친 인간들이 사생활에서는 파리 한 마리 죽이지 못하는 사람인 경우를 왕왕 봅니다.

파울 에렌페스트에게, 1917년 6월 3일. *CPAE*, Vol. 8, Doc. 350

문화를 사랑하던 시대가 어쩌면 이다지도 괴물처럼 부도덕할 수 있단 말입니까? 다른 인간들에 대한 자비와 사랑이야말로 무엇보다 귀중한 것이라는 생각이 갈수록 많이 듭니다.

하인리히 창거에게, 1917년 12월 6일. *CPAE*, Vol. 8, Doc. 403

우리는 각자 세상을 자신이 이해할 수 있도록 단순화하여 그리려고 합니다. 그러고는 실제 경험한 세상을 그 가상의 우주로 교체하려고 합니다. …… 누구나 그 우주를 구축하는 작업을 정서적 삶의 핵심으로 삼습니다. 개인적 경험이라는 좁은 소용돌이 속에서는 찾을 수 없는 평화와 안전을 얻기 위해서입니다.

막스 플랑크의 예순 생일을 맞아 실시한 강연 '연구의 동기'에서, 1918년 4월. *CPAE*, Vol. 7, Doc. 7

* 봉급 생활자로서 더 나은 삶을 살려는 노력, 그리고 유급 일자리를 갖지 않은 사람에 대해 느끼는 멸시가 결합한다면 건전한 경제적 생활을 발달시키는 데 필요한 심리적 동기로 충분하다고 믿습니다.

'모두를 위한 최저 생계 보장' 협회에게, 1918년 12월 12일. *CPAE*, Vol. 7, Doc. 16

* 왜 그런지는 모르겠습니다만, 불확실한 미래의 위협에 불안해하는 사람들이 더 좋습니다.

막스 보른에게, 1919년 1월 19일. 스위스에서 보낸 엽서에서. *CPAE*, Vol. 9, Doc. 3

실패와 궁핍은 인간을 제일 잘 가르치고 정화합니다.

아우구스테 호흐베르거에게, 1919년 7월 30일. *CPAE*, Vol. 9, Doc. 79

사람들의 도덕성은 평균적으로 따지자면 나라마다 크게 다르지 않다는 사실을 명심해야 합니다.

헨드릭 안톤 로런츠에게, 1919년 8월 1일. *CPAE*, Vol. 9, Doc. 80

* 인간들에게는 성공보다 불행이 압도적으로 더 어울립니다.

하인리히 창거에게, 1919년 12월 24일. *CPAE*, Vol. 9, Doc. 233

* 인류의 문화적 발달을 위해서 개인이 할 수 있는 일을 하는 것만으로는 부족합니다. 국가만이 할 수 있는 일도 시도해야 합니다.

1921년 6월 27일 베를린에서 열린 시온주의자 모임에서 한 연설에서. 다음에 발표됨. *Mein Weltbild* (1934). 다음도 보라. *Ideas and Opinions*, 182. Einstein Archives 28-010

아이들은 부모의 인생 경험을 귀담아듣지 않고, 국가는 역사를 무시한다. 나쁜 교훈은 늘 새롭게 학습되어야 한다.

1923년 10월 12일에 쓴 아포리즘. Einstein Archives 36-589

왜 위인의 국적을 따집니까? 위대한 독일인이라느니 위대한 영국인이라느니? 괴테는 자신이 독일 시인으로 불리는 데 늘 항의했습니다. 위대한 사람은 그저 사람일 뿐 국적의 관점에서 이야기되어선 안 됩니다. 그들이 자란 환경을 따져서도 안 됩니다.

다음에 인용됨. *New York Times*, April 18, 1926, 12:4

* 어떤 나이가 지나면 독서는 사람을 창조 활동으로부터 멀어지게 만듭니다. 읽기만 많이 읽고 자기 머리는 안 쓰는 사람은 게으르게 사고하는 습관에 빠집니다. 극장에 너무 자주 가는 사람이 자신의 삶을 살기보다 대

리적인 삶에 만족하려는 유혹을 겪는 것과 마찬가지입니다.

G. S. 피레크와의 인터뷰에서. "What Life Means to Einstein," *Saturday Evening Post*, October 26, 1929. 다음에 재수록됨. Viereck, *Glimpses of the Great*, 437

인류는 싹이 많이 난 나무인 것 같습니다. 모든 싹과 가지가 별개의 영혼을 지니고 있진 않은 것 같습니다.

상동, 444

* 사람은 자전거와 같단다. 계속 움직여야 균형을 잡을 수 있지.

아들 에두아르트에게, 1930년 2월 5일. 다음에 번역문이 인용됨. Neffe, *Einstein*, 369. Einstein Archives 75-590

내게 뱃멀미를 일으키는 원인은 바다가 아니라 사람들입니다. 어쨌든 과학이 아직까지는 이 질환에 대한 해결책을 찾지 못한 것 같군요.

아인슈타인에게 뱃멀미 방지제 샘플을 보낸 베를린의 셰링-칼바움 회사에게, 1930년 11월 28일. Einstein Archives 48-663

남들의 즐거움을 기뻐하고 남들의 고통을 아파하는 것. 이것이야말로 인간에게 최고의 길잡이입니다.

발렌틴 불가코프에게, 1931년 11월 4일. Einstein Archives 45-702

* (윤리적 의미에서) '선'을 행한다는 건 현실적으로 달성하기 어려운 일입니다. 내 경우에는 사랑을 담아서 무언가 창조적인 활동을 한 것이야말로 선을 행한 것이었습니다.

상동

신 앞에서 우리는 다들 엇비슷하게 현명하고 엇비슷하게 어리석다.

Cosmic Religion (1931), 105. 원 출처는 불명

인간의 진정한 가치는 그가 어느 정도, 어떤 의미에서 자신으로부터 해방되었는가에 달려 있다.

1932년 6월경. 다음에 재수록됨. *Mein Weltbild*, 10; *Ideas and Opinions*, 12

소수의 인간이, 현재로서는 지배 계급이 학교와 언론을, 보통은 교회까지 손아귀에 넣고 있습니다. 그래서 그들은 대중의 감정을 조직하고 휘두를 수 있고 대중을 자신의 도구로 쓸 수 있습니다.

지그문트 프로이트에게, 1932년 7월 30일. *Why War?* 5. Einstein Archives 32-543

결국에는 누구나 인간일 뿐입니다. 미국인이든 독일인이든, 유대인이든 비유대인이든. 이 중요한 관점만 고수할 수 있다면 나는 행복한 사람일 겁니다.

제럴드 도나휴에게, 1935년 4월 3일. Einstein Archives 49-502

인간이 생존 투쟁에서 힘을 낼 수 있는 것은 사회적 동물이기 때문입니다. 한 개미집 속 개미들끼리 생존을 위해 서로 싸울 필요가 없는 것처럼 인간도 한 사회 속 구성원끼리 서로 싸울 필요가 없습니다.

올버니의 뉴욕 주립 대학에서 열렸던 미국 고등교육 300주년 기념식에서 한 연설에서, 1936년 10월 15일. 다음에 발표됨. *School and Society* 44 (1936), 589~592. 다음에 재수록됨. "On Education," in *Ideas and Opinions*, 62. Einstein Archives 29-080

성공한 사람이란 남들로부터 많은 것을 받은 사람입니다. 보통 그가 받은 것은 그가 기여한 것보다 비교할 수 없이 더 많습니다. 하지만 인간의 가치를 평가할 때는 그가 얼마나 받았는가가 아니라 얼마나 주었는가를 따져야 합니다.

상동

* 종교와 예술과 과학은 한 나무에서 자라난 가지들입니다. 이런 열망들의 목표는 모두 인간의 삶을 더 고결하게 만드는 것, 단순한 육체적 생존의 차원을 넘어서게끔 만드는 것, 개인이 자유를 향해 나아가도록 이끄는 것입니다.

'기독교 청년 협회'의 창립자 기념일에 보낸 메시지 '도덕적 타락'의 첫 문장, 1937년 10월 11일. 다음에 인용됨. *Out of My Later Years*, 16. Einstein Archives 28-403

불의에 반대하고 정의를 요구하는 기본적 반응이 아쉽습니다. 결국에는 그런 반응이야말로 인류가 다시 야만성을 드러내지 않도록 막는 유일한 보호막입니다.

상동

현재의 인류를 살펴보면 안타깝게도 양이 질을 대신하진 못한다는 걸 깨닫습니다. 양이 질을 대신할 수만 있다면 현재 우리는 고대 그리스보다 훨씬 더 나은 상황이었을 텐데요.

루스 노던에게, 1937년 12월 21일. Einstein Archives 86-933

공통의 신념과 목표, 비슷한 관심사 때문에 어느 사회에서든 어떤 의미에서 사회 단위라고 볼 수 있는 집단들이 생기기 마련이다. 개인들 사이에 늘 반목과 경쟁이 있는 것처럼, 집단들 사이에는 늘 갈등이 있을 것이다. …… 내가 볼 때 인구 내의 균일성은 설령 달성할 수 있더라도 바람직한 것이 못 된다.

《콜리어》 잡지에 실린 '왜 그들은 유대인을 미워하는가?'에서, 1938년 11월 26일

* 그러나 나는 알고 있다. 인간이란 전체적으로 그다지 바뀌지 않는 존재라는 것을. 당대에 유행하는 개념에 따라 상황이 달라 보일 수는 있을 테고 오늘날과 같은 추세를 보면 헤아릴 수 없는 슬픔을 느낄 수밖에 없지만 말이다. 그러나 오늘의 모든 괴로움에도 불구하고 역사책에서 이 시

절은 몇 쪽밖에 안 되는 측은한 기록으로만 남아 미래 세대 젊은이들에게 선조들의 어리석음을 그저 짤막하게만 보여줄 것이다.

클리프턴 패디먼의 『나는 믿는다』(1939)를 위해서 쓴 '운명의 십 년'에서. 전문은 다음을 보라. Rowe and Schulmann, *Einstein on Politics*, 312~314.

고대인은 우리가 잊어버린 사실을 알고 있었습니다. 그 이면에 살아 있는 영혼이 존재하지 않는 한 모든 수단은 둔기에 지나지 않는다는 사실을.

프린스턴 신학대학에서 했던 연설에서, 1939년 5월 19일. Einstein Archives 28-493

사람들은 좀 더 야수를 닮아야 합니다. …… 좀 더 직관적이어야 합니다. 무슨 일을 하는 동안 자신이 그 일을 한다는 사실을 지나치게 의식해선 안 됩니다.

앨저넌 블랙이 녹음한 대화에서, 1940년 가을. 아인슈타인은 이 대화를 출간하는 것을 금지했다. Einstein Archives 54-834

우리는 할 수 있는 한 최선을 다해야 합니다. 그것이 우리에게 주어진 인간으로서의 신성한 책무입니다.

상동

* 육체적 욕구의 충족은 만족스러운 생존의 필수 불가결한 선결 조건임에 분명하지만 그 자체로 충분하진 않다. 인간이 진정 만족하려면 자신의 개성과 소양에 따라 지적, 예술적 재능을 마음껏 발달시킬 기회가 있어야 한다.

'자유에 관하여'에서, 1940년경. 다음 글을 발췌한 것이다. "On Freedom and Science," in Ruth Anshen, *Freedom: Its Meaning* (Harcourt, Brace, 1940). 다음을 보라. Rowe and Schulmann, *Einstein on Politics*, 433

* 외면의 자유와 내면의 자유를 의식적으로 끊임없이 추구할 때만 정신적으로 발전하고 완벽해질 가능성이 열리며 그럼으로써 안팎의 삶을 개선할 여지가 열린다.

상동

완벽해진 수단과 혼란스러워진 목표가 우리 시대의 특징인 것 같습니다.

런던에서 열린 과학 모임을 위해 녹음한 방송에서, 1941년 9월 28일. Einstein Archives 28-557

* 고백하건대 나는 전기에 매력을 느끼거나 반한 경우가 거의 없다. 대개의 자서전은 나르시시즘이나 남들에 대한 부정적 감정에서 씌어진다. 타인의 펜으로 작성된 전기는 심리적 측면에서 묘사된 인물보다 전기 작가 본인의 지적, 정신적 특징을 더 많이 반영하는 듯하다.

필리프 프랑크의 『아인슈타인』과 『알베르트 아인슈타인: 그의 삶과 시대』

를 위해 쓴 서문에서. 서문 작성은 1942년경. Einstein Archives 28-581

* 진리와 지식을 열렬히 추구하는 것은 인간의 가장 고귀한 특징입니다. 제일 적게 노력하는 사람들이 제일 큰 목소리로 그 자긍심을 표현하곤 하지만 말입니다.

'유대인 호소 연합'을 위해 했던 NBC 라디오 방송 '인간의 존재 목표'에서, 1943년 4월 11일. Rowe and Schulmann, *Einstein on Politics*, 322. Einstein Archives 28-587

* 무엇을 해야 하고 하지 말아야 하는가에 대한 감각은 나무처럼 자라나고 죽어갑니다. 어떤 비료도 큰 도움은 되지 않습니다. 개인이 할 수 있는 일은 그저 훌륭한 모범이 되어주는 것, 냉소적인 사람들의 사회에서도 용기 있게 윤리적 신념을 고수하는 것뿐입니다.

막스 보른에게, 1944년 9월 7일. Born, *Born-Einstein Letters*, 145. Einstein Archives 8-207

* 인간은 보통 안전하다는 망상 속에 살아갑니다. 물리적으로나 사회적으로나 믿음직하고 너그러운 환경에서 제 집처럼 편하게 살고 있다고 착각합니다. 그러나 그런 일상의 리듬이 깨지면 그제서야 스스로가 망망대해에서 난파하여 변변찮은 널빤지에 겨우 균형 잡고 서 있으면서 자신이 어디에서 왔는지 잊었고 어디로 가야 할지도 모르는 사람과 같다는 걸 깨닫습니다.

자식 혹은 손주를 잃은 헬드 부부에게, 1945년 4월 26일. Einstein Archives 56-853

* 인간은 개인의 안전을 보호할 필요와 필수적인 경제적 욕구를 만족할 필요에 부합하는 한도 내에서 [개인의 자유를] 달성하려고 노력해야 한다. 달리 말해, 최우선 과제는 안전한 삶이고 그 다음이 자유의 욕구를 충족시키는 것이다.

'사회주의 국가에 개인적 자유의 여지가 있는가?'에서, 1945년 7월경. Rowe and Schulmann, *Einstein on Politics*, 436. Einstein Archives 28-661

* 자신의 대의에 진실되지 못한 사람은 남들의 존경을 받을 자격이 없습니다.

《아우프바우》에 했던 말에서. *Aufbau* 11, no. 50 (December 14, 1945), 11

정의감과 선의를 품은 사람에게는 자신이 훌륭한 대의를 위해서 최선의 노력을 쏟았다는 사실을 아는 것보다 더 만족스러운 일은 없다.

'제2의 조국에게 보내는 메시지'의 마지막 문장. "Message to My Adopted Country," *Pageant* 1, no. 12 (January 1946), 36~37. 다음을 보라. Rowe and Schulmann, *Einstein on Politics*, 476; Jerome and Taylor, *Einstein on Race and Racism*, 141

* 세상에 대한 태도는 우리가 어릴 때 주변으로부터 무의식적으로 흡수했던 견해와 감정에 크게 좌우된다. 달리 말해, 우리를 우리로 만드는 것은—유전적으로 물려받은 소질과 특징 말고도—전통이다. …… 우리는 우리가 받아들인 전통 중에서 어떤 부분이 우리의 미래과 존엄에 해로운지를 인식하려고 노력하고 우리 삶을 그에 따라 적절히 바꿔나가야 한다.

상동

* 사람의 본성은 사랑보다 미움에 훨씬 더 기울어 있습니다. 미움은 어떤 경우에도 지치지 않고 주어진 상황을 장악합니다.

한스 뮈잠에게, 1946년 4월 3일. Einstein Archives 38-352

우리는 자신에게 위협이 되는 사람들에 대해서 스스로를 방어해야 합니다. 그들의 행동을 추진한 동기가 무엇인가는 별개의 문제입니다.

오토 율리우스부르거에게, 1946년 4월 11일. 아인슈타인은 구체적으로 히틀러를 언급한 것이다. Einstein Archives 38-228

언뜻 자연이 피조물들에게 무턱대고 부여한 것처럼 보이는 이 소모적 오락에는 사실 자애로운 측면이 있을지도 모릅니다. 젊은이들에게 그런 결정의[결혼과 생식의] 중요성을 알려주는 것은 늘 좋은 일입니다. 그러나 그런 결정은 자연이 우리를 술에 취한 것 같은 관능적 망상에 빠뜨림으로써 판단력이 제일 많이 필요한 순간임에도 불구하고 실제로는 판단력이 제일 적은 상태에서 이뤄지곤 합니다.

한스 뮈잠에게, 1946년 6월 4일. 인류를 "향상시키기" 위해서 합심하여 노력하는 일은 뭐든지 거부하겠다며. Einstein Archives 38-356

* 인간사에서 지적으로 행동하는 것은 우리가 상대의 시선으로 세상을 볼 수 있을 만큼 상대의 생각, 동기, 걱정을 온전히 이해하려고 노력할 때만 가능합니다. 선의를 품은 사람이라면 누구나 그렇게 상호 이해를 진작하는 일에 저마다 최대한 기여해야 합니다.

'소련 과학자들에게 보내는 답장'에서, 1947년 12월. 다음에 발표됨. *Bulletin of the Atomic Scientists* 4, no. 2 (February 1948), 35~37. 다음도 보라. Rowe and Schulmann, *Einstein on Politics*, 393

인간은 한편으로 개별적 존재이지만 다른 한편으로 사회적 존재이다. 개별적 존재로서 인간은 자신과 자신에게 가까운 사람들의 생존을 보전하려 하고, 개인의 욕망을 충족하려 하고, 타고난 능력을 발달시키려 한다. 사회적 존재로서는 남들의 인정과 애정을 얻으려 하고, 남들의 기쁨을 나누려 하고, 남들의 슬픔을 위로하려 하고, 남들의 삶을 개선하려 한다.

1949년 5월 《먼슬리 리뷰》에 실렸던 '왜 사회주의인가?'에서. 다음을 보라. Rowe and Schulmann, *Einstein on Politics*, 441. Einstein Archives 28-857

* 우리 인생이 비록 짧고 위험천만하지만 인간은 사회에 자신을 헌신함으로써만 인생의 의미를 찾을 수 있다.

상동, 443

인간은 물소 떼 속에서 태어나서 때 이르게 다른 물소들에게 짓밟혀 죽지 않는 것만으로도 감사해야 하는 존재와 같습니다.

코르넬 란초시에게, 1952년 7월 9일. Einstein Archives 15-320

[사람은] 다른 개인들과 공동체와 원만한 관계를 맺기 위해서 인간의 동기, 환상, 고통을 이해하는 법을 배워야 합니다.

〈뉴욕 타임스〉 벤저민 파인과의 인터뷰에서, 1952년 10월 5일. 다음에 재수록됨. "Education for Independent Thought" in *Ideas and Opinions*, 66. Einstein Archives 59-666

사람이 남들의 생각과 경험에 자극받지 않은 채 스스로 떠올릴 수 있는 생각은 최선의 경우에도 미미하고 시시할 뿐입니다.

《데어 융카우프만》(취리히) 기사에서. *Der Jungkaufmann* 27, no. 4 (1952), 73. Einstein Archives 28-927

대부분의 남자들은 (또한 적잖은 수의 여자들은) 천성적으로 일부일처제에 맞지 않는다는 걸 알아야 합니다. 그런 성향은 전통과 환경이 개인의 앞길을 방해할 때 더욱더 강하게 드러납니다.

남편이 충실하지 않다며 아인슈타인에게 조언을 구한 유지니 앤더먼에게, 1953년 6월 2일. (안도르 카리우스 제공.) Einstein Archives 59-097

강요된 충실은 모든 관련자들에게 씁쓸한 결실일 뿐입니다.

상동

우리는 누구나 남들의 노고 덕분에 먹을 것과 쉴 곳을 얻습니다. 따라서 자신의 내적 만족을 위해서 선택한 일뿐 아니라 일반적으로 남들에게 도움이 된다고 여겨지는 일을 통해서도 그 대가를 정직하게 치러야 합니다. 그러지 않으면 우리 욕구가 아무리 변변찮은 수준이더라도 우리는 기생생물이 되고 맙니다.

일하기보다 지원금을 받아 공부하면서 살고 싶다고 말한 남자에게, 1953년 7월 28일. Einstein Archives 59-180

* 역사의 많은 부분은 …… 인권 투쟁으로 채워졌습니다. 그 투쟁은 영속적인 것으로서 최종적인 승리란 영영 있을 수 없습니다. 그렇다고 해서 그 투쟁에 싫증을 낸다는 것은 사회의 몰락을 뜻할 것입니다.

인권에 대한 기여로 그에게 시상한 '시카고 십계명 변호사 협회'에게 보낸 메시지 '인권'에서. 메시지는 1953년 12월 5일 직전에 씌어졌고(Einstein Archives 28-1012), 이후 번역되고 녹음되어 1954년 2월 20일 기념식에서 재생되었다. 다음을 보라. Rowe and Schulmann, *Einstein on Politics*, 497

인권의 존재와 타당성은 자연법칙처럼 정해져 있는 게 아닙니다.

상동

사람들로부터 반드시 호의적인 반응을 받기를 바란다면 그들의 머리보다 배를 채울 것을 주는 편이 낫습니다.

초컬릿 제조업자 L. 매너스에게, 1954년 3월 19일. Einstein Archives 60-401

두려움 혹은 어리석음은 늘 대부분의 인간 행동을 뒷받침하는 바탕이었습니다.

E. 멀더에게, 1954년 4월. Einstein Archives 60-609

* 진실과 정의를 논하는 문제에서 큰 문제와 작은 문제를 구별할 수는 없습니다. 인간의 행동을 결정하는 보편 원칙들은 그렇게 구별되지 않기 때문입니다. 작은 문제에서 진실을 대수롭지 않게 여기는 사람은 중요한 문제에서도 믿을 수 없습니다.

아랍-이스라엘 분쟁에 관해 의견을 표명할 생각으로 씌어졌으나 발표되지 못한 메시지에서, 1955년 4월. 아인슈타인은 연설문 작성과 발표를 끝내지 못하고 죽었다. Rowe and Schulmann, *Einstein on Politics*, 506. Einstein Archives 28-1098

날 때부터 혼자 떨어져 산 사람의 생각과 감정은 언제까지나 원시적이고 동물적일 것이다. …… 사람이 사람일 수 있는 것은 …… 그의 물질적, 정신적 존재를 요람에서 무덤까지 이끄는 더 큰 공동체의 구성원이기 때문이다.

"Society and Personality," in *Ideas and Opinions*, 13

진실과 앎의 재판관을 자처하고 나서는 사람은 신들의 비웃음에 파멸하고 말리라.

『여든 생일을 맞은 레오 베크에게 바치는 에세이들』에 수록된 아포리즘. *Essays Presented to Leo Baeck on the Occasion of His Eightieth Birthday* (London: East and West Library, 1954), 26. 레오 베크는 히틀러 치하 독일에서 유대인 공동체를 이끈 랍비이자 철학자였다. 이 책에 실린 시 '변증법적 유물론의 지혜'도 참고하라. 다음 책에서는 이 아포리즘이 약간 다르게 번역되어 실렸다. Rowe and Schulmann, *Einstein on Politics*, 457. Einstein Archives 28-962

양 떼의 완벽한 구성원이 되기 위해서는 무엇보다 먼저 양이 되어야 한다.

상동

언제나 사람들을 돕고, 두려움을 모르고, 공격성이나 적개심 같은 것은 남의 일로만 여기면서 평생을 산 사람을 칭송할지니! 바로 그런 속성이 위대한 도덕적 지도자를 만든다.

상동

지혜와 힘을 겸비하려는 시도는 극히 드물게만 성공하며 성공하더라도 극히 짧게만 지속된다.

상동

사회 환경에 만연한 선입견과 다른 의견을 침착하게 표현할 수 있는 사람은 많지 않다. 대부분의 사람들은 그런 의견을 생각해내지도 못한다.

상동

11장

유대인, 이스라엘, 유대교, 시오니즘에 관하여

1924년 베를린에서 열린 유대 학생 회의에서 연설하는 모습.
(예루살렘 히브리 대학의 알베르트 아인슈타인 아카이브 제공)

✧

아인슈타인은 젊은 시절에는 유대 문화와 종교에 동질감을 강하게 느끼지 않았다. 그의 부모는 독일 남부에서 독일 문화에 동화되어 산 유대인으로서 혈통 문제와는 거리를 두었고 그보다는 사업가로서 풍족한 삶을 꾸리는 현실적 문제에 더 관심이 있었다. 그래도 아인슈타인은 집에서 유대교 개인 교습을 받았다. 처음에 그는 종교를 열렬히 받아들였지만 과학에 대한 흥미가 그보다 더 커진 열두 살에 이르러 거부하게 되었다. 이후 그는 자신을 '종교적 소속'이 없는 사람으로 천명했다. 그가 유대인의 뿌리를 '재발견'한 것은 베를린으로 이사하여 동유럽 유대인에 대한 차별을 의식한 뒤였다. 당시는 마침 반유대주의와 시오니즘이 득세하던 때였고 1919년에 일반상대성이론이 확증됨으로써 그가 세계적으로 유명해진 때였다.

아인슈타인의 시오니즘은 정치적 사상이라기보다 문화적 사상이었다. 유대 국가 설립에 집중하는 정치적 시오니즘과는 달리 유대 민족의 문화적, 정신적 재생을 강조하는 입장이었다. 그래도 그는 유대인의 피난처로서 이스라엘을 창건하는 것을 지지했다. 공동체는 결속을 북돋울 수 있다고 믿었고 유대인이 안전하게 배우고 가르칠 장소가 필요하다고 생각했기 때문이다. 팔레스타인에 대해서는 원래 두 국가 방안을 선호했으나 이스라엘이 탄생한 뒤에는 되돌릴 도리가 없음을 인정했다. 말년에는 새

유대 국가를 지지하면서도 아랍인을 공정하게 대우해야 한다고 주장했다. 그러나 친구인 에리히 칼러가 아랍 지주들과 정치인들을 가리켜 "자기네 나라의 자연과 문명과 생활수준을 향상시키려는 노력을 전혀 하지 않는다"고 비난했을 때 그 의견을 지지하기도 했다(〈프린스턴 헤럴드〉, 1944년 4월 14일, 28일자). 다음 참고 문헌을 보라. (Schulmann, "Einstein Rediscovers Judaism"; Stachel, "Einstein's Jewish Identity"; Jerome, *Einstein on Israel and Zionism*.)

내 동포들이 잔인하게 탄압당한 나라로 쓸데없이 여행하는 것은 기질에 맞지 않습니다.

P. P. 라자레프에게, 1914년 5월 16일. 러시아로 와서 1914년 개기일식을 관측하라는 상트페테르부르크 왕립과학아카데미의 초대를 거절하며. *CPAE*, Vol. 8, Doc. 7

세상사 어느 구석에서 즐거움을 느껴야 할지 알 수 없는 시절입니다. 요즘 내 기쁨은 팔레스타인에 유대 국가가 세워지는 걸 지켜보는 것입니다. 우리 동족은 끔찍한 유럽인들보다는 동정심이 많은 것 같습니다(적어도 덜 잔인한 것 같습니다).

파울 에렌페스트에게, 1919년 3월 22일. *CPAE*, Vol. 9, Doc. 10

유대 국가가 긍정적으로 발전할 것임을 확신하며, 우리 겨레가 스스로를 외부자로 여기지 않아도 되는 장소가 좁으나마 지구상에 한 군데라도 생긴다는 사실이 기쁩니다.

파울 엡슈타인에게, 1919년 10월 5일, *CPAE*, Vol. 9, Doc. 122

자기 동족에게 무관심하지 않고도 세계적인 인간이 될 수 있습니다.

상동

팔레스타인에 건설된 새 정착지의 사정에, 특히 앞으로 설립될 대학의 일에 공감합니다. 내가 할 수 있는 일이라면 뭐든지 기꺼이 돕겠습니다.

런던 시온주의자 조직의 후고 베르크만에게, 1919년 11월 5일. *CPAE*, Vol. 9, Doc. 155

1월 16일에서 18일까지 바젤에 가야 합니다. 팔레스타인에 세울 히브리 대학에 관한 자문 회의가 열리거든요. 이 사업에 열렬히 참여해야 한다고 믿습니다.

미셸 베소에게, 1919년 12월 12일. *CPAE*, Vol. 9, Doc. 207

* 유대인에 대한 반감은 단순히 유대인과 비유대인이 다르다는 사실에서 비롯하는 듯하다. 그 감정은 서로 다른 두 민족이 관계를 맺어야 할 때 늘 나타나는 반감과 비슷하다. 그런 반감은 유대인의 존재 때문에 생기는 것이지 유대인의 어떤 특징 때문에 생기는 것이 아니다. …… 일상을 어느

정도 공유할 수밖에 없는 타민족 사람들에 대한 반감은 언제든 발생할 수밖에 없다.

'동화와 반유대주의'에서, 1920년 4월 3일. *CPAE*, Vol. 7, Doc. 34. 다음도 보라. Rowe and Schulmann, *Einstein on Politics*, 144

나는 독일 국민이 아니고 '유대교'라고 부를 만한 것을 믿지도 않습니다. 그래도 나는 유대인이고, 내가 유대인이란 사실을 기쁘게 여깁니다. 어떤 의미에서도 그것을 선택된 사람으로 여기진 않습니다만.

'유대교를 믿는 독일 시민 중앙회'에게, 1920년 4월 3[5]일. 로와 슐먼에 따르면(*Einstein on Politics*, 146), 이 편지는 아인슈타인이 협회의 자기 방어 전술을 싫어했다는 사실을 보여준다. 다음에 발표됨. *Israelitisches Wochenblatt*, September 24, 1920. *CPAE*, Vol. 7, Doc. 37, and Vol. 9, Doc. 368

* 우리는 용기 있게 스스로를 하나의 국가로 생각하고 스스로를 존중할 때만 남들의 존중도 얻을 수 있습니다. …… 반유대주의는 …… 유대인과 비유대인이 부대끼는 한 늘 존재할 수밖에 없습니다. 우리가 민족으로서 살아남은 것은 반유대주의 덕분인지도 모릅니다. 적어도 나는 그렇게 믿습니다.

상동

* 나는 스스로 유대인이라고 느끼지만 전통적인 종교 의례에서는 멀찍이 떨어져 있습니다.

베를린 유대인 공동체에게, 1920년 12월 22일. *CPAE*, Vol. 9, Doc. 238

* 유대인이라는 단어에는 두 가지 뜻이 있습니다. (1) 국적과 혈통을 뜻할 수도 있고 (2) 종교를 뜻할 수도 있습니다. 나는 첫 번째 의미에서는 유대인이지만 두 번째 의미에서는 아닙니다.

베를린 유대인 공동체에게, 1921년 1월 5일. *CPAE*, Vol. 12, Doc. 8

미국에 가고 싶은 마음은 별로 없지만 시온주의자들을 위해서 어쨌든 갈 겁니다. 그들은 예루살렘에 교육 시설을 짓기 위해서 달러를 구걸해야 하는데 내가 그들의 제사장이자 미끼지요. …… 세계 도처에서 핍박받는 겨레를 돕기 위해서 할 수 있는 일은 할 겁니다.

마우리체 솔로비네에게, 1921년 3월 8일. 다음에 발표됨. *Letters to Solovine*, 41. *CPAE*, Vol. 12, Doc. 85

* 그들에게 필요한 것은 당연히 내 능력이 아니라 내 이름입니다. 달러 나라에 사는 부자 동포들에게 환심을 사는 데 내 명성이 도움이 되길 바라는 거죠. 나는 단호한 세계주의자입니다만 핍박받고 정신적으로 억압받는 동포를 위해서 내가 할 수 있는 일이 있다면 해야만 한다는 의무감을 느낍니다.

프리츠 하버에게, 1921년 3월 9일. 시온주의자 조직이 아인슈타인에게 자기들 몇 명과 함께 미국으로 가서 예루살렘 히브리 대학을 짓기 위한 모금을 거들어달라고 요청한 데 대한 말이다. Rowe and Schulmann, *Einstein on Politics*, 148. *CPAE*, Vol. 12, Doc. 88

* 팔레스타인 정착지가 작고 종속된 상태라는 점 때문에라도 유대인은 힘에 집착하지 않을 거라고 믿습니다.

마우리체 솔로비네에게, 1921년 3월 16일. *CPAE*, Vol. 12, Doc. 100

예루살렘에 히브리 대학을 세우자는 제안만큼 나를 기쁘게 한 공적 사건은 없었습니다. 수백 년간 고난을 겪는 와중에도 지식을 존중하는 전통을 지켜온 유대인들이기에, 재능 있는 유대 민족 젊은이들이 고등교육을 그만두어야 하는 상황이 유달리 가슴 아플 수밖에 없었습니다.

〈뉴욕 타임스〉와의 인터뷰에서, 1921년 4월 3일. 브랜다이스 대학에 대해서 했던 비슷한 말도 아래에 수록되어 있다.

* 여러분의 지도자인 바이츠만 박사가 방금 한 말은 우리 모두를 대변하는 좋은 말씀이었습니다. 그분을 따르면 다 잘될 겁니다. 내가 할 말은 그것뿐입니다.

시오니즘 임무로 미국에 왔을 때 뉴욕에서 열린 환영회에서 했던 연설의 전문, 1921년 4월 12일. 다음에 인용됨. *New York Times*, April 13, 1921, 13. 다음도 보라. Illy, *Albert Meets America*, 91

* 예루살렘에서 가르칠 교수들의 수업과 연구가 정통 유대교 계율이나 개념에 구속되어야 한다는 뜻은 아니기를 바랍니다. …… 발언과 사상의 자유를 제약하는 그런 조치는 참을 수 없으며(터놓고 신학을 다루는 연구소나 부서는 예외일 수 있겠습니다만), 신앙과 이성을 자유롭게 또한 창조적으

로 결합한다는 여러분 자신의 목적도 망가뜨릴 것입니다.

솔로몬 로젠블룸에게, 1921년 4월 27일. 예루살렘 히브리 대학에 관하여. *CPAE*, Vol. 12, Doc. 127

* 팔레스타인의 히브리 대학은 우리 민족의 새로운 '성지'가 될 것입니다.

〈시카고 헤럴드 앤드 이그재미너〉, 1921년 5월 8일, 파트 2, 3. 다음도 보라. Illy, *Albert Meets America*, 156

* 유대 과학에게 보금자리가 없다는 비극에 더하여 유대 민족의 보금자리에 과학이 없는 비극도 상상할 수 있을까요? 유대 민족이 학식 있는 동포들에게 품는 전통의 긍지는 그런 굴욕을 용납하지 않을 것입니다.

상동, 158

* 시오니즘은 유대인의 새로운 이상이 되었습니다. 유대 민족에게 존재의 기쁨을 새로이 알려줄 수 있는 이상이 되었습니다. …… 바이츠만의 초청을 수락한 것은 잘했다 싶습니다. 하지만 몇몇 장소에서는 유대 민족주의가 지나치게 드러나서 불관용과 편협으로 타락할지도 모르는 지경이었는데, 바라건대 이런 것은 유아기적 질병일 뿐이겠지요.

파울 에렌페스트에게, 1921년 6월 18일. 하임 바이츠만과 함께 히브리 대학을 위해서 미국으로 모금 여행을 갔던 것에 대하여. *CPAE*, Vol. 12, Doc. 152

독일 반유대주의는 유대인의 시각에서 반겨야 마땅한 결과도 낳았다. 독일의 유대인은 반유대주의 덕분에 존속할 수 있었다고 생각한다. …… 그런 구분이 없었다면 독일의 유대인은 아무런 장애 없이 신속히 동화되었을 것이다.

〈유디셰 룬트샤우〉에 실린 '나는 어떻게 시온주의자가 되었나'에서, 1921년 6월 21일. Rowe and Schulmann, *Einstein on Politics*, 151. *CPAE*, Vol. 7, Doc. 57

[스위스에서] 살 때는 내가 유대인임을 인식하지 않았다. …… 상황은 베를린에 정착하자마자 바뀌었다. …… 반유대주의 정서 때문에 [유대인은] 학업을 제대로 추구할 수 없고 생계 보장을 위해 애써야만 하는 광경을 본 것이다.

상동

유대 민족이나 다른 어떤 민족을 보존하는 것 자체를 목표로 주장해야만 유대인이라고 할 수 있다면 나는 유대인이 아니다. 내가 생각하는 유대 민족은 그저 하나의 사실일 뿐이다. 나는 모든 유대인이 이 사실로부터 주장을 끌어내야 한다고 믿는다. 유대인으로서 자긍심을 높이는 것은 꼭 필요한 일인데 비유대인들과 자연스럽게 공존하기 위해서라도 그렇다. 이것이 바로 내가 시오니즘 운동에 합류한 주된 동기였다. …… 하지만 내 시오니즘은 세계주의적 시각에 방해가 되지 않는다.

상동, 152

내게 시오니즘은 팔레스타인을 겨냥한 정착 운동만은 아니다. 유대 국가는 비단 팔레스타인에서뿐 아니라 디아스포라들에게서도 찾아볼 수 있는 현실이고, 유대 민족으로서의 감정은 유대인이 살아가는 곳이라면 어디에서든 살아 있어야 한다. …… 모든 유대인은 동포에 대해서 의무를 지고 있다.

상동, 152~153

* 유대인을 팔레스타인으로 다시 이끌고 그곳에서 건전하고 정상적인 경제적 생존이 가능하게끔 만들었다는 점에서 시오니즘은 사회 전체를 풍요롭게 만든 생산적 활동이었다. …… [시오니즘은] 유대인의 존엄과 자긍심을 강화했다. 그런 감정은 디아스포라의 생존에 결정적인 요소이며 …… 강한 유대를 형성하여 유대인에게 자아 감각을 제공한다. 나는 주변의 많은 사람들이 졸렬하게도 순응에 중독되는 것을 볼 때마다 늘 혐오감을 느꼈다.

상동, 153

* 내가 알기로 그런 계획은 없습니다. 하지만 수업이 히브리어로 진행될 것이고 창설자들이 민족주의적 성향을 띠고 있기 때문에 실제적으로 그 [히브리] 대학은 유대 교육 기관이 될 것입니다.

히브리 대학이 유대인만 받을 것인가 하는 질문에 대답하며. 〈포르베르츠〉(베를린) 1921년 6월 30일 조간에 실린 인터뷰에서. 위에 인용된 솔로몬 로젠블룸에게 보낸 1921년 4월 27일자 편지도 보라. *CPAE*, Vol. 12 Appendix F

* 교파에 소속되는 것이 중요하다고 보진 않습니다. 하지만 유대인 사이에서 다른 종교로 개종하는 것은 자기 집단으로부터 벗어나고 싶다는 심정을 암시하는 상징적 행위입니다. 반면에 종파적이지 않고서도 자기 민족에게 충실할 수 있습니다. 나는 유대교를 실천하지 않는 사람입니다만 나 자신을 충실한 유대인으로 여깁니다.

에밀 슈타르켄슈타인에게, 1921년 7월 14일. *CPAE*, Vol. 12, Doc. 181

아둔한 동포들이 벽을 마주한 채 앞뒤로 몸을 흔들면서 소리 높여 기도하는 곳. 과거만 있고 현재에 머무를 곳이 없는 애처로운 사람들의 모습.

1923년 2월 3일 예루살렘 통곡의 벽을 방문한 뒤 여행 일기에 쓴 글에서. Einstein Archives 29-129 to 29-131

가슴은 그러라고 말하지만 머리는 아니라고 말한다.

1923년 2월 13일 여행 일기에서. 예루살렘 히브리 대학에서 보직을 맡아 달라는 초청에 관하여. 상동. 다음에도 인용됨. Hoffmann, "Einstein and Zionism," 241. Einstein Archives 29-129

우리가 정신적, 지적으로 동등하다는 사실을 남들에게 이성으로 설득하려 해서는 아무 소용없다. 그들의 태도는 머리를 거쳐서 나오는 게 아니기 때문이다. 우리는 차라리 스스로를 사회적으로 해방시킴으로서 사회적 필요를 충족시켜야 한다.

'반유대주의와 학계의 청년들'에서, 1923년 4월. 다음에 재수록됨. *Ideas*

and Opinions, 188. Einstein Archives 28-016

* 전반적으로 그 땅은[팔레스타인은] 대단히 비옥한 편은 아닙니다. 도덕적 구심은 되겠지만 유대 인구를 많이 받아들일 순 없을 겁니다.

  마우리체 솔로비네에게, 1923년 5월 20일. 아인슈타인은 팔레스타인을 종종 "도덕적 구심"이라고 표현했다. 유대인이 반유대주의라는 멍에에서 벗어나 자유롭게 공부하고 연구할 수 있는 장소로 상상했던 것이다. Einstein Archives 21-189

* 영광과 슬픔으로 가득했던 과거를 기억에 되살림으로써, 그리고 좀 더 건강하고 품위 있는 미래를 보여줌으로써 시오니즘은 그들에게 스스로를 이해하게끔 하고 용기를 심어준다. 도덕적 힘을 되찾아줌으로써 좀 더 품위 있게 살고 행동하도록 만든다. 과장된 겸손의 감정, 그들을 억압하고 비생산적인 존재로 만들 뿐인 그 용납할 수 없는 감정으로부터 영혼을 해방시킨다. 마지막으로, 공통의 슬픔을 겪으며 살아야만 했던 수백 년의 세월 때문에 그들에게는 결속의 의무가 주어졌다는 사실을 상기시킨다.

  〈유디셰 룬트샤우〉에 실린 '임무'에서. *Jüdische Rundschau* 14 (February 17, 1925), 129. 다음에 처음 발표됨. *La Revue Juive* (Geneva), January 15, 1925. 다음도 보라. Rowe and Schulmann, *Einstein on Politics*, 164~165. 로와 슐먼에 따르면, 아인슈타인은 이 글에서 팔레스타인을 "국제 연대에 기반하여 특정 목표를 추구하는 세계적 공동체의 모형"으로 그렸다.

* 도덕적 고국의 존재가 그냥 이대로 죽어가선 안 될 민족에게 활력을 불어넣어주기를 바란다. …… 그렇기 때문에 나는 시오니즘이 언뜻 민족주의적 운동으로 보일지라도 사실 그 근본은 인류 전체에게 중요한 역할을 수행할 수 있다고 단언한다.

상동

인본주의적 이상으로 영혼을 채우려고 노력하는 유대인이라면 어떤 모순도 없이 자신을 시온주의자라고 천명할 수 있다. 우리가 시오니즘에게 고마워해야 하는 점은 그것이 유대인에게 정당한 자긍심을 안겨준 유일한 운동이었다는 사실이다.

상동

우리 유대인은 여느 때와 마찬가지로 저곳에서도[예루살렘에서도] 서로 싸우느라 바쁩니다. 나는 이 상황과 상당히 깊은 관계가 있습니다. 알다시피 내가 유대인 성자가 되었으니까 말이죠.

미셸 베소에게, 1925년 12월 25일. Einstein Archives 7-356. 농담 삼아 말한 "유대인 성자"라는 표현은 1923년 11월 24일에 아들 한스 알베르트와 에두아르트에게 보낸 편지에도 등장한다('아인슈타인 자신에 관하여' 장을 참고하라). 1920년 5월 4일에 파울 에렌페스트에게 보낸 편지에서 아인슈타인은 그달 할레에서 열렸던 모임에서 사람들이 "성인의 뼈를 내놓기를 요구했다"고 농담으로 말했다.

* 과거에 유대 민족은 전통을 통해 하나로 뭉쳐 있었다. 그러나 고마운 결

속을 얻는 대가는 문화적 협소함이었고, 그것은 정신적으로나 세속적으로나 큰 제약이었다. 민족의 생존을 위태롭게 하지 않으면서도 해로운 결과를 되돌릴 순 없을까? 나는 다음과 같은 처방이 가능하다고 본다. 개인과 공동체의 삶은 전통을 따르되 사상에 있어서는 인간 정신이 타고난 한계 외에는 다른 어떤 제약도 가하지 않는 것이다.

이디시어로 씌어진 투비아 샬리트의 상대성이론 해설서에 독일어로 쓴 서문에서. Tuvia Shalit, *The Special Theory of Relativity: Einstein's System and Minkowski's "World"*(Berlin: Self-published, 1927). (독일어 원문을 보내준 엘리 마오에게 고맙다.)

* [팔레스타인의] 모든 유대인 아이들은 아랍어를 의무적으로 배워야 합니다.

후고 베르크만에게, 1929년 9월 27일. Einstein Archives 37-768

시오니즘은 힘이 아니라 존엄과 회복을 추구하는 민족주의입니다.

상동

* 유대인은 혈통과 전통으로 묶인 공동체이지 종교로만 묶인 공동체가 아닙니다. 우리에 대한 세상 사람들의 태도가 이 사실을 증명합니다. 나는 15년 전 독일에 왔을 때 내가 유대인이라는 사실을 처음 깨달았는데 그것은 유대인들 덕분이 아니라 비유대인들 덕분이었습니다.

바이마르 시대의 저명 심리학자이자 자유주의 정치인이었던 빌리 헬파흐에게, 1929년 10월 8일. 다음도 보라. Rowe and Schulmann, *Einstein on Politics*, 170. Einstein Archives 46-656

우리가 매정하고 편협하고 폭력적인 사람들 사이에서 살아야 하지만 않는다면 나야말로 맨 먼저 나서서 모든 민족주의를 내버리고 보편적 휴머니즘을 선호할 것입니다.

상동

나는 결정론자입니다. 따라서 자유의지를 믿지 않습니다. 유대인들은 자유의지를 믿습니다. 인간이 자기 삶을 만들어갈 수 있다고 믿습니다. 나는 그런 주의를 철학적으로 거부합니다. 그 점에서는 내가 유대인이 아닙니다.

G. S. 피레크와의 인터뷰에서. "What Life Means to Einstein," *Saturday Evening Post*, October 26, 1929. 다음에 재수록됨. Viereck, *Glimpses of the Great*, 441

우리가 아랍인들과 솔직하게 협동하고 정직하게 조약을 맺을 방안을 찾지 못한다면, 우리는 지난 2천 년의 고난으로부터 아무것도 배우지 못한 것이며 따라서 이런 운명을 겪어 마땅할 것입니다.

하임 바이츠만에게, 1929년 11월 25일. Einstein Archives 33-411

* 나처럼 인류의 미래는 국가들의 긴밀한 공동체 위에 건설되어야 한다고 믿는 사람, 공격적 민족주의는 진압되어야 한다고 믿는 사람은 팔레스타인을 고향으로 삼은 두 민족이 평화롭게 협동할 때만 그곳에 미래가 존재한다고 생각할 것입니다. 그 때문에 나는 고대 유대교의 발상지에서

민족의 보금자리를 재건하고자 하는 유대인들의 요구를 훌륭한 여러분 아랍인들이 좀 더 진실되게 이해해주기를 기대했습니다.

팔레스타인의 아랍 신문 〈팔라스틴〉에 보낸 편지에서, 1929년 12월 20일. 1930년 2월 1일 발표됨. Einstein Archives 46-148

유대인은 기나긴 역사 내내 지성이 최고의 무기라는 사실을 증명해왔습니다. …… 수천 년 동안 쌓은 구슬픈 경륜을 세상에 제공하는 것, 선조의 윤리적 전통을 충실히 따름으로써 평화를 위한 싸움에서 병사가 되고 모든 문화적, 종교적 집단들의 고귀한 속성과 연대하는 것은 우리 유대인의 의무입니다.

다음에 인용됨. Frank, *Einstein: His Life and Times*, 156. 프랑크는 이 말이 1929년 베를린에서 열렸던 "한 유대인 모임"에서 했던 연설에서 나왔다고 하지만 아카이브에는 그 연설에 관한 자료가 없다.

유대교는 …… 일상의 존재를 승화시키는 한 방법입니다. …… 일반적인 의미의 신앙 행위를 요구하지 않습니다. 그래서 우리의 종교적 세계관과 과학의 세계관 사이에는 갈등이 없었습니다.

"Science and God: A Dialogue," *Forum and Century* 83 (June 1930), 373

* 유대 민족의 전통에는 정의와 이성에 대한 사랑이 뿌리박혀 있습니다. 우리는 앞으로도 이것을 현재와 미래의 모든 나라들을 위해서 사용해야

합니다.

사보이 호텔에서 했던 연설 '유대인 공동체'에서, 1930년 10월 29일. 그 자리에는 조지 버나드 쇼, H. G. 웰스, 로스차일드 경도 참석했다. 다음도 보라. *Ideas and Opinions*, 174. Einstein Archives 29-033

* 현대적 재건 기법을 사용할 경우, 팔레스타인은 유대인과 아랍인 양쪽 모두에게 충분한 공간을 제공할 수 있습니다. 두 민족은 한 땅에서 평화롭고 조화롭게 더불어 살아갈 수 있습니다. 지난해 겪은 차질은 우리가 인내와 지속적인 노력으로 아랍 민족과의 관계를 개선해야 하고 시오니즘이 그들에게 안길 이득을 설득해야 한다는 것을 깨닫는 계기여야 합니다.

〈뉴욕 타임스〉 1930년 12월 3일자에 실린 '노력을 배가하다'에서. 미국으로 떠나기 직전에 베를린에서 〈유디셰 룬트샤우〉와 한 인터뷰에서 나온 말이다. 다음도 보라. Rowe and Schulmann, *Einstein on Politics*, 186

* 전 세계 유대인의 통합은 정치적 통합이 아니며 그렇게 되어서도 안 됩니다. 그것은 오로지 도덕적 전통에만 기반해야 합니다. 유대 민족은 그것으로부터만 창조력을 유지할 수 있으며 그것으로부터만 자기 존재의 근거를 주장할 수 있습니다.

유대 국가에 대한 아인슈타인의 문화적, 사회주의적 견해에 동조했던 '미국 시온주의자 학생 연맹'이 주최한 라디오 연설 '팔레스타인의 유대 사업'에서, 1930년 12월 13일. Rowe and Schulmann, *Einstein on Politics*, 187. Einstein Archives 28-121

유대교는 신조가 아니다. 유대의 신은 미신의 부정, 미신의 제거라는 상상의 결과물일 뿐이다. 그것은 또한 두려움에 기반하여 도덕률을 세우려는 시도이기도 한데, 이 안타까운 시도는 나로서는 지지할 수 없다. 그러나 유대 민족의 강력한 도덕적 전통은 이미 그 두려움으로부터 상당히 벗어난 것 같다. 그리고 '신을 섬긴다'는 것은 '생명을 섬긴다'는 것과 같은 뜻임이 분명하다. 유대 민족 중에서 가장 훌륭한 사람들은, 특히 예언자들과 예수는 이 점을 끊임없이 주장했다.

〈오피니언〉 1932년 9월 26일자에 실린 '유대적 관점이란 것이 존재하는가?'에서. 다음에 재수록됨. *Ideas and Opinions*, 186. Einstein Archives 28-197

유대교는 거의 전적으로 삶에 대한, 삶에서의 도덕적 태도하고만 관련되는 듯하다. …… 이런 생각의 핵심은 모든 피조물들의 생명을 긍정하는 태도에 있다.

상동, 185. 이 글을 포함하여 여러 비슷한 발언에서 드러났듯이, 아인슈타인은 유대교에 인종적 특징이나 여타 생물학적 특징이 있다는 견해를 거부했고 유대교란 주로 삶에 대한 태도로서 규정된다고 보았다. 아인슈타인이 유대교 개념에 어떤 식으로든 인종을 결부하기를 거부했다는 데 대한 이야기는 다음을 참고하라. Stachel, "Einstein's Jewish Identity"

팔레스타인에서 노동조합 결성은 …… 꼭 필요하다고 봅니다. 노동 계급은 건설 사업의 핵심일 뿐 아니라 유대인과 아랍인을 효과적으로 잇는 유일한 다리이기 때문입니다.

유대인 여성 조직인 하다시의 회장 이르마 린트하임에게, 1933년 2월 2일. Einstein Archives 50-990

유대인은 응축 불가능한 비활성 기체를 닮았습니다. 실체가 확실한 다른 물체에 들러붙어야만 구체적 형태로 존재할 수 있다는 점에서. 이 특징은 내게도 적용됩니다. 그러나 어쩌면 바로 그런 화학적 비활성 때문에 우리가 계속 행동하고 존속할 수 있는 것인지도 모르지요.

파울 에렌페스트에게, 1933년 6월. Einstein Archives 10-260

지식 자체를 추구하는 것, 거의 광적일 만큼 정의를 사랑하는 것, 개인의 독립성을 갈망하는 것 …… 유대 전통의 이런 속성들이야말로 내가 유대인이라서 다행이라고 생각하게 만드는 이유입니다.

프랑스 간행물 《VU/테무아냐주: 레 주이프》 1933년 8월호에 쓴 '유대인의 이상'에서. 다음에 재수록됨. *Mein Weltbind*, 89; *Ideas and Opinions*, 185

* 요즘처럼 독일의 유대인들이 핍박받는 시점에 서구 세계는 자신들이 유대 민족에게 다음과 같은 것을 빚졌다는 사실을 상기해야 한다. (a) 자신들의 종교, 그와 더불어 소중한 도덕적 이상들. (b) 많은 면에서 그리스 사상 세계의 부활.

프랑스 간행물 《카이에 주이프》에 1933년에 쓴 글에서. 다음에 재수록됨. "A Foreword," *The World as I See It*; "Deutsche und Juden," *Mein Weltbild*. Einstein Archives 28-242

* 지금 독일의 유대인들은 자신들이 현대에도 인류를 위해 많은 업적을 생산하고 달성했다는 사실을 가장 큰 위안으로 삼는다. 아무리 잔인한 핍박과 교묘한 중상모략이 펼쳐져도 눈이 있는 사람이라면 이 민족에게 내재된 지적, 도덕적 장점을 간과할 수 없을 것이다.

상동

* 우리가 다들 아는 바, 유대 민족이 2천 년의 호된 고난을 겪으면서도 존속할 수 있었던 것은 정신적이고 도덕적인 것을 사랑하는 전통을 최고의 자산으로 여겼기 때문입니다.

예시바 대학에서 명예 학위를 받으면서 했던 연설에서, 1934년 10월 8일. 다음에 인용됨. *Yeshiva University News* (online), October 31, 2005

* 팔레스타인은 모든 유대인에게 문화의 구심점일 것이고, 극심하게 억압받는 자들에게 피난처일 것이고, 우리가 선의의 활동을 펼칠 장소, 우리를 하나로 통일하는 이상, 전 세계 유대인의 내면적 건강을 달성하기 위한 수단일 것이다.

유대인 기금 마련 재단인 '케렌 하예소드'를 위한 호소문에서. *Mein Weltbild* (1934), 102; *Ideas and Opinions*, 184

사실 독일계 유대인, 러시아계 유대인, 미국계 유대인이란 건 없습니다. 일상어로 쓰는 언어가 다를 뿐, 모두 그냥 유대인입니다.

뉴욕의 독일계 유대인 클럽에서 열린 부림절 만찬 연설에서, 1935년 3월

24일. 직후 〈뉴욕 헤럴드 트리뷴〉에 실렸는데, 한 독자가 이 발언을 트집 잡아 아인슈타인에게 뜻을 설명해달라고 요청했다. 다음 인용문이 부분적인 대답이 될 것이다.

유대인이 겪은 고난의 역사를 역사학자의 시선으로 돌아보면, 그들이 어느 정치 공동체에 속했는가 하는 점보다는 그들이 유대인이라는 점이 훨씬 더 큰 영향을 미쳤음을 알 수 있습니다. 가령 독일계 유대인이 독일에서 쫓겨난다면 그들은 더 이상 독일인이 아닐 테고 언어와 정치적 소속도 바뀔 겁니다. 그래도 그들은 여전히 유대인일 것입니다. …… 내가 볼 때 그것은 인종적 특징 때문이라기보다는 굳건히 뿌리 내린 전통 때문입니다. 그리고 그 전통은 결코 종교의 영역에만 국한된 게 아닙니다.

제럴드 도나휴에게, 1935년 4월 3일. 그러나 아인슈타인 자신은 독일에서 빠져나온 뒤에도 계속 독일어를 썼다. Einstein Archives 49-502

물질적 천박함은 폭력으로 유대인을 위협하는 외부의 갖가지 적들보다도 유대인의 생존에 훨씬 더 큰 위협입니다.

기념 만찬에 보낸 메시지에서, 1936년 6월 7일. 다음에 인용됨. *New York Times*, June 8, 1936. Einstein Archives 28-357

* 나는 유대 국가 창설보다는 더불어 평화롭게 산다는 전제하에 아랍인과 합리적인 협정을 맺는 편을 보고 싶습니다. 현실적 고려를 차치할 경우, 내가 이해하는 유대교의 핵심 속성에 따르면 유대 국가가 국경, 군대, 아

무리 온건한 정도라도 세속 권력을 지닌다는 생각을 받아들이기 어렵습니다. 유대교가 겪을 내적 손상도 걱정됩니다. 특히 우리끼리 편협한 민족주의를 발달시킬지도 모른다는 점이. 유대 국가가 없는 지금도 우리는 벌써 그런 민족주의와 싸우고 있지 않습니까. 우리는 더 이상 마카베오 시절의 유대인이 아닙니다.

뉴욕에서 '팔레스타인을 위한 전국 노동자 위원회' 모임을 위해 했던 연설 '우리가 시오니즘에 진 빚'에서, 1938년 4월 17일. 전문은 다음에 발표되었다. *New Palestine* 28, no. 16 (April 29, 1938), 2~4. 다음도 보라. Rowe and Schulmann, *Einstein on Politics*, 300~302. Einstein Archives 28-427

유대교는 시오니즘에게 큰 빚을 졌으므로 마땅히 감사해야 합니다. 시오니즘 운동은 유대인에게 다시 공동체 의식을 불러일으켰습니다. 전 세계 유대인이 자신을 희생하여 기여한 팔레스타인에서 …… 생산적인 사업을 수행했습니다. …… 무엇보다도 적잖은 수의 우리 청년들을 즐겁고 창조적인 작업을 하며 살아가는 삶으로 이끌 수 있었습니다.

상동, 300

유대인이 된다는 것은 무엇보다도 가장 먼저 성경에 명시된 기본적인 휴머니즘을 인식하고 실천한다는 뜻입니다. 그런 기본 원칙이 없다면 건전하고 행복한 공동체는 존재할 수 없습니다.

상동

집단으로서 유대인은 무력할지라도 개개인이 이룬 업적의 총합은 어디에서나 상당한 규모인데다 뚜렷하게 드러난다. 장애물에 직면하여 이룬 업적임에도 불구하고.

《콜리어》 잡지에 실린 '왜 그들은 유대인을 미워하는가?'에서, 1938년 11월 26일. 다음에 재수록됨. *Ideas and Opinions*, 197

[나치는] 유대인을 동화시킬 수 없는 분자들로 여긴다. 무조건적인 수긍을 끌어낼 수 없는 분자들 …… 대중의 계몽을 고집하기 때문에 자신의 권위에 위협이 되는 분자들.

상동

(단어의 형식적인 뜻에서) 신앙을 포기한 유대인은 껍질을 내버린 달팽이와 비슷한 처지이다. 그는 그래도 여전히 유대인이다.

상동

수천 년 동안 유대인을 하나로 묶었고 지금도 묶고 있는 결속력은 무엇보다도 사회 정의를 추구하는 민주적 이상과 모든 인간들이 서로 돕고 관용하기를 바라는 이상이다. …… 유대 전통의 두 번째 특징은 모든 종류의 지적 열망과 정신적 활동을 높이 산다는 점이다.

상동

* 과거에 우리는 성서의 사람들임에도 불구하고 박해받았습니다. 그러나

요즘은 성서의 사람들이기 때문에 박해받습니다.

'유대인 호소 연합'을 위해서 했던 CBS 라디오 연설에서, 1939년 3월 21일. 다음도 참고하라. Jerome, *Einstein on Israel and Zionism*, 141. Einstein Archives 28-475

유대 민족이 지난 수천 년을 견딜 수 있었던 저항의 힘은 상호 부조의 전통에 크게 의지했습니다. 요즘 같은 시련의 시절에는 그렇듯 서로 기꺼이 돕는 태도가 어려운 시험에 처하기 마련입니다. 선조들처럼 우리도 시험을 이겨낼 수 있기를. 우리에게는 그 외의 자기 방어 수단이 없습니다. 결속, 그리고 우리가 고난을 겪는 것은 중대하고 성스러운 대의 때문이라는 사실을 자각하는 것 외에는.

알프레트 헬만에게, 1939년 6월 10일. Einstein Archives 53-391

* 나는 민족주의를 아주 싫어합니다. 유대 민족주의조차 싫습니다. 하지만 우리 민족의 결속은 적대적인 세상이 우리에게 강요한 것이지 그 단어와 연루된 공격적 감정 때문에 생겨난 게 아닙니다.

판사 제롬 프랭크에게, 1945년 11월 19일. Jerome, *Einstein on Israel and Zionism*, 157. Einstein Archives 35-071

* 유대인이 '분리된 사람들'이 된 것은 우리가 스스로를 분리시키고 싶었기 때문이 아니라 남들이 우리를 분리된 사람으로 취급하고 핍박했기 때문입니다.

상동

* 유대 민족을 하나로 묶는 것은 공통의 종교만이 아닙니다. 공통의 위기와 공통의 정치사회 문제들이기도 합니다.

랍비 루이스 울지에게, 1945년 11월 20일. Einstein Archives 35-075

* 유대인 전쟁고아 3만 명을 비로비잔에 정착시키고 그들에게 …… 만족스럽고 행복한 미래를 제공하겠다는 사업은 러시아가 우리 유대 민족에게 인도적인 태도를 취하고 있다는 새로운 증거입니다.

러시아의 유대인 자치구 비로비잔에 관한 성명에서, 1945년 12월 10일. 다음에 인용됨. Jerome, *Einstein on Israel and Zionism*, 158. Einstein Archives 56-517

* 나는 국가를 찬성한 적은 결코 없었습니다. 내 본심은 [유대] 국가라는 발상을 좋아하지 않습니다. 그것이 왜 필요한지 모르겠습니다. 그것은 많은 어려움과 편협함을 일으킵니다. 나쁜 발상이라고 생각합니다.

유대인의 팔레스타인 이민이 가능한지, 그것이 아랍인과 유대인에게 어떤 영향을 미칠지 평가하기 위해서 워싱턴에 설치된 영미조사위원회가 던진 질문에 답하여, 1946년 1월 11일. 아인슈타인은 정치체로서 국가를 세우기보다는 유엔의 조치에 따라 여러 나라가 팔레스타인을 신탁하는 안을 선호했다. 청문회 내용의 대부분은 다음에 재수록되어 있다. Rowe and Schulmann, *Einstein on Politics*, 340~344. 로와 슐먼에 따르면, 아인슈타인은 "아랍인과 유대인이 평화롭게 공존하는 정치적 협정을 끌어내는 데 영국이 실패했기 때문에 불가피한 결과로서" 유대 국가를 받아들일 수밖에 없다고 했다(p. 38). 회의록 전문은 다음에 수록됨. Jerome, *Einstein on Israel and Zionism*, 161~175

* 유대인과 아랍인의 갈등은 영국인이 인위적으로 조장한 것입니다.

상동. Rowe and Schulmann, *Einstein on Politics*, 340

* 우리에게 힘이 있다면 상황은 더 나쁠 겁니다. 달리 비길 데 없는 무수한 고난을 겪었음에도 불구하고 우리는 비유대인의 어리석은 민족주의와 비합리적인 인종주의를 모방하고 있습니다.

상동, 346

시오니즘은 독일 유대인이 말살되지 않도록 보호하는 역할을 썩 잘 해내진 못했습니다. 하지만 생존자들에게 내면의 힘을 주어 낭패를 품위 있게 견디고 건강한 자존심을 잃지 않도록 해주었습니다.

반시오니즘주의자 유대인 찰스 애들러에게, 아마도 1946년 1월. 다음에 인용됨. Dukas and Hoffmann, *Albert Einstein, the Human Side*, 64. Einstein Archives 56-435

* 날개 없는 동물은 꼭 필요한 경우가 아니라면 번거롭게 서식지를 옮기지 않습니다. 그렇다면 제대로 자리 잡은 집단은 앞길을 막는 것이 아무것도 없을 경우 최선의 환경을 찾아 나설 것입니다.

한스 뮈잠에게, 1946년 4월 3일. Einstein Archives 38-352

현 상황에서는 과학적 재능을 지닌 우리 젊은이들이 학계로 진출할 길이 없습니다. 그것은 곧 우리가 예전처럼 이 분야에서 손 놓고 있다면 우리의 가장 자랑스러운 전통이—생산적 작업을 높이 사는 전통이—서서히 죽어갈 것이라는 뜻입니다.

데이비드 릴리엔솔에게, 1946년 7월. 유대인 학생을 받기 위해 브랜다이스 대학을 세우는 데 찬성하면서. 일 년 후에 그는 대학이 "성별, 인종, 종교, 국적, 혹은 정치적 견해를 근거로 특정 학생에게 유리하게 혹은 불리하게 차별해서는 안 된다"고 덧붙였다. 1953년에 그는 대학이 주려는 명예박사 학위를 거절했다. 1947년에 대학 창립자들과 사적인 다툼이 있었기 때문이다. Einstein Archives 40-398, 40-432. 다음도 참고하라. S. S. Schweber, "Albert Einstein and the Founding of Brandeis University," 미발표 원고.

* 선동가들과 이전의 허풍쟁이들에게 놀아난 나머지, 우리는 팔레스타인에서 무책임하고 불공평한 이득을 취하는 것을 옹호했습니다. …… 우리는 비유대인들의 멍청한 민족주의와 인종주의를 흉내 내고 있습니다.

한스 뮈잠에게, 1947년 1월 22일. Einstein Archives 38-361

독일의 박해에서 살아남은 피해자들의 고난은 인류의 도덕적 양심이 어느 정도까지 약해졌는지 보여주는 증거입니다. 오늘 이 자리는 모든 사람이 그런 끔찍한 일을 잠자코 받아들이지만은 않으리라는 사실을 보여줍니다.

홀로코스트 희생자를 기리는 뉴욕 리버사이드 드라이브 기념비 제막에 보

낸 메시지에서, 1947년 10월 19일. Einstein Archives 28-777

* 최근 들어서는 잘하면 두 국가 방안으로 해결될 수 있었을지도 모르는 우리와 아랍인의 협정이 더 이상 가능하지 않을 것 같습니다. 과거에—실질적으로는 1918년 이후—우리는 아랍인을 무시하고 거듭 영국인에게 위탁 통치를 맡겼습니다. 나는 [유대] 국가가 바람직하다고는 한 번도 생각하지 않았습니다. 사회적, 정치적, 군사적 이유에서. 하지만 이제는 되돌릴 수 없으니 어떻게든 [상황과] 씨름해야 합니다.

한스와 미나 뮈잠에게, 1948년 9월 24일. Einstein Archives 38-380

새 국가의 지도자들이 보여준 지혜와 온건함 덕분에, 우리가 유익한 협동과 상호 존중과 신뢰를 바탕으로 아랍 민족과의 관계를 차츰 다져나갈 수 있으리라는 확신이 들었습니다. 두 민족이 외부 세계로부터 진정한 독립을 성취할 수 있는 방안은 그것뿐입니다.

예루살렘 히브리 대학의 명예박사 학위를 받아들이며 발표한 성명에서, 1949년 3월 15일. Einstein Archives 28-854, 37-296

이제 이 대학은 자유롭게 배우고, 가르치고, 행복한 대학 생활을 영위하는 공간으로 살아 움직이고 있습니다. 우리 민족이 크나큰 역경으로부터 해방되었던 땅에 이렇게 서 있습니다. 훌륭한 업적으로 세상의 인정을 받아야 마땅했던 공동체는 뒤늦게나마 그 인정을 받고서 이렇게 번성하고 있으며, 대학은 그 공동체의 정신적 구심으로 이렇게 서 있습니다.

상동

1921년의 시오니즘은 민족의 보금자리를 세우려는 노력이었습니다. 정치적 의미의 국가를 세우려는 게 아니었습니다. 하지만 후자의 목표가 달성되고 말았는데, 그것은 다급한 필요 때문이라기보다는 어쩔 수 없는 상황의 압력 때문이었습니다. 그 과정을 돌이켜 논하는 것은 학자들이 할 일입니다. 흔히 '정통파'라고 일컫는 태도에 관해서라면, 나는 거기 공감한 적은 별로 없었습니다. 내가 지금 중요한 역할을 하고 있다고도 생각하지 않습니다. 미래에도 마찬가지입니다.

인터뷰어 알프레드 베르너가 세속 국가 이스라엘을 세우는 시오니즘 운동을 지지했던 것에 대해서 묻자 그 대답으로. *Leberal Judaism* 16 (April~May 1949), 4~12

그런 영예에 부응하려면 앞으로는 멍청한 짓을 하거나 멍청한 책을 쓰지 않도록 단단히 조심해야겠군요. 그런 명예를 누리는 것이 자랑스럽습니다. 개인적으로 그렇다기보다 한 명의 유대인으로서. 기독교 교회가 유대인 과학자를 기린다는 것은 분명 진보를 뜻하겠지요.

뉴욕 리버사이드 교회 정문 위에 그의 모습이 새겨져 있는 것에 대하여, 상동. 그곳에는 다른 불멸의 휴머니즘 지도자들의 모습도 새겨져 있다. 프랑스 샤르트르의 13세기 대성당을 본뜬 리버사이드 교회는 1930년에 완공된 초교파 교회이다.

팔레스타인의 유대인들은 정치적 독립 그 자체를 쟁취하고자 싸운 것이 아닙니다. 그보다는 세계 여러 나라에서 생사의 기로에 처한 유대인들이 자유롭게 넘어올 수 있게끔 하려고, 동포들 사이에서 살고 싶어 하는 사람들이 자유롭게 넘어올 수 있게끔 하려고 싸운 것입니다. 그들은 역사상 유례없는 희생을 감행하려고 나섰다고 말해도 과장이 아닐 것입니다.

애틀랜틱시티에서 열린 '유대인 호소 연합' 모임을 위해서 했던 NBC 라디오 방송에서, 1949년 11월 27일. 다음을 보라. Rowe and Schulmann, *Einstein on Politics*, 353. Einstein Archives 28-862

* 팔레스타인을 둘로 나누지 않고 유대인과 아랍인이 평등하고 자유롭고 평화롭게 사는 목표, 그것을 이루지 못한 것은 우리나 이웃의 탓이라기보다 위임통치국의 탓이었습니다. 영국이 팔레스타인을 위임통치한 것처럼 한 나라가 다른 나라를 장악했을 때는 분할 통치라는 악독한 수단을 사용하지 않기가 어려운 법입니다.

상동

유대 민족에게 문화에 대한 지원은 늘 최우선 관심사입니다. 지속적 학문 활동이 아니었다면 우리가 오늘날까지 한 민족으로 존속하지 못했을 겁니다.

예루살렘 히브리 대학의 25주년을 맞아 보낸 성명에서. 다음에 인용됨. *New York Times*, May 11, 1950

유대인은 종교 외에도 다른 여러 전통과 공통의 역사를 지닌 집단입니다. 외부 세계가 대체로 적대적인 편견을 통해서 빚어내고 지속해온 공통의 이해들을 통해 하나로 묶인 집단입니다.

프린스턴 대학 학생 앨런 E. 마이어스에게, 1950년 10월 20일. (이 편지를 내게 보내준 마이어스 씨에게 고맙다.) Einstein Archives 83-831

* 이스라엘의 제안에 깊이 감동했습니다. …… 나는 평생 객관적인 문제만을 다뤄왔습니다. 그래서 사람들을 적절히 다루고 공직자의 기능을 수행하는 문제에서는 타고난 소질도 경험도 부족합니다. 오직 이 점 때문에, 나는 그런 고위직을 수행할 수 없습니다. …… 세상의 여러 나라들 사이에서 우리 처지가 얼마나 위태로운지를 뼈저리게 깨달은 이래, 유대 민족과의 관계는 내 삶에서 가장 강력한 인간적 결속이 되었습니다.

미국에 파견된 이스라엘 대사 아바 에반에게 보낸 글에서, 1952년 11월 18일. 이스라엘 대통령을 맡아달라는 요청을 거절하며. Einstein Archives 28-943

* 만일 정부나 의회가 내 양심에 반하는 결정을 내려야 하는 상황이라면 무척 힘들 거라는 생각도 들었습니다. 자신이 사건의 경과에 실질적인 영향을 미칠 수 없다고 해서 도덕적 책임이 덜어지는 건 아니기 때문입니다. 내가 그 영예롭고 유혹적인 부름에 응했다면 끝내 폐를 끼치고 말았을 게 분명합니다.

아인슈타인에게 이스라엘 대통령직 거절을 재고해달라고 호소한 《마리브》의 편집자 아즈리엘 카를레바흐에게, 1952년 11월 21일. Einstein Archives 41-093

신생 국가가 진정한 독립을 달성하고 보존하려면 그 나라 안에서 지식인과 전문가 집단이 배출되어야 합니다.

'히브리 대학의 친구들' 만찬을 위해 녹음한 연설에서, 1953년 5월 11일. 다음에 인용됨. *New York Times*, May 25, 1953. Einstein Archives 28-987

이스라엘은 히브리어 대신 영어를 국어로 채택했어야 합니다. 그게 훨씬 나았을 테지만 그러기에는 그들이 너무 광신적이었지요.

다음에 인용됨. Fantova, "Conversations with Einstein," January 2, 1954

* 내게 유대교는 여느 종교처럼 가장 유아적인 미신의 체현일 뿐입니다. 유대 민족은, 비록 내가 기꺼이 거기 소속되며 그들의 사고방식을 친근하게 느끼기는 하지만, 다른 민족들과 별로 다르지 않습니다. 내 경험상 유대인이 다른 [민족] 집단보다 더 낫거나 하지는 않습니다. 다만 그들은 힘이 부족하기 때문에 최악의 질병으로부터 면제되고 있을 뿐입니다. 그 밖에는 무엇이 되었든 그들이 특별히 '선택되었다'는 근거를 가려내지 못했습니다.

철학자 에리크 구트킨트에게 보낸 편지에서, 1954년 1월 3일. '종교에 관하여' 장을 참고하라. 이 반 쪽짜리 손글씨 편지는 2008년 5월 15일 런던의 블룸즈버리 경매장에서 17만 파운드(404,000달러)에 팔렸다. 아인슈타인의 편지 중 최고가 기록이었으며 경매 전 예상 금액의 25배였다. *New York*

Times, May 17, 2008. Einstein Archives 33-337

독일계 유대인들은 끔찍합니다. 어떻게 독일로 다시 돌아갈 수 있나요. 마르틴 부버마저도 독일로 가서 [1951년] 괴테 상의 영예를 기꺼이 받아들였지요. 정말 교만한 사람들입니다. 나는 그런 제의를 모두 거절했고 궁둥이를 차서 쫓아보냈습니다.

Fantova, "Conversations with Einstein," February 12, 1954. 〈뉴욕 타임스〉는 2월 23일자에서(p. 5) "히틀러 독일이 저지른 범죄 때문에, 아인슈타인은 독일에서 열리는 어떤 공적인 일에도 참여하지 않을 것이다"라고 보도했다.

이스라엘은 유대인들이 자신의 전통적 이상에 따라 공적인 삶을 빚어낼 수 있는 지상 유일의 장소입니다.

뉴저지 주 프린스턴에서 열린 '히브리 대학의 친구들' 발기 모임에서 했던 연설에서, 1954년 9월 19일. Einstein Archives 29-1054

[이스라엘의] 정책에서 가장 중요한 요소는 우리 속에 섞여 살아가고 있는 아랍 시민들을 언제까지나 전적으로 동등하게 대하겠다는 마음을 분명히 하는 것입니다. …… 우리가 아랍 소수 집단을 대하는 태도야말로 한 민족으로서 우리의 도덕적 수준을 판가름하는 진정한 시험입니다.

즈비 루리아에게, 1955년 1월 4일. 아인슈타인이 죽기 석 달 전에 쓴 편지. Einstein Archives 60-388

내가 대통령이 되었다면, 이스라엘 사람들에게 가끔 그들이 듣기 싫어하는 말을 했을 거란다.

마르고트 아인슈타인에게, 이스라엘 대통령직을 거절한 결정에 관하여. 다음에 인용됨. Sayen, *Einstein in America*, 247

* 나는 민족주의에 반대하지만 시오니즘에 찬성합니다. …… 두 팔이 다 있는 사람이 노상 자기에게 오른팔이 있다는 말만 한다면 그는 쇼비니스트입니다. 하지만 그에게 오른팔이 없다면, 그는 없는 팔을 보충하기 위해서 온 힘을 다해야 합니다. 따라서 나는 인간으로서 민족주의에 반대하지만 유대인으로서 …… 유대 민족을 위해 노력하는 시온주의자들을 지지합니다.

쿠르트 블루멘펠트가 다음에서 인용함. *Erlebte Judenfrage. Ein Viertel-jahrhundert deutscher Zionismus* (Stuttgart: Deutshe Verlags-Anstalt), 127~128

12장

인생에 관하여

1930년경의 아인슈타인.

⊠

* 인생은 누구에게도 쉽지 않습니다. 그나마 다행은 우리가 각자의 갑갑한 한계에서 조금이라도 벗어나서 인생의 비참함을 넘어서는 객관적인 문제에 집중할 수 있다는 점입니다.

아드리안 포커에게, 1919년 7월 30일. *CPAE*, Vol. 9, Doc. 78

인생에서 제일 좋은 것을 꼽으라면 상관관계를 또렷하게 파악하는 것을 들 수 있습니다. 기분이 아주 침울하고 허무할 때가 아니고서야 이 즐거움을 부정할 수 없을 것입니다.

헤드비히 보른에게, 1919년 8월 31일. *CPAE*, Vol. 9, Doc. 97

대가가 없는 것은 가치도 없다.

1927년 6월 27일에 쓴 아포리즘. Einstein Archives 35-582

* 사상을 섬기는 삶이 좋을 수도 있단다. 그 사상이 생기를 불어넣어주는 것이라면, 다른 종류의 구속으로 몰아넣지 않고서 자아의 족쇄를 풀어주는 것이라면. 과학과 예술은 그렇게 작용할 수 있어. 그러나 때에 따라서는 사람을 노예로 만들거나 건강하지 못한 응석받이로 만들거나 지나치게 세련되게 만들 수도 있단다. 그런 일에 몰두하느라 오히려 삶에 대처

하는 능력이 약해질 수도 있다는 지적에 반박할 마음은 없어. 평범한 물도 그 속에 빠져 죽는 사람에게는 독이 되는 법 아니냐.

아들 에두아르트에게, 1927년 12월 23일. 다음에 번역됨. Neffe, *Einstein*, 194. Einstein Archives 75-748

* 인생의 성공을 A라고 한다면, $A=x+y+z$입니다. 이때 x는 일이고, y는 놀이이고, z는 입 다물고 있는 것입니다.

새뮤얼 J. 울프에게 1929년 여름 베를린에서 말했다고 한다. 다음에 발표됨. *New York Times*, August 18, 1929. 아인슈타인은 입을 다물어야 한다는 말을 자주 했다. 가령 '음악에 관하여' 장에서 음악 감상에 관해서 한 말을 보라.

* 가끔은 거저 얻을 수 있는 것 때문에 가장 큰 대가를 치르기도 합니다.

G. S. 피레크와의 인터뷰에서. "What Life Means to Einstein," *Saturday Evening Post*, October 26, 1929. 다음에 재수록됨. Viereck, *Glimpses of the Great*, 434

인생은 거대한 태피스트리와 같습니다. 개인은 광대하고 경이로운 그 무늬에서 그다지 중요하지 않은 한 가닥 실일 뿐입니다.

상동, 444

지상에서 인간의 처지는 실로 이상하다. 우리는 누구나 이곳에 짧게 머물 뿐이고 우리가 왜 여기 있는지도 모르지만, 가끔은 그 목적을 간파한 듯하다. …… 우리가 확실히 아는 것도 하나 있다. 인간은 다른 인간을 위해서 세상에 존재한다는 사실이다.

'나의 믿음' 첫 문장. "What I Believe," *Forum and Century* 84 (1930), 193~194. 글 전문과 배경에 관해서는 다음을 보라. Rowe and Schulmann, *Einstein on Politics*, 226~230. 이 글은 여러 번역문이 여러 출판물에 실렸는데, 간혹 '나의 신조'라는 제목으로 실릴 때도 있다.

남들을 위해서 산 삶만이 가치 있는 삶입니다.

'뉴욕 윌리엄스버그의 젊은 이스라엘'이 내는 저널 《유스》의 편집자들이 던진 질문에 답하여. 다음에 인용됨. *New York Times*, June 20, 1932. Einstein Archives 29-041

개인의 삶은 다른 생명들의 삶을 좀 더 고귀하고 아름답게 만드는 데 도움이 될 때만 의미가 있다. 생명은 신성하다. 생명은 최고의 가치이고, 다른 모든 가치들은 그것에 종속된다.

'유대적 관점이란 것이 존재하는가?'에서, 1932년 8월 3일. 다음에 발표됨. *Mein Weltbild* (1934), 89~90. 다음에 재수록됨. *Ideas and Opinions*, 185~187

모든 회상은 현재에 의해 물든다. 기만적인 시각에 물드는 셈이다.

1946년에 '자전적 기록'을 쓰고자 작성했던 메모에서, 3

* 인생은 짧습니다. 그리고 우리가 온 힘으로 밀어야만 하는 바윗덩어리는 오랫동안 한자리에 꼼짝 않고 있다가 가끔씩만 움직일 뿐입니다.

한스 뮈잠에게, 1947년 1월 22일. Einstein Archives 38-361

개인은 자신의 노력과 행동에 객관적 가치가 있다고 믿을 때만 그 존재가 성립된다. 그러나 그 확신을 유머로 누그러뜨리지 않는다면 그는 참기 힘든 사람이 된다.

요한나 판토바에게, 1948년 10월 9일. 판토바에게 보낸 세 아포리즘 중 하나. Einstein Archives 87-034

주로 개인의 욕망을 충족하는 방향으로 나아갔던 인생은 언젠가 반드시 씁쓸한 실망을 맛봅니다.

T. 리에게, 1954년 1월 16일. Einstein Archives 60-235

행복하게 살고 싶다면 인생을 사람이나 물건이 아니라 목표에 매어두십시오.

에른스트 슈트라우스가 다음에서 회상한 말. French, *Einstein: A Centenary Volume*, 32

13장

음악에 관하여

1930년 뉴욕 메트로폴리탄 오페라에서 〈카르멘〉을 공연한 가수들과 함께.
(사진은 카를로 에드워즈 제공)

아인슈타인이 제일 좋아했던 작곡가는 바흐, 모차르트, 그리고 이탈리아와 영국의 몇몇 옛날 작곡가들이었다. 슈베르트도 좋아했다. 그는 슈베르트에게는 감정을 표현하는 능력이 있다고 했다. 베토벤은 훨씬 덜 좋아했는데, 음악이 너무 극적이고 개인적이라서 그렇다고 했다. 헨델은 기술적으로 훌륭하지만 깊이가 얕다고 했다. 슈만의 짧은 곡들은 독창적이고 감정이 풍부하여 매력적이라고 했다. 멘델스존은 재능이 상당하지만 깊이가 부족하다고 보았다. 아인슈타인은 브람스의 몇몇 가곡과 실내악도 좋아했다. 한편 바그너의 음악적 개성은 형언할 수 없이 불쾌해서 "그의 음악을 들을 때면 대체로 혐오만을 느낀다"고 했다. 리하르트 슈트라우스는 재주가 있지만 내면의 진실이 없으며 외적인 효과에 지나치게 신경 쓴다고 여겼다. (아인슈타인이 1939년 5월에 설문에 답했던 내용이다. Einstein Archives 34-322)

아인슈타인은 여섯 살에 바이올린을 켜기 시작했다. 1940년대 중반에는 바이올린 연주를 그만두었고 피아노만 가지고 놀았다. 아인슈타인 아카이브를 관리하는 바버라 울프에 따르면, 아인슈타인은 1920년에서 1950년 사이에 최소한 열 대의 바이올린을 소유했고 그중 최소한 하나를 '리나'라고 불렀다. 유언장에서 그는 마지막 바이올린을 손자 베른하르트에게 주라고 일렀고 베른하르트는 훗날 그것을 자기 아들 폴에게 주었다. (다음을 참고하라. Frank, *Einstein: His Life and Times, 14; Grüning, Ein Haus für Albert Einstein*, 251.)

⊠

모차르트 소나타에 집중하거라. 너희 아빠도 그 곡들을 통해서 음악을 익혔단다.

아들 한스 알베르트에게, 1917년 1월 8일. 아인슈타인은 13살에 "모차르트 소나타와 사랑에 빠졌다." *CPAE*, Vol. 8, Doc. 287, n. 2

일본 음악과 유럽 음악은 근본적으로 다르다. 유럽 음악에서는 화음과 구조적 편곡이 핵심인 데 비해 일본 음악에는 그런 것이 없다. 그러나 열세 음으로 한 옥타브를 이루는 것은 양쪽이 같다. 내가 느끼기에 일본 음악은 감정을 그린 회화처럼 놀랍고 직접적인 영향을 미친다. …… 사람 목소리뿐 아니라 새소리나 파도 소리처럼 인간의 영혼을 자극하는 자연의 소리에서 느껴지는 여러 감정들을 양식화된 형태로 표현하는 것에 집중하는 듯하다. 음높이의 제약이 없고 리듬으로 특징을 부여하는 데 특히 어울리는 타악기들이 중요한 역할을 하기 때문에 그런 느낌이 더욱더 강하다. …… 내가 생각하기에, 일본 음악을 위대한 예술 형식으로서 받아들이는 데 가장 큰 장애물은 형식적 편곡과 건축적 구조가 없다는 점이다.

'일본의 인상'에서. "My Impressions in Japan," *Kaizo* 5, no. 1 (January

1923), 339. Einstein Archives 36-477.1

유감스럽게도 나는 성적인 면에서나 음악적인 면에서나 그 위치에 알맞는 역량이 못 되는지라 친절한 초대를 수락하기 어렵습니다.

쿠르트 싱어에게, 1926년 8월 16일. '제1회 국제 성 연구 학회'에서 열릴 음악회에 참가해달라는 초대를 거절하며. 아인슈타인은 말장난을 하고 있다. 브람스 현악 6중주(섹스텟) 제1번 B장조 작품번호 18에서 바이올린을 연주해달라는 초대를 거절하는 것이기 때문이다. Einstein Archives 44-905

음악이 연구에 영향을 미치진 않습니다. 하지만 두 일은 같은 종류의 갈망에서 자라나고, 두 일이 안겨주는 만족감은 서로 보완합니다.

파울 플라우트에게, 1928년 10월 23일. 다음에 인용됨. Dukas and Hoffmann, *Albert Einstein, the Human Side*, 78. Einstein Archives 28-065

슈베르트에 관해서라면 이 말밖에 할 게 없습니다. 그의 음악을 연주하라. 사랑하라. 그리고 입을 닫으라!

작곡가들에 대한 또 다른 질문에 답하며, 1928년 10월 11일. 다음에 인용됨. Dukas and Hoffmann, *Albert Einstein, the Human Side*, 75

바흐의 삶과 작품에 관해서는 이 말밖에 할 게 없습니다. 듣고, 연주하고, 사랑하고, 경배하라. 그리고 입을 닫으라.

잡지 《레클람스 우니페르숨》이 바흐에 대해 던진 질문에 답하며, 1928년. 다음에 인용됨. *Einstein: A Portrait*, 74, 그리고 Dukas and Hoffmann, *Albert Einstein, the Human Side*, 75. Einstein Archives 28-058.1

물리학자가 아니라면 음악가가 되었을 겁니다. 나는 종종 음악으로 생각합니다. 음악으로 백일몽을 꿉니다. 음악으로 삶을 바라봅니다. …… 인생에서 최고의 기쁨을 바이올린에서 얻습니다.

G. S. 피레크와의 인터뷰에서. "What Life Means to Einstein," *Saturday Evening Post*, October 26, 1929. 다음에 재수록됨. Viereck, *Glimpses of the Great*, 436

유럽에서는 음악이 대중의 예술과 감정으로부터 너무 멀어져, 자기만의 관습과 전통을 지닌 비전의 예술처럼 되어버렸습니다.

인도의 신비주의자, 시인, 음악가 라빈드라나트 타고르와 1930년 8월 19일 베를린에서 나눈 대화에서. 동양음악과 서양음악의 자기 표현을 논하며. *Asia* 31 (March 1931), 140~142

뛰어난 예술성을 갖추었기에 독창적인 음악에 담긴 위대한 발상을 온전히 이해할 줄 아는 사람만이 그 음악을 변주할 수 있습니다. [서양에서는] 변주가 미리 정해져 있을 때가 많습니다.

상동

동양 음악이든 서양 음악이든 정말로 훌륭한 음악은 분석되지 않는다는 것이 난점입니다.

상동

* 음악가들이 대개 실업자 신세인 상황은 참으로 참담합니다. 궁핍한 나라보다 음악 문화가 변변찮아서 아이들이 더 이상 악기를 연주하지 않는 나라에서 더 그렇습니다.

A. 뵈어에게, 1933년 4월 5일. Einstein Archives 52-305

* 신문은 읽지 마십시오. 마음이 맞는 사람을 몇 명이라도 찾아보십시오. 칸트, 괴테, 레싱, 외국 고전 같은 훌륭한 옛 작가들을 읽으십시오. 뮌헨의 근사한 자연에서 즐거움을 느껴보십시오. …… 동물을 몇 마리 길러서 친구로 삼으십시오.

상동. 뵈어는 일자리를 구하지 못한 음악가로 아인슈타인에게 인생을 어떻게 살아야 할지 조언을 구했다.

모차르트의 음악은 너무도 순수하고 아름다워서 우주 내면의 아름다움이 반영된 것 같다.

페터 부퀴가 회상한 말. *The Private Albert Einstein* (1933)

나는 여섯 살에서 열네 살까지 바이올린 수업을 받았습니다. 그러나 선생 운이 없었습니다. 음악을 기계적인 연습 이상으로 여기지 않는 사람들이었죠. 내가 정말로 음악을 배우기 시작한 것은 열세 살에 모차르트의 소나타와 사랑에 빠진 뒤라고 할 수 있습니다.

필리프 프랑크에게 보낸 편지 초고에서, 1940년. Einstein Archives 71-191

베토벤을 들으면 좀 불편합니다. 그는 벌거벗은 듯 느껴질 정도로 너무 개인적입니다. 그보다 바흐를 들려주세요. 그 뒤에도 또 바흐를.

릴리 푈데시와의 인터뷰에서. *The Etude*, January 1947

현대음악에는 지식이 일천합니다. 하지만 한 가지만큼은 확실히 느낍니다. 진정한 예술의 특징은 창조적 예술가의 불굴의 충동이라는 것.

에른스트 블로흐에게 바친 글에서, 1950년 11월 15일. 다음에 인용됨. Dukas and Hoffmann, *Albert Einstein, the Human Side*, 77. Einstein Archives 34-332

이제 바이올린은 켜지 않습니다. 세월이 흐를수록 내가 내 연주를 참고 들어주기 어렵습니다.

벨기에의 엘리자베트 왕비에게, 1951년 1월 6일. 다음에 인용됨. Nathan and Norden, *Einstein on Peace*, 554. Einstein Archives 32-400

피아노는 [바이올린보다] 즉흥연주에 훨씬 알맞고 혼자 연주하기에도 좋습니다. 나는 피아노를 매일 칩니다. 게다가 이제 바이올린 연주는 육체적으로 너무 진 빠지는 일일 겁니다.

다음에 인용됨. Fantova, "Conversations with Einstein," March 24, 1954

오늘 라디오에서 모차르트의 〈주피터〉 교향곡을 들었습니다. 모차르트가 작곡한 최고의 작품이지요. 오페라 중에서는 〈피가로의 결혼〉과 〈후궁으로부터의 납치〉가 뛰어납니다. 〈마술피리〉는 그다지 좋아하지 않습니다. 현대 오페라 중에는 무소르그스키의 〈보리스 고두노프〉만 훌륭합니다.

상동, March 10, 1955

이 대목에서 모차르트는 말도 안 되는 걸 썼어!

모차르트의 곡을 연주하려고 애쓰다가. 마르고트 아인슈타인이 제이미 세이엔과의 인터뷰에서 회상한 말. Sayen, *Einstein in America*, 139

처음에는 즉흥연주를 해보고 그게 잘 안되면 모차르트에서 위안을 찾습니다. 하지만 즉흥연주가 뭔가 잘되는 것처럼 느껴지면, 그걸 끝까지 해내기 위해서는 바흐의 명료한 구성이 필요합니다.

일을 마친 뒤에는 음향 효과가 뛰어났던 베를린 집 부엌에서 바이올린을 연주하며 긴장을 풀곤 했다면서. 콘라트 박스만이 다음에서 회상한 말. Grüning, *Ein Haus für Albert Einstein*, 251. 다음에도 인용됨. Ehlers, *Liebes Hertz!* 132

14장

평화주의, 군비 축소, 세계정부에 관하여

"아인슈타인 칼을 들다."
1933년 《브루클릭 이글》에 실린 만화. C. R. 매컬리 그림.
(의회도서관 LC-USZ62-42467)
칼에는 '전시 대비'라는 문구가, 팻말에는
'세계 평화'가, 날개에는 '무저항 평화주의'라는 문구가 적혀 있다.

아인슈타인은 젊은 시절부터 평화주의자였지만 1933년에 히틀러 때문에 입장을 바꾸지 않을 수 없었다. 1933년부터 1945년까지 아인슈타인은 특수한 상황에서는 약간의 군사 행동이 필요하다고 보았다. 특히 "정상으로 남은 나라들"의 군사력이 침략국 독일에 대항하는 데 결정적이라고 느꼈다(Fölsing, *Albert Einstein*). 그러나 일반적으로는 문명과 개인의 자유를 보호하기 위해서 전 세계 무기를 통제하는 "초국적" 세계정부가 필요하다고 믿었다. 그는 1945년부터 1955년에 사망할 때까지 세계정부를 도덕적 지상명령으로서 옹호하는 주장을 공공연히 펼쳤다.

* 평화주의자인 내가 독일 정치 구조에 호감을 느낀다는 건 자연스럽지 못할 것입니다.

프리츠 하버에게, 1921년 3월 9일. *CPAE*, Vol. 12, Doc. 87

문화의 가치를 아끼는 사람은 평화주의자가 될 수밖에 없다.

쿠르트 렌츠와 발터 파비안이 엮은 『평화운동』(1922)에 기고한 글에서. 다음에 인용됨. Nathan and Norden, *Einstein on Peace*, 55

역사학의 대표 주자들은 평화주의를 진작하는 데 별로 보탬이 되지 않았다. 그들 중에는 …… 충격적일 만큼 강한 쇼비니즘과 군사주의를 드러내는 발언을 공공연히 한 사람이 많다. …… 자연과학 분야는 꽤 다르다.

상동

과학은 다루는 주제가 보편적인 데다가 국제적 협력을 필요로 하는 작업이기 때문에 [과학자들은] 국제적 이해로 기우는 편이고 따라서 평화주의적 목표를 선호한다.

상동

과학에서 비롯된 기술이 전 세계 경제를 하나로 엮었기 때문에, 이제 모든 전쟁은 국제적으로 중요한 문제가 되었다. 인류가 충분한 소란을 겪은 뒤 마침내 이 상황을 인식한다면, 그제서야 비로소 전쟁을 끝낼 힘을 지닌 조직을 창설하는 데 필요한 에너지와 선의가 생겨날 것이다.

상동

내 희망은 이렇습니다. (1) 내년에는 지상, 해상 무기 감축 합의가 세계적으로 최대한 폭넓게 이뤄지기를. (2) 유럽 국가들이 해외 자산을 저당 잡히지 않고도 국제 전쟁 채무를 갚을 수 있는 방안이 마련되기를. (3) 소련이 외부 압력으로부터 벗어나고 내부 발전을 제약 없이 진행할 수 있도록 하는 정직한 합의가 이뤄지기를.

〈시카고 데일리 뉴스〉 1928년 12월 31일자에 한 말에서. 기자 에드거 마우어가 새해 소망이 뭐냐고 묻자. (우리엘 고니와 미샤엘 제덱이 내게 정보를 주었다.) Einstein Archives 47-670

권력의 명령을 좇아 체계적 살인에 가담할 태세가 된 사람이라면, 혹은 자신이 어떤 방식으로든 전쟁이나 전쟁 준비에 이용되도록 허락하는 사람이라면, 그는 자신을 기독교인이나 유대인이라고 부를 권리가 없습니다.

'평화의 방명록'에 한 말에서, 1928년. 다음에 인용됨. Nathan and Norden, *Einstein on Peace*. Einstein Archives 28-054

전쟁의 이유가 무엇이든 나는 직접적으로나 간접적으로나 전쟁에 봉사하는 행위를 일체 거부할 것이며 친구들에게도 그렇게 설득하겠다.

《디 바르하이트》(프라하, 1929)라는 출판물을 위해 1929년 2월 23일에 쓴 글. 다음에도 실렸다. Nathan and Norden, *Einstein on Peace*. Einstein Archives 48-684

내 평화주의는 본능적인 감정입니다. 내가 그런 감정을 느끼는 것은 살인이 역겨운 일이기 때문입니다. 내 태도는 무슨 지적인 이론에서 나온 게 아니라 모든 잔혹함과 혐오에 대한 깊디깊은 반감에서 나온 것입니다.

《크리스천 센추리》의 편집자 폴 허친슨에게, 1929년 7월. 인터뷰는 《크리스천 센추리》 1929년 8월 28일자에 실렸다. 다음에 인용됨. Nathan and Norden, *Einstein on Peace*, 98

나는 강제적 징병과 종군에 분개한다는 사실을 사적으로든 공적으로든 한 번도 숨기지 않았습니다. 그런 야만적인 노예화에 무슨 수를 써서라도 저항하는 것이 개개인에게 주어진 양심의 의무라고 생각합니다.

덴마크 신문 〈폴리티컨〉에 한 말에서, 1930년 8월 5일. 다음에 재수록됨. Nathan and Norden, *Einstein on Peace*, 129. Einstein Archives 48-036

* 평화주의 이상으로 뭉친 사람들이 회합을 열면 늘 자기들끼리만 어울립니다. 꼭 늑대가 밖에서 기다리는 동안 자기들끼리 뭉쳐 있는 양 떼와 같습니다. …… 양의 울음소리는 그 무리를 넘어서지 못하고, 따라서 효력이 없습니다.

평화주의를 표방하는 바하이교 산하의 '새 역사 협회' 뉴욕 모임에서 했던 연설 '2퍼센트'에서, 1930년 12월 14일. 로지카 슈비머가 받아 적은 메모에서. 다음을 보라. Rowe and Schulmann, *Einstein on Politics*, 240. Einstein Archives 48-479

* 현재의 의무 병역 제도에서는 모두가 강제로 범죄를 저지르게 됩니다. 국가를 위해 사람을 죽이는 범죄를. 평화주의자의 목표는 전쟁의 비도덕성을 사람들에게 설득시켜서 병역이라는 수치스러운 노예 상태를 세상에서 근절하는 것이어야 합니다.

상동

* 병역 대상 인구의 2퍼센트만이라도 스스로 전쟁 저항자로 선언하고 "우

리는 싸우지 않겠습니다. 국제 분쟁은 다른 방법으로 해결해야 합니다" 라고 주장한다면, 정부들은 무력해질 것입니다. 그렇게 많은 인구를 감옥에 넣을 순 없을 겁니다.

상동, 241

*음악에 따라 줄 맞추어 행진하기를 즐기는 사람은 경멸할 가치도 없다. 명령에 복종하는 영웅주의, 몰지각한 폭력, 가증스럽고 허풍스러운 애국심—이런 것을 나는 어찌나 열렬하게 경멸하는지! 전쟁은 천박하고 경멸스럽다. 그런 짓에 참여하느니 만신창이로 얻어맞는 편이 낫다.

"What I Believe," *Forum and Century* 84 (1930), 193~194. 이 글은 이 책의 옛 판들을 비롯하여 여러 지면에서 다양한 형태로 번역되었다. 다음에 재수록됨. Rowe and Schulmann, *Einstein on Politics*, 229

[전쟁 폐지 문제에서] 진정한 발전을 이루려면 세계적 규모로 사람들을 조직하여 다 함께 병역 혹은 종군을 거부해야 한다.

《유겐트 트리뷔네》에 한 말에서, 1931년 4월 17일. Einstein Archives 47-165

*끈질기게도 아직 소수의 사람들은 전쟁이라는 형태의 폭력 행위가 국제 문제를 푸는 수단으로서 자신들에게 유리하거나 인류에게 쓸모가 있다고 봅니다. 그러나 사람들은 야만의 시대가 남긴 미개하고 무가치한 유산에 지나지 않는 전쟁을 어쩌면 예방할 수 있을지도 모르는 조치를 열

성적으로 추구하는 데는 충분히 끈질기지 못합니다.

'미국과 1932년 군축 회담'에서, 1931년 6월. 나탄과 노던에 따르면 (*Einstein on Peace*, 658) 캘리포니아의 휘티어 칼리지에서 한 연설일지도 모른다. 다음에 재수록됨. Rowe and Schulmann, *Einstein on Politics*, 248. Einstein Archives 28-152

전쟁에 저항하는 방법은 합법적 방법과 혁명적 방법 두 가지입니다. 합법적 방법은 대체복무제를 소수의 특권이 아니라 모두의 권리로 제공하는 것입니다. 혁명적 방법은 타협하지 않는 저항입니다. 평화시에는 군사주의 세력을 물리치고 전쟁시에는 국가의 자원을 훼손하겠다는 시각입니다.

《뉴 월드》를 위해서 페너 브록웨이가 녹음한 말에서, 1931년 7월. 1931년 5월에 아인슈타인과 만난 뒤. Einstein Archives 47-742

귀천을 막론하고 남녀노소 모두에게 호소합니다. 전쟁과 전쟁 준비에 더 이상 어떤 도움도 주지 마십시오.

프랑스 리옹의 '국제 전쟁 거부자들'에게 보낸 말에서, 1931년 8월. 다음에 인용됨. Frank, *Einstein: His Life and Times*, 158. 다음에도 인용되었다. *New York Times*, August 2, 1931

* 전쟁이 사라지기를 정말로 원하는 사람은 자기 나라가 국제 조직에 주권의 일부를 이양하는 데 전적으로 찬성해야 합니다. 분쟁이 발생할 경우 자국이 국제 법정의 심판을 받을 것을 각오해야 합니다. …… 군비 축소

를 무조건 지지해야 합니다.

상동. 아인슈타인은 1932년 7월 30일에 지그문트 프로이트에게 보낸 편지에서도 거의 똑같은 말을 썼다(Einstein Archives 32-543). 아인슈타인은 제2차 세계대전이 끝난 뒤 다시 세계정부 문제로 돌아왔다.

* 국가가 개인을 위해 존재하는 것이지 개인이 국가를 위해 존재하는 것이 아니다. …… 국가의 가장 중요한 임무는 개인을 보호하고 개인이 창조적 개성을 발달시킬 수 있도록 보장하는 것이다. 국가가 우리를 섬겨야 하지 우리가 국가의 노예가 되어서는 안 된다. 국가가 우리에게 병역을 강제하는 것은 이 수칙에 어긋난다.

《뉴욕 타임스 매거진》 1931년 11월 22일자에 실린 '평화로 가는 길'에서. 다음에 재수록됨. Rowe and Schulmann, *Einstein on Politics*, 253. (나는 이 책의 이전 판에서 약간 다른 버전을 인용했고 잘못된 출처를 제시했다.) Einstein Archives 28-175

* 도덕적 근거에서 병역을 거부하는 사람은 심각한 핍박에 시달릴지도 모른다. 그런 핍박은 과거에 종교적 순교자가 당했던 핍박만큼이나 우리 사회가 부끄럽게 여겨야 할 것이 아닌가?

상동, 255

나는 그냥 평화주의자가 아니라 전투적 평화주의자입니다. 나는 평화를 위해 싸울 용의가 있습니다. …… 자신이 지지하는 대의, 가령 평화를 위해서 죽는 편이 자신이 지지하지 않는 대의, 가령 전쟁을 위해서 괴로움을 겪는 것보다 낫지 않습니까?

1931년에 G. S. 피레크와 한 인터뷰에서. 다른 텍스트들과 함께 다음 소책자에 발표되었다. *The Fight against War*, ed. Alfred Lief (New York: John Day, 1933). 다음에 인용됨. Nathan and Norden, *Einstein on Peace*, 125~126

평화는 힘으로 지킬 수 없다. 이해로만 달성할 수 있다. 한 나라의 모든 남자, 여자, 아이를 싹 쓸어버리지 않고서야 그 나라를 무력으로 종속시킬 수 없는 법이다. 그렇게 극단적인 조치를 취할 생각이 아니라면 무력에 의지하지 않고서 분쟁을 해결하는 방법을 찾아보아야 한다.

"Notes on Pacifism," in *Cosmic Religion* (1931), 67. 아마도 원래 표현을 바꾼 말일 것이다. 원 출처는 미상.

나는 전과 다름없이 열렬한 평화주의자입니다. 그러나 유럽에서 공격적인 독재국가가 민주국가들을 군사적으로 위협하는 현상이 사라져야만 병역 거부라는 수단을 다시 옹호할 수 있다고 생각합니다.

랍비 필립 번스타인에게, 1934년 4월 5일. Nathan and Norden, *Einstein on Peace*, 250. Einstein Archives 49-276

의무 병역을 완전히 폐지하는 데 성공해야만, 젊은이들을 가르칠 때 화해, 삶의 기쁨, 모든 생명에 대한 사랑을 기치로 삼는 것이 가능할 것입니다.

『나의 세계관』(1934)에 발표된 '평화의 친구들에게 보내는 세 통의 편지'에서. 다음에 재수록됨. *Ideas and Opinions*, 109

* 무장은 이미 평화가 아니라 전쟁을 위한 입장 표명과 준비를 마친 것이나 다름없다. 따라서 사람들은 무장 해제를 단계적으로 하지는 않을 것이다. 단번에 하거나 아예 안 할 것이다.

역시 『나의 세계관』(1934)에 발표된 '군축의 질문'에서. 다음에는 약간 다르게 번역되어 있다. *Ideas and Opinions*, 102~103. 다음에 인용됨. Rowe and Schulmann, *Einstein on Politics*, 22. Einstein Archives 28-180

* 평화주의의 문제에 대한 진정한 해결책은 초국적 중재 법정을 꾸려야만 달성될 수 있다고 믿는다. 그 법정은 현재 제네바의 국제연맹과는 달리 자신의 결정을 강제할 수단을 갖고 있어야 할 것이다. 한마디로 상시 군사 체제를 갖춘 국제 법정이어야 한다. 경찰력이라면 더 좋겠다.

"A Re-examination of Pacifism," *Polity* 3, no. 1 (January 1935), 4~5. 다음에 재수록됨. Rowe and Schulmann, *Einstein on Politics*, 284~286. Einstein Archives 28-296

평화주의는 특정 상황에서는 패배하고 맙니다. 현재 독일과 같은 상황에서는 …… 모든 사람들이 전쟁을 무법 행위로 여기는 정서를 구축해야 합니다. (1) 초국적 통치권 개념을 구축해야 하고 …… (2) 전쟁에 경제적 원인이 있다는 사실을 직시해야 합니다.

《서베이 그래픽》의 로버트 M. 바틀릿과의 인터뷰에서. *Survey Graphic* 24 (August 1935), 384, 413. 다음에 재수록됨. Nathan and Norden, *Einstein on Peace*, 260

국제 정치 조직은 가능하다고 믿습니다. 더 나아가, 세상의 상황이 더 이상 견딜 수 없는 지경이 된다면 무조건 필요하게 될 것이라고 믿습니다.

1940년경 작성된 원고 초고에서. 칼러의 사인 카탈로그인 다음 자료를 보라. Kaller, "Jewish Visionaries," 35

독재가 없었던 1920년대에 나는 참전을 거부함으로써 전쟁을 없앨 수 있다고 주장했습니다. 그러나 몇몇 나라에서 강압적인 상황이 등장하자, 그렇게 하면 덜 공격적인 나라가 더 공격적인 나라에 비해 불리할 것이라는 생각이 들었습니다.

〈뉴욕 타임스〉와의 인터뷰에서, 1941년 12월 30일. Einstein Archives 29-096

문명에게는, 더 나아가 인류에게는 세계정부를 설립하여 각국의 안전을 원칙에 기반하여 지키는 것 외에는 구원의 길이 없습니다. 주권 국가들이 저마다 무기를 갖추고 무기 관련 기밀을 품고 있는 한 또 다른 세계전쟁을 피할 길이 없습니다.

〈뉴욕 타임스〉와의 인터뷰에서, 1945년 9월 15일

* 산업화와 경제적 상호 의존이 고도로 발달한 현재, 국제 관계를 다스릴 진정한 초국적 조직이 없는 상태에서 평화를 달성한다는 것은 어불성설입니다. 전쟁 회피 해법으로서 그보다 덜 전면적인 해법은 망상일 뿐이라고 생각합니다.

J. 로버트 오펜하이머에게, 1945년 9월 29일. Einstein Archives 57-294

* 세계정부에 핵폭탄 제조 기밀을 위탁해야 하고, 미국은 당장 그럴 준비가 되었다고 발표해야 합니다. 막강한 군사력을 지닌 강대국은 미국, 소련, 영국밖에 없으니 세 나라가 세계정부를 창설하여 자국의 군사 자원을 세계정부에게 몽땅 맡겨야 합니다. 막강한 군사력을 지닌 나라가 셋밖에 없다는 사실은 세계정부 설립을 더 어렵게 만드는 게 아니라 더 쉽게 만들 것입니다.

레이먼드 스윙에게. *Atlantic Monthly* 176, no. 5 (November 1945), 43~45

국제 문제에 관련된 사안을 수행할 때는 늘 다음과 같은 시각에 입각해야 합니다. 그 행위가 세계정부 설립을 거들 것인가 막을 것인가?

P. A. 실프와 F. 팜리와의 방송 인터뷰 원고에서, 1946년 5월 29일. Nathan and Norden, *Einstein on Peace*, 382. Einstein Archives 29-105

재판을 통해 국가들간의 분쟁을 해결하는 세계정부를 창설해야 합니다. …… 세계정부는 모든 정부들과 나라들이 동의한 명확한 규약에 따라야 하고, 공격 무기에 대해서 배타적인 재량을 지녀야 합니다.

시카고에서 열린 '세계 연방 정부를 위한 학생들' 집회를 위한 방송에서, 1946년 5월 29일. *New York Times*, May 30, 1946. 다음에 인용됨. Pais, *Einstein Lived Here*, 232. Einstein Archives 28-694

내가 세계정부를 지지하는 것은 인류가 이제껏 대면한 위험 중에서도 최악의 위험을 해소하기 위해서는 다른 방법이 없다고 믿기 때문이다. 완전한 파괴를 피하자는 목표는 다른 어떤 목표보다 우선되어야 한다.

'소련 과학자들에게 보내는 답장'에서. ***Bulletin of the Atomic Scientists*** (February 1948). 다음에도 수록됨. ***Ideas and Opinions***, 140~146. Einstein Archives 28-795

평화와 안전으로 가는 길은 단 하나, 초국적 조직뿐입니다. 국가 차원에서 일방적으로 군비를 갖추고 있어 봐야 효과적으로 보호하지도 못하면서 전체적인 불확실함과 혼란만 가중할 뿐입니다.

'원 월드 상'을 받으면서 뉴욕 카네기홀에서 했던 연설에서, 1948년 4월 27일. 다음에 발표됨. ***Out of My Later Years***. 다음에 재수록됨. ***Ideas and Opinions***, 147

세계정부 발상이 현실적이지 않다면, 우리 미래에 대한 현실적 전망은 하나뿐입니다. 인류가 인류를 대량 학살하는 것입니다.

영화 〈당신은 어디 숨겠는가?〉에 대한 발언, 1948년 5월. Einstein

Archives 28-817

인류는 법률에 기반한 초국적 체제를 구축하여 완력이라는 수단을 완전히 제거해야만 구원받을 수 있다.

《임팩트》에 실린 말에서. *Impact* 1 (1950), 104. Einstein Archives 28-882

초국적 차원에서 전 세계에 평화를 가져오려면 간디의 기법을 대규모로 적용하는 방법밖에 없다는 게 제 신념입니다.

게르하르트 넬하우스에게, 1951년 3월 20일. Einstein Archives 60-684

양심적 병역 거부는 혁명입니다. 그는 개인의 이득을 희생해서라도 사회 개선이라는 최고의 대의를 따르기 위해서 법을 어기기로 결정한 것입니다.

상동

내 견해는 간디와 거의 일치합니다. 하지만 나는 나와 내 민족을 죽이거나 우리에게서 기본적인 생존 수단을 빼앗으려는 시도에 대해서는 (개인적으로나 집단적으로나) 폭력으로 저항할 것입니다.

A. 모리셋에게, 1952년 3월 21일. Einstein Archives 60-595

평화주의 목표는 초국적 조직을 통해서만 달성할 수 있습니다. 그 대의를 무조건 지지하는 것이야말로 …… 진정한 평화주의를 가늠하는 기준입니다.

상동

전쟁에서 사람을 죽이는 것은 보통 살인과 다를 바 없습니다.

일본 잡지 《카이조》의 편집자에게, 1952년 9월 20일. Rowe and Schulmann, *Einstein on Politics*, 488. Einstein Archives 60-039

내가 원자폭탄 개발에 참여한 부분은 딱 하나뿐입니다. 루스벨트 대통령에게 편지를 보내어 대규모 실험을 통해 원자폭탄 제조 가능성을 따져볼 필요가 있다고 권한 것입니다. …… 독일이 그 문제를 연구할 가능성이 있고 성공할 전망도 높으니 그렇게 조치하지 않을 수 없다고 느꼈습니다. 나는 늘 확고한 평화주의자였지만 그 밖의 대안이 없었습니다.

상동

국가는 무기를 많이 만들면 만들수록 안전에서 점점 더 멀어집니다. 당신에게 무기가 있다면 남들의 공격 대상이 될 테니까요.

A. 아람과의 인터뷰에서, 1953년 1월 3일. Einstein Archives 59-109

《카이조》에 보낸 편지에서 내가 절대적 평화주의자라고 말하진 않았습니다. 늘 확고한 평화주의자였다고 말했을 뿐입니다. 나는 확고한 평화주의자이지만, 무력 사용이 적절한 상황도 있다고 믿습니다. 나와 내 민족을 무조건 파괴하겠다고 결심한 적과 대면할 경우입니다.

일본 평화주의자 시노하라 세이에이에게, 1953년 2월 22일. 만일 간디가 아인슈타인의 입장이었다면 루스벨트에게 편지를 쓰지 않았을 것이라고 생각한 시노하라는 아인슈타인이 《카이조》에 실은 발언이 유효하지 않다고 여겼다. 위의 말은 그에 대한 아인슈타인의 답이다. Rowe and Schulmann, *Einstein on Politics*, 490. Einstein Archives 61-295

나는 헌신적 평화주의자이지만 절대적 평화주의자는 아닙니다. 무력 사용을 반대하지만, 생명의 파괴 그 자체를 추구하는 적에게 직면한 상황만큼은 예외로 친다는 뜻입니다.

시노하라 세이에이에게, 1953년 6월 23일. Rowe and Schulmann, *Einstein on Politics*, 491. Einstein Archives 61-297

합리적 해결책으로 문제를 풀 수 있는 경우라면 늘 솔직한 협력을 선호합니다. 주어진 상황이 그럴 수 없다면, 악에게 평화로 저항하는 간디의 전략을 쓰겠습니다.

존 무어에게, 1953년 11월 9일. 다음에 인용됨. Nathan and Norden, *Einstein on Peace*, 596. Einstein Archives 60-584

나는 늘 평화주의자였습니다. 무력은 국제 분쟁을 해결하는 수단이 될 수 없다고 믿었습니다. 하지만 이 원칙을 무조건 고수하는 것은 합리적이지 않습니다. 적대적 세력이 내가 속한 집단을 말살하겠다고 위협하는 경우는 예외로 두어야만 합니다.

H. 허버트 폭스에게, 1954년 5월 18일. Einstein Archives 59-727

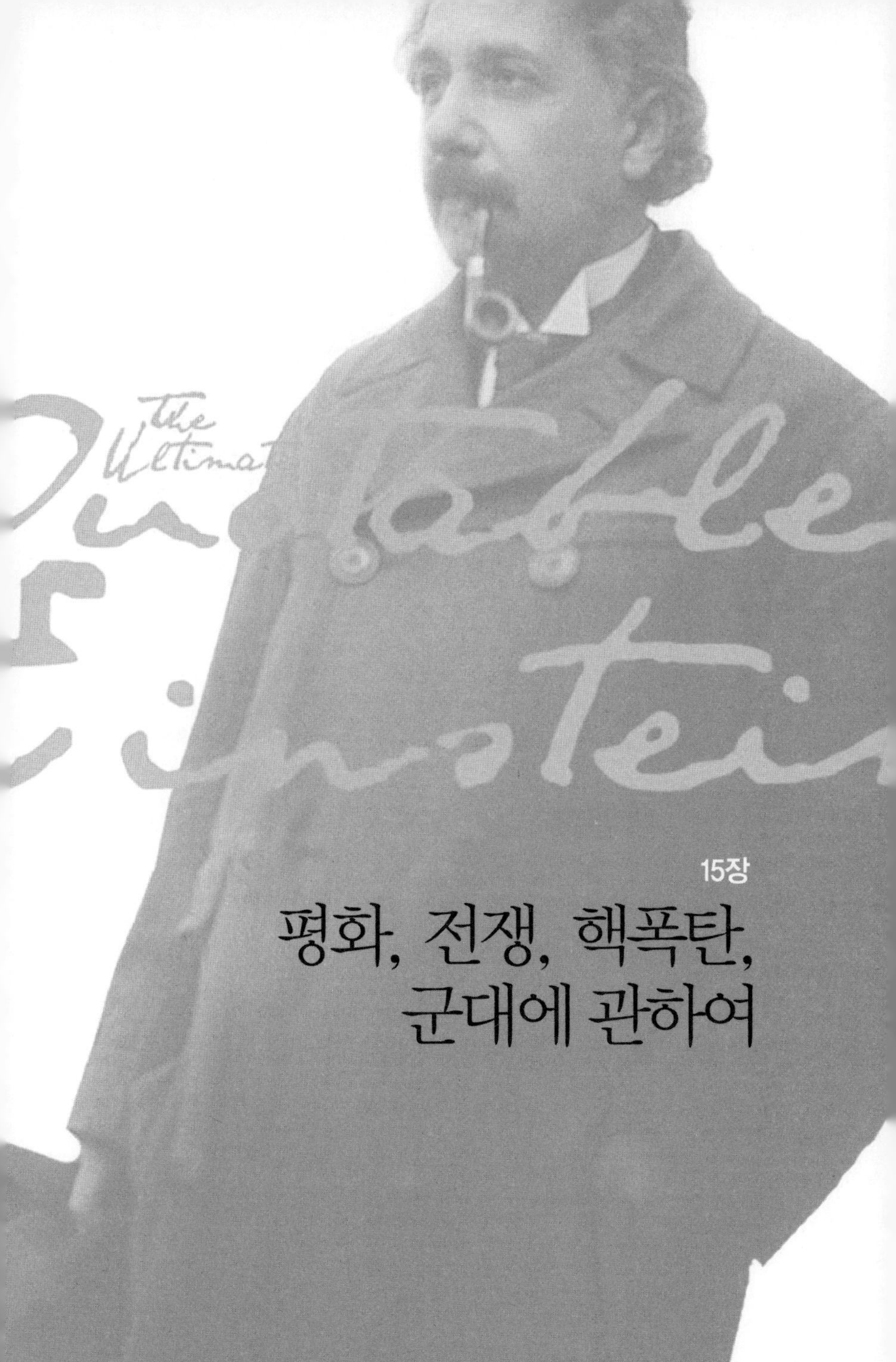

15장

평화, 전쟁, 핵폭탄, 군대에 관하여

1943년, 아인슈타인이 미해군 군수품국을 위해서 할 수 있는 일을 논의하는 군인들과 아인슈타인. (뉴욕 해군 제3관할구 홍보부 사진 담당)

✻

* 오늘날 횡행하는 싸움에서는 누구도 승자가 되지 못할 것이다. …… 따라서 각국 지식인들은 강화 협정이 향후 또 다른 전쟁의 원인이 되지 않도록 만드는 데 자신들의 영향력을 발휘해야 한다. 그것은 윤리적으로 합당한 일이며 안타깝게도 꼭 필요한 일이다.

제1차 세계대전 초기 국면에서 독일이 자국의 행동을 정당화한 것을 옹호하며 독일 지식인들이 발표했던 성명서에 대항하여 게오르그 니콜라이, 빌헬름 푀르스터, 아인슈타인이 발표한 '유럽인에게 보내는 선언'에서, 1914년 10월 중순 작성. *CPAE*, Vol. 6, Doc. 8

각국 학자들조차 뇌가 절단된 사람들처럼 행동해왔습니다.

로맹 롤랑에게, 1915년 3월 22일. 제1차 세계대전 발발에 관하여. 롤랑은 당대 가장 두각을 드러낸 평화주의자였다. *CPAE*, Vol. 8, Doc. 65

전쟁의 심리적 근원은 그 생물학적 뿌리가 남성의 공격성에 있는 것 같습니다. …… 수소나 수탉 같은 몇몇 동물은 이 점에서 인간을 능가합니다만.

베를린 괴테분트를 위해서 쓴 '전쟁에 관한 나의 의견'에서, 1915년 10월~11월. *CPAE*, Vol. 6, Doc. 20. 아인슈타인은 이로부터 31년 뒤인 1946년 6월에 인류학자 애슐리 몬터규와 한 인터뷰에서도 이 견해를 재차 밝히며,

아이의 말썽과 부모의 체벌은—"가정 폭력"—인간이 타고난 반사적이고 본능적인 행동으로서 국제적 폭력과 공격성의 미시적 현상에 해당한다고 주장했다. 아인슈타인은 지그문트 프로이트의 결론에 사실상 동의했지만, 몬터규는 그에 반대하며 인간의 성악설은 유효하지 않다고 아인슈타인을 설득했다. 다음을 보라. Ashley Montagu, "Conversations with Einstein," in *Science Digest*, July 1985. Einstein Archives 29-002

* 전쟁 전, 그러니까 1914년 이전에 존재했던 국제주의, 문화의 국제주의, 통상과 산업의 세계주의, 사상에 대한 폭넓은 관용—이런 국제주의가 본질적으로 옳았습니다. 그런 국제주의가 재건되지 않고서는 지상에 평화가 오지 않을 테고 전쟁으로 말미암은 상처가 낫지 않을 것입니다.

〈뉴욕 이브닝 포스트〉와의 인터뷰에서, 1921년 3월 26일. Rowe and Schulmann, *Einstein on Politics*, 89

* 숱한 희망과 망상에도 불구하고 전쟁은 언제든 다시 벌어질 수 있습니다. 세상은 전쟁으로 인해 가장 극단적이고 파국적이고 비인간적인 행위와 살해가 자행되는 것을 무서워하지 않는 듯합니다.

〈일 메사제로〉에 실린 알도 소라니와의 인터뷰에서, 1921년 10월 26일. *CPAE*, Vol. 12, Appendix G

* 평화에 가장 크게 기여할 수 있는 주체는 언론입니다. 지금 언론은 전쟁과 정치적 불안을 부추길 때가 많습니다. 모든 나라의 언론들이 합심하여 평화를 추구하는 일에 나선다면, 전 세계가 조화롭고 우애롭게 물자

를 공유한다는 이상을 달성하는 데 결정적인 한걸음이 될 것입니다.

상동

* 어느 나라 사람이든 자기 나라가 희생자라고 주장할 것이고 나아가 그것이 완벽한 사실이라고 믿을 것입니다. …… 국민들에게 전쟁을 가르치면서 그와 동시에 전쟁이 부끄러운 범죄라고 믿게 만들 순 없습니다.

자크 아다마르에게, 1929년 9월 24일. Einstein Archives 12-025

* 인정하건대, 스스로를 방어하지 않기로 결정한 나라는 심대한 위험에 처할 것입니다. 그러나 그 위험은 인류 진보를 위해서 사회 전체가 받아들이는 위험입니다. 진정한 진보는 희생 없이 이루어지지 않았습니다. …… 국가들이 지금처럼 계속 전쟁에 체계적으로 대비하는 한, 두려움과 불신과 이기적 야심이 언제든 다시 그들을 전쟁으로 이끌 것입니다.

상동

* 전쟁을 벌인다는 것은 무고한 사람을 살해하겠다는 것과 스스로 무고하게 살해당하도록 허락하겠다는 것을 둘 다 뜻합니다. …… 자신을 아끼는 사람이라면 어떻게 그런 비극적인 일에 가담할 수 있습니까? 당신은 정부가 요청한다고 해서 위증을 하겠습니까? 당연히 안 하겠지요. 그렇다면 무고한 사람을 죽이는 것은 얼마나 더 나쁩니까?

상동

군대가 존재하는 한, 심각한 분쟁은 뭐든 전쟁으로 이어질 것입니다. 각국의 무장에 적극 항의하지 않는 평화주의는 현재에도 미래에도 계속 무력할 것입니다.

벨기에의 제1차 세계대전 격전지 딕스마위더에서 열린 평화 시위를 위해 작성한 '적극적 평화주의'에서, 1931년 8월 8일. 다음에 발표됨. *Mein Weltbild* (1934), 55. 다음에 재수록됨. *Ideas and Opinions*, 111

사람들의 양심과 상식이 깨어나서 국가들의 운명이 새로운 단계에 접어들기를, 그리하여 미래의 사람들은 전쟁을 선조들이 벌였던 이해 불가능한 일탈로서 회고하게 되기를!

상동

전쟁은 선수들이 얌전히 규칙을 준수하는 게임이 아닙니다. 생사가 걸리면 규칙이고 의무고 모조리 무시하기 마련입니다. 모든 전쟁을 절대적으로 거부해야만 조금이라도 효과가 있을 겁니다.

캘리포니아의 대학생들에게 한 연설에서, 1932년 2월 27일. 다음에 출처가 잘못된 채 인용됨. *Ideas and Opinions*, 93. 다음에 발표됨. *New York Times*, February 29, 1932. Einstein Archives 28-187

* 전반적 평화를 달성하기가 어려운 것과 마찬가지로, 도덕적 군비 축소가 어려운 것은 권력을 쥔 사람들이 제 나라의 주권을 조금이라도 이양하고 싶어 하지 않기 때문입니다. 전쟁을 없애려면 정확히 그렇게 해야 하는

데 말입니다.

제네바 군축 회담에서 열린 기자회견에서, 1932년 5월 23일. Rowe and Schulmann, *Einstein on Politics*, 257. 로와 슐먼은 이 버전을 나탄과 노던의 책(*Einstein on Peace*) 독어판에서 가져왔거나 영어판 168~169쪽에서 가져왔다. 나탄과 노던에 따르면, 아인슈타인은 '국제 전쟁 거부자들'이 미리 마련한 회견 원고에 오해의 소지가 있다고 여겨서 원래 이것과는 내용이 달랐던 원고를 직접 수정했다. 나탄과 노던은 "아인슈타인의 버전"(Einstein Archives 72-559)을 영어로 번역했다고 밝히고 있다.

* 우리는 가능한 모든 수단을 동원하여 반전 운동을 강화해야 합니다. 이 운동의 도덕적 중요성은 아무리 강조해도 지나치지 않습니다. …… [이 운동은] 개개인의 용기를 북돋고, 사람들의 양심을 자극하고, 군사 체제의 권위를 약화시킵니다.

상동

* 이것은 코미디가 아닙니다. 광대 모자를 쓰고 익살을 떨고는 있지만 그래도 이것은 비극입니다. 이 비극을 가볍게 여기거나 울 상황에서 웃을 권리는 누구에게도 없습니다. 우리는 다들 지붕에 올라서서 이 회의는 가짜라고 고발해야 합니다!

위에서 말한 기자회견 전에 콘라드 베르코비치와 가진 인터뷰에서. 이듬해인 1933년 2월에 《픽토리얼 리뷰》에 발표되었다. 다음에도 인용됨. Clark, *Einstein*, 372. 클라크는 이렇게 적었다. "이것이 아인슈타인이 했던 말을 글자 그대로 옮긴 것은 아니겠지만, 모든 증거로 보아 당시 그가 그만큼 격앙되었다는 사실을 잘 반영한 것 같기는 하다."

우리는 …… 전쟁 자원, 즉 무기 공장의 씨를 말리는 데 헌신해야 합니다.

상동, 373

문제는 이것입니다. 인류가 전쟁 위험에서 구제될 방법이 있는가? 현대 과학의 발전으로 이 문제가 현 인류 문명의 생사를 좌우하게 되었다는 것은 다들 아는 상식입니다. 그러나 상당한 열의에도 불구하고 이 문제를 해결하려는 시도는 하나같이 개탄스러운 실패로 끝났습니다.

지그문트 프로이트에게, 1932년 7월 30일. 프로이트의 답변과 함께 국제연맹이 펴낸 『왜 전쟁인가?』에 수록되었다. 다음에도 인용됨. Nathan and Norden, *Einstein on Peace*, 188. Einstein Archives 32-543

정말로 전쟁을 없애기를 원하는 사람은 자기 나라가 주권의 일부를 국제 조직에 이양하는 것을 찬성한다고 단호하게 의견을 밝혀야 한다.

'미국과 1932년 군축 회담'에서. 다음에 발표됨. *Mein Weltbild*, 63. 다음에 재수록됨. *Ideas and Opinions*, 101

불건전한 국가주의의 온상인 의무 병역은 폐지되어야 한다. 더 중요한 것은 양심적 병역 거부자가 국제적으로 보호받아야 한다는 점이다.

'1932년 군축 회담'에서. 다음에 발표됨. *Ideas and Opinions*, 98. 조금 다른 버전이 다음에 실렸다. *The Nation*, Vol. 133, 300

의무 병역은 오늘날 문명화된 인류가 겪는 개인적 존엄의 박탈 중에서도 가장 수치스러운 일이다.

'사회와 개인성'에서, 1932년. 다음에 발표됨. *Mein Weltbind* (1934). 다음에 재수록됨. *Ideas and Opinions*, 15

무기 제조에 관여하는 유력 산업체들은 국제 분쟁이 평화롭게 타결되는 것을 막기 위해서 세계 각국에서 최선을 다한다. 통치자들은 국민 다수의 적극적 지지를 확신할 때만 평화라는 고결한 목적을 달성할 수 있다. 개개인은 오늘날의 민주정부에서 국가의 운명은 국민들의 손에 달려 있다는 점을 늘 염두에 두어야 한다.

'평화'에서, 1932년. 다음에 발표됨. *Mein Weltbind* (1934). 다음에 재수록됨. *Ideas and Opinions*, 106

* 현재의 경제 위기 때문에, 생산과 소비의 균형뿐 아니라 노동력 공급과 수요의 균형까지도 정부가 통제하려 드는 법률이 제정될 게 분명하다. 그러나 실은 그런 문제도 자유 시민들이 풀어야 하는 문제이다.

상동

정의를 비웃고 경멸하는 세력이 작지만 위대한 문화를 지닌 나라들을 파괴하는 와중에 강대국이 가만히 손 놓고 있는 것은 남부끄러운 일입니다.

매디슨 스퀘어 가든에서 열린 평화 모임에 보낸 메시지에서, 1938년 4월 5일. 다음에 인용됨. Nathan and Norden, *Einstein on Peace*, 279. Einstein Archives 28-424

* E. 페르미와 L. 실라르드가 최근 연구 내용을 내게 문서로 전달한 바에 따르면, 머지않아 우라늄 원소가 새롭고 중요한 에너지원이 될 가능성이 있습니다. 우리는 이 상황을 여러 측면에서 주의 깊게 살펴보아야 하며, 필요하다면 행정부에서 신속히 행동을 취해야 합니다.

루스벨트 대통령에게 독일이 원자폭탄을 만들지도 모른다는 우려를 표현한 유명한 편지의 첫 단락, 1939년 8월 2일. 이 편지 내용은 인터넷에 널리 퍼져 있다. 아인슈타인은 이후의 진척 상황에 관여하는 것이 허락되지 않았다. 보안 허가가 나지 않았기 때문에 미국이 원자폭탄을 제작하기 위해서 꾸린 맨해튼 프로젝트에 참여하지 못했다. 그러나 그보다 덜 중요한 몇몇 군사적 문제들에 자문을 해주기는 했다. Einstein Archives 33-088

조직된 세력에는 조직된 세력으로 대항하는 수밖에 없습니다. 나도 유감이지만 다른 방법이 없습니다.

평화주의자 학생 R. 폴크스에게, 1941년 7월 14일. Einstein Archives 55-100

* 현재 실라르드 박사가 수행하는 연구는 기밀 사항이기 때문에 나는 내용을 알 수 없습니다만, 실라르드 박사는 연구를 수행하는 과학자들과 현 내각에서 정책 형성을 담당하는 각료들 사이에 적절한 접촉이 이뤄지지 않는 점을 대단히 염려하는 듯합니다. 이런 사정이니 대통령에게 실라르드 박사를 소개하는 것이 내 의무라고 여기며, 이 문제에 관한 박사의 견해에 대통령께서 개인적으로 관심을 기울여주기를 희망합니다.

루스벨트 대통령에게, 1945년 3월 25일. 아인슈타인은 핵에너지 통제 상황과 정치적 정책의 함의에 우려를 느껴 편지를 썼다. 그러나 루스벨트는 이 편지를 보지 못한 채 4월 12일에 죽었다. Einstein Archives 33-109

나는 [원자폭탄에] 관련된 일을 하지 않았습니다. 전혀 안 했습니다. 폭탄에 대한 관심도 여느 사람 수준입니다. 어쩌면 그보다 적을 겁니다.

〈뉴욕 타임스〉의 리처드 J. 루이스와의 인터뷰에서, 1945년 8월 12일

* 사랑하는 알베르트! 내 연구는 원자폭탄과 아주 간접적으로만 관계될 뿐이란다.

아들 한스 알베르트를 안심시키려 보낸 편지에서, 1945년 9월 2일. 다음에 번역되어 인용됨. Neffe, *Einstein*, 388. Einstein Archives 75-790

각국이 무제한적 주권을 요구하는 한, 우리는 틀림없이 더 큰 전쟁에 직면할 것이고 더 크고 더 발전된 무기로 싸울 것입니다.

로버트 허친스에게, 1945년 9월 10일. 다음에 인용됨. Nathan and Norden, *Einstein on Peace*, 337. Einstein Archives 56-894

핵에너지의 방출이 우리에게 새로운 문제를 안기진 않았습니다. 기존의 문제를 풀어야 할 필요성을 더욱더 절박하게 만들었을 뿐입니다. 질적으로가 아니라 양적으로 영향을 미쳤다고 할 수 있겠지요.

레이먼드 스윙에게 한 말을 토대로 씌어진 '원자폭탄에 관한 아인슈타인의 의견' 1부에서. *Atlantic Monthly* 176, no. 5 (November 1945), 43~45. 다음을 보라. Rowe and Schulmann, *Einstein on Politics*, 373~378

전쟁에 원자폭탄이 쓰인다고 해서 문명이 말살될 거라고는 생각하지 않습니다. 세계 인구의 삼분의 이쯤이 죽겠지만, 생각할 줄 아는 사람들과 책들이 충분히 살아남아서 다시 문명을 재건할 것입니다.

상동

폭탄 제조 기밀은 세계정부에게 맡겨야 합니다. …… 세계정부의 독재가 두렵지 않느냐고요? 물론 두렵습니다. 하지만 다가올 또 한 번의 전쟁 또는 여러 번의 전쟁들이 더 무섭습니다. 어떤 정부이든 어느 정도 사악해질 수 있습니다. 그러나 전쟁이라는 훨씬 더 거대한 악보다는 세계정부가 낫습니다.

상동

내가 핵에너지를 끌어낸 장본인이라고 생각하진 않습니다. 내 역할은 간접적이었습니다. 솔직히 내 생전에 그 에너지를 끌어내는 데 성공하리라고 기대하지도 않았습니다. 이론적 가능성만 믿었을 뿐입니다. 그 일이 현실이 된 것은 우연히 연쇄반응이 발견되었기 때문인데 그건 내가 예측할 수 있는 사건이 아니었습니다.

상동

전쟁은 이길 수 있지만 평화는 이겨서 얻을 수 없습니다. 싸울 때 합심했던 강대국들이 이제 강화 협정을 놓고 분열했습니다.

뉴욕에서 열린 제5회 노벨상 만찬에서 한 연설에서, 1945년 12월 10일. Rowe

and Schulmann, *Einstein on Politics*, 382. Einstein Archives 28-722

* "인류가 살아남고 더 높은 차원으로 발전하기 위해서는 새로운 사고방식이 필요하다"는 최근 내 발언에 대해서 많은 사람이 무슨 뜻이냐고 물었습니다. …… 과거의 사고방식과 기법은 세계 전쟁을 막지 못했습니다. 미래의 사고방식은 반드시 전쟁을 막을 수 있는 것이어야 합니다.

상동, 383. 아인슈타인의 말 중에서 가장 많이 조회되는 말이다.

* 과거에는 국가들이 경쟁적으로 군대를 키움으로써 자국의 수명과 문화를 어느 정도 보호할 수 있었습니다. 이제 우리는 그런 경쟁을 포기하고 협동을 확보해야 합니다.

상동

총알은 사람을 죽이지만 원자폭탄은 도시를 죽입니다. 탱크는 총알을 막아주지만 문명을 파괴하는 무기를 막아주는 방어책은 과학에 존재하지 않습니다. …… 우리의 방어책은 법률과 질서입니다.

상동, 384

원자폭탄이 터짐으로써 모든 것이 바뀌었지만 유일하게 우리의 사고방식만은 바뀌지 않았습니다. 그래서 우리는 유례없는 파국을 향해 속수무책 나아가고 있습니다.

'핵 과학자 비상 위원회'에 보낸 편지에서, 1946년 5월 23일. 다음에 인용됨. Nathan and Norden, *Einstein on Peace*, 376. Einstein Archives 88-539

과학이 위험을 탄생시킨 것은 사실이지만, 진정한 문제는 사람들의 정신과 마음에 있습니다. 남들의 마음을 어떤 메커니즘을 통해서 바꿀 순 없습니다. 각자 스스로의 마음을 바꾸고 용감하게 발언함으로써 바꿀 수 있을 뿐입니다. …… 세상을 위협하는 두려움을 극복할 용기는 냉철한 정신과 마음에서만 솟아납니다.

핵무기에 관하여. 《뉴욕 타임스 매거진》 1946년 6월 23일자에 실린 마이클 암린과의 인터뷰 '진정한 문제는 사람들의 마음에 있다'에서. Rowe and Schulmann, *Einstein on Politics*, 387~388

기초 연구에 관여하는 …… 진정한 과학자라면 군사 문제에 협력하지 않는 것을 필수 도덕률로 삼아야 합니다.

해외 통신사가 던진 질문에 대답하며, 1947년 1월 20일. 다음에 인용됨. Nathan and Norden, *Einstein on Peace*, 401. Einstein Archives 28-733

* 우리 세대는 핵에너지를 끌어냄으로써 인류가 불을 발견한 이래 가장 혁명적인 힘을 탄생시켰습니다.

'핵 과학자 비상 위원회'를 지지하는 편지에서, 1947년 1월 22일. 아인슈타인은 이런 내용의 편지를 여러 날짜로 보냈다. Einstein Archives 40-010

* 우리 과학자들은 핵에너지에 관한 간단한 사실과 그 사회적 의미를 시민들에게 이해시키는 것이 우리의 엄중한 의무라는 것을 압니다. 우리의 안전과 희망은 오로지 여기 달려 있습니다.

상동

독일이 원자폭탄을 만드는 데 성공하지 못하리란 걸 미리 알았다면 나는 손가락 하나 까딱하지 않았을 겁니다.

《뉴스위크》에 한 말에서, 1947년 3월 10일. 루스벨트 대통령에게 원자폭탄 제조 가능성을 언급한 유명한 편지를 보냈던 것에 관하여. 아인슈타인은 자신이 개입하지 않았더라도 핵에너지 개발은 거의 비슷한 양상으로 진행되었을 것이라고 말했다고 한다.

우리 세대는 핵에너지를 끌어냄으로써 선사시대 사람들이 불을 발견한 이래 가장 혁명적인 힘을 탄생시켰습니다.

'핵 과학자 비상 위원회'를 지지하는 편지에서, 1947년 3월 22일. Einstein Archives 70-918

* [군국적] 성향은 …… 미국에서는 새로운 현상이다. 이것은 두 세계대전으로 국가의 총력이 군사 목표에 집중된 탓에 군사주의 정서가 사회를 장악하여 생겨난 현상이다. 더구나 거의 갑작스러운 승리가 그런 분위기를 더 강화했다. 이런 정서의 특징은 사람들이 서로의 관계에 영향을 미치는 다른 어떤 요인보다 버트런드 러셀이 참으로 적절하게 표현한 이른

바 '벌거벗은 권력'을 훨씬 더 중요하게 여긴다는 것이다.

"The Military Mentality," *American Scholar* 16, no. 3 (Summer 1947), 353~354. 다음에 재수록됨. Rowe and Schulmann, *Einstein on Politics*, 477~479

군사주의 정서의 특징은 비인간적 요인들이 (원자폭탄, 전략 기지, 온갖 무기, 원재료 확보 등등) 핵심으로 여겨지는 데 비해 인간의 욕구와 생각은—요컨대 심리적 요인은—부차적인 것으로 여겨진다는 점이다. …… 개인은 …… '인적 자원'으로 강등된다.

상동

민간인 밀집지 공습을 처음 시작한 건 독일이었고 이후 일본이 따라 했습니다. 연합국은 여기에 같은 조치로 맞섰고—게다가 나중에 밝혀진 바로는 훨씬 더 효과적이었지요—이들의 행동은 도덕적으로 정당화되었습니다.

레이먼드 스윙이 녹음한 인터뷰 '원자폭탄에 관한 아인슈타인의 의견' 2부에서. *Atlantic Monthly*, November 1947

폭탄 비축의 유일한 용도는 억지여야 합니다. …… 원자폭탄을 남보다 먼저 사용하진 않겠다고 약속하지 않은 채 비축하고 있는 것은 폭탄 보유를 정치적 목적에 이용해 먹는 것입니다. …… [그렇게 약속하지 않으면] 핵전쟁을 피하기 어려울 것입니다.

상동

공산주의가 동양에서 힘을 발휘하는 것은 그 체제에 종교적 속성이 약간 있고 종교적 감정을 불러일으키기 때문입니다. 원칙에 의거한 평화 세력 또한 그처럼 종교적인 힘과 열정으로 스스로를 지탱하지 못한다면 성공을 바라기 어려울 겁니다. …… 종교의 기본 요소인 강력한 감정적 힘이 더해져야 합니다.

상동

미국이 원자폭탄을 만든 것은 예방 조치였다는 걸 잊어서는 안됩니다. 원자폭탄은 독일이 그 제조법을 발견할 경우 그 사용을 저지하려는 목적으로 만들어졌습니다.

상동

미국이 폭탄을 만들고 비축하지 말아야 한다는 말이 아닙니다. 미국은 그래야 한다고 생각합니다. 미국은 다른 나라의 원자폭탄 공격을 억지할 수 있어야 한다고 생각합니다.

상동

한동안 핵에너지가 요긴한 선물이 되는 일은 없을 것 같기 때문에, 현재로서는 그것을 위협으로 봐야 할 것입니다. 어쩌면 그러는 편이 나을 겁니다. 그래서 인류가 겁을 먹으면 국제 문제에 질서가 잡힐지도 모릅니다. 두려움이 압박하지 않고서는 그렇게 되지 않을 겁니다.

상동, 마지막 말

인간이 있는 한 전쟁이 있을 것입니다.

필리프 홀스먼에게, 1947년. 아인슈타인을 '세기의 인물'로 실었던 《타임》 1999년 12월 31일자 35쪽에 인용된 말. 원래 홀스먼의 책(*Sight and Insight*, 1972)에서 인용했을 텐데, 나는 정확한 출처를 찾지는 못했다.

평화를, 또한 이성과 정의의 승리를 걱정하는 사람들은 정치적 사건에서 이성과 솔직한 선의가 발휘하는 영향력이 얼마나 미미한지도 뼈저리게 인식해야 합니다.

'원 월드 상'을 받으면서 뉴욕 카네기홀에서 했던 연설에서, 1948년 4월 27일. 다음에 발표됨. *Out of My Later Years*. 다음에 재수록됨. *Ideas and Opinions*, 147

힘이 만능이라는 믿음이 정치에서 우위를 점하는 곳에서는 그 힘이 독자적인 생명력을 얻어, 그것을 도구로 쓰겠다고 생각하는 사람들보다 더 강해집니다.

상동

국가가 군사주의에 기울면 당장 전쟁 위협이 닥칠 뿐 아니라 민주 정신과 개인의 존엄이 서서히, 하지만 확실히 망가집니다.

상동

나치 독일과 일본에게 거둔 승리는 미국 군대와 군사적 태도에 건전하지 못한 영향을 미쳐, 미국의 민주 제도와 세계 평화를 위태롭게 만들고 있습니다.

뉴욕에서 열린 '생존의 패턴'에 관한 회의에 보낸 말에서, 1948년 6월 1일. Nathan and Norden, *Einstein on Peace*, 486. Bergreen Albert Einstein Collection, Vassar College, Box M2003-009, Folder 3.31. Einstein Archives 58-582

비극적 운명으로 인해 갈수록 더 끔찍하고 효과적인 살상 수단을 만드는 것을 거들어온 우리 과학자들은 그런 무기가 원래 발명의 의도였던 잔혹한 용도로 쓰이는 것을 막는 데 총력을 기울이는 것을 우리에게 주어진 엄숙하고 초월적인 의무로 여겨야 합니다.

〈뉴욕 타임스〉 1948년 8월 29일자에서 인용된 말

* 물리학이 발전한 탓에 과학이 어쩌면 심각한 위험이 따를지도 모르는 기술적, 군사적 용도에 응용될 수 있었던 건 사실입니다. 그러나 그 책임은 지식 발전에 기여한 사람들이 아니라 새로운 도구를 사용한 사람들에게 있습니다. 과학자들이 아니라 정치인들에게 있습니다.

《체이니 레코드》의 밀튼 제임스가 보낸 질문지에 답하여, 1948년 10월 7일. 《체이니 레코드》는 펜실베이니아에 있는 흑인 대학 체이니 주립 사범 대학의 학생 출간물이었다. 핵폭탄을 개발한 과학자들에게 파괴적 결과에 대한

도덕적 책임이 있느냐는 질문이었다. 1949년 2월 출간. 이 책의 이전 판 내용을 수정했다. Nathan and Norden, *Einstein on Peace*, 501~502; Jerome and Taylor, *Einstein on Race and Racism*, 148. Einstein Archives 58-013에서 58-015까지

유럽 국가 연합체는 경제적으로나 정치적으로나 꼭 필요한 일입니다. 그런 연합이 국제 평화에 기여할지 아닐지 여부는 예측하기 어렵습니다. 나는 아닐 가능성보다 그럴 가능성이 크다고 생각합니다.

유럽 연합이 전쟁 문제를 해결할 수 있겠느냐는 질문에 답하여. 상동. (이 책의 이전 판 내용을 수정했다.)

[제3차 세계대전에서 무슨 무기가 쓰일지는] 나도 모릅니다. 하지만 제4차 세계대전에서 무슨 무기가 쓰일지는 알려드릴 수 있습니다. 돌멩이입니다!

알프레드 베르너와의 인터뷰 '70세가 된 아인슈타인'에서. *Liberal Judaism* 16 (April~May 1949), 12. Einstein Archives 30-1104, p. 9 of typescript

각국이 저마다 군비로 안전을 추구하는 한, 전쟁이 발발할 경우 승리를 보장할 것 같은 무기라면 무엇이 되었든 누구도 포기하지 않을 겁니다. 내가 볼 때 안전은 모든 나라가 군사적 방어를 포기해야만 달성될 수 있습니다.

자크 아다마르에게, 1949년 12월 29일. Einstein Archives 12-064

* 나는 원자폭탄 제조와 조금이라도 관련된 연구는 전혀 하지 않았습니다. 이 분야에서 유일하게 기여한 바는 1905년에 질량과 에너지의 관계를 밝힌 것인데, 그것은 일반적인 차원에서 물리계에 관한 진리였을 뿐이며 그 사실에 군사적 응용성이 있을지도 모른다는 생각은 나로선 전혀 떠올릴 수 없었습니다.

A. J. 머스티에게, 1950년 1월 23일. Einstein Archives 60-631

만일 [수소폭탄 제조 노력이] 성공한다면, 대기가 방사성 물질에 오염되고 그 때문에 지상의 생명이 절멸하는 일이 기술적으로 가능한 사건의 범주에 들어올 것입니다.

수소폭탄의 의미를 논했던 엘리너 루스벨트의 텔레비전 프로그램에서 한 말, 1950년 2월 12일 방송. 다음에 발표됨. *Ideas and Opinions*, 159~161

군비 경쟁은 전쟁을 예방하지 못합니다. 그 방향으로 나아가면 갈수록 파국에 가까워질 뿐입니다. …… 다시 말합니다. 군비 확충은 전쟁 예방책이 아닙니다. 오히려 필연적으로 전쟁으로 이어집니다.

유엔 라디오 인터뷰에서, 1950년 6월 16일. 아인슈타인의 프린스턴 집 서재에서 녹음했다. 다음에 발표됨. *Ideas and Opinions*, 161~163

평화 추구와 전쟁 대비는 양립할 수 없습니다. …… 무기는 국제적 권위에게만 허용해야 합니다.

상동

핵 연쇄반응 발견이 반드시 인류 멸망으로 이어져야 하는 것은 아닙니다. 성냥의 발견이 그렇지 않았던 것을 생각해보십시오.

'캐나다 교육 주간'에 보낸 메시지에서, 1952년 3월. Einstein Archives 59-387

* 진정한 질병은 …… 평화시의 모든 일상과 노동을 전시에 승리를 장담할 수 있는 방향으로 조직해야 한다는 생각입니다. 이런 태도는 우리의 자유가, 더 나아가 우리의 존재가 강력한 적에 의해 위협받고 있다는 생각을 낳습니다.

"Symptoms of Cultural Decay," *Bulletin of the Atomic Scientists* 8, no. 7 (October 1952), 217~218. Rowe and Schulmann, *Einstein on Politics*, 48

최초의 원자폭탄은 히로시마만 파괴한 것이 아니었다. 그것은 우리가 물려받은 낡은 정치적 사고들도 함께 폭파시켰다.

〈뉴욕 타임스〉 1953년 6월 12일자에 인용된 공동 성명서에서

* 독일 전범에 대한 뉘른베르크 재판은 설령 정부의 명령으로 저질렀더라도 범죄 행위는 면책되지 않는다는 원칙을 암묵적으로 인정한 결과였습니다. 일국의 법률에 따르는 권위보다 양심이 우선입니다.

인권에 대한 기여로 그에게 시상한 '시카고 십계명 변호사 협회'에게 보낸 메시지 '인권'에서. 메시지는 1953년 12월 5일 직전에 씌어졌고(Einstein Archives 28-1012), 이후 번역되고 녹음되어 1954년 2월 20일 기념식에

서 재생되었다. 다음을 보라. Rowe and Schulmann, *Einstein on Politics*, 497

* A.E.C. = 원자력 몰살 음모.

'폭탄을 멈춰라: 미국 민중의 이성을 촉구함'이라는 소책자에 적힌 낙서, 1954년 4월~6월경. Einstein Archives 28-925. 소책자는 태평양의 수소폭탄 시험을 중단해달라고 아이젠하워 대통령에게 촉구하는 청원서에 아인슈타인이 서명해주기를 바라며 배달된 것이었다. 아인슈타인은 그런 호소는 아무 쓸모없는 자기 만족일 뿐이라고 여겼다. 다음을 보라. Schweber, "Einstein and Nuclear Weapons," in Galison, Holton, and Schweber, eds., *Einstein for the Twenty-first Century*, 91. 요한나 판토바의 1954년 6월 14일 일기에도 언급되어 있다.

* 핵무기 발달에서 끌어낼 수 있는 유일한 위안은 이 무기가 억지책으로 작용하여 초국적 안전장치를 마련하려는 움직임을 일으킬지도 모른다는 희망입니다. 안타깝게도 현재는 국가주의의 광기가 어느 때보다도 거센 듯하지만 말입니다.

시노하라 세이에이에게, 1954년 7월 7일. Rowe and Schulmann, *Einstein on Politics*, 493. Einstein Archives 61-306

나는 살면서 큰 실수를 하나 저질렀습니다. 루스벨트 대통령에게 원자폭탄을 만들라고 권하는 편지를 쓴 일입니다. 그러나 내 나름대로 정당한 이유는 있었습니다. 독일이 먼저 만들지도 모른다는 위험이었습니다!

라이너스 폴링이 아인슈타인과 대화한 뒤 자신의 일기에 적어둔 말, 1954년 11월 16일. 일기에서 그대로 베낀 문장이다. 이 책의 이전 판들에서는 더 긴 인용문을 소개했는데, 그것은 폴링의 일기에 나오는 말은 아니었다(이차 자료에서 옮긴 것이었다). 아인슈타인의 편지는 원자폭탄의 가능성을 경고한 것이었을 뿐 폭탄 제조에 찬성한 것은 아니었지만, 그는 자신의 조언이 결국 폭탄 제조로 이어질 수 있다는 사실을 알고 있었다. 편지 초안을 작성했던 레오 실라르드와 아인슈타인은 미국이 이 분야에서 연구에 박차를 가하지 않는다면 히틀러가 먼저 폭탄을 개발해서 쓸지도 모른다고 걱정했고, 미국에 폭탄이 없다면 자기 방어 차원에서 똑같이 갚아줄 수 없을 것이라고 생각했으며, 루스벨트에게 편지를 쓰지 않는다면 핵무장한 히틀러가 세계를 장악할지도 모른다고 생각했다. (폴링의 일기는 코발리스에 있는 오리건 주립 대학의 밸리 도서관에 보관되어 있다. Ava Helen and Linus Pauling Papers)

내 이론이 기술적으로 응용될지도 모른다는 가능성을 암시하는 단서는 눈곱만큼도 없었습니다.

쥘 아이작에게, 1955년 2월 28일. 특수상대성이론이 핵분열과 원자폭탄에 책임이 있다는 의견을 반박하며. 1938년 12월에 베를린에서 오토 한과 프리츠 슈트라스만이 핵분열을 해냈던 것은 1932년에 제임스 채드윅이 중성자를 발견했기 때문이다. 핵분열에는 중성자가 필요하다. 다음에 인용됨. Nathan and Norden, *Einstein on Peace*, 623. Einstein Archives 59-1055

우리 앞에는 행복과 지식과 지혜를 지속적으로 발전시키는 길이 놓여 있습니다. 우리는 그 길을 선택하기만 하면 됩니다. 그런데도 우리는 서로 싸웠던 일을 잊지 못한 나머지 차라리 죽음을 택할 것입니까? 인간 대 인간으로서 호소합니다. 여러분의 인간성을 기억하고 나머지는 잊으십시오.

아인슈타인이 마지막으로 서명한 성명서의 첫 문단. 버트런드 러셀이 초안을 작성하고 다른 과학자 아홉 명이 공동 서명한 성명서는 대량 살상 무기 개발에 관한 내용이었다. 아인슈타인은 죽기 일주일 전인 1955년 4월 11일에 서명했다. 러셀-아인슈타인 선언으로 불리게 된 문서는 아인슈타인이 죽은 뒤인 1955년 7월 9일에 런던에서 공표되었다. Einstein Archives 33-211

여기 모인 우리들은 전 세계 과학자들과 대중들이 우리와 함께 다음의 결의문을 지지할 것을 요청합니다. "향후 세계 전쟁이 발발한다면 반드시 핵무기가 쓰일 것이고, 그런 무기는 인류의 영속을 위협하므로, 이에 우리는 전 세계 정부들이 전쟁으로는 자신의 목적을 달성할 수 없다는 사실을 깨닫고 인정하기를 촉구합니다. 그에 따라 모든 국가간 분쟁을 평화로운 수단으로 해결할 방법을 찾기를 촉구합니다."

상동

16장

정치, 애국심, 정부에 관하여

의회에게 말하는 아인슈타인.
1930년 12월에 아인슈타인이 뉴욕에 도착한 후
C. 베리먼이 그린 만화. (의회도서관 LC-USCZ62-102497)

의회라고 적힌 의자에 앉은 사람의 책상에는 '레임덕, 공황에 대한 만병통치약, 농촌 구제, 협력, 재무부에 대한 공습, 국제사법재판소, 머슬숄즈 강' 등이 적힌 문서가 잔뜩 쌓여 있다. 이것을 본 아인슈타인이 '나는 상대성이론과 사차원에나 계속 신경 써야겠군!'이라고 말하고 있다.

⊠

아인슈타인의 정치적 태도를 가장 잘 표현한 말은 로와 슐먼이 『아인슈타인의 정치적 견해』 458쪽에서 적은 다음 문장일 것이다. "아인슈타인은 좌파든 우파든 모든 이데올로기를 꺼렸다. 같은 맥락에서 독재에 맞서고 개인의 자유를 옹호하는 사람이면 누구에게나 공감했다. 생애 마지막 25년 동안 그는 지칠 줄 모르고 한결같이 시민의 자유를 옹호했으며 자신의 삶을 위태롭게 만들면서까지 인권 향상에 애쓰는 사람들을 철석같이 변호했다."

⊠

* 나는 세계주의자 정서를 숨길 마음이 없습니다. 내가 어떤 사람이나 조직을 가깝게 느끼는 정도는 그들의 의도와 역량에 대한 평가에 달려 있습니다. 내가 국민으로서 소속된 국가라는 조직은 내 마음에서 아무런 위치도 차지하지 않습니다. 국가와의 결연은 생명보험과 계약을 맺는 것처럼 사업적인 일이라고 여깁니다.

  베를린 괴테분트를 위해서 쓴 글 '전쟁에 관한 나의 의견'에서 편집자가 삭제한 대목. 1916년 발표. 로와 슐먼에 따르면(*Einstein on Politics*, 73) 아인슈타인은 "애국심을 정신이상에 빗댄 자신의 말은 톨스토이의 말을 반복한 것뿐이라는 사실을 꼭 밝히려고 했다." *CPAE*, Vol. 6, Doc. 20

* 우리 시대 사람들이 정치 문제에서 이토록 충동적으로 행동하는 것만 보아도 결정론에 대한 믿음을 간직할 근거가 충분합니다.

막스 보른에게, 1919년 6월 4일. *CPAE*, Vol. 9, Doc. 56

다가올 몇 년은 지난 시절보다 훨씬 덜 고생스러울 것이라고 믿습니다.

독일의 정치 및 경제 상황에 관한 예언이었으나 결국 틀린 말이 되었다. 상동

사람들이 집단적으로 광기에 사로잡혔을 때 개인은 그들에게 반대하고 나서야 합니다. 그러나 미움과 억울함은 훌륭하고 분별 있는 사람들을 오랫동안 갉아먹진 못합니다. 그들이 스스로 그러지 않는 한.

헨드릭 안톤 로런츠에게, 1919년 8월 1일. 제1차 세계대전 이후 독일 지식인 93명이 자국을 변호하는 내용에 서명했던 이른바 '93인 선언'에 관하여. *CPAE*, Vol. 9, Doc. 80

현재의 인류가 본질적으로 바뀔 거라고 믿진 않습니다. 그래도 어쨌든 국제적 무정부 상태를 종식하는 것은 가능한 일이고 꼭 필요한 일입니다. 설령 개별 국가들의 자치권을 상당히 희생해야 하더라도.

헤드비히 보른에게, 1919년 8월 31일. *CPAE*, Vol. 9, Doc. 97

어느 옥수수 밭에서나 조건만 맞으면 해로운 잡초가 자랄 수 있는 법입니다. 토양보다는 조건이 더 중요하다고 봅니다.

장 페랭에게, 1919년 9월 27일. *CPAE*, Vol. 9, Doc. 114

* 젊은 학생과 예술가가 예전보다 더 많이 과거의 적국에 가서 공부한다면 국제 화해가 좀 더 진전될 것이다. 세계대전의 영향으로 사람들의 뇌리에 새겨진 위험천만한 이데올로기에 가장 효과적으로 대항할 수 있는 것은 바로 직접 경험이다.

  '뉴욕의 독일 사회 및 과학 협회'를 위해서 쓴 글 '지식인은 국제 화해에 어떻게 기여할 수 있는가'에서, 1920년 10월경. *CPAE*, Vol. 7, Doc. 47

* 내가 생각하는 국제주의란 국가들간의 이성적인 관계, 민족들간의 합리적인 연대와 이해, 각국의 관습과 정신을 간섭하지 않는 상태에서의 상호 협동과 발전이다.

  〈뉴욕 이브닝 포스트〉에 실린 '국제주의에 관하여'에서, 1921년 3월 26일. Rowe and Schulmann, *Einstein on Politics*, 89. 다음에도 인용됨. Illy, *Albert Meets America*, 4

* 볼셰비키 실험 같은 발상은 제외해야 한다고 봅니다. 바이에른처럼 볼셰비키 실험이 이뤄졌던 곳에서는 어리석은 반동적 야심이 도로 횡행했습니다.

  〈일 메사제로〉에 실린 알도 소라니와의 인터뷰에서, 1921년 10월 26일. *CPAE*, Vol. 12, Appendix G

과학에 정치를 끌어들이는 것은 옳지 않다고 봅니다. 개인이 비자발적으로 소속된 나라와 정부에 대해서 그 개인에게 책임을 묻는 것도 옳지 않습니다.

헨드릭 안톤 로런츠에게, 1923년 8월 16일. 다음에 인용됨. French, *Einstein: A Centenary Volume*, 187. Einstein Archives 16-554

* 인류 역사의 이 비극, 사람들이 자신이 살해될까봐 두려워서 남을 살해한 상황을 보노라니 몸서리가 쳐집니다. 정치적 영향력이 우려된다는 이유로 고문과 살해를 당한 사람들이야말로 가장 훌륭하고 이타적인 사람들이었습니다. 러시아만 그런 것도 아니었습니다. …… [러시아 통치자들이] 위대하고 용감한 해방 운동을 펼침으로써 자신들이 피투성이 공포정치에 의존하지 않고도 정치적 이상에 대중의 지지를 모을 수 있다는 사실을 보여주지 않는다면, 그들은 모든 공감을 잃을 것입니다.

'국제 정치범 위원회'가 소련의 초기 강제수용소 수감자들이 쓴 편지들과 정치적 박해에 관한 진술서들을 모아 1925년에 펴낸 자료에 관하여. Rowe and Schulmann, *Einstein on Politics*, 412~413. Einstein Archives 28-029

* 나는 물론 통상적인 의미의 정치인이 아닙니다. 학자 중에는 그런 사람이 거의 없습니다. 한편으로 나는 누구도 정치적 의무를 회피해선 안 된다고 믿습니다. …… 세계대전으로 깡그리 파괴된 국가들간의 화합을 되살리고 국가들간의 좀 더 바람직하고 진정한 이해를 통해서 그동안 겪은

끔찍한 재앙이 반복되지 않도록 감시할 의무 말입니다.

〈노이에 취르허 차이퉁〉과의 인터뷰에서, 1927년 11월 20일. Einstein Archives 29-022

둘 다일 수 있습니다. 나는 나를 그저 한 인간으로 봅니다. 국가주의는 소아병입니다. 인류의 홍역입니다.

자신을 독일인으로 여기느냐 유대인으로 여기느냐는 질문에 답하여. G. S. 피레크와의 인터뷰에서. "What Life Means to Einstein," *Saturday Evening Post*, October 26, 1929. 다음에도 인용됨. Dukas and Hoffmann, *Albert Einstein, the Human Side*, 38. 다음에 재수록됨. Viereck, *Glimpses of the Great*, 449

* 경제 분야의 문외한인 내가 작금의 걱정스러운 경제적 위기에 대해 용감하게 의견을 밝히는 데 대한 근거라면, 전문가들의 의견도 어차피 절망적일 만큼 뒤죽박죽이라는 점이다. …… 재화 단위로 측정되는 대중의 구매력이 어떻게 해서든 어떤 최저선 아래로 떨어지지 않도록 만들 수만 있다면, 오늘날 우리가 겪는 산업 주기의 간헐적 중단도 더 이상 벌어지지 않을 것이다.

'세계 경제 위기에 관한 몇 가지 생각'에서, 1930년경. 다음에 발표됨. *Mein Weltbild* (1934). Einstein Archives 28-120. 다음을 보라. Rowe and Schulmann, *Einstein on Politics*, 414~417

내 정치적 이상은 민주주의다. 누구나 개인으로 존중받아야 하지만 누구도 우상화되어서는 안 된다.

"What I Believe," *Forum and Century* 84 (1930), 193~194. 다음을 보라. Rowe and Schulmann, *Einstein on Politics*, 228

* 모든 폭력적 독재 체제는 퇴보하고 만다. 폭력은 필연적으로 도덕적으로 좀 더 열등한 자들을 끌어들이기 때문이다. 저명한 폭군의 뒤를 불량배가 잇는다는 것은 역사가 이미 보여준 바다.

상동

* [효력 없는] 회의에는 절대 참석하지 않을 겁니다. 그것은 화산 분출을 막거나 사하라에 비를 더 내리게 하는 회의를 조직하는 것이나 마찬가지입니다.

앙리 바르뷔스에게, 1932년 4월 20일. Einstein Archives 34-533

* 인간은 오직 자유로운 사회에서만 현대인의 삶을 가치 있게 만드는 발명과 문화적 가치를 창조해낼 수 있습니다.

로열앨버트홀에서 했던 강연 '과학과 문명'에서, 1933년 10월 3일. 1934년에 '유럽의 위험-유럽의 희망'으로 발표되었다. 다음에 재수록됨. Rowe and Schulmann, *Einstein on Politics*, 280. Einstein Archives 28-253

국가주의는 군사주의와 공격성을 이상적으로 합리화한 것에 지나지 않습니다.

1933년 10월 3일 런던 로열앨버트홀에서 했던 연설 원고의 두 번째 초안에서. 다음에 인용됨. Nathan and Norden, *Einstein on Peace*, 242. Einstein Archives 28-254

* 현재의 전망대로 민주주의 강대국들이 히틀러 독일을 계속 중립적으로 대한다면, 그 질병의 온상은 곧 전 세계에 도덕적, 정치적으로 심각한 위협이 될 것입니다. 독일 유대인들이 형언할 수 없는 비참함을 겪을 것임은 더 말할 필요도 없습니다.

랍비 스티븐 와이즈에게, 1933년 11월 18일. Einstein Archives 35-134

* 부당한 수법이 정당화될 만큼 고매한 목적이란 없다. 폭력이 가끔 장애물을 신속히 해치우는 데 성공하기는 해도 창조성을 증명한 예는 한 번도 없었다.

"Was Europe a Success?" *The Nation* 139, no. 3613 (October 3, 1934), 373. 다음을 보라. Rowe and Schulmann, *Einstein on Politics*, 448

국가에 대한 충성은 한계가 있습니다. 사람은 국제적 사고방식을 배워야 합니다. 모든 나라는 국제 협력을 통해서 주권의 일부를 이양해야 합니다. 절멸을 피하려면 공격을 포기해야 합니다.

《서베이 그래픽》과의 인터뷰에서. *Survey Graphic* 24 (August 1935), 384, 413

정치는 영구 재생되는 망상을 연료로 삼아 무정부 상태와 독재 상태를 오락가락하는 추와 같다.

1937년에 쓴 아포리즘. 다음에 인용됨. Dukas and Hoffmann, *Albert Einstein, the Human Side*, 38. Einstein Archives 28-388

정말로 위대하고 고무적인 모든 것은 자유를 추구하는 개인들에 의해 만들어졌습니다.

스와스모어 칼리지 졸업식에서 했던 연설 '도덕과 감정'에서, 1938년 6월 6일. Einstein Archives 29-083

* 과학자에게는 자유로운 과학 연구를 위해서 정치적으로 적극 나설 의무가 있습니다. …… 과학자는 …… 어렵게 얻은 정치적, 경제적 신념을 똑똑히 밝힐 용기가 있어야 합니다.

'민주주의와 지적 자유를 위한 링컨 탄생일 위원회'에게, 1939년 2월. 다음에 인용됨. Nathan and Norden, *Einstein on Peace*, 283

진정한 공화국은 정부 형태만 갖춘 것이 아니라 만인이 평등하게 정의를 누리고 모두가 개인으로서 존중받는 분위기가 깊게 뿌리박은 것입니다.

아인슈타인의 예순 생일에 발표된 글에서. *Science* 89, n.s. (1939), 242

* 과도한 국가주의는 각국이 전쟁에 상시 대비해야 한다는 강박에 사로잡힌 탓에 인위적으로 유도된 정신 상태이다. 전쟁의 위험이 제거된다면

국가주의도 금세 사라질 것이다.

'나는 미국인입니다'에서, 1940년 6월 22일. Einstein Archives 29-092. 다음에 재수록됨. Rowe and Schulmann, *Einstein on Politics*, 470~472

가끔은 세상의 분위기가 윤리적인 일에 적합한 시기가 있습니다. 가끔은 사람들이 서로를 믿고 좋은 것을 만들어냅니다. 그러나 그렇지 않을 때도 있습니다.

앨저넌 블랙이 녹음한 대화에서, 1940년 가을. 아인슈타인은 이 대화를 출간하는 것을 금지했다. Einstein Archives 54-834

부적응의 시대, 긴장과 불안의 시대에는 대중이 스스로 평정을 잃어 평정을 잃은 지도자를 추종하기도 합니다.

상동

민주주의의 최대 약점은 경제적 불안입니다.

상동

* 법률만으로는 표현의 자유를 확보할 수 없다. 누구나 자신의 견해를 불이익 없이 발표하기 위해서는 전체 인구가 관용의 정신을 품고 있어야 한다.

루스 난다 안셴이 엮은 책(*Freedom, Its Meaning*, 1940)에 아인슈타인이 기고한 글에서. Einstein Archives 28-538

* 자본주의 국가란 무엇인가? 대형 산업 공장뿐 아니라 농토, 도시의 부동산, 물과 석유와 전기의 공급, 대중 교통과 같은 주요 생산수단을 인구 중 소수가 소유한 나라다. 인구 전체에 필수품을 고르게 분배하기 위해서가 아니라 생산수단을 소유한 자들에게 이익을 안기는 방향으로 생산성이 조정되는 나라다. …… 주요 생산수단을 집단 소유하되 개인들이 국가로부터 대가를 받으면서 그것을 책임지고 관리하는 나라라면 '사회주의' 국가로 규정할 수 있다.

'사회주의 국가에 개인적 자유의 여지가 있는가?'에서, 1945년 7월경. Einstein Archives 28-661. 다음을 보라. Rowe and Schulmann, *Einstein on Politics*, 436

* 이 질문에 대한 내 답은, 자유란 어떤 경우이든 지속적인 투쟁을 통해서만 얻어진다는 것이다. 정치에 무관심한 국민들은 국가의 헌법과 사법 제도가 어떻든 결국에는 노예가 된다. 반면 사회주의 경제 국가에서는 개인이 공동체의 복지에 부합하는 한에서 개인의 자유를 최대한 달성할 전망이 평균적으로 좀 더 나을 것이다.

사회주의 사회에서 개인의 자유를 확보할 수 있는 가능성에 관하여. 상동

* 사회주의로 말하자면, 전 세계의 군사력을 통제하는 세계정부를 설립하는 수준까지 국제주의를 따르지 않는 한, 자본주의보다 더 쉽게 전쟁을 벌일지 모릅니다. 힘을 좀 더 집중하여 갖고 있기 때문입니다.

레이먼드 스윙이 녹음한 인터뷰 '원자폭탄에 관한 아인슈타인의 의견' 1부

에서. *Atlantic Monthly* 176, no. 5 (November 1945), 43~45. 다음을 보라. Rowe and Schulmann, *Einstein on Politics*, 373~378

* 가끔 내 이름이 내 분야를 벗어난 정치 문제에서 언급되는 걸 듣더라도 내가 그런 일에 시간을 많이 쏟는다고 생각하진 마십시오. 정치라는 변변찮은 토양에 많은 에너지를 낭비하는 것은 슬픈 일이니까요. 하지만 가끔은 나도 어쩔 수 없는 순간이 있습니다.

미셸 베소에게, 1946년 4월 21일. Einstein Archives 7-381

민주적인 제도와 표준은 역사 발전의 결과입니다만, 그것을 누리는 국가의 국민들은 그 사실을 인식하지 못할 때가 있습니다.

레이먼드 스윙이 녹음한 인터뷰 '원자폭탄에 관한 아인슈타인의 의견' 2부에서. *Atlantic Monthly*, November 1947

인간사에서 지적으로 행동하는 것은 우리가 상대의 시선으로 세상을 볼 수 있을 만큼 상대의 생각, 동기, 걱정을 온전히 이해하려고 노력할 때만 가능합니다.

'소련 과학자들에게 보내는 답장'에서, 1947년 12월. 다음에 발표됨. *Bulletin of the Atomic Scientists* 4, no. 2 (February 1948), 35~37. 다음도 보라. Rowe and Schulmann, *Einstein on Politics*, 393~397; *Ideas and Opinions*, 140~146. Einstein Archives 28-795

* 자본주의 혹은 자유기업 체제는 끝내 실업을 억제하지 못할 것이라고 봅니다. 기술 발전 때문에, 실업은 갈수록 만성적인 상태가 될 것입니다. 자본주의는 생산력과 대중의 구매력 사이에서 건전한 균형을 유지하지도 못할 것입니다.

상동

* 다른 한편으로 현존하는 모든 사회적, 정치적 악덕을 자본주의 탓으로 돌려서 일단 사회주의 체제를 세우기만 하면 인류의 모든 질병이 싹 나을 것이라고 가정하는 실수를 저질러서도 안 됩니다. 그런 생각의 위험은 무엇보다도 '믿는 자'들의 광신적 불관용을 부추기게 된다는 점입니다. 그러면 그들은 자신들이 쓸 수 있는 사회적 기법을 일종의 종교처럼 활용해서 그 종교에 속하지 않는 사람은 누구든 반역자나 성가신 악당으로 낙인 찍을 것입니다. 그 단계에 다다르면 '믿지 않는 자'들의 신념과 행동을 이해하는 능력은 깡그리 사라질 것입니다. 그런 고루한 신념이 인류에게 불필요한 괴로움을 얼마나 많이 끼쳤는지는 역사가 말해주지 않습니까.

상동

어떤 정부이든 독재로 타락하려는 성향을 품고 있는 한 그 자체로 악입니다.

상동

* 현 상태 사회주의는 모든 사회문제의 해법으로 볼 수 없습니다. 해법이 생겨날 수 있는 토대일 뿐입니다.

상동. 《체이니 레코드》에 했던 말 중에서 민주주의에 관한 발언도 비슷한 것이 있다. 아래를 보라.

* 우리는 그들 덕분에 완벽하게 민주적인 제도조차 그것을 대리하는 행위자들을 넘어설 순 없다는 사실을 상기하게 됩니다.

사코와 반체티 기념식을 위하여, 1947년. Einstein Archives 28-770

우리는 힘겨운 교훈을 배워야 합니다. 인류의 미래는 우리가 국제 관계에서는 물론이고 다른 모든 문제에서도 벌거벗은 권력의 위협에 굴복해서가 아니라 정의와 법률에 의거하여 앞길을 정할 때만 비로소 참을 만한 것이 된다는 교훈입니다.

간디 기념식에 보낸 메시지에서, 1948년 2월 11일. 다음에 인용됨. Nathan and Norden, *Einstein on Peace*, 468. Einstein Archives 5-151

* 순전히 정치적인 협소한 의미에서의 민주주의가 겪는 약점은 경제적, 정치적 권력을 지닌 자들이 자기 계급의 이익에 유리한 방향으로 여론을 주무를 수 있는 강력한 수단들까지 소유하고 있다는 점입니다. 정부 형태가 민주적이라는 것만으로 문제가 자동으로 해결되진 않습니다. 다만 그것이 해결책을 찾는 데 유용한 토대가 되어주기는 합니다.

펜실베이니아의 체이니 주립 사범 대학 학생 출간물인 《체이니 레코드》의 밀튼 제임스와의 인터뷰에서, 1948년 10월 7일. 이 책의 이전 판에서 내용을 수정했다. 위에 나왔던 사회주의에 관한 발언도 비슷한 내용이었다. Nathan and Norden, *Einstein on Peace*, 502. Einstein Archives 58-013에서 58-015까지

* 러시아의 현 체제에서는 권력을 집중해서 갖고 있는 소수 집단의 의도와 자질에 모든 것이 좌우됩니다. 그런 통치 체제에서 개인의 위치는 자유와 정치적 권리를 희생한 채 상당한 경제적 안정을 확보하는 것이라고 말할 수 있습니다.

상동

* 숨을 거두는 순간까지 일에 푹 빠져 있는 것은 행복한 운명입니다. 그러지 않으면 정치에서 주로 두드러지는 인간의 어리석음과 광기에 지나치게 괴로워하게 될 테니까요.

미셸 베소에게, 1949년 7월 24일. Einstein Archives 7-386

티토와 스탈린이 추는 춤을 보자면 사회주의가 온화함으로 가는 길이 아님을 알 수 있습니다.

오토 나탄에게, 1949년 8월 13일. Bergreen Albert Einstein Collection, Vassar College, Box M2003-009, Folder 2.12. Einstein Archives 38-584

* 소련이 교육, 공중 보건, 사회복지, 경제 분야에서 상당한 성취를 이뤘다는 것, 그곳 사람들이 그 성취로부터 전체적으로 큰 이득을 보았다는 것

은 의심할 수 없는 사실입니다.

시드니 훅에게, 1950년 5월 16일. 그러나 로와 슐먼의 책을 보면(*Einstein on Politics*, 456~457), 아인슈타인은 "〔소련이〕 국가 공식 교리로서 공포한 교조적 마르크스주의에는 전혀 공감하지 않았다." Einstein Archives 59-1018

나는 공산주의자였던 적은 없습니다. 그러나 만일 공산주의자라도 그 사실을 부끄러워하진 않을 겁니다.

리디아 B. 휴즈에게, 1950년 7월 10일. Einstein Archives 59-984

오늘날 신뢰할 만한 정보를 배포하는 것을 업으로 삼는 사람이라면 누구든 대중을 계몽할 의무가 있습니다. 제아무리 양심적인 사람이라도 믿음직하고 사실적인 정보가 없다면 합리적인 정치적 결론에 도달할 수 없기 때문입니다.

오토 나탄에게, 1950년 11월 5일(혹은 1950년 5월 11일. 날짜가 11-5-1950이라고 적혀 있다). Bergreen Albert Einstein Collection, Vassar College, Box M2003-009, Folder 2.14. Einstein Archives 38-586

간디의 방식과 같은 혁명적인 비협조 외에는 방법이 없을 듯합니다. 이런 위원회에 소환된 지식인은 다들 증언을 거부해야 합니다. 즉 투옥과 파산을 각오해야 합니다. …… 이 나라의 문화적 안녕을 위해서.

상원의 '국내안보분과위원회'(하원의 '비미활동위원회'에 해당하는 상원

위원회) 청문회에 소환된 브루클린의 교사 윌리엄 프라우엔글라스에게, 1953년 5월 16일. Einstein Archives 41-112

무고한 시민이 심문에 응하는 것은 부끄러운 일이라는 선언, 그런 심문은 헌법 정신에 위배된다는 선언을 바탕에 깔고서 증언을 거부해야 합니다.

상동

서유럽에는 이런 [반공] 히스테리가 없고 그곳 정부들이 무력이나 타도 세력에게 전복될 위험도 없습니다. 그 나라들은 공산당을 핍박하지 않고 심지어 배척하지도 않는데 말입니다.

E. 린지에게, 1953년 7월 18일. Einstein Archives 60-326

서유럽 강대국들이 히틀러 치하 독일의 공격적인 파시즘을 미리 막았다면 동유럽이 러시아의 먹잇감이 되는 일은 없었을 겁니다. 그 크나큰 실수 때문에 나중에 동유럽이 러시아에게 도움을 구걸해야 했으니까요.

상동

미국은 공산주의에 대한 두려움 때문에 다른 문명사회에서는 생각할 수 없을 만한 행태를 벌여 스스로를 조롱거리로 만들었습니다. 권력에 굶주린 정치인들, 이런 방식으로 정치적 이득을 확보하려는 정치인들을 우리가 언제까지 참아줘야 합니까?

인권에 대한 기여로 그에게 시상한 '시카고 십계명 변호사 협회'에게 보낸 메시지 '인권'에서. 메시지는 1953년 12월 5일 직전에 씌어졌고(Einstein Archives 28-1012), 이후 번역되고 녹음되어 1954년 2월 20일 기념식에서 재생되었다. 다음을 보라. Rowe and Schulmann, *Einstein on Politics*, 497

당적은 개인이 해명해야 하는 일이 아닙니다.

C. 라몬트에게, 1954년 1월 2일. Einstein Archives 60-178

그래요, 나는 늙은 혁명가입니다. …… 정치적으로 여전히 불을 내뿜는 베수비오 화산이지요.

다음에 인용됨. Fantova, "Conversations with Einstein," February 9, 1954

* 미국에 존재하는 공산주의자보다는 소수의 공산주의자를 색출하려는 신경질적인 사냥이 비교할 수 없이 더 큰 위협입니다. …… 미국의 공산주의자가 미국에게 가하는 위험이 영국의 공산주의자가 영국에게 가하는 위험보다 더 클 이유가 어디 있습니까? 아니면 영국인은 미국인보다 정치적으로 더 순진한 탓에 자신들이 처한 위험을 깨닫지 못하고 있다고 생각해야 합니까?

노먼 토머스에게, 1954년 3월 10일. Einstein Archives 61-549

[하원 비미활동위원회와 상원 국내안보분과위원회가] 현재 벌이는 조사는 미국에 있는 소수의 공산주의자가 가할 수 있는 위험보다 비교할 수

없이 더 큰 위험을 이 사회에 가하고 있습니다. 그런 조사는 미국 사회의 민주성을 이미 심각하게 망가뜨렸습니다.

펠릭스 아놀드에게, 1954년 3월 19일. Einstein Archives 59-118

러시아 사람들이 …… 내게 평화상을 주려고 했지만 거절했지요. 그랬다가는 여기에서 볼셰비키라고 불릴 텐데, 그럴 수야 있나.

다음에 인용됨. Fantova, "Conversations with Einstein," April 2, 1954

플라톤의 시대와 그보다 한참 뒤인 제퍼슨의 시대까지도 민주주의와 도덕적, 지적 귀족주의를 결합하는 것이 가능했습니다. 반면 오늘날의 민주주의는 그와는 달리 누구도 남들보다 더 나은 사람은 없다는 원칙에 기반하고 있습니다.

민주주의와 반지성주의에 대하여, 니콜로 투치가 《뉴요커》에 쓴 아인슈타인 기사에서, 1954년 11월 22일

좋은 정부란 …… 국민 개개인에게 바람직한 정도까지 최대한 개인적 자유와 정치적 권리를 보장하는 정부입니다. 한편 국가는 국민들에게 육체적 안전뿐 아니라 경제적 안전도 어느 정도 제공해야 합니다. 따라서 두 요구 사이에서 상황에 따라 적절히 타협할 수밖에 없습니다.

브루클린의 경찰관 에드워드 시어에게, 1954년 11월 30일. Einstein Archives 61-291

* 내가 마지막 고향으로 삼은 이 나라가 자신을 위해서 새로운 형태의 식민주의를 발명했다는 생각을 떨칠 수 없습니다. …… 미국은 해외 자본 투자로 다른 나라들을 장악했고 그 나라들은 미국에 깊이 의존하게 되었습니다. 이런 정책과 그 의미에 반대하는 사람은 국가의 적으로 간주됩니다.

벨기에의 엘리자베트 왕비에게 보낸 마지막 편지에서, 1955년 1월 2일. 미국의 전후 외교정책에 관하여. Einstein Archives 32-413

* 과거의 정치적 과정에 대한 사람들의 기억이 어쩌나 부실한지 놀라지 않을 수 없습니다. 어제는 뉘른베르크 재판을 벌이더니 오늘은 독일의 재무장再武裝에 전폭적인 노력을 기울이다니.

상동

정치적 열정은 일단 부채질을 받아 활활 타오르면 반드시 희생자를 내는 법입니다.

아인슈타인이 마지막으로 쓴 글로서 이스라엘 독립 7주기를 맞아 할 예정이었던 라디오 연설의 미완성 초고에서. 아마 1955년 4월 10일에 작성되었을 것이다. 다음을 보라. Rowe and Schulmann, *Einstein on Politics*, 507. 다음도 참고하라. Fantova, "Conversations with Einstein," April 10, 1955. Einstein Archives 28-1098

그야 간단합니다. 정치가 물리보다 더 어렵기 때문입니다.

어째서 사람들이 원자를 발견하는 데는 성공했지만 통제하는 방법은 알아내지 못했느냐는 질문에 답하여. 아인슈타인 사후인 1955년 4월 22일 〈뉴욕 타임스〉에 인용된 말.

사람은 정치와 방정식에 시간을 나눠서 할당해야 합니다. 그러나 내게는 방정식이 훨씬 더 중요합니다. 정치는 현재를 위한 것이지만 방정식은 영원하니까요.

에른스트 슈트라우스가 다음에서 회상한 말. Seelig, *Helle Zeit, dunkle Zeit*, 71

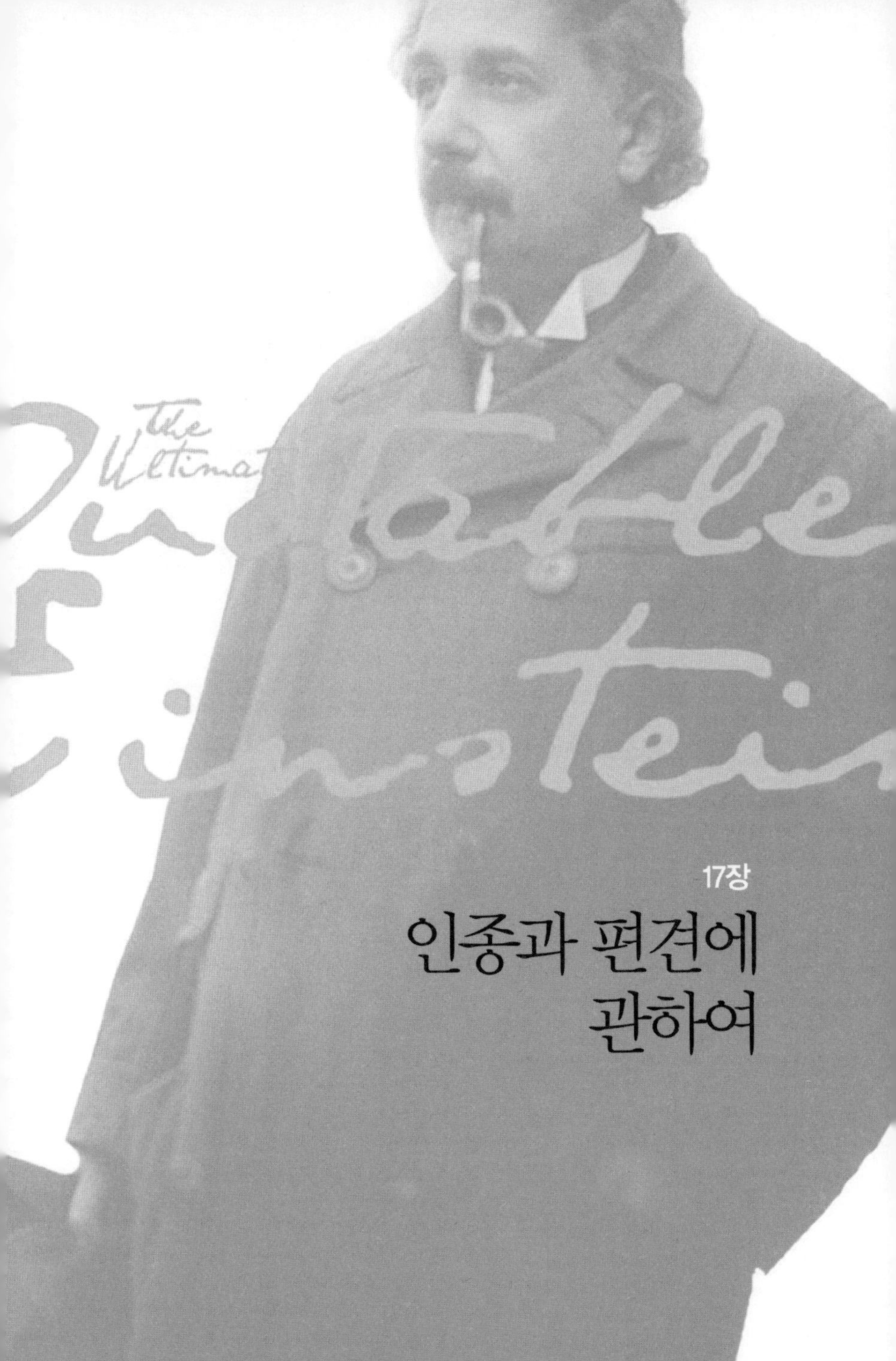

17장

인종과 편견에 관하여

1947년 9월 21일 프린스턴에서 헨리 월리스, 프랭크 킹던 박사,
가수이자 운동선수이자 인권 활동가인 폴 로브슨과 함께.
(원본 와이어포토는 뒷면에 1947년 9월 24일 소인이 찍혀 있다.
아크메 텔레포토)

⊠

인종은 사기입니다. 현대인은 수많은 인종이 섞인 복합체라서 순수한 인종이란 남아 있지 않습니다.

G. S. 피레크와의 인터뷰에서. "What Life Means to Einstein," *Saturday Evening Post*, October 26, 1929. 다음에 재수록됨. Viereck, *Glimpses of the Great*, 450

오늘날 노예제가 폐지되었다고 주장할 수 있다면, 그것은 과학의 실제적인 영향 덕분이었다.

"Science and Society," *Science*, Winter 1935~36. 다음에 재수록됨. *Einstein on Humanism*, 11; *Out of My Later Years*, 135. Einstein Archives 28-324

* 인도에서도 악당 근성이라는 참으로 인간적인 특징이 만연했다는 사실을 떠올리면 솔직히 위로가 됩니다. 만일 그것이 자랑스러운 우리 백인만의 특권이라면 얼마나 나쁜 일이겠습니까. 함께 자식을 낳을 수 있는 사람들이라면 거의 다를 게 없다는 게 내 생각입니다.

막스 보른에게, 1937~38년경. Born, *Born-Einstein Letters*, 126. 보른은 이 말을 아인슈타인이 인종차별과 애국심을 거부한 것으로 해석했다(127쪽). Einstein Archives 8-199

이 나라는 흑인들의 어깨에 지웠던 온갖 고난과 멍에에 대해서 아직도 갚을 빚이 많습니다. …… 미국이 지금껏 예술 분야에 기여한 내용 중에서 제일 훌륭한 것은 흑인들의 멋진 노래와 합창에 빚진 것이었습니다.

1939~40년 뉴욕 세계 박람회의 '명예의 벽' 제막식에서. Einstein Archives 28-527

* 타인에 대한 태도 측면에서는, 아직까지 남아 있는 인종 편견의 어두운 그림자, 특히 흑인에 대한 편견의 그림자를 걷어낸다면 우리는 정말로 민주적일 수 있다. 누구나 자신의 활동 범위에서 이 부끄러운 악덕을 근절하도록 노력해야 한다.

'미국의 정치적 자유에 관하여'에서, 1945년. Rowe and Schulmann, *Einstein on Politics*, 473. Einstein Archives 28-627

미국인의 사회적 세계관에는 음울한 측면이 있다. 평등과 존엄에 대한 감각이 주로 백인에게 국한된다는 점이다. …… 나는 스스로를 점점 더 미국인으로 느낄수록 이 상황이 점점 더 괴롭다.

"A Message to My Adopted Country," *Pageant* 1, no. 12 (January 1946). 아인슈타인은 막 시작된 시민권 운동을 지지했다. 아마도 프린스턴에서 태어난 흑인 오페라 가수이자 전직 운동선수이자 초기 시민권 운동가 폴 로브슨, 그리고 역시 오페라 가수였던 메리언 앤더슨의 영향을 받았을 것이다. 아인슈타인은 두 사람과 친구였다. 아인슈타인이 프린스턴의 흑인들에게 친근감을 갖고 있었고 사이좋게 지냈던 탓도 있을 것이다. 다음을 보라. Rowe and Schulmann, *Einstein on Politics*, 474. 전반적인 내용은 다음도 참고하라. Jerome and Taylor, *Einstein on Race and Racism*.

흑인에 대한 현대의 편견은 그런 비열한 상황을 지속하려는 마음에서 나온 결과이다.

상동, 475. 흑인은 "지적 능력, 책임감, 신뢰성 면에서 백인과 동등하지 않다"는 "치명적인 선입견"을 언급하면서. 그는 또한 이런 선입견은 흑백을 막론하고 노예에 대한 오래된 고정관념이었다고 언급했다.

우리는 우리가 받아들인 전통 중에서 어떤 부분이 우리의 미래와 존엄에 해로운지를 인식하려고 노력하고 우리 삶을 그에 따라 적절히 바꿔나가야 한다.

상동

* 여러분의 선조는 흑인들을 억지로 제 고향에서 이곳으로 끌고 왔다. 백인들이 풍요와 안락함을 추구하는 과정에서 흑인들은 무자비한 억압과 착취를 겪으며 노예로 전락했다. 흑인에 대한 현대의 편견은 그런 비열한 상황을 지속하려는 마음에서 나온 결과이다.

상동

상황을 정직하게 바라보려고 하는 사람이라면 흑인에 대한 전통적인 편견이 얼마나 비루하고 심지어 치명적인지 곧 깨달을 것이다. …… 선의를 지닌 사람이 이토록 뿌리 깊은 선입견을 타파하기 위해서 무엇을 할 수 있을까? 자신의 말과 행동으로 용감하게 선례를 보여야 하고 자기 아이들이 인종적 편견에 물들지 않도록 경계해야 한다.

상동, 475~476

* 미국 사회가 겪는 최악의 질병은 …… 흑인에 대한 취급입니다. …… 이 상황을 나이가 들어서 깨닫게 된 사람이라면 당연히 부당하다고 느낄뿐더러 '인간은 평등하게 태어났다'는 취지하에 미국을 세웠던 건국의 아버지들의 원칙이 조롱당하고 있다고 느낄 것입니다.

미국도시연맹의 회합에 보낸 편지에서, 1946년 9월 16일. Jerome and Taylor, *Einstein on Race and Racism*, 144~145. Einstein Archives 54-543

* 이성적인 사람이 이런 편견을 끈질기게 고수할 수 있다고 믿기는 어렵습니다. 언젠가 학생들이 역사 시간에 옛날에는 이런 일이 있었다는 것을 배우고서는 웃음을 터뜨리는 날이 올 것입니다.

상동, 145

* 소수집단이 경제적, 정치적 차별로부터 보호받을 뿐 아니라 중상모략으로부터, 또한 학교에서 아이들을 물들이는 일로부터 보호받도록 노력해야 합니다. 그런데 그보다 더 중요한 것은 사람들을 지적, 도덕적으로 계몽하는 일입니다.

상동

* [폭력으로부터] 보호받도록 보장하는 것은 우리 세대가 제일 다급히 처

리해야 하는 일입니다. 그런 정당한 대의를 추구하겠다는 의지가 굳건하다면 법적 장애를 극복할 방법은 반드시 있는 법입니다.

해리 트루먼 대통령에게, 1946년 9월. 아인슈타인이 폴 로브슨과 함께 의장을 맡았던 '린치 근절을 위한 미국 개혁 운동'을 지지하며. 다음에 인용됨. *New York Times*, September 23, 1946. 다음을 보라. Jerome and Taylor, *Einstein on Race and Racism*, 143. Einstein Archives 57-103

* 화이트 씨의 글을 읽으면, 인간이 진정으로 위대해지는 길은 고통을 통과하는 길밖에 없다는 말이 무슨 뜻인지 깊이 깨우치게 됩니다. 그 고통이 전통에 얽매인 사회의 맹목과 무신경에서 비롯할 때, 약한 사람이라면 대개 맹목적인 혐오의 상태로 빠지고 맙니다.

《새터데이 리뷰 오브 리터러처》 편집자에게 보낸 편지에서, 1947년 11월 11일. 월터 화이트의 기사 '왜 나는 흑인으로 남기를 선택했는가'(*Saturday Review of Literature*, October 1947)에 관하여. 화이트는 피부가 희고 금발이라 백인으로 통할 수 있었음에도 불구하고 자신이 흑인으로 간주되기를 선택하고 시민권 운동에 참가했다. 다음을 보라. Jerome and Taylor, *Einstein on Race and Racism*, 147. Einstein Archives 28-768

* [월터 화이트 씨는] 저항할 수 없는 설득력을 지닌 자전적 이야기를 간결하게 들려줌으로써 우리로 하여금 위대한 인간성으로 가는 고통스러운 길을 그와 함께 걷게끔 하였습니다.

상동, 148

* 사람들이 특정 개인이나 집단에게 저지르는 잘못이 잔인하면 잔인할수록 가해자들이 피해자에게 느끼는 혐오와 경멸도 깊습니다. 국가의 경우에는 자기 기만과 거짓된 자긍심이 자신의 범죄에 대한 회한이 득세하는 것을 막곤 합니다. 범죄에 관여하지 않았던 사람들도 무고하게 박해받은 피해자의 고통에 공감하지 못하고 인간의 유대를 깨우치지 못할 때가 많습니다.

'바르샤바 게토에서 희생된 유대인 기념비'를 위한 글에서, 1948년 4월 19일. Rowe and Schulmann, *Einstein on Politics*, 349. Einstein Archives 28-815

* 인종적 편견은 세대에서 세대로 무비판적으로 전수된—그리고 역사적으로 형성된—전통의 일부입니다. 유일한 치료법은 계몽과 교육입니다. 이것은 느리고 힘겨운 과정이며, 바른 생각을 지닌 사람은 모두 여기에 참여해야 합니다.

펜실베이니아의 흑인 대학인 체이니 주립 사범 대학의 학생 출간물《체이니 레코드》의 밀튼 제임스와 했던 인터뷰에서, 1948년 10월 7일. 1949년 2월 출간. 미국의 인종적 편견이 세계적 갈등의 징후인지 묻는 질문에 답하여. 나탄과 노던의 책에는 이렇게 재수록되었다(*Einstein on Peace*, 502). "불행하게도 인종적 편견은 미국의 전통이 되어 세대에서 세대로 무비판적으로 전수되었습니다. 유일한 치료법은 계몽과 교육입니다. 이것은 느리고 힘겨운 과정이며, 바른 생각을 지닌 사람은 모두 여기에 참여해야 합니다." 칼러의 사인 카탈로그에 실린 자필 원고 사본과 신문 기사에는 "미국의" 전통이라는 말이 없지만 나탄과 노던의 책에는 들어가 있다. 사인 카탈로그에 실린 사본(아마 초고일 것이다)은《체이니 레코드》의 밀튼 M. 제임스 앞으로 보낸 글이라고 되어 있는데, 거기에는 이렇게 적혀 있다. "편견은 세대에서 세대로 무비판적으로 전수된—그리고 역사적으로 정해진—전통의 일부입니다. 편견에서 해방되는 길은 계몽과 교육뿐입니다. 이것은 느리고 힘겨운 과정이며, 이 문제를 염려하는 사람은 모두 여기에 참여해야 합니다."
Einstein Archives 58-013에서 58-015까지

18장

종교, 신, 철학에 관하여

1950년경의 아인슈타인.
(허먼 랜드쇼프 사진. © 뉴욕 FIT 뮤지엄의 허가로 수록.)

⊠

아인슈타인이 종종 설명했던 바에 따르면, 그의 '종교'는 개인의 삶을 통제하는 인격적 신을 믿는 것이 아니라 우주적 경이감과 놀라움을 느끼는 태도이자 자연의 조화 앞에서 경건한 겸손함을 느끼는 태도였다. 그는 이런 믿음을 '우주적 종교'라고 표현했다. 이런 태도는 악인을 벌하고 선인을 보상하는 인격적 신을 부정한다는 점에서 어떤 유신론적 교리와도 맞지 않는다. 아인슈타인은 17세기 네덜란드에서 살았던 유대인 합리주의 철학자, 독일의 낭만파 시인 노발리스가 '신에 중독된 남자'라고 일컬었던 스피노자를 숭앙했다. 아인슈타인이 신을 워낙 자주 언급했기 때문에 우리도 노발리스처럼 생각하려는 충동에 빠지기 쉽다. 아인슈타인의 종교관에 관한 깊은 논의는 재머의 『아인슈타인과 종교』를 보라. '그 밖의 주제에 관하여' 장에서 '신비주의' 항목도 참고하라.

⊠

어째서 내게 "신이 영국인들을 벌하시기를"이라고 썼습니까? 나는 전자와도 후자와도 친밀하지 않습니다. 신이 인간이 저지르는 숱한 어리석음을 빌미로 자신의 수많은 자녀를 벌하는 것을 보면 나는 몹시 유감스러울 뿐입니다. 그것은 사실 다른 누구도 아닌 신 자신의 책임이니까요. 신이 꺼낼 수 있는 유일한 변명은 자신의 부재일 것입니다.

스위스에서 동료였던 에트가 마이어에게, 1915년 1월 2일. *CPAE*, Vol. 8, Doc. 44

* 유대인에게 어울리는 하나의 문장으로 모든 것을 말할 수 있으니, 이 이상 더 말할 필요도 없을 것이다. 말과 찬송만이 아니라 무엇보다도 너희의 행동을 통해서 너희 주 예수 그리스도를 경배하라.

베를린 괴테분트가 1916년에 펴낸 『괴테의 땅 1914/1916』에 기고한 '전쟁에 관한 나의 의견'에서. *CPAE*, Vol. 6, Doc. 20

철학책을 읽고서 내가 그림 앞에 선 장님 같다는 사실을 깨달았습니다. 내가 이해하는 것은 귀납적 방법뿐입니다. …… 철학의 사변적 언어는 내 한계를 넘어섭니다.

에두아르트 하르트만에게, 1917년 4월 27일. *CPAE*, Vol. 8, Doc. 330

비록 원시적인 형태이지만 종교가 들려주는 초개인적인 이야기가 헤켈의 유물론보다 더 중요하다고 생각합니다. 성직자들의 태도와 행동이 여러 면에서 몹시 역겹고 추악하기는 해도, 성스러운 전통을 없애는 것은 오늘날이라고 해도 영혼과 도덕을 빈곤하게 만드는 일이라고 생각합니다.

게오르그 폰 아르코 백작에게, 1920년 1월 14일. 일원론자로 간주되기를 거부하며. 에른스트 헤켈은 전통적인 종교 교리에 맞서서 지칠 줄 모르고 싸운 사람이었지만 한편으로 우생학, 인종적 편견, 보수적인 정치 강령을 주장했기 때문에 많은 자유사상가를 멀어지게 만들었다. 헤켈의 잔혹한 사회 윤리는 나치에게 영향을 주었다. *CPAE*, Vol. 9, Doc. 260

자연을 진실되게 탐구하는 사람에게는 종교적 숭배에 가까운 감정이 있습니다. 자신이 깨달은 것들을 하나로 이어주는 지극히 섬세한 실들을 자신이 최초로 생각해냈다고는 차마 상상할 수 없기 때문입니다.

1920년. 다음에 인용됨. Moszkowski, *Conversations with Einstein*, 46

우리 내면의 경험은 감각 인상들의 재현과 결합으로 구성되기 때문에, 육체 없는 영혼이란 개념은 공허하고 무의미한 것 같습니다.

빈의 시인 릴리 할페른-노이다에게, 1921년 2월 5일. 다음에 인용됨. Dukas and Hoffmann, *Albert Einstein, the Human Side*, 40. *CPAE*, Vol. 12, Doc. 7

진리라는 단어의 뜻은 우리가 이야기하는 것이 경험적 사실이냐, 수학적 명제냐, 과학 이론이냐에 따라 달라집니다. '종교적 진리'는 내게 뚜렷한 의미가 없는 말입니다.

일본 잡지 《카이조》에서 던진 질문, 과학적 진리와 종교적 진리는 서로 다른 관점에서 비롯하는가 하는 물음에 답하여, 1922년 12월 14일. *Kaizo* 5, no. 2 (1923), 197. 다음에 재수록됨. *Ideas and Opinions*, 261~262

과학은 사람들로 하여금 세상사를 인과관계로서 해석하고 바라보게끔 장려함으로써 미신을 줄일 수 있습니다. 모든 고차원적 과학 연구의 이면에는 종교적 감정과 유사한 확신, 즉 세상의 합리성 혹은 이해 가능성을 믿는 마음이 존재한다는 것도 사실입니다.

종교적 감정이 과학적 발견에 추동력이 될 수 있다면 거꾸로 과학적 발견이 종교적 신념을 강화하고 미신을 물리칠 수도 있느냐는 질문에 답하여. 상동

내게 신이란 우리가 인식 가능한 세상에서 자신의 모습을 드러내는 모종의 고차원적 지성이 존재한다는 믿음에서 비롯합니다. 쉬운 말로 표현하자면 (스피노자의) '범신론'에 가깝습니다.

신을 어떻게 이해하느냐는 질문에 답하여. 상동

교조적 전통은 역사와 심리의 관점에서 이해할 수 있을 뿐, 다른 의미는 없습니다.

'구세주'를 어떻게 생각하느냐는 질문에 답하여. 상동

내가 알고 싶은 것은 신이 어떻게 세상을 창조했는가이다. 이런저런 현상들이나 이런저런 원소 스펙트럼 따위에는 흥미가 없다. 나는 신의 생각을 알고 싶다. 나머지는 세부 사항일 뿐이다.

베를린 시절 학생이었던 에스터 잘라만이 떠올린 말, 1925년. Salaman, "A Talk with Einstein," *Listener* 54 (1955), 370~371

우리에게 주어진 제한적인 수단으로 자연의 비밀을 꿰뚫으려다 보면, 우

리가 가려낼 수 있는 관계들 너머에 여전히 뭔가 미묘한 것, 잡히지 않는 것, 설명할 수 없는 것이 남는 걸 알게 됩니다. 우리의 이해를 넘어서는 그런 힘을 숭앙하는 것이 내 종교입니다. 그런 의미에서는 내가 분명 종교적입니다.

아인슈타인과 독일 비평가 알프레트 케어가 저녁 식사 자리에서 나눈 대화에서, 1927년 6월 14일. 하뤼 케슬러 백작이 자신의 일기에 기록한 것. Harry Kessler, *The Diary of a Cosmopolitan* (1971), June 14, 1927. 다음에도 인용됨. Brian, *Einstein, a Life*, 161

개개인의 행동에 직접 영향을 미치는 인격적 신은 상상할 수 없습니다. …… 나의 종교성이란 지각 가능한 세상에서 우리가 이해할 수 있는 작은 현상들에 제 모습을 드러내는 초월적 정신을 겸허하게 존경하는 것입니다. 우리보다 더 고차원적인 이지理智가 존재하고 그 존재가 우리의 이해를 넘어서는 우주에서 제 모습을 드러낸다는 것, 그 사실을 감정적으로 믿는 것이 바로 내가 생각하는 신입니다.

M. 샤이어에게, 1927년 8월 1일. 다음에 인용됨. Dukas and Hoffmann, *Albert Einstein, the Human Side*, 66. 〈뉴욕 타임스〉 1955년 4월 19일자에 실린 아인슈타인 부고에도 인용되었다. Einstein Archives 48-380

나는 성서를 자주 읽지만 원본은 능력 밖입니다.

H. 프리드만에게, 1929년 3월 18일. 히브리어를 모른다고 말하며. 다음에 인용됨. Pais, *Subtle Is the Lord*, 38. Einstein Archives 30-405

내가 믿는 것은 세상의 규칙적인 조화에서 제 모습을 드러내는 스피노자의 신이지 인간들의 운명과 행위에 관여하는 신이 아닙니다.

랍비 허버트 S. 골드스타인의 전보에 답하여. 〈뉴욕 타임스〉 1929년 4월 25일자에 실렸다. (스피노자는 신과 물질계는 구별되지 않는다며 우리가 우주의 작동 방식을 더 많이 이해할수록 신에게 더 가까이 다가간다고 보았다.) 골드스타인은 아인슈타인의 이 답변에서 그가 무신론자가 아님을 알 수 있다고 여겼다. Rowe and Schulmann, *Einstein on Politics*, 17. Einstein Archives 33-272

모든 것은 우리가 통제할 수 없는 힘에 의해 …… 이미 결정되어 있습니다. 별의 운명은 물론이거니와 곤충의 운명도. 인간도 식물도 우주의 먼지도, 다늘 우리 눈에 보이지 않는 누군가가 멀리서 연주하는 수수께끼의 피리 가락에 맞추어 춤을 출 뿐입니다.

G. S. 피레크와의 인터뷰에서. "What Life Means to Einstein," *Saturday Evening Post*, October 26, 1929. 다음에 재수록됨. Viereck, *Glimpses of the Great*, 452

복음서를 읽은 사람이라면 예수가 실존 인물임을 느낄 것입니다. 단어마다 그의 존재가 살아 움직입니다. 신화에는 그런 생명력이 채워져 있을 수 없습니다.

예수를 역사적 인물로서 인정하느냐는 질문에 답하여, 상동. 다음에 재수록됨. Viereck, *Glimpses of the Great*, 448. 다음에도 인용됨. Brian, *Einstein, a Life*, 277(이 책 186쪽에는 약간 다른 버전도 실려 있다). 브라이언에 따르면(*Einstein, a Life*, 278), 아인슈타인은 이 인터뷰가 자기 견해를 정확하게 표현한 것이라고 여겼다. 그러나 다른 사람들은 그 주장을 대단히 조심스럽게 받아들이는 입장이다.

나는 무신론자가 아닙니다. 범신론자로 정의할 수 있을지는 모르겠습니다. 여기에는 우리의 제한된 정신으로 이해하기에는 너무나 방대한 문제가 결부되어 있습니다.

신을 믿느냐는 질문에 답하여, 상동. 다음에 재수록됨. Viereck, *Glimpses of the Great*, 447

* 도덕철학이 과학의 토대 위에 건설될 수 있다고는 보지 않습니다. …… 모든 생명과 그들의 고결한 표현 양식에 대한 가치 평가는 자기 존재가 숙명이기를 바라는 영혼의 갈구에서만 나옵니다. 윤리를 과학 공식으로 환원하려는 시도는 죄다 실패할 수밖에 없습니다. …… 다른 한편, 고차원적 과학 연구와 이론에 대한 전반적인 관심이 우리로 하여금 정신적인 것의 가치를 더 높게 평가하도록 이끈다는 것도 사실입니다.

아인슈타인, 제임스 머피, J.W.N. 설리번이 의견을 주고받았던 '과학과 신: 대화'에서. "Science and God: A Dialogue," in *Forum and Century* 83 (June 1930), 373~379

훌륭한 과학적 추론들은 모두 깊은 종교적 감정에서 비롯한다고 봅니다. …… 또한 이런 형태의 종교성이 …… 우리 시대에 가능한 유일한 창조적 종교 활동이라고 봅니다.

상동

우주의 속성에 대해서는 두 가지 개념이 있습니다. (1) 인류에게 좌우되는 존재로서의 세상, (2) 인간이라는 요인에 좌우되지 않는 실재로서의 세상.

인도의 신비주의자이자 시인이자 음악가인 라빈드라나트 타고르와 나눈 대화에서, 1930년 여름. 다음에 발표됨. *New York Times Magazine*, August 10, 1930

인류와 무관하게 언제나 유효한 진리만을 진리로 간주해야 한다는 것, 이 생각을 과학적으로 증명할 순 없겠지만 어쨌든 나는 그렇게 믿습니다. …… 정말로 인간과 무관한 현실이 존재한다면, 그 현실에 따라 결정되는 진리도 존재할 것입니다. …… 문제는 진리가 우리 의식과 무관한가 아닌가 하는 데서 시작됩니다. …… 예를 들어, 이 집에 사람이 아무도 없더라도 저 탁자는 여전히 저 자리에 있을 것입니다.

상동

우주가 인과율에 따라 작동된다고 굳게 믿는 사람이라면, 사건의 경과에 간섭하는 모종의 존재가 있다는 개념을 전혀 받아들일 수 없다. …… 그런 사람에게는 두려움에 기반한 종교가 필요하지 않다. 사회적 종교나 도덕적 종교도 필요하지 않다. 보상하고 처벌하는 신이란 생각할 수조차 없다. 왜냐하면 인간의 행동은 전적으로 외부 혹은 내부의 필요에 따라 결정되므로, 무생물이 스스로의 움직임에 아무 책임이 없듯이 신의 눈에는 인간도 제 행동에 아무 책임이 없기 때문이다. …… 인간의 윤리적 행위는 공감, 교육, 사회관계에 기반하여 이루어져야 한다. 종교적 기반은 필요하지 않다. 사후에 벌 받을 것이라는 두려움이나 보상 받을 것이라는 희망 때문에 스스로를 제어한다면 그것이야말로 초라한 일이 아닌가.

"Religion and Science," *New York Times Magazine*, November 9, 1930, 1~4. 다음에 재수록됨. *Ideas and Opinions*, 36~40. 여기 실린 번역은 《뉴욕 타임스 매거진》의 번역과 다르다. 다음도 보라. *Berliner Tageblatt*, November 11, 1930.

인류의 모든 행동과 생각은 뿌리 깊은 욕구를 충족시키고 고통을 달래는 것과 관련된 일이었다. 종교의 발달을 이해하려면 이 사실을 늘 염두에 두어야 한다. 인간의 모든 노력과 창조 활동은, 그것이 아무리 고상한 형태로 가장하여 모습을 드러내더라도, 그 원동력은 결국 내면의 감정과 열망이다.

상동

* 우주적 종교의 감정은 인류 발달 단계에서 일찌감치 나타났다. 다윗 왕의 시편에서도 많이 찾아볼 수 있고 예언서들에서도 일부 찾아볼 수 있다. 우리가 쇼펜하우어의 근사한 저작을 통해서 알게 된 불교의 경우에는 이런 요소가 훨씬 더 강하다.

상동

이런 [우주적 종교의] 감정을 그런 감정이 없는 사람에게 설명하기는 어렵다. …… 시대를 불문하고 모든 종교적 천재들은 이런 종류의 감정이 두드러진 사람들이었다. 이런 감정은 다른 어떤 교리나 인간의 형상을 한 신을 알지 못하므로, 이런 감정을 핵심 교의로 삼은 교회란 있을 수 없다. …… 예술과 과학의 중요한 기능은 이런 감정을 받아들일 자세가 된 사람의 마음에 이런 감정을 일깨우고 계속 살려두는 것이다.

많은 물리학자가 신앙으로 받아들인 '우주적 종교', 즉 자연의 조화와 아름다움을 숭배하는 감정에 관하여. 상동

나는 이것을 우주적 종교의 감각이라고 부르겠다. 이것을 경험하지 못한 사람에게 이 감각을 분명히 설명하기는 어렵다. 신을 의인화하지 않는 생각이기 때문이다. 이것을 아는 사람은 인간의 욕망과 목표가 헛되다는 것을 느끼고, 자연과 사상의 세계에 드러난 고귀하고 놀라운 질서를 느낀다.

상동

나는 우주적 종교의 경험이야말로 과학 연구를 추진하는 가장 강력하고 고귀한 힘이라고 단언한다.

상동

* 자신의 피조물을 보상하고 처벌하는 신, 인간을 본뜬 목표를 지닌 신. 한마디로 인간의 나약함을 반영한 존재에 지나지 않는 신을 나로서는 상상

할 수 없다. 사람이 육신의 죽음을 초월하여 살아남는다고 믿지도 않는다. 나약한 영혼들은 두려움이나 우스꽝스러운 자기중심주의 때문에 그런 생각을 품겠지만 말이다. 의식 있는 생명이 어떻게 스스로를 영원무궁토록 이어가는가 하는 수수께끼를 고찰하는 것, 우리가 그저 흐릿하게만 인식할 수 있는 우주의 경이로운 구조를 고민하는 것, 자연에 드러난 초월적 지성의 작디작은 일부분만이라도 이해하고자 겸손하게 노력하는 것, 나는 그것으로 충분하다.

"What I Believe," *Forum and Century* 84 (1930), 193~194. 다음에 재수록됨. Rowe and Schulmann, *Einstein on Politics*, 229~230. 여러 군데에서 여러 버전으로 번역되어 사용되었다.

우리가 경험하는 최고의 아름다움은 신비로움이다. 신비로움은 모든 진정한 예술과 과학의 원천이다. 이런 감정을 모르는 사람, 무엇에도 놀라지 않고 경외감에 휩싸이지 않는 사람은 죽은 것이나 다름없다. 그런 사람의 눈은 감겨 있다. 삶의 신비로움에 대한 통찰은, 비록 두려움과 결합한 형태이기는 해도, 종교도 낳았다. 우리가 파악할 수 없는 무언가가 정말로 존재한다는 것, 그것이 지고의 지혜이자 가장 환한 아름다움의 형태로 모습을 드러낸다는 것, 우리의 둔한 재능은 그것을 가장 원시적인 형태로만 겨우 이해할 수 있다는 것—이런 앎과 감정이야말로 진정한 종교성의 핵심이다. 나는 이런 의미에서, 오로지 이런 의미에서만, 독실한 신자들의 무리에 속한다.

상동

* 군사주의에 대항하여 가장 용감하게 싸운 투사들은 퀘이커 교도였다는 것, 즉 종교 집단에서 나온 사람들이었다는 걸 잊어서는 안 됩니다.

앙리 바르뷔제에게, 1932년 6월 17일. Einstein Archives 34-546

철학은 모든 과학을 낳고 그들에게 자신이 지닌 것을 모두 물려준 어머니와 같습니다. 따라서 우리는 그녀가 헐벗고 궁핍하다고 비웃을 것이 아니라 그녀의 돈키호테적 이상의 일부가 자녀들에게 살아남음으로써 그 자녀들이 속물주의로 빠지지 않기를 바라야 합니다.

브루노 비나베르에게, 1932년 9월 8일. 다음에 인용됨. Dukas and Hoffmann, *Albert Einstein, the Human Side*, 106. Einstein Archives 52-267

우리는 인간의 생각, 감정, 행동이 자유의지에 따른 것이 아니라 별들의 움직임처럼 인과율로 규정된 것이라는 사실을 항시 자각하며 그에 기초하여 행동해야 합니다.

미국스피노자협회에 보낸 글에서, 1932년 9월 22일. Einstein Archives 33-291

예언자들과 초기 기독교의 가르침에서 후대에 덧붙은 내용을 몽땅 지운다면, 특히 사제들의 말을 몽땅 지운다면, 그 결과 남은 교리는 인류가 겪는 사회적 질병을 모두 치료할 능력이 있을 것입니다.

루마니아의 유대인 저널 《레나스테레아 노아스트라》에 보낸 글에서,

1933년 1월. 다음에 발표됨. *Mein Weltbild*. 다음에 재수록됨. *Ideas and Opinions*, 184~185

조직화된 종교들이 오늘날 득세하는 반자유주의에 맞서는 일에 헌신한다면, 지난 전쟁에서 잃었던 존경을 일부나마 되찾을 수 있을 것입니다.

〈뉴욕 타임스〉 1934년 4월 30일자에 인용된 말. '형제애의 날'을 맞아 방송된 메시지였다. 다음에도 인용됨. Pais, *Einstein Lived Here*, 205

심오한 깊이에 다다른 과학자들은 대부분 자신만의 종교적 감정을 품고 있다. 그런 종교성은 순진한 보통 사람들의 종교성과는 다르다. 보통 사람들이 생각하는 신은 그 보살핌을 갈구하고 처벌을 두려워하는 존재이다. 아버지에 대한 아이의 감정을 승화시킨 것과 비슷하다.

"The Religious Spirit of Science," *Mein Weltbild* (1934), 18. 다음에 재수록됨. *Ideas and Opinions*, 40

과학자는 온 우주에 인과관계가 있다고 느낀다. …… 과학자가 느끼는 종교적 감정은 조화로운 자연법칙에 감탄하는 희열이다. 그 조화는 더 없이 우월한 어떤 지성의 존재를 드러내는데, 그에 비하면 인간의 체계적 사고와 행동이란 참으로 무의미한 그림자에 지나지 않는다. …… 이런 감정은 시대를 불문하고 모든 종교적 천재들이 품었던 감정과 아주 비슷하다.

상동

인간의 삶의 의미는 무엇일까? 다른 어떤 생명체이든 그 삶의 의미는 무엇일까? 종교는 이 질문에 대한 답을 안다고 말한다. 그렇다면 이렇게 묻자. 이런 질문을 제기하는 것이 의미 있는 일일까? 나는 이렇게 대답하겠다. 자신과 타인의 삶을 무의미하게 여기는 인간은 불행한 것은 물론이거니와 삶에 적합한 존재가 아니라고.

다음에 발표됨. *Mein Weltbild*(1934), 10. 다음에 재수록됨. "The Meaning of Life," *Ideas and Opinions*, 11

모든 사람은 각자 재능을 부여받았고 그것을 인류에게 도움이 되는 방향으로 계발해야 합니다. 이 일은 인간의 죄를 벌하는 신에 대한 두려움으로 할 수 있는 일이 아닙니다. 이 일은 인간이 지닌 최선의 본성을 끌어내겠다는 도전을 통해서만 가능합니다.

《서베이 그래픽》과의 인터뷰에서. *Survey Graphic* 24 (August 1935), 384, 413

우주에 어떤 형태이든 신과 선이 존재한다면, 그것은 반드시 우리를 통해서 자신을 표현할 것입니다. 우리는 옆으로 물러나 있고 신이 스스로 드러내게끔 할 수는 없습니다.

앨저넌 블랙이 녹음한 대화에서, 1940년 가을. 아인슈타인은 이 대화를 출간하는 것을 금지했다. Einstein Archives 54-834

현재의 세상을 관장하는 법칙들은 합리적이라는 믿음, 즉 우리가 그것을 이성으로 이해할 수 있다는 믿음은 종교의 영역에 속한다. 진정한 과학자 중에서 그런 믿음을 품지 않은 사람은 상상할 수 없다.

과학, 철학, 종교가 어떻게 미국의 민주주의를 진전시킬 수 있는가에 관해 논의하고자 1940년 뉴욕에서 열린 심포지엄에 기고한 글 '과학, 철학, 종교'에서. '과학, 철학, 종교와 민주적 삶의 방식과의 관계를 토론하는 학회'가 1941년에 발표함. '과학과 종교'라는 제목으로 다음에 재수록됨. *Ideas and Opinions*, 44~47. Einstein Archives 28-523

종교인의 독실성이란 합리적 근거가 필요하지 않고 가능하지도 않은 초개인적 목적과 목표의 중요성을 추호도 의심하지 않는다는 뜻이다.

상동. 다음을 보라. *Ideas and Opinions*, 45

종교 없는 과학은 절름발이이고 과학 없는 종교는 눈먼 장님이다.

상동. 다음을 보라. *Ideas and Opinions*, 46. 이것은 '직관 없는 사고는 공허하고 개념 없는 직관은 맹목적이다'라는 칸트의 말을 변용한 것일지도 모른다. 아인슈타인이 늘 독창적인 말만 한 것은 아니었다. 일부 과학자들은, 어쩌면 많은 과학자들은 아인슈타인의 이런 정서에 동의하지 않는다. (가령 다이슨의 다음 글을 보라. Dyson, "Writing a Foreword for Alice Calaprice's New Einstein Book," 491~502)

오늘날 종교와 과학이 갈등을 빚는 주된 원인은 인격적 신의 개념이다.

상동. 다음을 보라. *Ideas and Opinions*, 47

인간의 열망과 판단에 대한 최상의 원칙을 제공하는 것은 유대-기독교 종교 전통이다. 그 목표는 실로 드높기 때문에 나약한 우리는 한없이 못 미치지만, 그것이 우리의 열망과 가치를 뒷받침하는 기반이라는 사실만큼은 분명하다. …… 여기에는 한 국가, 한 계급, 하물며 한 개인을 신격화할 여지가 없다. 종교가 말하듯이 우리는 모두 한 아버지의 자녀들이 아닌가?

상동. 다음을 보라. *Ideas and Opinions*, 43

영혼이 속하는 곳은 오직 개인이다.

상동. 계급이나 국가가 아니라는 말이다.

윤리적 선을 추구하는 종교의 스승들은 인격적 신을 포기하는 단계로 나아가야 한다. 과거에 사제들에게 엄청난 힘을 쥐어주었던 두려움과 희망의 원천을 포기해야 한다.

상동, 48

[과학이라는] 이 영역의 성공적인 발전을 치열하게 겪어본 사람이라면 세상이 이토록 합리적이라는 데 깊은 경외감을 느끼지 않을 수 없다.

상동, 49

인류가 정신적으로 진화할수록, 진정한 종교성으로 가는 길은 삶과 죽음에 대한 두려움이나 맹목적 신앙이 아니라 합리적 지식을 추구하는 데 있다는 사실이 점점 더 분명해진다.

상동

어떤 사람들은 인간의 한정된 정신으로나마 인식할 수 있는 우주의 조화를 보고서도 신은 존재하지 않는다고 말합니다. 그런데 내가 정말로 화나는 것은 그들이 그 견해를 뒷받침하기 위해서 내 말을 인용한다는 점입니다.

독일의 반나치 외교관이자 작가인 후베르투스 추 뢰벤슈타인에게 1941년 무렵에 한 말. 다음에 인용됨. zu Löwenstein, *Towards the Further Shore* (London, 1968), 156. 아인슈타인은 이 말로 무신론과 거리를 두었다. 다음을 보라. Jammer, *Einstein and Religion*, 97

광적인 무신론자도 있는데, 그들의 편협함은 종교적 광신자의 편협함과 다르지 않으며 둘 다 같은 원천에서 비롯한 것입니다. …… 그들은 천체의 음악을 듣지 못하는 사람들입니다.

신원 미상의 사람에게, 1941년 8월 7일. 아인슈타인이 심포지엄에 기고했던 글 '과학, 철학, 그리고 종교'(1940)에 관한 반응에 대하여. 많은 독자는 인격적 신을 부정한 아인슈타인의 입장을 아예 신을 부정하는 것으로 여겼다. "인격적 신 외에 다른 신은 없기" 때문이다. 자세한 논의는 다음을 보라. Jammer, *Einstein and Religion*, 92~108. Einstein Archives 54-927

우리는 분명 예수보다 더 위대한 일을 할 수 있을 겁니다. 성서에 적힌 예수에 대한 이야기들은 모두 시적으로 부풀려진 것이기 때문입니다.

다음에 인용됨. W. Hermanns, "A Talk with Einstein," October 1943.

Einstein Archives 55-285

오감에 의지하지 않고서 머릿속에서 형성되는 사상이란 없습니다[즉, 신이 계시한 사상이란 없습니다].

상동

머지않은 미래에 철학과 이성이 인간의 길잡이가 될 거라고는 생각하지 않습니다. 하지만 그것들은 선택받은 소수에게 늘 그랬듯이 앞으로도 가장 아름다운 성역으로 남을 것입니다.

베네데토 크로체에게, 1944년 6월 7일. 다음에 인용됨. Pais, *Einstein Lived Here*, 122. Einstein Archives 34-075

그렇게 나는 …… 깊은 종교성을 품게 되었지만, 그 감정은 열두 살에 갑자기 사라졌다. 일반인을 위한 과학책을 읽기 시작하면서 나는 성서의 이야기들이 대체로 사실일 리 없다고 믿게 되었다. …… 이 경험으로부터 모든 권위에 대한 의심이 자랐고 …… 이런 태도는 평생 나를 떠나지 않았다.

1946년에 '자전적 기록'을 쓰고자 작성했던 메모에서, 3~5

저 너머에는 이렇듯 거대한 세상이 존재했다. 그 세상은 우리 인간과는 무관하게 존재했고, 거대하고 영원한 수수께끼처럼 버티고 있었는데, 그래도 우리는 탐구와 사고로 부분적으로나마 그것에 접근할 수 있었다.

그 세상을 사색하는 것은 유혹적인 해방과도 같았으며, 나는 곧 내가 존경하고 숭앙하게 된 많은 사람이 그 일에 헌신함으로써 내면의 자유와 안정을 찾았다는 사실을 알아차렸다.

상동, 5

내 견해는 스피노자와 비슷합니다. 우리가 겸허한 태도로 그저 불완전하게만 파악할 수 있는 질서와 조화의 논리적 간결함을 아름답게 여기고 감탄하는 것. 우리는 불완전한 지식과 이해에 만족해야 하고, 가치와 도덕적 의무 같은 것은 순전히 인간의 문제라고 여겨야 합니다.

마빈 마갈라너에게, 1947년 4월 26일. 다음에 인용됨. Hoffmann, *Albert Einstein: Creator and Rebel*, 95. Einstein Archives 58-461

과학과 충돌할 가능성이 있는 것은 …… 전통 종교의 상징적 측면입니다. …… 따라서 진정한 종교를 보존하려면 종교적 목표의 추구에 그다지 핵심적이라 할 수 없는 주제에 관해서는 공연한 갈등을 피해야 합니다.

뉴욕의 '진보적 목사 클럽'에 보낸 글에서. 《크리스천 레지스터》 1948년 6월호에 발표됨. 다음에 재수록됨. "Religion and Science: Irreconcilable?," *Ideas and Opinions*, 49~52

과학 연구의 결과가 종교적 혹은 도덕적 고려와는 철저히 무관한 게 사실이지만, 과학에서 위대한 창조적 업적을 남긴 사람들은 다들 우주가 어째서인지 완벽한 존재이며 이성을 동원한 지적 탐구에 반응하는 존재라는 종교적 믿음을 품고 있습니다.

상동

인간은 우리가 '우주'라고 부르는 전체의 일부, 시공간적으로 제약된 일부입니다. 우리는 자신을 경험하고 자신의 생각과 경험은 나머지 세상과 구별된다고 느끼지만, 자의식에 대한 이런 감각은 일종의 시각적 망상입니다. 이런 망상으로부터 벗어나려고 노력하는 것이야말로 진정한 종교가 탐구하는 한 가지 주제입니다. 그 망상을 북돋지 말고 극복하려고 노력하는 것이야말로 마음의 평화를 최대한 달성하는 방법입니다.

어린 아들이 죽어서 넋이 나간 아버지 로버트 마커스가 아인슈타인에게 위로의 말을 구하자, 1950년 2월 12일. Calaprice, *Dear Professor Einstein*, 184. Einstein Archives 60-424

신에 관한 내 입장은 불가지론입니다. 삶을 더 낫게, 더 고귀하게 만드는 도덕률이 그 무엇보다 중요하다는 사실을 뼈저리게 깨닫기 위해서 반드시 우리에게 계율을 주는 모종의 존재를 상정할 필요는 없다고 생각합니다. 더구나 보상과 처벌에 기반하여 작동하는 존재라면 더 그렇습니다.

M. 버코위츠에게, 1950년 10월 25일. Einstein Archives 59-215

인간의 이성으로 접근 가능하다는 전제하에 현실의 합리성을 믿는 마음, 그것을 한 단어로 표현하라면 '종교성'보다 더 나은 표현을 모르겠습니다. 이런 감정이 없다면 과학은 아무런 영감도 지니지 못한 경험주의로

퇴화할 것입니다.

마우리체 솔로비네에게, 1951년 1월 1일. *Letters to Solovine*, 119. Einstein Archives 21-474

단순히 인격적 신을 믿지 않는 것만으로 철학이라고 할 수는 없습니다.

V. T. 알토넨에게, 1952년 5월 7일. 인격적 신을 믿는 것이 무신론보다는 낫다는 견해를 밝히며. Einstein Archives 59-059

내 감정이 종교적이라는 것은, 인간의 정신은 불완전하여 우리가 '자연법칙'이라고 표현하는 우주의 조화를 그보다 더 깊이 이해하기는 불가능하다고 느낀다는 뜻입니다.

베아트리체 프롤리히에게, 1952년 12월 17일. Einstein Archives 59-797

인격적 신이란 상당히 낯설뿐더러 순진하게까지 느껴지는 개념입니다.

상동

인식할 수 없는 존재를 가정하는 것은 …… 인식 가능한 세상의 질서를 이해하는 일에서는 아무 도움이 되지 않습니다.

아이오와의 학생 D. 앨버에게, 1953년 7월 21일. 신이 무엇이냐는 질문에 답하여. Einstein Archives 59-085

나는 영혼의 불멸을 믿지 않습니다. 그리고 윤리란 전적으로 인간적인 문제이기에 초인적 권위로 뒷받침할 필요가 없다고 생각합니다.

침례교 목사 A. 니커슨에게, 1953년 7월. 다음에 인용됨. Dukas and Hoffmann, *Albert Einstein, the Human Side*, 39. Einstein Archives 36-553

* 신이라는 단어는 인간의 나약함을 표현한 말이자 나약함의 산물에 지나지 않습니다. 성서는 존중할 만하지만 그래도 원시적이고 다소 유치한 전설들을 모은 것에 불과합니다. 아무리 세련된 해석도 그 사실을 바꿀 순 없습니다.

철학자 에리크 구트킨트에게, 1954년 1월 3일. '유대인, 이스라엘, 유대교, 시오니즘에 관하여' 장을 참고하라 이 반 쪽짜리 손글씨 편지는 2008년 5월 15일에 런던의 블룸즈버리 경매장에서 17만 파운드(404,000달러)에 팔렸다. 아인슈타인의 편지로서는 최고가 기록이었고 경매 전 예상 금액의 25배였다. *New York Times*, May 17, 2008. Einstein Archives 33-337

정말로 신이 세상을 창조했다면, 우리가 이해하게 쉽도록 만드는 것은 그의 제일가는 관심사가 아니었던 게 분명합니다.

데이비드 봄에게, 1954년 2월 10일. Einstein Archives 8-041

퀘이커 교도들이야말로 최상의 도덕률을 지닌 종교 공동체일 것입니다. 내가 아는 한 그들은 한 번도 사악한 타협을 한 적이 없고 늘 자신들의 양심을 따랐습니다. 특히 국제 관계에서 그들의 영향력은 아주 이롭고 효과적이었습니다.

오스트레일리아의 A. 채플에게, 1954년 2월 23일. 다음에 인용됨. Nathan and Norden, *Einstein on Peace*, 511. Einstein Archives 59-405

나는 인격적 신을 믿지 않습니다. 이 사실을 부인한 적도 없고 늘 똑똑히 밝혔습니다. 내게 종교적 심성이라고 부를 만한 것이 있다면 그것은 과학이 밝혀낼 수 있는 세상의 구조에 대한 무한한 감탄입니다.

아인슈타인의 종교적 신념에 관해서 물은 어느 숭배자에게, 1954년 3월 22일. 다음에 인용됨. Dukas and Hoffmann, *Albert Einstein, the Human Side*, 43. Einstein Archives 39-525

나는 신을 상상해보려 하지 않습니다. 세상의 구조 앞에서 경외감을 느끼는 것으로 충분합니다. 우리의 부족한 감각으로 음미할 수 있는 한도 내에서.

S. 플레슈에게, 1954년 4월 16일. Einstein Archives 30-1154

인간의 도덕적 가치는 그의 종교적 신념에 따라 결정되는 게 아니라 그가 자연으로부터 어떤 감정적 충동을 부여받았느냐에 따라 결정됩니다.

마르그리트 괴너 수녀에게, 1955년 2월. Einstein Archives 59-830

무릇 철학이란 꿀로 쓴 글씨 같지 않은가? 첫눈에는 멋져 보이지만 다시 보면 사라지고 없다. 자국만 남아 있을 뿐.

로젠탈-슈나이더가 다음에서 떠올린 말. Rosenthal-Schneider, *Reality and*

Scientific Truth, 90

* 신에게 기도하면서 무언가를 간청하는 사람은 종교적인 인간이 아닙니다.

레오 실라르드와의 대화에서, 날짜 미상. 다음에 인용됨. Spencer R. Weart and Gertrud Weiss Szilards, eds., *Leo Szilard: His Version of the Facts* (Cambridge, Mass.: MIT Press, 1978), 12. 다음에는 약간 다른 표현으로 인용되어 있다. Jammer, *Einstein and Religion*, 149. 후자는 이 말이 아인슈타인이 실라르드에게 쓴 편지에서 나온 것으로 보는 듯하지만, 우리가 아카이브를 아무리 철저히 뒤져도 이 말이 포함된 편지는 찾을 수 없었다. 오랜 수수께끼를 해결해준 실라르드 전문가 진 다넨에게 고맙다.

내가 흥미 있는 문제는 신이 세상을 조금이라도 다르게 만들 수 있었느냐 하는 것입니다. 달리 말해, 논리적 간결성의 조건에 재량의 여지가 조금이라도 있느냐 하는 것입니다.

아인슈타인의 조수였던 에른스트 슈트라우스가 다음에서 떠올린 말. Seelig, *Helle Zeit, dukle Zeit*, 72. 신이 세상을 설계할 때 다른 선택이 있었겠느냐는 질문에 답한 말이다. 지적 설계 창조론을 믿는 사람들은 이 발언이 지적 설계자를 옹호한 것이라고 해석하곤 하지만, 그것은 아인슈타인이 논리적으로 정합한 우주를 하나 이상 만들 수 있을까 하는 궁금증을 비유적으로 표현한 것이란 사실을 이해하지 못한 해석이다.

우리는 [신이나 세상에 대해] 아무것도 모릅니다. 우리가 아는 지식은 아이에 불과한 수준입니다. 앞으로 좀 더 알게 되겠지만, 사물의 진정한 속성은 영영 알 수 없을 것입니다. 영영.

〈센티넬〉의 하임 체르노비츠와의 인터뷰에서, 날짜 미상

파파고임.

아인슈타인이 가톨릭 교회의 추종자들, 즉 교황(파파)을 따르는 고임(비유대인)들에게 붙인 이름. 독일어로 앵무새를 '파파가이'라고 하므로, 문헌학자 바버라 울프는 교황의 추종자들이 교황의 말을 앵무새처럼 따라 한다는 뜻에서 아인슈타인이 그 단어와 비슷한 말로 말장난한 것이라고 본다. 또한 이 단어는 모차르트의 오페라 〈마술피리〉에 나오는 깃털 덮인 파파게노와 파파게나를 연상시킨다. 『아인슈타인 문서집』을 편집했던 아인슈타인 전문가 존 스타첼이 고맙게도 이 귀중한 정보를 주었다. 스타첼은 아인슈타인의 비서였던 헬렌 두카스에게 들었다고 한다.

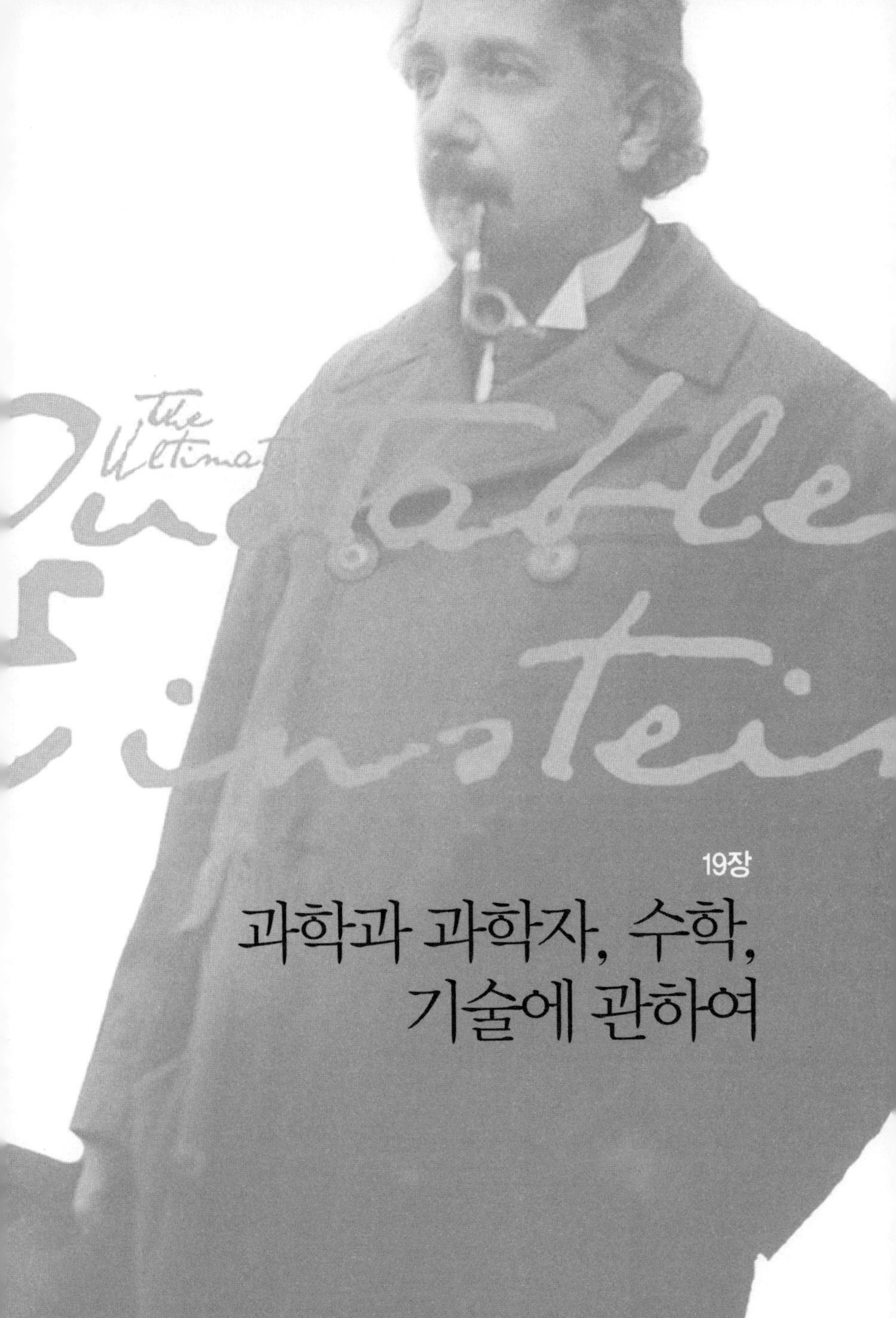

19장

과학과 과학자, 수학, 기술에 관하여

왼쪽에는 앨버트 A. 마이컬슨을 오른쪽에는 로버트 밀리컨을 두고 선
아인슈타인. 1931년 패서디나.

⊠

아인슈타인은 상대성이론으로 제일 유명하다. 그는 첫 논문들에서 이 이론을 '상대성원리'라고 불렀다. '상대성이론'이라는 용어는 1906년에 막스 플랑크가 전자의 움직임을 묘사하는 로런츠-아인슈타인 방정식을 설명한 글에서 처음 썼다. 아인슈타인은 1907년에 이미 플랑크의 용어를 쓰고 있던 물리학자 파울 에렌페스트의 논문에 대한 답변에서 그 표현을 처음 썼다. 그러나 그는 이후에도 몇 년 더 자신의 논문 제목에서 '상대성원리'라는 표현을 고수했는데, 왜냐하면 그것은 '이론'이라기보다 그가 그 이론을 형성할 때 마음에 품었던 '원리'에 가까웠기 때문이다. 한편 1915년부터 아인슈타인은 시공간을 다룬 1905년 이론을 '특수상대성이론'이라고 부르기 시작했다. 새로운 중력 이론인 '일반상대성이론'과 구분하기 위해서였다. (다음을 참고하라. Stachel et al., *Einstein's Miraculous Year*, 101~102; Fölsing, *Albert Einstein*, 208~210)

⊠

이와 비슷한 사례들을 볼 때, 그리고 "빛 매질"에 대한 지구의 상대운동을 감지하려는 시도가 실패했음을 볼 때 다음과 같은 추측이 가능하다. 역학뿐 아니라 전기역학에서도 이 현상에는 절대 정지 개념에 상응하는 속성이 전혀 없다. 오히려 역학 방정식이 유효한 좌표계라면 어느 좌표계에서든 전기역학 법칙과 광학 법칙도 동일하게 유효하다. 이미 일차 양들에 대해서 증명된 것처럼.

이 문장은 아인슈타인이 특수상대성이론에서 발전시키고자 했던 기본 개념을 잘 설명하고 있다. "On the Electrodynamics of Moving Bodies," *Annalen der Physik* 19, 1905. *CPAE*, Vol. 2, Doc. 23

$E = mc^2$.

질량과 에너지는 같다는 말. 즉 에너지는 질량에 광속의 제곱을 곱한 값과 같다는 말. 이 공식은 원자 시대를 열었지만, 아인슈타인 본인은 당시 아무런 예감도 예견도 느끼지 못했다. 원래 명제는 다음과 같다. "만일 물체가 복사의 형태로 에너지 L을 방출한다면, 그 질량은 L/V^2에 비례하여 감소한다." (원 출처는 "Ist die Trägheit eines Körpers von seinem Energieinhalt abhängig?" *Annalen der Physik* 18 [1905], 639~641. 이 논문의 영어 번역은 다음을 보라. Stachel et al., *Einstein's Miraculous Year*, 161) 이때까지만 해도 아인슈타인이 에너지를 'L'로 표기했음을 눈여겨 보라. 아인슈타인은 1912년에 쓴 '특수상대성이론에 관한 원고'(*CPAE*, Vol. 4, Doc. 1)에 와서야 자필로 쓴 논문의 방정식 28과 28'에서 L에 가위표를 긋고 E로 교체했다. 흥미롭게도, 랠프 바이얼라인이 내게 알려준 사실인데, 아인슈타인은 한참 지난 1922년 1월에도 원고에 똑같은 기록을 남겼다(*CPAE*, Vol. 7, Doc. 31, p. 259).

특수상대성이론에서 유도된 이 방정식은 핵에너지를 탐구하고 개발하는데 결정적인 역할을 했다. 질량은 실제 방대한 에너지로 전환될 수 있고(즉 원자에서 방출된 입자가 에너지로 전환될 때), 그럼으로써 자연의 가장 근본적인 관계를 우리에게 드러내어 보여준다. 특수상대성이론은 또한 공간과 시간에 관한 새로운 정의를 도입했다. 하지만 그 이론을 지지하는 실험적 증거를 찾기까지는 25년을 더 기다려야 했다. 그제서야 핵반응 연구에서 질량이 에너지로 전환된다는 사실이 확인되었다. 더구나 시간 지연 현상은 1938년에야 직접적으로 증명되었다.

(주: 아래 여덟 개 인용문은 연대기 순서에 어긋나지만, 1905년 특수상대성이론으로 나아간 아인슈타인의 생각이 잘 반영된 내용이기에 맨 앞에 배치했다.)

사람이 빛을 쫓아 달린다면 어떨까? …… 광선에 올라탄다면 어떨까? …… 사람이 충분히 빨리 달린다면, 빛이 더 이상 움직이지 않는 것처럼 보일까? …… '광속'이란 무엇일까? 광속이 다른 무언가와 관계된 값이더라도 그 자체 움직이는 무언가와 관계된 값은 아닐 것이다.

심리학자 막스 베르트하이머와 1916년에 나눈 대화에 기반하여. 아인슈타인은 자신이 특수상대성이론을 구상했을 때의 사고 과정을 설명하려고 한 것이다. 다음을 보라. Wertheimer, *Productive Thinking* (1945; reprinted by Harper, 1959), 218

* 상대성이론의 개념과 문제는 실생활과는 멀어도 한참 먼데도 왜 이렇게 오랫동안 많은 사람들에게 널리 활발하고 열정적인 반향을 일으켰을까? 나는 이 점을 늘 이해할 수 없었다.

필리프 프랑크의 『아인슈타인』 서문에서, 1942년경. 다음도 참고하라. Rowe and Schulmann, *Einstein on Politics*, 130. Einstein Archives 28-581

십 년의 고민 끝에 나는 일찍이 열여섯 살에 떠올렸던 역설로부터 그 원리를 끌어냈다. 이런 역설이다. 만일 내가 c의 속도(진공에서 빛의 속도)로 광선을 쫓아 달린다면, 광선은 한 자리에 정지한 채 그 공간에서 진동하는 전자기장처럼 보일 것이다. …… 내가 처음부터 직관적으로 분명하다고 깨달았던 사실은, 그런 관찰자의 시점에서 모든 사건은 지구에 대해 상대적으로 정지한 관찰자가 보는 것과 똑같은 법칙에 따라서 벌어질 것이라는 점이다.

1946년에 '자전적 기록'을 쓰고자 작성했던 메모에서, 53

* 나는 알려진 사실을 바탕으로 삼고 그 위에 더 쌓아올림으로써 진실된 법칙을 발견하겠다는 희망을 버렸다. 내가 더 오래 더 절실하게 노력할수록, 그보다는 보편적 형식 원리를 발견해야만 확실한 결과로 나아갈 수 있다는 생각이 더 굳어졌다. 내가 참고한 선례는 열역학이었다.

상동

특수상대성이론은 맥스웰의 전자기장 방정식에서 비롯했다. 거꾸로 후자는 오직 특수상대성이론을 통해서만 형식적으로 만족스럽게 이해될 수 있다.

상동, 63

특수상대성이론이 이론의 필연적 발달 과정에서 첫 단계에 지나지 않는다는 사실을 철저하고 뚜렷하게 깨달은 것은 그 이론의 틀에서 중력을 표현하려고 노력해본 뒤였다.

상동

내가 특수상대성이론을 적절한 형태로 발표한 시점은 처음 그 개념을 떠올린 순간으로부터 오륙 주쯤 지난 뒤였습니다.

카를 젤리히에게, 1952년 3월 11일. Einstein Archives 39-013

내가 특수상대성이론으로 곧장 나아갈 수 있었던 것은 자기장 속에서 움직이는 전도체에 유도된 기전력이 전기장과 전혀 다르지 않다는 생각 덕분이었습니다.

앨버트 마이컬슨의 탄생 백주기를 기념하여 케이스 연구소에서 열린 행사에 보낸 메시지에서, 1952년 12월 19일. Stachel et al., *Einstein's Miraculour Year*, 111. Einstein Archives 1-168

내가 제시한 가정에 따르면, 점광원에서 배출된 빛이 확산할 때 그 에너지는 공간의 체적이 늘어남에 따라 연속적으로 분포되는 것이 아니라 공간의 각 점에 국지화된 유한수의 에너지 양자로 존재한다. 양자들은 더 이상 쪼개지지 않고 형태를 간직한 채 움직이며, 온전한 단위로만 흡수되고 생성된다.

'빛의 생성과 변형에 관한 체험적 시각에 관하여'에서, 1905년 3월. Stachel et al., *Einstein's Miraculour Year*, 178. 어떤 사람들은 이 문장이 20세기 물리학자들이 쓴 모든 문장을 통틀어 가장 혁명적인 문장이라고 여긴다. 다음을 보라. Fölsing, *Albert Einstein*, 143. *CPAE*, Vol. 2, Doc. 14

* 동시성 개념에 절대적인 의미를 부여할 수는 없다. 특정 좌표계에서 관찰했을 때 동시에 발생한 두 사건이라도 그 좌표계에 대해 상대운동을 하는 좌표계에서 관찰했을 때는 동시에 발생하는 것으로 보이지 않는다.

"On the Electrodynamics of Moving Bodies" (1905), in Stachel et al., *Einstein's Miraculour Year*, 130. *CPAE*, Vol. 2, Doc. 23

문제를 완벽하게 풀었습니다. 내 해결책은 시간 개념을 분석하는 것입니다. 시간은 절대적으로 정의될 수 없고, 시간과 신호 속도 사이에는 떼려야 뗄 수 없는 관계가 있습니다.

미셸 베소에게 한 말, 1905년 5월. 곧 출간할 논문 '움직이는 물체의 전기역학에 관하여'를 언급하며. 전기역학에서의 상대성 원리를 다룬 논문으로, 이 원리는 훗날 특수상대성이론이라 불리게 된다. 아인슈타인이 1922년 12월 14일 교토에서 강연하면서 떠올린 말. *Physics Today* (August 1982), 46

논문 네 편을 보냅니다. [첫 번째는] 빛의 복사와 에너지 속성을 다룬 것으로 아주 혁명적인 내용입니다. …… 두 번째 논문은 중성 물질을 희석한 용액에서 확산과 점성을 통해 원자의 실제 크기를 추정한 내용입니다. 세 번째 논문은 열에 대한 원자 이론이 옳다고 가정할 때 크기가 1/1000mm 수준인 물체가 액체에 현탁되면 열운동으로 인해 반드시 관찰 가능한 무작위 운동을 일으킨다는 것을 증명한 내용입니다. …… 네 번째 논문은 아직 초고 단계인데 시공간 이론을 손질함으로써 움직이는 물체의 전기역학을 설명하는 내용입니다.

콘라트 하비히트에게, 1905년 5월. 아인슈타인의 '기적의 해'를 미리 맛보게 하는 말이다. 아인슈타인은 26세였던 그 일 년 동안 물리학을 새로운 시대로 인도하는 중요한 논문을 총 다섯 편 발표했다. 그 논문들과 관련된 이야기는 다음을 보라. Stachel et al., *Einstein's Miraculour Year*. *CPAE*, Vol. 5, Doc. 27

* 전기역학 논문에서 도출되는 또 다른 결과가 머리에 떠올랐습니다. 상대성원리에 맥스웰 방정식을 함께 고려하면, 질량은 물체가 지닌 에너지의 직접적인 측정 단위라는 결론이 나옵니다. 빛이 질량을 전달한다는 것입니다. …… 재미있고 매력적인 발상이기는 하지만 신이 나를 쥐고 흔들면서 놀리는 게 아닌지 모르겠습니다.

콘라트 하비히트에게, 1905년 여름. *CPAE*, Vol. 5, Doc. 28

따라서 다음과 같이 결론 내릴 수 있다. 다른 조건이 다 같을 때, 지구의 적도에 위치한 평형바퀴 시계는 북극점이나 남극점에 위치한 똑같은 시계보다 아무리 조금이라도 더 느리게 갈 것이다.

'움직이는 물체의 전기역학에 관하여'에서. 원 출처는 다음과 같다. "Zur Elektrodynamik bewegter Körper," *Annalen der Physik* 17 (1905), 891~921. 다음을 보라. *CPAE*, Vol. 2, Doc. 23. 아인슈타인은 이 논문에서 특수상대성이론을 처음 소개했다. 그런데 블랙스버그에 있는 버지니아 공대의 명예 교수 I. J. 굿이 내게 보낸 편지에 따르면, 아인슈타인은 이 논문에서 자신이 극점에 있는 관찰자의 좌표계를 가정했다는 사실을 밝히는 것을 깜박했다. 다른 관성계에서라면 적도의 시계가 극점의 시계보다 어떤 시점에서는 더 느리게 가겠지만 늘 그런 것은 아닌데, 아인슈타인은 후자의 경우를 말하려고 했던 듯하다. 물리학자 허버트 딩글은 아인슈타인이 깜박

누락한 이 해설 때문에(혹은 실수였을지도 모른다) 길을 잘못 들어, 특수상대성이론을 반박하는 부정확한 주장을 전개하는 데 적잖은 세월을 바쳤다.

우리가 시간에 관계된 판단을 내린다는 것은 늘 동시 발생 사건에 관한 판단을 뜻한다. 가령 내가 "기차가 7시에 여기 도착한다"고 말한다면, 그것은 내 시계의 시침이 숫자 7을 가리키는 사건과 기차가 도착하는 사건이 동시에 발생한다는 뜻이다.

상동

(1) 물리계의 상태를 좌우하는 모든 법칙은 서로 등속 상대운동을 하는 두 좌표계 중 어느 쪽에 적용되느냐에 따라 그 내용이 달라지지 않는다.
(2) 빛은 정지 상태의 광원에서 나왔든 움직이는 광원에서 나왔든, '정지한' 좌표계에서 늘 일정한 속력 c로 움직인다.

상동. 레오폴트 인펠트에 따르면(*Albert Einstein*, 24), 이 명제들이야말로 상대성이론의 기반이다.

* 지금까지 우리는 상대성원리를, 즉 물리법칙은 좌표계의 운동 상태와 무관하다는 가정을 비가속 좌표계에만 적용했다. 그렇다면 서로 가속 상대운동을 하는 좌표계들에서도 상대성원리가 적용될까?

1915년 일반상대성이론의 기틀을 닦은 논문, '상대성원리와 그로부터 도출되는 결론들'(1907)의 5부 17장 첫 단락. *CPAE*, Vol. 2, Doc. 47

내가 운 좋게도 물리학에 상대성원리를 도입한다는 생각을 해낸 탓에, 여러분은 내 과학적 능력을 엄청나게 과대평가하고 있습니다. 내가 적이 불편할 정도로.

아르놀트 좀머펠트에게, 1908년 1월 14일. *CPAE*, Vol. 5, Doc. 73

물리 이론은 기본 요소들로 구성된 구조일 때만 만족스러운 법입니다. 그러니 궁극적으로 상대성이론은 볼츠만이 엔트로피를 확률로 해석하기 전의 고전 열역학 정도로만 만족스럽습니다.

상동

과학 발전에 기여하는 특권을 누린 사람들은 공동의 노고가 주는 결실에 대한 기쁨이 [우선권 논란에] 가려지도록 허락해서는 안 됩니다.

요하네스 슈타르크에게, 1908년 2월 22일. 아인슈타인은 사실 며칠 전 슈타르트에게 약간 짜증을 냈었다. 슈타르크가 1907년 12월《물리학 저널》에 발표한 논문에서 질량과 에너지의 상대론적 관계를 처음 떠올린 사람이 아인슈타인이 아니라 막스 플랑크라고 말하는 실수를 저질렀기 때문이다. 다음을 보라. *CPAE*, Vol. 5, Doc. 88과 Doc. 70, n. 3

과학적 특출함과 인격적 자질이 늘 함께 있진 않는 것 같습니다. 나는 솜씨 좋은 공식 제조자나 실험가보다는 조화로운 인간을 훨씬 더 높이 삽니다.

야코프 라우프에게, 1910년 3월 16일. 라우프의 상사 알프레트 클라이너를 칭찬하며. *CPAE*, Vol. 5, Doc. 199

양자 이론은 성공하면 할수록 더 우스워 보입니다. 물리학자가 아닌 사람들이 이 이론의 괴상한 발전 과정을 안다면 얼마나 코웃음을 치겠습니까!

하인리히 창거에게, 1912년 5월 20일. 아인슈타인이 처음에 양자 이론을 믿지 못했음을 보여주는 말이다. *CPAE*, Vol. 5, Doc. 398

상대성이론의 토대가 된 두 원칙이 옳은 한 상대성이론도 옳습니다. 그리고 두 원칙이 대체로 옳은 듯하므로, 현재 상태의 상대성이론도 중요한 발전이라고 봅니다. 이 이론이 이론물리학의 발전에 방해가 되었다고는 생각하지 않습니다!

'M. 아브라함의 지적에 답하여'에서, 1912년 8월. *CPAE*, Vol. 4, Doc. 8

요즘 나는 중력 문제에만 매달리고 있습니다. …… 한 가지는 확실합니다. 내 평생 무언가를 이렇게 고민한 적은 처음이고 수학을 엄청나게 존경하게 된 것도 처음이라는 점입니다. 지금까지 나는 수학의 좀 더 세밀한 부분들은 …… 순수한 사치라고만 여겼지 뭡니까! 이 문제에 비하면 원래의 상대성이론은 어린애 장난입니다.

아르놀트 좀머펠트에게, 1912년 10월 29일. 일반상대성이론을 표현할 때 고급 수학을 써야 하는 게 어렵다고 말하면서. 친구 마르첼 그로스만이 수학을 도와주었다. *CPAE*, Vol. 5, Doc. 421

편지 쓸 시간을 내지 못한 것은 내가 엄청나게 큰 문제에 몰두했기 때문이야. 지난 2년간 차츰 알아낸 것들, 물리학의 근본적인 문제를 성큼 발전시킬 내용들을 좀 더 깊이 탐구하느라 밤낮없이 머리를 괴롭히고 있어.

엘자 뢰벤탈에게, 1914년 2월. 반 년 전에 첫 단계를 발표했던 중력 이론을 좀 더 확장하는 작업을 언급하며. *CPAE*, Vol. 5, Doc. 509

자연은 우리에게 사자의 꼬리만 보여주고 있지만, 그래도 그 꼬리가 사자에게 속한다는 것은 분명합니다. 큰 덩치 때문에 사자가 단번에 모습을 드러낼 순 없겠지만 말입니다. 우리는 사자에 들러붙은 이蝨의 시각에서 사자를 볼 수 있을 따름입니다.

하인리히 창거에게, 1914년 3월 10일. 일반상대성이론 연구를 언급하며. *CPAE*, Vol. 5, Doc. 513

상대성원리는 일반적으로 다음과 같이 표현할 수 있다. 특정 관찰자가 인식한 자연법칙은 관찰자의 운동 상태와는 무관하다. …… 상대성원리와 진공에서 광속이 일정하다는 결론을 결합하면, 순수하게 연역적인 방식을 통해 오늘날 상대성이론이라고 불리는 결론에 도달하게 된다. …… 이 이론의 중요성은 모든 보편 자연법칙이 만족시켜야 하는 조건을 제공하는 데 있다. 자연 현상을 다스리는 원칙들이 그 현상과 시공간적으로 관여한 관찰자의 운동 상태에 따라 달라지진 않는다는 걸 알려주기 때문이다.

〈포시셰 차이퉁〉, 1914년 4월 26일. *CPAE*, Vol. 6, Doc. 1

* 이론가가 길을 잃는 방식은 두 가지입니다.

1. 악마에 홀려 잘못된 가설을 세운다. (이 경우에는 우리의 연민을 받을 만합니다.)
2. 오류가 있거나 허술한 논증을 펼친다. (이 경우에는 비난을 받을 만합니다.)

헨드릭 안톤 로런츠에게, 1915년 2월 3일. *CPAE*, Vol. 8, Doc. 52

손쉽게 달성할 수 있는 목표를 추구해서는 안 됩니다. 전력을 기울여야만 가까스로 달성할 수 있는 목표가 무엇인지 직관적으로 알아차리는 능력을 계발해야 합니다.

옛 학생이었던 발터 델렌바흐에게, 1915년 5월 31일. 전기 공학 작업에 관한 조언을 주면서. *CPAE*, Vol. 8, Doc. 87

직업상 과학자들과 수학자들은 엄격한 국제주의적 시각을 갖고 있습니다. 그래서 자신에게 우호적이지 않은 외국에서 살고 있는 동료에게 적대적 조치가 가해지지 않도록 세심하게 막아줍니다. 반면에 역사학자들이나 문헌학자들은 대체로 다혈질 국수주의자들입니다.

헨드릭 안톤 로런츠에게, 1915년 8월 2일. 베를린의 분위기에 관하여. 정확하게는 역사적 상황으로 인해 형성된 독일인 특유의 사고방식에 관해서 말하는 것이다. *CPAE*, Vol. 8, Doc. 103

내 개인적 경험으로는, 이 이론의 결과에 관련된 사건들만큼 인간의 가증스러움을 똑똑히 드러낸 일은 없었습니다. 어쨌든 나는 신경 쓰지 않습니다.

하인리히 창거에게, 1915년 11월 26일. 일반상대성이론에 대한 사람들의 반응에 관하여. *CPAE*, Vol. 8, Doc. 152

이론은 비길 데 없이 아름답습니다. 그러나 이 이론을 정말로 이해하고 [사용한] 동료는 한 명뿐입니다.

상동. 그 동료란 다비트 힐베르트를 말한다.

진정으로 이 이론을 이해한 사람이라면 그 매력에서 벗어날 수 없을 것이다.

'중력의 장 방정식들'에서, 1915년 11월. 리만 곡률 텐서를 적용함으로써 일반상대성이론을 좀 더 확증한 논문이다. *CPAE*, Vol. 6, Doc. 25

이 방정식들을 꼼꼼히 살펴보십시오. 내 평생 가장 귀중한 발견입니다.

아르놀트 좀머펠트에게, 1915년 12월 19일. 위 논문의 방정식에 관하여. *CPAE*, Vol. 8, Doc. 161

물리학자는 어떤 개념이 적용되거나 적용되지 않는 구체적 사례를 하나라도 발견할 가능성이 있을 때만 비로소 그 개념을 실제 존재하는 것으로 여긴다.

아인슈타인이 상대성이론을 쉽게 해설한 책 『특수상대성이론과 일반상대성이론에 관하여』(1916; 독일어판이 1917년에 출간됨)에 나오는 문장(다음을 참고하라. *CPAE*, Vol. 6, Doc. 42). 영어판은 『상대성: 특수 이론과 일반 이론』이라는 제목으로 출간되었다. 위의 말은 동시성의 절대성을 가정하는 것에 관한 내용이다(다음을 보라. *CPAE*, Vol. 9, Doc. 316, n. 3). 이 문장은 에두아르 기욤이 1920년 2월 15일 아인슈타인에게 보낸 편지에도 인용되어 있다(*CPAE*, Vol. 9, Doc. 316).

* 물리 이론이 누리는 최선의 운명은 그보다 더 종합적인 이론으로 가는 길을 알려주고 자신은 그 속에서 한정된 사례로만 살아남는 것이다.

Relativity: The Special and the General Theory, 78

상대성이론은 과학의 수백 년 진화 과정에서 또 하나의 단계에 지나지 않는다. 과거에 발견된 관계들을 보존하면서도 기존 통찰을 심화하고 새로운 통찰을 덧붙이는 단계이다.

'상대성이론의 주요한 개념들'에서, 1916년 12월 이후 씌어짐. *CPAE*, Vol. 6, Doc. 44a, Vol. 7에서도 언급됨

물리학자의 지상 과제는 기본적인 보편 법칙, 그로부터 순수한 연역을 통해 우주를 구성할 수 있는 법칙에 도달하는 것입니다. 그런 법칙으로 이끄는 논리적 경로는 없습니다. 오직 경험을 공감적으로 이해하는 데 의지한 직관을 통해서만 그곳에 다다를 수 있습니다.

막스 플랑크의 예순 생일 기념식에서 한 연설 '연구의 동기'에서, 1918년 4월. 다음에 재수록됨. "Principles of Research," *Ideas and Opinions*, 226. 다음을 보라. *CPAE*, Vol. 7, Doc. 7

이런 일을 해내는 사람의 정신 상태는 …… 종교적 숭배자나 연인과 비슷합니다. 나날의 수고는 의도적인 계획이나 예정에서 나오는 게 아니라 심장에서 곧장 나옵니다.

상동, 227

주제에 관해서라면 …… 물리학자는 자신을 엄격하게 제약해야 합니다. 경험의 범위에 포섭될 수 있는 가장 단순한 사건을 기술하는 데 만족해야 합니다. 그보다 더 복잡한 차원의 사건은 이론물리학자에게 요구되는 수준의 섬세한 정밀함과 논리적 완벽함으로 주제를 재구성하기에는 인간의 지성에게 과분한 과제입니다.

상동

쇼펜하우어는 인간을 예술과 과학으로 이끄는 강력한 동기는 괴로울 만큼 볼품없고 좌절스러울 만큼 지루한 일상으로부터 벗어나는 것, 시시각각 변화하는 욕망의 구속으로부터 벗어나는 것이라고 했습니다. 나는 그 말을 믿습니다. …… 섬세한 사람은 사적인 삶에서 벗어나 객관적 인식과 사상의 세계로 탈출하기를 갈망합니다.

상동

과학적 사색의 주 동기는 그가 달성해야 하는 외부적 목표가 아니라 생각 자체에서 얻는 즐거움입니다.

하인리히 창거에게, 1918년 8월 11일경. *CPAE*, Vol. 8, Doc. 597

가설이란 비록 그 진실성은 잠정적으로 가정된 상태이지만 그 의미만큼은 이미 의심의 여지없이 명백한 명제를 말합니다.

에드워드 스터디에게, 1918년 9월 25일. *CPAE*, Vol. 8, Doc. 624

자연은 근사한 비밀을 순순히 내주지 않는 법!

하인리히 창거에게, 1919년 6월 1일. 상대성이론을 좀 더 탐구하는 작업에 관하여. *CPAE*, Vol. 9, Doc. 52

* 양자 이론에 대한 내 느낌은 당신과 거의 비슷합니다. 우리는 사실 이 이론의 성공을 부끄럽게 여겨야 할 것입니다. '오른손이 하는 일을 왼손이 모르게 하라'는 예수회의 격언에 따라 얻은 이론이기 때문입니다.

막스 보른에게, 1919년 6월 4일. Born, *Born-Einstein Letters*, 10. *CPAE*, Vol. 9, Doc. 56

양자 이론을 강의하는 것은 내가 할 일이 아닙니다. 나도 그 이론을 붙들고 제법 씨름해보았지만 이렇다 할 통찰을 얻지 못했습니다.

발터 델렌바흐에게, 1919년 7월 1일경. *CPAE*, Vol. 9, Doc. 66

사랑하는 어머니에게. 오늘은 기쁜 소식이 좀 있습니다. H. A. 로런츠가 전보로 알려주었는데, [아서 에딩턴이 이끈] 영국 탐사대가 태양에 의한 빛 굴절을 정말로 확인했다고 합니다.

파울리네 아인슈타인에게, 1919년 9월 27일. *CPAE*, Vol. 9, Doc. 113. 아

서 에딩턴이 이 실험 결과를 취합할 때 데이터를 조작했다고 주장하는 사람들도 있다. 프린치페 섬에서 일식을 관측하여 일반상대성이론을 확인하고자 떠났던 탐사에서, 에딩턴은 아인슈타인이 아니라 뉴턴의 이론을 지지하는 것처럼 보이는 사진판 16개 중 3분의 2를 내버렸다. 에딩턴이 별빛 변위를 계산할 때 쓴 수학식도 편향된 형태였다고 보는 연구자도 있다. 물론, 이후에 다른 사람들이 더 나은 결과를 얻어서 아인슈타인이 어쨌든 옳다는 것을 확인함으로써 에딩턴의 정당성도 입증되었다. 이 주제에 관한 논의는 다음을 보라. Daniel Kennefick, "Testing Relativity from the 1919 Eclipse," *Physics Today*, March 2009, 37~42

특수상대성이론의 가장 중요한 결과는 물리계의 관성 질량과 관계된 문제이다. 물리계의 관성은 그 안에 포함된 에너지에 의존한다는 사실이 분명해졌으며, 이것은 관성 질량이 곧 잠재 에너지라는 개념으로 이어진다. 질량 보존 원칙은 독립성을 잃고 에너지 보존 원칙에 결합된다.

〈타임스〉(런던)의 요청으로 쓴 '상대성이론이란 무엇인가'에서, 1919년 11월 28일. *CPAE*, Vol. 7, Doc. 25

우리가 한 무리의 자연 현상을 이해했다고 말할 때는 그것들을 모두 아우르는 건설적인 이론을 발견했다는 뜻이다.

상동

특별 공적 자금을 사용하지 않고서도 일반상대성이론 연구를 효과적으로 촉진할 수 있습니다. 전국의 천문대들과 천문학자들이 장비와 노동의 일부를 이 문제에 할애하면 됩니다.

독일 교육장관 콘라트 헤니슈에게, 1919년 12월 6일. 일반상대성이론 연구를 후원하기 위해서 국고에서 15만 마르크를 예비해두었다는 소식을 듣고. *CPAE*, Vol. 9, Doc. 194

스펙트럼선들의 적색편이는 상대성이론을 절대적으로 확증하는 결과라고 믿습니다. 혹 자연에 이런 현상이 존재하지 않는 것으로 밝혀졌다면, 우리는 이론 전체를 폐기해야 했을 것입니다.

아서 에딩턴에게, 1919년 12월 15일. *CPAE*, Vol. 9, Doc. 216

[연구자는] 공리에 입각했을 때 어떤 이론들이 가능한지를 직관적으로 골라냄으로써 사실에 순응한다.

〈베를리너 타게블라트〉의 '물리학의 연역과 귀납'에서, 1919년 12월 25일. 다음도 보라. *CPAE*, Vol. 7, Doc. 28

경험과학 구축 과정을 제일 단순하게 묘사한 그림은 귀납법이다. 과학자는 개별 사실들을 골라서 한데 묶음으로써 그것들을 이어주는 법칙성을 드러낸다. 그 다음에는 그 법칙들을 한데 묶음으로써 그보다 더 일반적인 법칙을 끌어낸다. 그렇게 계속 나아가서 마지막으로 개별 사실들을 어느 정도 일관되게 모두 아우르는 체계를 구축해낸다. …… 그러나 …… 과학이 이런 방식으로 성큼 전진한 예는 상당히 드물다. 연구자가 사전에 형성된 견해가 없는 상태로 사물에 접근한다면, 어떻게 엄청나게 복잡하고 풍부한 경험들로부터 법칙을 통해 관련성을 드러낼 만큼 단순한 사실들을 잘 골라내겠는가?

상동

우리가 자연을 이해하는 과정에서 정말로 중요한 발전들은 귀납법과는 거의 정반대의 방식으로 이뤄졌다. 과학자는 방대한 사실들의 도가니에서 무엇이 핵심인지를 직관으로 파악한 뒤, 그로부터 가설적 기본 법칙을 하나 이상 추론해낸다. 그 다음 그 법칙으로부터 결론을 끌어내고 …… 그 결론을 경험과 비교해본다. 그런 기본 법칙(공리)과 결론을 통틀어 지칭하는 말이 '이론'이다. 전문가들은 자연과학에서 위대한 발전들은 …… 모두 이런 방식으로 이뤄졌다는 것을 알고 있으며, 자신들이 토대로 삼은 이론에 이런 가설적 특징이 있다는 것도 알고 있다.

상동

이론의 진실성은 영영 증명될 수 없다. 미래에 그 결론을 거스르는 경험이 발견되지 않으리라는 보장은 아무도 할 수 없기 때문이다.

상동

두 이론이 존재하고 둘 다 주어진 사실들에 부합할 때, 둘 중 하나를 고르는 데 쓸 기준은 연구자의 직관 외에는 없다. 그러므로 지적인 과학자들이 두 가지 이론과 사실을 다 알면서도 서로 반대되는 이론을 열렬히 고집하는 것도 이해할 만하다.

상동

그렇다면 친애하는 신을 딱하게 여겼겠지요. 어쨌든 이론은 옳을 테니까.

만일 그해에 아서 에딩턴과 프랭크 다이슨이 수행한 실험에서 일반상대성 이론이 틀렸다고 확인되었다면 아인슈타인은 어떻게 반응했겠느냐고 물은 박사 과정 학생 일제 로젠탈-슈나이더에게, 1919년. Rosenthal-Schneider, *Reality and Scientific Truth*, 74

* 왜 등속운동하는 좌표계를 우선해야 합니까? 어떤 운동이든 다 허용되어야 합니다. 자연이 왜 우리 좌표계들에게 신경을 쓰겠습니까?

상동, 91

[건설적 이론은] 비교적 단순한 기본적 형식화로부터 좀 더 복잡한 현상을 설명해내려고 한다. …… [반면에 원칙적 이론은] 경험적으로 발견한 자연 현상의 일반적 속성들에 바탕을 둔다. 기반이 되는 그 원칙들로부터 수학적으로 형식화한 기준이 도출되며, 개별 현상이나 이론 모형은 모두 그 원칙들을 준수해야 한다.

과학 이론을 두 종류로 나눈 아인슈타인의 견해, 1919년. 그는 둘 다 장점이 있지만 이른바 건설적 이론이 더 중요하다고 여겼다. "What Is the Theory of Relativity?" *CPAE*, Vol. 7, Doc. 26

[스펙트럼] 문제가 완전히 해결되려면 시간이 좀 지나야 할 겁니다. 어쨌든 나는 상대성 개념에 대한 자신감이 있습니다. 오류 원인이 (즉 간접 광원이) 모두 제거된다면 결과가 분명 바르게 나올 겁니다.

파울 에렌페스트에게, 1920년 4월 7일. 일반상대성이론에 관하여. *CPAE*, Vol. 9, Doc. 371

더 이상 경험에 단단히 이어지지 않은 개념은 공허합니다. 그것은 자신의 출신을 부끄럽게 여기고 부정하려고 하는 출세주의자를 닮았습니다.

한스 라이헨바흐에게, 1920년 6월 30일. *CPAE*, Vol. 10, Doc. 66

세상은 바보로 가득한 놀라운 곳입니다. 요즘은 마부들도 웨이터들도 상대성이론이 옳냐 그르냐 토론을 벌이더군요. 그 문제에 대한 그들의 신념은 자신이 속한 정당에 따라 결정됩니다.

마르첼 그로스만에게, 1920년 9월 12일. 일반상대성이론에 대한 대중의 폭넓은 관심에 놀라며. 물론 대부분의 사람들은 이론을 이해하지 못했고, 그래서 아인슈타인은 한결 더 신비로운 존재가 되었다. 그는 이런 대중적 소동을 "상대성 서커스"라고 종종 묘사했다. *CPAE*, Vol. 10, Doc. 148

과학은 대체로 순수한 지식에의 갈망을 충족시키려는 마음에서 발전한다고 믿습니다.

1920년. 다음에 인용됨. Moszkowski, *Conversations with Einstein*, 173

'발견'이라는 말은 유감스럽습니다. 발견은 이미 형성되어 있던 무언가를 이제 인식한 것에 해당하기 때문입니다. 이 문제는 증명으로도 이어지는데, 증명 또한 더 이상 '발견'의 특징을 지니지 않고 결국에는 발견을 낳은 수단의 특징만을 띱니다. …… 발견은 사실 창조 행위가 아닙니다.

상동, 95

아직 밝혀지지 않은 지식의 어떤 측면에 대해서 연구자가 느끼는 감정은 어른이 어떻게 사물을 능숙하게 조작하는지를 이해하려고 애쓰는 아이의 감정과 비슷합니다.

상동, 46

* 상대성에는 질릴 만큼 질렸어! 사람이 너무 몰두하면 그런 것조차도 지겨워지는 법이야.

엘자 아인슈타인에게, 1921년 1월 8일. *CPAE*, Vol. 12, Doc. 12

어떤 수학 법칙이 현실과 관련된다면, 그 법칙은 확실한 것이 못 됩니다. 반면에 확실한 법칙은 현실과 관련되지 않습니다.

베를린의 프로이센과학아카데미에서 했던 연설 '기하학과 경험'에서, 1921년 1월 27일. Einstein, *Sidelights on Relativity* (1922; reprint, New York: Dover, 1983), 28. (나는 이 책 1996년 판에서 "수학 법칙" 대신 필리프 프랑크가 자신의 책에서[*Einstein: His Life and Times*, 177] 잘못 인용했던 "기하학"이란 표현을 썼었다. 바로잡아준 체코 독자에게 고맙다.)

우리가 다른 과학들보다 수학을 특별히 존경하는 이유는 수학 법칙은 절대로 확실하고 반박 불가능하기 때문입니다. 그에 비해 다른 과학들의 법칙은 어느 정도까지는 논쟁될 수 있고 언제든 새로운 발견에 의해 기각될 위험에 처해 있습니다.

상동, 27

[기하학을] 물리학의 가장 오래된 분과로 여겨도 좋을 것입니다. …… 기하학이 없다면 나는 상대성이론을 만들 수 없었을 겁니다.

상동, 32~33

* 신은 자신이 원하는 방식대로 하지, 딴 사람의 명령을 받진 않을 겁니다.

아르놀트 좀머펠트에게, 1921년 3월 9일. 일반상대성이론의 보완 방정식을 제안하면서 그렇지만 그것이 물리학적 가치가 있는지는 모르겠다고 털어놓으며. *CPAE*, Vol. 12, Doc. 89

* 교양이나 지식이 있는 사람이라면 내 이론에 적대감을 품지 않습니다. 내 이론에 반대하는 물리학자들도 사실은 정치적 동기에서 자극된 것입니다.

〈뉴욕 타임스〉 1921년 4월 3일자에서 인용됨. 다음도 보라. Illy, *Albert Meets America*, 30

* 앞선 위대한 물리학자들의 발견들과 법칙들이 토대가 되어주지 않았다면, 나는 상대성이론을 구상할 수 없었을 겁니다. …… 내가 이론을 구축하는 데 토대가 되어준 물리학자를 꼽자면 갈릴레오, 뉴턴, 맥스웰, 로런츠 네 명입니다.

〈뉴욕 타임스〉 1921년 4월 4일자에서 인용됨. 다음도 보라. Illy, *Albert Meets America*, 41~42

* 우리는 현실적인 측면에서는 [상대성이론을] 걱정할 필요가 없습니다. 그러나 철학적인 측면에서는 중요합니다. 철학적 추론과 개념에 필수 요소인 시공간 개념을 바꿔놓기 때문입니다.

상동

* 칠판에 있는 관찰자가 볼 때, 가장자리에 있는 시계는 중앙에 있는 시계보다 더 느리게 갑니다. 또한 밝혀진 바, 책상에 있는 관찰자가 볼 때는 그보다 더 느리게 갑니다. 따라서 이런 결론이 나옵니다. 중력장이 주어진 한, 내가 말한 경우는 그런 상태의 특수한 사례인데, 서로 다른 장소에 있는 시계들은 서로 다른 속도로 갑니다.

뉴욕의 시티 칼리지에서 했던 강연에서, 1921년 4월 20일. *New York Times*, April 21, 1921, 12. 다음도 보라. Illy, *Albert Meets America*, 108

* 가는 곳마다 사람들이 그걸 묻습니다. 그건 말도 안 됩니다. 과학을 충분히 배운 사람이라면 누구든 쉽게 이 이론을 이해할 수 있습니다. 이 이론에는 놀랍거나 신비로운 것은 아무것도 없습니다. 이 분야를 연구한 사람들에게는 굉장히 쉬운 내용이고 미국에는 그런 사람이 많습니다.

〈시카고 데일리 트리뷴〉과의 인터뷰에서, 1921년 5월 3일 섹션 1, 3으로 발표. 상대성이론을 이해하는 사람이 세상에 열두 명뿐이라는 말이 사실이냐는 질문에 답하여. 다음도 보라. Illy, *Albert Meets America*, 147

신은 교묘하지만 심술궂지는 않습니다.

프린스턴 대학 수학 교수인 오즈월드 베블런에게 1921년 5월에 독일어로 한 말이다. 당시 아인슈타인은 연속 강연 때문에 프린스턴에 와 있었는데, 만일 클리블랜드의 데이턴 C. 밀러가 수행한 실험 결과가 사실이라면 아인슈타인의 중력 이론을 반박하는 셈이 된다는 소식을 듣고서 한 말이었다. 결국 밀러의 결과는 잘못된 것으로 밝혀졌다. 어떤 사람들은 아인슈타인의 이 말이 자연은 교묘하게 자신의 비밀을 숨긴다는 뜻이라고 해석한다. 또 어떤 사람들은 자연이 짓궂기는 하지만 사기를 치진 않는다는 뜻이었을 것이라고 해석한다. 위의 번역은 아브라함 파이스가 퍼뜨린 버전인데, 사실 독일어 단어 '라피니르트'는 번역하기가 꽤 까다롭다. '교묘한'이라는 번역어만큼 보기 좋진 않지만 그 못지않게 적절한 다른 번역어로는 '교활한', '약삭빠른', '음흉한', '간사한' 등이 있다.

이 문장은 독일어로 석판에 새겨져 프린스턴의 202 존스홀 건물(예전에는 파인홀이라고 불렸지만 같은 이름의 새 수학과 건물이 세워진 뒤로 존스홀이라고 불린다) 교직원 라운지 벽난로 위에 붙어 있다. 독일어 원문은 다음과 같다. "Raffiniert ist der Herr Gott, aber boshaft ist Er nicht"(사실 여기에서 "Herr Gott"는 "Herrgott"라고 써야 정확하다). 이 문장은 다양한 번역으로 널리 인용된다. 가령 다음을 보라. Pais, *Subtle Is the Lord; Frank, Einstein: His Life and Times*, 285; Hoffmann, *Albert Einstein: Creator and Rebel*, 146

생각이 바뀌었습니다. 어쩌면 신은 정말로 심술궂습니다.

훗날 프린스턴에서 발렌티네 바르크만과 페터 베르크만에게. 우리가 실제로는 무언가를 전혀 이해하지 못했는데도 신은 우리로 하여금 무언가를 이해했다고 믿게끔 만든다는 뜻이다. 다음을 보라. Bargmann, "Working with Einstein," in *Some Strangeness in the Proportion*, ed. Harry Woolf (Addison-Wesley, 1980), 480~481

'상대성이론'이라는 용어에 대해서. 이것이 유감스러운 용어라고 인정합니다. 철학적 오해를 일으켰지요.

E. 치머에게, 1921년 9월 30일. 막스 플랑크가 붙인 이름인 '상대성이론'에 아인슈타인은 만족하지 않았지만, 결국 그 이름이 남았다. 아인슈타인은 '불변량 이론'이라는 표현을 선호했다. 이론의 내용은 아니라도 기법을 더 잘 묘사한다고 느꼈기 때문이다. 다음을 보라. Holton, *The Advancement of Science*, 69, 110, 312, n. 21. Einstein Archives 24-156

* 나는 뉴턴 위에 쌓아올렸을 뿐, 그를 무효화하지 않았습니다. 그러니 내 이론에 시적詩的인 의미가 있다고 말하는 사람들은 이론을 잘못 해석한 것입니다. 그런 의미가 있다고들 하는 바람에 내 의도나 허락과는 무관하게 오해가 생겨났고, 사람들은 그 오해에 이론을 끼워맞추려고 합니다. 어떤 사람들이 이 이론에 결부시키려고 하는 정치적 관심사나 원칙에 대해서는 더 이상 이야기하지 맙시다.

〈일 메사제로〉에 실린 알도 소라니와의 인터뷰에서, 1921년 10월 26일. *CPAE*, Vol. 12, Appendix G

* 과학이 만들어내는 통찰과 기법은 간접적으로만, 또한 종종 미래 세대에게만 실용성이 있습니다. 그렇다고 해서 우리가 과학을 경시하면, 폭넓은 시야와 판단을 통해 새로운 경제적 틈새를 창조하고 새로운 경제적 과제에 적응할 줄 아는 과학 일꾼이 훗날 부족해질 것입니다.

〈노이에 프라이에 프레세〉(빈)에 실린 '독일 과학이 처한 곤란'에서, 1921년 12월 25일. *CPAE*, Vol. 7, Doc. 70

상대성이론은 순수한 과학적 문제이고 종교와는 관련이 없습니다.

상대성이론이 종교에 어떤 영향을 미치겠느냐고 물은 캔터베리 대주교 랜덜 토머스 데이비슨에게, 1921년. 다음에 인용됨. Frank, *Einstein: His Life and Times*, 190

* 현업 이론물리학자는 부러워할 대상이 못 된다. 어머니 자연은, 더 정확하게 말하자면 실험은, 몹시 완강한 데다가 그의 작업을 우호적으로 평가하는 경우가 드물기 때문이다. 그녀는 이론에 대해 결코 "그렇다"고 말하지 않는다. 최선의 상황에서도 "어쩌면"이라고 말할 뿐이다. 대부분의 경우에는 딱 잘라 "아니다"라고 말한다. 실험이 이론을 증명하더라도 "어쩌면"일 뿐이고, 실험이 이론을 증명하지 않는다면 "아니다"다.

'여자의 "싫다(아니다)"는 "어쩌면 좋다(어쩌면 그렇다)"라는 뜻'이라는 유명한 말로 말장난한 것일지도 모른다. "Theoretische Bemerkungen zur Supraleitung der Metalle," in *Het natuurkundig laboratorium der Rijksuniversiteit te Leiden in de jaren 1904~1922*, November 11, 1922 (Leiden: Ijdo, 1922), 429. (귀중한 자료를 보내준 요제프 이에게 고맙다.)

원 논문을 통해서 이론의 진화를 추적하는 것은 나름대로 재미난 일이다. 그런 공부는 동시대 연구자들이 다듬어서 결과만 체계적으로 제시한 내용을 보는 것보다 주제에 관해 좀 더 깊은 통찰을 주곤 한다.

일본에서 출간된 아인슈타인의 논문집 서문에서, 1922년 12월 12일로 날짜가 적혀 있고 1923년 5월에 출간되었다. 독일어로 씌어졌다.

베른 특허청 사무실에 앉아 있던 중, 느닷없이 '자유낙하를 하는 사람은 자기 몸무게를 못 느끼겠지' 하는 생각이 떠올랐습니다. 나는 깜짝 놀랐습니다. 이 단순한 생각은 내게 깊은 인상을 남겼고, 결국 나를 중력 이론으로 이끌었습니다.

교토 강연에서, 1922년 12월 14일. 이시와라 욘이 적었던 메모를 Y. A. 오노가 영어로 번역하여 《피직스 투데이》 1932년 8월호에 실었다.

기하학을 언급하지 않고서 물리법칙을 설명한다는 것은 단어를 쓰지 않고서 생각을 표현하는 것과 같습니다.

상동

상대성이론의 주장은 다음과 같다. 자연법칙은 특정 좌표계에 얽매이지 않아야 한다. 좌표계란 실재가 아니기 때문이다. 가설적 법칙의 단순성을 평가할 때는 일반적인 공통변량으로만 따져야 한다. …… 자연법칙은 예나 지금이나 특정 좌표계를 선호하지 않는다. …… 상대성이론은 보편적 자연법칙만이 좌표계를 막론하고 늘 일정하다고 주장한다.

다음에 실은 글에서. *Annalen der Physik* 69 (1922), 438. Einstein Archives 1-016

* 그 애한테 박사 학위를 주세요. 물리학 박사 학위로 무슨 대단한 피해를 끼치겠습니까!

폴 랑주뱅에게, 1922년경. 물질은 빛과 마찬가지로 입자/파동의 이중성을 떤다고 주장하는 루이 드브로이의 박사 논문을 수락하라고 촉구하면서. 다음에 인용됨. Bulent Atalay, *Math and the Mona Lisa* (Washington, D.C.: Smithsonian Books, 2004). 귀중한 정보를 알려준 톰 길브와 내게 책을 보내준 아탈라이에게 고맙다. 그러나 물리학자들 사이에 널리 회자되는 이 말은 어쩌면 가짜일지도 모른다. 내가 아인슈타인이 랑주뱅에게 보낸 편지를 다 뒤져봤지만 찾지 못했기 때문이다. 가장 비슷한 것은 1924년 12월 16일에 보낸 편지로(Einstein Archives 15-377), 아인슈타인은 드브로이가 "거대한 베일의 한구석을 들어올렸다"고 썼다. 그 이론이 자신이 연구하는 내용과도 맞고 사람들과 그 주제로 토론할 것이라고도 썼다. 드브로이는 자신의 이론을 1923년에 처음 기록했고, 1924년 11월 25일에 박사 논문 심사를 통과했으며(아인슈타인이 앞에서 말한 편지를 쓰기 삼 주 전이었다), 1925년에 학술지에 발표했다(*Annalen der Physik*, ser. 10, vol. 3). 알고 보니 그 이론은 하이젠베르크의 이론과 수학적으로 동일했는데, 미국물리학회 웹사이트에 따르면 아인슈타인은 하이젠베르크의 이론을 믿지 않았다고 한다.

통합 이론을 추구하는 사람은 서로 속성이 무관한 별개의 두 영역이 존재한다는 가정을 편하게 받아들일 수 없습니다.

뒤늦게 한 노벨상 수상 강연에서. 1923년 6월 11일에 쓰고 1923년 7월에 예테보리에서 발표했다. 아인슈타인이 이후 평생 중력과 전자기력을 통합하는 통일장 이론을 추구할 것임을 내다보게 하는 말이다. 다음을 보라. *Les Prix Nobel en 1921~1922* (Stockholm, 1923). Einstein Archives 1-027

기술이 일정 수준을 넘어서면 과학과 예술은 미학, 융통성, 형식 면에서 하나로 융합하는 경향이 있습니다. 위대한 과학자들은 예술가들입니다.

1923년에 한 말. 아치볼드 헨더슨이 〈더럼 모닝 헤럴드〉 1955년 8월 21일자에서 떠올린 말. Einstein Archives 33-257

우리가 양자를 쫓으면 쫓을수록 양자는 더 꼭꼭 숨습니다.

파울 에렌페스트에게, 1924년 7월 12일. 양자 이론에 대한 좌절감을 표현하며. Einstein Archives 10-089

내 과학적 흥미는 사실상 원리 연구에만 국한되었습니다. …… 논문을 이렇게 적게 발표하는 것도 그런 사정 때문입니다. 원리를 이해해야 하다 보니 소득 없는 탐구에 대부분의 시간을 쏟는 것입니다.

마우리체 솔로비네에게, 1924년 10월 30일. *Letters to Solovine*, 63. Einstein Archives 21-195

세상에는 물리학적으로 근본적인 통찰에 예리한 사람이 있고 기술적 재주가 뛰어난 사람이 있습니다. …… 우리 [아인슈타인, 보어, 에렌페스트] 셋은 첫 번째 부류이고 (이 중 적어도 두 명은) 기술적 재주가 적습니다. 그래서 (보어나 디바이 같은) 탁월한 거장을 마주치면 그만 풀이 죽습니다. 하지만 거꾸로도 마찬가지겠지요.

파울 에렌페스트에게, 1925년 9월 18일. 다음 책의 독일어판에 인용됨. Fölsing, *Albert Einstein*, 552. Einstein Archives 10-111

양자역학은 분명 막강합니다. 그러나 내 안에서는 그래도 이것이 진짜는 아니라는 목소리가 울립니다. 이 이론이 많은 결과를 내기는 하지만 신의 비밀에 다가가게 해주지는 못합니다. 좌우간 나는 신이 주사위 놀이를 하진 않는다고 믿습니다.

막스 보른에게, 1926년 12월 4일. Born, *Born-Einstein Letters*, 88. Einstein Archives 8-180. 마지막 문장은 "신은 우주를 가지고 주사위 놀이를 하지 않는다"라는 표현으로 널리 알려져 있다.

뉴턴의 미분 기법은 양자 이론에 이르러서 적절성을 잃었고, 엄밀한 인과관계는 우리를 저버렸습니다. 그러나 아직 최종 판결은 내려지지 않았습니다.

뉴턴 사망 200주기를 맞아 영국왕립학회에 보낸 편지에서, 1927년 3월. 다음에 재수록됨. *Nature* 119 (1927), 467. Einstein Archives 1-060

모든 물리 이론은, 더 나아가 그 수학적 표현은 어린아이도 이해할 수 있을 만큼 간결하게 표현될 수 있어야 합니다.

1927년에 나눈 대화에서. 루이 드브로이가 다음에서 떠올린 말. *Nouvelles perspectives en microphysique*, Paris, 1956. (영어 번역. New York: Basic Books, 1962, 184.) 다음에도 인용됨. Clark, *Einstein*, 344

* 날이면 날마다 밤잠도 바쳐가며 고민한 문제가 이제 최상의 결과로 완성되어 눈앞에 있습니다. 일곱 쪽으로 압축되어 '통일장 이론'이라는 제목을 단 논문입니다.

미셸 베소에게, 1929년 1월 5일. 다음에 번역되어 인용됨. Neffe, *Einstein*, 351. Einstein Archives 7-102

젊은 물리학자들이 양자역학이라는 이름으로 이룬 성취를 대단히 존경하며, 그 이론의 심오한 진실성을 믿습니다. 그러나 그 이론이 통계법칙으로만 스스로를 제약하는 것은 일시적인 현상일 것이라고 믿습니다.

1929년 6월 28일에 플랑크 메달을 받으면서 했던 연설에서. 다음에 인용됨. *Forschungen und Fortschritte* 5 (1929), 248~249

모든 기술적 업적의 주된 원천은 발명가의 창조적 상상력뿐만이 아닙니다. 이것저것 만지작거리며 고민하는 연구자의 신성한 호기심과 장난스러운 충동도 못지않게 중요합니다.

독일 라디오 박람회의 개막을 맞아 베를린 라디오 방송에서 한 말, 1930년 8월 22일. 프리드리히 헤르네크가 녹취한 내용이 다음에 실렸다. *Die Naturwissenschaften* 48 (1961), 33. Einstein Archives 4-044

과학기술의 기적을 아무 생각 없이 사용하는 사람, 소가 식물학을 모르고서 풀을 뜯는 것처럼 아무것도 이해하지 못하고 쓰는 사람은 자신을 부끄러워해야 합니다.

상동

* 이전 시대에는 서로 다른 나라의 국민들은 거의 전적으로 자기 나라의

일간신문이라는 왜곡된 거울을 통해서만 상대를 알 수 있었습니다. 라디오는 훨씬 더 역동적으로 서로를 알려줍니다. …… 그럼으로써 불신과 반감으로 변질되기 쉬운 낯선 감정을 없애는 데 기여합니다.

상동

과학자는 앙리 푸앵카레가 이해의 기쁨이라고 말했던 것을 보상으로 여길 뿐, 발견에 어떤 응용성이 있을 것인가 하는 점을 보상으로 여기지 않습니다.

아인슈타인, 제임스 머피, J.W.N. 설리번이 의견을 주고받았던 '소크라테스식 문답'에서, 아마도 1930년. 다음 책 에필로그에 인용됨. Planck, *Where Is Science Going?* (New York, 1932), 211. 대화의 일부는 '과학과 신: 대화'라는 제목으로 다음에도 실렸다. *Forum and Century* 83 (June 1930), 373~379

독재는 사방에 재갈을 물리는 것이고 따라서 모두를 바보로 만든다. 과학은 자유로운 발언이 허용되는 분위기에서만 융성한다.

다음 책에 기고한 글 '과학과 독재'에서. *Dictatorship on Its Trial*, ed. Otto Forst de Battaglia, trans. Huntley Paterson (London: George G. Harrop, 1930), 107. 아인슈타인의 글은 위의 단 두 문장이 전부이다. Einstein Archives 46-218

인간 정신이 만들어낸 것이 인류에게 저주가 아니라 축복이 되려면 …… 모든 기술 사업의 주목표는 인간의 운명에 대한 고려여야 합니다. 도표와 방정식에 둘러싸여 있더라도 이 사실을 잊지 마십시오.

패서디나의 캘리포니아 공대에서 했던 연설 '과학과 행복'에서, 1931년 2월 16일. 다음에 인용됨. *New York Times*, February 17 and 22, 1931. Einstein Archives 36-320

노동을 덜고 삶을 편하게 만들어준 근사한 응용과학이 어째서 우리를 행복하게 만들어주진 않는 것일까요? 답은 간단합니다. 우리가 그것을 분별 있게 이용하는 방법을 아직 모르기 때문입니다.

기술에 관하여. 상동

* 세상을 인식하는 주체와는 무관하게 외부 세계가 존재한다는 믿음은 모든 자연과학의 바탕이다. 그러나 감각 인식은 외부 세계 혹은 '물리적 실재'에 대한 정보를 간접적으로만 제공하기 때문에, 우리는 오직 추론을 통해서만 그것을 파악할 수 있다. 따라서 물리적 실재에 대한 우리의 관념들은 언제까지나 완벽해질 수 없다.

"Maxwell's Influence on the Evolution of the Idea of Physical Reality," in *James Clerk Maxwell: A Commemorative Volume* (Cambridge, U.K.: Cambridge University Press, 1931). 다음도 보라. *Ideas and Opinions*, 266

* 편미분방정식은 처음에는 이론물리학의 시녀로서 나타났지만 차츰 주인이 되었다.

상동. *Ideas and Opinions*, 268

자연과학의 공리를 인간사에 적용하는 요즘의 유행은 전적으로 실수일 뿐 아니라 조금은 지탄받아야 할 일이다.

상대론적 '세계관'에 관하여, 그리고 자연과학이 실제 적용되지 않는 영역에서 심하게 오용되는 현상에 관하여. 상동. 다음 책에서 로렌 그레이엄도 인용했다. Holton and Elkana, *Albert Einstein: Historical and Cultural Perspectives*, 107

* 이미 존재하는 것, 이미 완성된 것으로서의 과학은 인간이 아는 한 가장 객관적이고 비개인적인 것입니다. 한편 지금 만들어지고 있는 것, 목표하는 것으로서의 과학은 인간의 여느 작업과 마찬가지로 주관적이고 심리에 좌우되는 일입니다.

UCLA 학생들에게 한 연설에서, 1932년 2월. *Builders of the Universe* (Los Angeles: U.S. Library Association, 1932), 91

* 모든 이론의 최상의 목표는 경험 데이터를 하나도 빼놓지 않고 전부 적절하게 표현한다는 목표를 포기하지 않으면서도 환원 불가능한 기본 요소를 최대한 단순한 것으로 최대한 적게 사용하는 것입니다.

옥스퍼드에서 한 허버트 스펜서 강연 '이론물리학의 기법에 관하여'에서, 1933년 6월 10일. 옥스퍼드 대학 출판부 버전이다. 강연 내내 "단순한", "가장 단순한", "단순성"이라는 말이 등장한다. 다음에는 약간 다른 버전이 수록되어 있다. *Ideas and Opinions*, 272. 어쩌면 이 말에서 자주 인용되는 다음 문장이 나왔을지도 모른다. "모든 것은 최대한 단순해야 하지만 그 이상 더 단순해서는 안 된다." 1977년 7월호 《리더스 다이제스트》에 실린 이 말은 당연히 문자 그대로 받아들여서는 안 되는 말이다. 《리더스 다이제스트》는 1938년 10월호 기사에서 아인슈타인도 결국 인간이었다는 말을 하기 위해서 제목에 '단순성'이라는 단어를 사용한 적 있었다. 말이 나왔으니 말인데, 그 기사는 전기적 사실에 오류가 가득하다.

* 지금까지 경험으로 보아, 자연은 우리가 상상할 수 있는 한 가장 단순한 수학적 발상들이 구현된 존재라고 믿어도 될 것입니다. 우리는 순수한 수학적 구성을 통해서, 자연 현상을 이해하는 데 열쇠가 되어주는 개념들과 그 개념들을 연결하는 법칙들을 발견할 수 있을 것입니다.

상동. *Ideas and Opinions*, 274

[과학의] 창조적 원칙은 수학에 있습니다.

상동

마음으로 느끼지만 표현하지 못하는 진실을 찾아 어둠 속을 초조하게 헤맨 세월, 명료한 이해에 도달하기까지 시달리는 강렬한 욕망, 확신과 의혹이 오락가락하는 상태. 이런 것은 직접 겪어본 사람만이 이해할 수 있습니다.

글래스고 대학에서 한 강연에서, 1933년 6월 20일. 다음에 발표됨. *The Origins of the Theory of Relativity*. 다음에 재수록됨. *Mein Weltbild*, 138; *Ideas and Opinions*, 289~290

인간을 고결하게 만들고 본성을 풍요롭게 만드는 것은 과학 연구의 결과가 아니다. 창조적이고 개방적이고 지적인 작업을 수행하는 과정에서 무언가를 이해하려고 애쓰는 노력 그 자체다.

'선과 악'에서, 1933년. 다음에 발표됨. *Mein Weltbild* (1934), 14. 다음에 재수록됨. *Ideas and Opinions*, 12

* [수학자인] 그는 심리적 통찰력은 변변치 않았습니다. 수학자들은 종종 그렇습니다. 논리적으로 사고하지만 유기적 연결이 부족합니다.

스티븐 와이즈에게, 1934년 6월 9일. Einstein Archives 35-150

* 서로 무관한 두 공간 구조, 즉 측량 가능한 중력장과 전자기장이 따로따로 존재한다는 것은 이론가가 참을 수 없는 생각이다. 두 장이 어떤 하나의 통일된 공간 구조에 대응하리라고 믿지 않을 수 없다.

"The Problem of Space, Ether, and the Field in Physics," in *Essays in Science* (1934), 74. 다음에도 수록됨. *Ideas and Opinions*, 285

[물질을 에너지로 변환시킬 가능성은] 새가 몇 마리밖에 없는 시골에서 캄캄할 때 총을 쏘아 새를 잡는 것과 비슷할 겁니다.

핵분열로 원자를 쪼개는 데 성공한 시점으로부터 삼 년 전인 1935년 1월에 기자회견에서 한 말. 다음에 인용됨. *Literary Digest*, January 12, 1935. 나탄과 노던의 책에도 인용되어 있으나(*Einstein on Peace*, 290), 저자들은 이 기록을 조심스럽게 받아들여야 한다고 경고한다.

일반적인 내용에 대해 글을 쓸 동기는 느끼지 않습니다. 내가 여생을 공유해야 할 젊은 세대로부터 소외되었다고 느끼기 때문일 겁니다. 나는 차라리 기본적인 문제, 특히 현재의 지배적 작업으로부터 멀리 일탈한 듯한 문제에 골몰하려고 합니다. 근본적으로 통계적인 토대 위에 물리학을 세우는 작업이 성공하리라고는 생각하지 않습니다.

버트런드 러셀에게, 1935년 1월 27일. Einstein Archives 33-161

대중이 과학 연구의 세부적인 부분까지 다 이해하기에는 한계가 있을 것입니다. 그러나 최소한 위대하고 중요한 한 가지 개념을 깨달을 수는 있을 것입니다. 인간의 사고는 신뢰할 만하고 자연법칙은 보편적이라는 믿음입니다.

'과학과 사회'에서, 1935년. 다음에 재수록됨. *Einstein on Humanism*, 13. Einstein Archives 28-342

과학 연구는 인간의 행동을 비롯하여 세상의 모든 사건이 자연법칙에 따라 결정된다는 가정에 입각하여 이루어집니다.

필리스 라이트에게, 1936년 1월 24일. Einstein Archives 52-337

과학은 일상의 사고를 정련한 것에 지나지 않는다.

"Physics and Reality," *Journal of the Franklin Institute* 221, no. 3 (March 1936), 239~382. 다음에 재수록됨. *Ideas and Opinions*, 290

과학의 목표는 한편으로 모든 감각 경험들간의 관계를 가급적 완전히 이해하는 것이고 다른 한편으로 그 목표를 달성할 때 최소한의 일차 개념과 관계만을 사용하는 것이다.

상동, 293

훌륭하고 아름다운 개념이 현실에 부합한다고 증명되는 것은 늘 축복입니다.

지그문트 프로이트에게, 1936년 4월 21일. 프로이트의 개념들에 관하여. Einstein Archives 32-566

우리는 (로젠 씨와 나는) 논문을 보낼 때 인쇄 전에 다른 전문가에게 보여줘도 좋다고 허락한 바 없습니다. 당신들이 주선한 익명 검토자의 권유를 따라야 할 이유도 모르겠습니다(말이 나왔으니 말인데, 권유한 내용도 틀렸습니다). 전술한 이유로 우리는 다른 잡지에 논문을 싣는 것을 고려하겠습니다.

《물리학 리뷰》의 편집자에게, 1936년 7월 27일. 나탄 로젠과 함께 쓴 논문 '중력파에 관하여'는 나중에 《프랭클린 연구소 저널》에 실렸다(*Journal of the Franklin Institute* 223 〔1937〕, 43~54). Einstein Archives 19-087

아직도 십 년 전과 똑같은 문제와 씨름하고 있습니다. 작은 부분에서는 성공했지만 진정한 목표는 달성할 수 없을 것 같습니다. 가끔 결론이 눈앞에 다가온 것처럼 보일 때도 있지만 말입니다. 이 일은 고되지만 보람

참니다. 목표가 내 능력 밖이기에 고되고, 일상의 산란한 문제들을 잊게 해주기에 보람찹니다.

오토 율리우스부르거에게, 1937년 9월 28일. Einstein Archives 38-163

* 여전히 열심히 일하고 있습니다. 내 지적 자손들은 대부분 일찌감치 죽어서 좌절된 희망들의 무덤에 묻히지만 말입니다.

하인리히 창거에게, 1938년 2월 27일. Einstein Archives 40-105

물리적 개념은 인간 정신이 자유롭게 만들어낸 산물이다. 언뜻 외부 세계에 의해 확고하게 결정된 것처럼 보일지라도 그렇지 않다.

레오폴트 인펠트와 함께 쓴 『물리학의 진화』에서. *The Evolution of Physics*, 1938

* 상대성이론에 따르면 질량과 에너지는 본질적으로 구별되지 않는다. 에너지가 질량이고 질량이 곧 에너지다. 두 가지 보존 법칙이 아니라 질량-에너지 보존 법칙이라는 하나의 보존 법칙만 존재한다.

상동, 208

* 이론을 구축함으로써 현실을 파악할 수 있다고 믿지 않고서는, 세상에 숨은 조화를 믿지 않고서는, 과학이 존재할 수 없다. 이런 믿음은 모든 창조적 과학 연구의 근본적인 추진력이며 언제까지나 그럴 것이다.

상동, 313

* 핵분열에 관한 지금까지의 연구 결과를 볼 때, 그 과정에서 방출되는 핵 에너지를 경제적으로 활용할 수 있다는 가정이 반드시 현실이 된다고 장담할 순 없습니다. 그러나 물리학자라면 누구나 지적 호기심이 있기에, 지난 실험 결과가 좋지 않았다고 해서 이 중요한 주제에서 관심을 거두는 일은 없을 것입니다.

〈뉴욕 타임스〉에 한 말, 1939년 3월 14일. 다음을 보라. Schweber, *Einstein and Oppenheimer*, 45

* 과학은 혼란스럽도록 다양한 감각 경험들을 논리적으로 일관된 사고 체계에 끼워 맞추려는 시도이다. 이 체계에서, 각 경험이 이론 구조와 대응됨으로써 만들어지는 전체 구도는 유일하면서도 설득력 있어야 한다. …… 감각 경험은 우리에게 주어진 재료이지만 그것을 해석하는 이론은 우리가 만들어낸 것이다. 그것은 …… 가설적이고, 언제가 되었든 완벽하게 마무리될 수 없으며, 언제까지나 의문과 의심을 받는다.

"The Fundamentals of Theoretical Physics," *Science* 91 (May 24, 1940), 487~492. 다음에 재수록됨. *Ideas and Opinions*, 323~335

물리학이라고 불리는 학문은 측정에 관련된 개념들에 토대를 둔 자연과학과 수학적 형식화에 적합한 개념과 명제에 토대를 둔 자연과학을 모두 아우른다.

상동

모두를[물리학의 다양한 분과들을] 하나로 통합하는 이론적 기반을 찾으려는 시도는 늘 있었다. …… 그것으로부터 개별 분과의 모든 개념들과 관계들을 논리적으로 유도할 수 있으리라고 기대하는 것이다. 물리학의 전체 기반을 찾는다는 말은 그런 뜻이다. 언젠가 이 궁극의 목표를 달성할 수 있으리라는 확신은 물리학자의 연구 동기인 헌신적 열정의 원천이다.

상동

말을 사랑하듯이 자동차를 사랑할 순 없습니다. 말은 기계와는 달리 인간의 감정을 끌어냅니다. 기계는 인간의 감정을 묵살합니다. …… 기계는 우리 삶을 인간미 없게 만들고, 우리 내면의 어떤 속성을 억압하고, 비인간적인 환경을 만들어냅니다.

앨저넌 블랙이 녹음한 대화에서, 1940년 가을. 아인슈타인은 이 대화를 출간하는 것을 금지했다. Einstein Archives 54-834

과학의 목표는 물론 사실들을 연결하고 예측하는 법칙을 발견하는 것이지만, 그것만은 아니다. 과학은 또한 그렇게 발견한 관계들을 최소 가짓수의 상호 의존적 개념 요소로 환원하려고 노력한다. 과학은 바로 이렇게 최대한 많은 것을 합리적으로 통합하려고 노력하는 경우에 최고의 성공을 거둔다.

'과학, 철학, 종교와 민주적 삶의 방식과의 관계를 토론하는 학회'가 뉴욕에서 열었던 심포지엄 '과학, 철학, 종교'에서, 1941년. 다음에 재수록됨. *Ideas and Opinions*, 48~49

* 과학의 개념과 언어가 초국적적인 것은 나라와 시대를 불문하고 최고의 두뇌들이 작업한 것이기 때문이다. …… 그들은 기술 혁명에 쓸 정신적 도구를 만들어냈고 그 혁명은 지난 세기에 인류의 삶을 변혁시켰다.

"The Common Language of Science," *Advancement of Science* 2, no. 5 (1941), 109~110. 다음에 재수록됨. *Ideas and Opinions*, 336~337

신이 쥔 패를 훔쳐보기는 힘듭니다. 그러나 신이 세상을 가지고 주사위 놀이를 하리라는 것은 …… 나로서는 한 순간도 믿기 어려운 생각입니다.

코르넬 란초시에게, 1942년 3월 21일. 양자 이론에 대한 반응이다. 양자 이론은 관찰자가 상대성에 영향을 미칠 수 있고 사건은 무작위로 일어난다고 주장하기 때문에, 상대성이론을 반박하는 셈이다. 다음에 인용됨. Hoffmann, *Albert Einstein: Creator and Rebel*, chapter 10; Frank, *Einstein: His Life and Times*, 208, 285; Pais, *Einstein Lived Here*, 114. Einstein Archives 15-294. 이 말은 여러 버전으로 변용되었는데 그중 내가 좋아하는 것은 어느 랍비가 내게 보내준 말이다. "신은 우주를 가지고 크랩 놀이를 하지 않는다." 물리학자 닐스 보어는 아인슈타인에게 이렇게 응수했다고 한다. "신에게 이래라 저래라 하지 말아요!"

상대성이론의 개념과 문제는 현실의 삶과는 한참 먼 이야기인데도 이 이론이 폭넓은 대중에게서 활발하고 심지어 열정적인 반응을 끌어낸 이유가 무엇인지 나는 전혀 모르겠다.

1942년 10월에 쓴 글. 다음 책 서문에 발표됨. Frank, *Einstein: Sein Leben und seine Zeit*, 1979

* 우리는 과학적 탐험에서 정반대 지점에 놓인 사이가 되고 말았습니다. 당신은 주사위를 굴리는 신을 믿고 나는 객관적으로 존재하는 세계의 완전한 법칙과 질서를 믿습니다. …… 나는 내 생각을 굳게 믿습니다만, 어쨌든 내가 운명적으로 발견한 것보다 좀 더 현실적인 혹은 좀 더 구체적인 기반을 누군가 발견해주기를 바랍니다. 양자 이론이 초반에 대단한 성공을 거두긴 했지만 그래도 나는 우주가 근본적으로 주사위 게임과 같다는 생각을 못 믿겠습니다. 젊은 동료들은 내 시각을 노화의 결과로 해석한다는 걸 알지만 말입니다.

막스 보른에게, 1944년 9월 7일. Born, *Born-Einstein Letters*, 146. Einstein Archives 8-207

* [과학의] 배경에 대한 역사적, 철학적 지식은 …… 대부분의 과학자들이 품고 있는 …… 편견으로부터 벗어나도록 도와줍니다. 철학적 통찰에 따른 그런 독립성이야말로—내가 볼 때—그저 그런 장인 혹은 전문가와 진정한 탐구자를 구별하는 표지입니다.

로버트 손튼에게, 1944년 12월 7일. Einstein Archives 56-283

갈릴레오 이래 물리학의 역사는 이론물리학자가 얼마나 중요한지를 증명합니다. 그들로부터 기초적인 이론적 발상들이 배출되는 것입니다. 물리학의 선험적 구축은 경험적 사실만큼이나 중요합니다.

헤르만 바일과 함께 프린스턴고등연구소 관리자들에게 보낸 메모에서, 1945년 초. 연구소 신임 교수로 로버트 오펜하이머 대신 이론가 볼프강 파울리를 추천하면서 한 말이다. 파울리는 제안을 거절했고, 오펜하이머는

1946년에 소장직을 제안받아 승낙했다. 다음에 인용됨. Regis, *Who Got Einstein's Office?*, 135

내가 원래 구축했던 형태의 상대성이론은 아직 원자론과 양자 현상을 설명하지 못합니다. 전자기장과 중력장을 둘 다 아우르는 공통의 수학적 형식화도 이루지 못했습니다. 이것은 상대성이론의 원래 형태가 결정판이 아니라는 증거입니다. …… 그 표현 형식은 아직 진화하는 중입니다. …… 요즘 내가 가장 애쓰는 작업은 중력 이론과 전자기 이론의 이분법을 해소하여 양자를 하나의 수학식으로 환원하는 문제입니다.

《컨템포러리 주이시 레코드》의 알프레드 스턴과의 인터뷰에서. *Contemporary Jewish Record* 8 (June 1945), 245~249

나는 실증주의자가 아닙니다. 실증주의는 우리가 관찰할 수 없는 것은 존재하지 않는다고 선언합니다. 그런 관념은 과학적으로 변호될 수 없습니다. 무엇이 관찰할 수 '있는' 것이고 무엇이 '없는' 것인지 유효하게 정의할 수 없기 때문입니다. 그 대신 "우리가 관찰하는 것만이 존재한다"라고 말해야 하는데, 이것은 명백히 거짓입니다.

상동

나는 몸과 마음을 모두 과학에 팔아넘겼습니다. '나'와 '우리'에서 '그것'에게로 도망쳤습니다.

헤르만 브로흐에게, 1945년 9월 2일. 다음에 인용됨. Hoffmann, *Albert*

Einstein: Creator and Rebel, 254. Einstein Archives 34-048.1

과학적 인간은 왜 어떤 견해가 책에 씌어 있다는 이유만으로 그것을 믿어야 하는지를 결코 이해하지 못합니다. 그는 자신의 시도에서 얻은 결과조차 최종적인 것이라고는 믿지 않을 것입니다.

J. 리에게, 1945년 9월 10일. Einstein Archives 57-061

* 기본 방정식에 뻔히 기본적이지 않은 상수가 포함되어 있는 이론이라면, 논리적으로 서로 무관한 잡다한 조각들을 끼워 맞춰서 이론을 구축하는 수밖에 없을 것입니다. 그러나 나는 세상이 그토록 흉한 구성을 동원해야만 이론적으로 이해할 수 있도록 만들어졌다고는 믿지 않습니다.

일제 로젠탈-슈나이더에게, 1945년 10월 13일. 베를린 시절 학생이었던 그녀와 자연의 보편상수에 관해, 보편상수들이 현실과 어떤 관계를 맺는가에 대해 오랫동안 주고받은 편지 중에서. Rosenthal-Schneider, *Reality and Scientific Truth*, 32~38. Einstein Archives 20-278. 1949년 4월 23일 편지에서 아인슈타인은 자신의 발언은 단정적 선언이 아니라 직관에 근거한 추측일 뿐이라고 말했다(상동, p. 40)

조직은 이미 알려진 발견을 응용할 순 있어도 새로운 발견을 해낼 순 없습니다. 발견은 자유로운 개인만이 해낼 수 있습니다. …… 과학자들의 조직이 다윈의 발견을 해내는 광경을 상상할 수 있습니까?

레이먼드 스윙과의 인터뷰 '원자폭탄에 관한 아인슈타인의 의견' 1부에서. *Atlantic Monthly*, November 1945

과학자로서 나는 이성과 논리적 분석의 관점에서 바라보았을 때 자연은 완벽한 구조라고 믿습니다.

레이먼드 베넨슨에게, 1946년 1월 31일. Einstein Archives 56-505

오늘날 혐오스러운 윤리적 타락은 주로 삶의 기계화와 비인간화에서 비롯하는 것 같습니다. 이것은 과학기술의 처참한 부산물입니다. 우리 탓이오!

오토 율리우스부르거에게, 1946년 4월 11일. Einstein Archives 38-228

최초에(그런 순간이 있었다면 말이지만) 신은 뉴턴의 운동 법칙과 그 법칙이 적용될 질량들과 힘들을 창조하셨다. 그게 다다. 그 뒤에 벌어진 일은 모두 적절한 수학 기법들이 연역적으로 전개되는 과정에서 나왔을 뿐이다.

1946년에 '자전적 기록'을 쓰고자 작성했던 메모에서, 19

이론은 전제가 단순할수록, 좀 더 다양한 것들을 연결할수록, 적용 범위가 넓을수록 더 인상적이다.

상동, 33. 아인슈타인은 단순한 가설의 가치를 자주 언급했다. 복사 방출과 흡수의 사례가 그랬듯이, 미래의 어떤 이론적 표현에서 단순성이 기본 특질일지도 모른다고 믿었기 때문이다. *CPAE*, Vol. 6, Doc. 34. '아인슈타인이 했다는 말' 장에는 이 일반적인 생각을 나쁜 표현으로 변형시킨 문장이 등장한다. 앞에서 소개했던 1933년 6월 10일 메모도 마찬가지다.

[고전 열역학은] 내가 보편적 물리 이론 중에서 그 기본적인 개념틀이 영원히 기각되지 않을 것이라고 확신하는 유일한 이론이다.

상동

패러데이-맥스웰 쌍은 갈릴레오-뉴턴 쌍과 놀라울 만큼 비슷하다. 양쪽 모두 전자는 모종의 물리학적 관계를 직관적으로 파악했고 후자는 그 관계를 엄밀하게 형식화하고 계량화했다.

상동, 35

* 대담한 정신과 예민한 직관을 지닌 학자조차 사실을 해석할 때 철학적 선입견 때문에 막히곤 한다. …… 우리가 이런저런 개념을 자유롭게 구성하지 않아도 사실 그 자체에서 과학 지식이 탄생할 수 있고 그래야만 한다는 선입견이다.

상동, 49

자연은 그렇듯 이미 확실히 결정되어 있는 법칙을 우리가 논리적으로 받아쓸 수 있도록 만들어져 있다. 그 법칙에는 합리적이고 전적으로 미리 결정된 상수만 등장한다(따라서 이론을 망가뜨리지 않고도 그 값이 변할 수 있는 상수는 있을 수 없다).

상동, 63

물리학이란 우리의 관찰과는 무관하게 독자적으로 성립하는 존재로서의 실재를 파악하려는 시도이다. '물리적 실재'란 그런 뜻이다.

상동, 81

중력장 방정식처럼 복잡한 방정식을 발견하려면 논리적으로 단순한 수학적 조건을 찾아내야만 한다. 그 조건은 그 방정식을 완전히, 적어도 거의 완전히 결정하는 것이어야 한다.

상동, 89

과학에게 실용적 목적을 받들라고 한다면 과학은 곧 정체될 것입니다.

해외 통신사가 던진 질문에 답하여, 1947년 1월 20일. 다음에 인용됨. Nathan and Norden, *Einstein on Peace*, 402. Einstein Archives 28-733

* 솔직히 나는 통계적 속성의 법칙들이 물리학의 토대가 될 수 있다고는 한 번도 믿지 않았습니다.

막스 보른의 글 '아인슈타인의 통계적 이론'에 대한 말, 1947년 3월. 다음 책을 위해서 한 말이었지만 발표되지 않았다. Schilpp, *Albert Einstein: Philosopher-Scientist*. 다음에 인용됨. Stachel, *Einstein from B to Z*, 390. Einstein Archives 2-027

신이 관성계로 만족했다면 중력을 창조하지 않았을 겁니다.

아브라함 파이스에게 한 말, 1947년. Pais, *A Tale of Two Continents*, 227

이것은 일반상대성이론의 일반화로서 신이 내게 주신 이론입니다. 하지만 안타깝게도 악마가 끼어들었지요. [새] 방정식들을 풀 길이 없기 때문입니다.

일반상대성이론을 이른바 통일장 이론으로 일반화하려는 자신의 최근 노력에 관하여. 상동

이렇게도 될 수 있고 저렇게도 될 수 있는 이론은 싫습니다. 이렇게 되거나 아예 안 되거나 둘 중 하나여야 합니다.

이론 일반에 관하여. 상동

* 우리가 실재하는 세상에 대해서 하는 말은 무엇이든 인간 정신이 구성한 가설일 수밖에 없습니다. 우리에게 직접적으로 주어진 것은 감각 인식밖에 없으니까요. …… 세상이 실재한다는 인식은 물리학의 근본 토대입니다. 그 인식이 없다면 심리학과 물리학 사이에 경계가 없겠지요. …… 현대에 많은 발전이 이뤄졌지만 이 측면에서는 바뀐 것이 아무것도 없습니다.

데이비드 홀랜드에게, 1948년 6월 25일. Einstein Archives 9-305

* 대중에게 과학 연구의 과정과 결과를—의식적으로, 또한 지적으로—경험할 기회를 주는 것은 굉장히 중요한 일이다. 해당 분야에서 소수의 전문가들이 그 결과를 받아들이고 다듬고 적용하는 것만으로는 부족하다. 방대한 지식을 작은 집단으로만 제한하는 것은 대중의 철학적 정신을 죽

이고 정신적 궁핍으로 가는 길이다.

링컨 바넷의 책 『우주와 아인슈타인 박사』의 서문에서, 1949년 9월 10일. Lincoln Barnett, *The Universe and Dr. Einstein* (2d rev. ed. New York: Bantam, 1957), 9

* 수학은 사회과학에서 유용한 도구입니다. 하지만 실제로 사회문제를 풀 때는 목표와 의도가 제일 지배적인 요인이지요.

펜실베이니아의 체이니 주립 사범 대학 학생 출간물인 《체이니 레코드》의 밀튼 제임스와의 인터뷰에서, 1948년 10월 7일. 수학이 사회문제를 푸는 데 유용한 도구일 수 있느냐는 질문에 답하여. Einstein Archives 58-013에서 58-015까지

연구 면에서는, 그동안 나를 훼방했던 수학적 어려움을 여태 겪고 있습니다. 그래서 나로서는 내가 만든 일반 상대성 장 이론을 확증할 수도, 그렇다고 반박할 수도 없습니다. …… 나는 영영 이 문제를 못 풀 겁니다. 이 문제는 까맣게 잊혔다가 나중에 재발견될 겁니다.

마우리체 솔로비네에게, 1948년 11월 25일. *Letters to Solovine*, 105, 107. Einstein Archives 21-256, 80-865

* 양자역학의 기법은 원칙적으로 만족스럽지 못하다고 생각한다. 그러나 …… 이 이론이 물리학에서 중요한, 어떤 의미에서는 결정적 발전이었다는 사실을 부인할 생각은 조금도 없다. …… 보다 더 종합적인 토대가 나

타나서 이 토대를 통합하거나 대체할 것이다.

"Quantum Mechanics and Reality," *Dialectica*, 1948. Einstein Archives 1-151

나무판에서 제일 얇은 부분을 찾아 구멍을 뚫기 쉬울 때 잔뜩 뚫어대는 과학자들은 도저히 참아줄 수 없다.

필리프 프랑크가 다음에서 떠올린 말. "Einstein's Philosophy of Science," *Reviews of Modern Physics* 21, no. 3 (July 1949): 349~355

과학의 원대한 목표는 최소한의 가설 혹은 공리로부터 논리적 연역을 통해 최대한의 경험적 사실들을 포괄하는 것이다.

다음에 인용됨. Lincoln Barnett, "The Meaning of Einstein's New Theory," *Life magazine*, January 9, 1950

* 우리는 이해하려는 열망이 큰 나머지, 경험의 토대 없이 순수한 사고만으로도 객관적 세계를 합리적으로 이해할 수 있다는 망상을 거듭 품었다. 요컨대 형이상학만으로 가능하다는 것이다. 모든 진정한 이론가는 어느 정도 길들여진 형이상학자이다. 그가 자신을 순수한 '실증주의자'라고 여기더라도.

"On the Generalized Theory of Gravitation," *Scientific American* 182, no. 4 (April 1950). 다음을 보라. *Ideas and Opinions*, 342. Einstein Archives 1-155

* 일반상대성이론에 따르면, 어떤 물리적 내용과도 괴리된 공간 개념이란 존재하지 않는다. 공간의 물리적 실재는 서로 독립된 네 변수의 연속함수로 구성된 장場, 즉 시공간 좌표로서 표현된다.

상동, 348

* 자연을 이해하려는 노력의 요체는 한편으로 우리의 경험을 가급적 많이 가급적 다양하게 아우르려고 애쓰면서도 다른 한편으로는 가급적 단순하고 경제적인 기본 가정을 추구한다는 점입니다. 우리의 현재 과학 지식이 원시 상태임을 고려할 때, 두 목표를 동시에 추구할 수 있다는 생각은 사실상 신념의 차원입니다. 내게 그런 신념이 없다면, 지식의 독자적 가치를 흔들림 없이 굳건하게 믿지는 못했을 것입니다.

"Message to the Italian Society for the Advancement of Science," *Impact* (UNESCO), Autumn 1950. 다음도 보라. *Ideas and Opinions*, 357

어쩌면 [우주] '팽창의 시작'이 수학적 의미의 특이점을 뜻한다는 결론을 꼭 내릴 필요는 없을 것이다. [장과 물질의 밀도가 대단히 높은] 그런 영역에서도 [장場] 방정식들이 연속성을 유지할지 알 수 없다는 점을 지적하면 된다. 그렇게 생각하더라도, 이른바 '세상의 시작'이 현재 존재하는 별들과 항성계들의 발달 과정에서 정말로 시작점이었다는 사실만큼은 바꿀 수 없다.

"Appendix for the Second Edition," in *The Meaning of Relativity* (1950), 129

통일장 이론은 은퇴시켰습니다. 수학이 너무 까다로워서, 엄청나게 노력했지만 어느 쪽으로도 증명할 수 없었습니다. 물리학자들이 논리적-철학적 논증을 거의 이해하지 못하는 탓에, 이 상황은 분명 오래갈 겁니다.

마우리체 솔로비네에게, 1951년 2월 12일. *Letters to Solovine*, 123. Einstein Archives 21-277

과학은 생계로 삼지 않는 한 멋진 일입니다. 사람은 자신에게 확실히 능력이 있다고 믿는 일을 생계로 삼아야 합니다. 우리는 그 결과를 남에게 책임지지 않아도 되는 상황일 때만 과학 연구에서 즐거움을 느낄 수 있습니다.

캘리포니아의 학생 E. 홀츠아펠에게, 1951년 3월. 다음에 인용됨. Dukas and Hoffmann, *Albert Einstein, the Human Side*, 57. Einstein Archives 59-1013

세상을 개선하는 것은 과학 지식만으로 되는 일이 아닙니다. 인간적 전통과 이상을 충족시키는 것도 중요합니다.

존 크랜스턴에게, 1951년 5월 16일. Einstein Archives 60-821

내가 긴 인생에서 배운 사실. 과학은 물리적 현실과 비교하면 원시적이고 유치하기 짝이 없는 수준이지만 그래도 우리가 갖고 있는 가장 귀한 것이라는 점.

한스 뮈잠에게, 1951년 7월 9일. Einstein Archives 38-408

진리를 추구하는 과학자의 태도는 청교도의 절제와 비슷한 데가 있다. 무엇이든 자발적이거나 감정적인 것은 멀리한다.

필리프 프랑크의 책 서문에서. Philipp Frank, *Relativity: A Richer Truth* (London: Jonathan Cape, 1951), 9. Einstein Archives 1-160

서구 과학은 위대한 두 업적에 기초하여 발전했습니다. 그리스 철학자들이 (유클리드 기하학에서) 형식 논리 체계를 발명한 업적, (르네상스 시기에) 우리가 체계적 실험으로 인과관계를 알아낼 수 있다는 사실을 발견한 업적.

J. S. 스위처에게, 1953년 4월 23일. Einstein Archives 61-381

아무도 [통일장 이론의] 확증이든 반증이든 명확한 진술을 내놓지 못하는 것은 어떤 해답이 그렇게 복잡한 비선형 방정식의 특정 국면에서 무너지지 않는다는 사실을 어떤 식으로든 확실히 알 방법이 없기 때문입니다. 영영 아무도 답을 알아내지 못할 가능성마저 있습니다.

마우리체 솔로비네에게, 1953년 5월 28일. *Letters to Solovine*, 149. Einstein Archives 21-300

엄청나게 재능 있는 사람이라도, 과학에 매진하여 진정한 가치가 있는 업적을 달성할 가능성은 몹시 낮습니다. …… 여기서 벗어나는 방법은 하나뿐입니다. 대부분의 시간을 …… 뭔가 적성에 맞는 실용적인 일에 바치고 그 나머지 시간을 연구에 쏟으십시오. 그러면 …… 뮤즈들의 특별한 축복을 받지 못하더라도 정상적이고 조화로운 삶을 살 수 있을 겁니다.

평생의 일로 무엇을 선택해야 할지 모르겠다는 인도의 R. 베디에게, 1953년 7월 28일. 다음에 인용됨. Dukas and Hoffmann, *Albert Einstein, the Human Side*, 59. Einstein Archives 59-180

과학자들은 내게 새 이론에 대한 질문을 퍼붓습니다. …… 지난 두 달 동안 다른 과학자들도 이 문제에 뛰어들어 각자 나름대로 개선하려고 노력했습니다. 그러나 그들이 이론을 더 이상 손질하긴 어려울 겁니다. 내가 아주 오랫동안 작업해서 내놓은 결과가 그것이니까요.

그가 『상대성이론의 의미』 4판 부록에 통일장 이론의 최신 방정식들을 소개한 뒤 한 말이다. 다음에 인용됨. Fantova, "Conversations with Einstein," October 16, 1953

* 우리가 모르는 모종의 인체 복사물이 존재할 가능성도 있습니다. 사람들이 전류나 비가시 파장에 대해서 얼마나 회의적이었는지 기억합니까? 과학은 아직 태동기입니다.

1954년 이전 언젠가의 대화에서. 안토니나 발렌틴이 다음에서 떠올린 말. *The Drama of Albert Einstein* (New York : Doubleday, 1954), 155

예전에는 무해한 듯했던 과학이 악몽으로 진화하여 모두를 벌벌 떨게 하고 있다는 것은 참 이상한 일입니다.

벨기에의 엘리자베트 왕비에게, 1954년 3월 28일. 다음에도 인용되었다. Whitrow, *Einstein*, 89. Einstein Archives 32-410

지금 와서 돌아보면, 1905년은 특수상대성이론이 발견될 시기가 무르익었던 때였습니다.

카를 젤리히에게, 1955년 2월 19일. Einstein Archives 39-069

[고전] 장 이론이 물질의 원자 구조와 복사뿐 아니라 양자 현상까지 설명할 수 있을지는 의심스럽다. 대부분의 물리학자들은 확실히 "아니다"라고 대답할 것이다. 그들은 양자 문제는 다른 이론적 수단을 통해서 이미 풀렸다고 믿는다. 상황이 이럴지라도 우리에게는 위안이 되는 레싱의 말이 있다. "진리를 추구하는 것이 진리를 확실히 소유하는 것보다 더 귀중한 일이다."

아인슈타인이 마지막으로 쓴 과학적인 글. 양자 이론을 언급했다. 죽기 약 한 달 전인 1955년 3월에 〈슈바이체리셰 호흐슐차이퉁〉을 위해서 썼다. 다음에 재수록됨. Seelig, ***Helle Zeit, dunkle Zeit***. 다음에서 파이스도 인용했다. French, ***Einstein: A Centenary Volume***, 37. Einstein Archives 1-205

* 수학자들이 상대성이론을 침범해 들어왔기 때문에, 이제 나도 그 이론을 이해하지 못합니다.

농담으로 한 말인 게 분명하다. 다음에 인용됨. Carl Seelig, *Albert Einstein*

(Zurich: Europa-Verlag, 1960), 46

나는 어떤 이론을 평가할 때 내가 신이라면 세상을 그런 식으로 정렬했을까 하는 질문을 던져봅니다.

조수 바네시 호프먼에게 했다는 말. 다음을 보라. Harry Woolf, ed., *Some Strangeness in the Proportion* (Reading, Mass.: Addison-Wesley, 1980), 476

물리계에 관한 지식을 발전시키는 데 진정으로 헌신한 사람이라면 …… 실용적인 목표를 섬기지 않습니다. 하물며 군사적인 목표는 더욱더 섬기지 않습니다.

상동, 510

나는 일반상대성이론을 고민했던 것보다 백 배는 더 많이 양자 문제를 고민했습니다.

오토 슈테른이 떠올린 말. 다음에서 파이스가 인용했다. French, *Einstein: A Centenary Volume*, 37

최악의 경우에는 신이 아무 자연법칙도 없는 세상을, 요컨대 혼돈 상태를 창조했을지도 모른다는 생각까지 받아들일 수 있습니다. 그러나 해답이 확실한 통계 법칙이 존재한다는 생각은, 즉 각각의 사례에 대해서 신에게 주사위를 던지도록 강요하는 법칙이 존재한다는 생각은 동의하기가 어렵습니다.

제임스 플랑크가 떠올린 말. 다음에서 C. P. 스노가 인용했다. French, *Einstein: A Centenary Volume*, 6

상대성이론에서 유도된 결론은 질량과 에너지가 같은 현상의 서로 다른 표현이라는 것입니다. 보통 사람에게는 좀 낯선 개념이지요. 게다가 $E = mc^2$, 즉 에너지는 질량에 광속의 제곱을 곱한 것과 같다는 공식은 아주 작은 질량이 아주 큰 에너지로 변환될 수 있다는 것을 알려주었습니다. …… 질량과 에너지는 사실 같은 것입니다.

아인슈타인이 직접 소리 내어 읽은 문장. 그 모습을 녹화한 장면이 PBS 텔레비전의 '노바' 프로그램이 제작한 아인슈타인 전기 방송에 등장했다. 1979년.

물리학은 본질적으로 직관적이고 구체적인 과학입니다. 수학은 현상을 다스리는 법칙을 표현하는 수단일 뿐입니다.

마우리체 솔로비네가 다음 책 '서문'에서 인용함. *Letters to Solovine*, 7~8

예쁜 아가씨와 공원 벤치에 앉아 있을 때는 한 시간이 일 분처럼 흘러가지만 뜨거운 난로 위에 앉아 있을 때는 일 분이 한 시간처럼 느껴진다.

아인슈타인이 비서 헬렌 두카스에게 기자들이나 다른 보통 사람들에게 상대성이론을 설명할 때 쓰라고 들려준 말. 다음에 인용됨. Sayen, *Einstein in America*, 130

모든 것을 과학적으로 묘사하는 게 가능할 수도 있겠지만, 그래 봐야 아무 의미가 없을 것입니다. 베토벤 교향곡을 파동 압력의 변이로 묘사하는 것처럼 무의미한 묘사에 지나지 않을 것입니다.

막스 보른이 다음에서 인용한 말. *Physik im Wandel meiner Zeit* (Braunschweig: Vieweg, 1966)

과학자는 스스로 실수를 저질렀을 때는 미모사와 같고 남의 실수를 발견했을 때는 으르렁거리는 사자와 같다.

엘레르스가 다음에서 인용한 말. *Liebes Hertz!* 45

20장

그 밖의 주제에 관하여

1922년에 도쿄상과대학에서 일본인 교직원들과 함께한
엘자와 알베르트 아인슈타인 부부.
(예루살렘 히브리 대학의 알베르트 아인슈타인 아카이브 제공)

낙태

여성은 임신 중 어느 시기까지는 스스로 낙태를 선택할 수 있어야 합니다.

베를린의 '성 개혁을 위한 세계 연맹'에게, 1929년 9월 6일. 다음에 인용됨. Grüning, *Ein Haus für Albert Einstein*, 305. Einstein Archives 48-304

성취

성취의 가치는 성취하는 과정에 있습니다.

D. 리버슨에게, 1950년 10월 28일. Einstein Archives 60-297

야망

정말로 귀중한 것은 야망이나 단순한 의무감에서 생겨나지 않습니다. 인류와 사물에 대한 사랑과 헌신에서 생겨납니다.

아들 앨버트 와다가 자라면서 지침으로 삼을 수 있도록 좋은 말을 해달라고 부탁한 아이다호의 농부 F. S. 와다에게, 1947년 7월 30일. 다음에 인용됨. Dukas and Hoffmann, *Albert Einstein, the Human Side*, 46. Einstein Archives 58-934

동물 · 애완동물

* 생명에 대한 사랑은 인류의 가장 착하고 훌륭한 특징인 것 같습니다.

발렌틴 불가코프에게, 1931년 11월 4일. Einstein Archives 45-702

친절하고 흥미로운 정보, 아주 고맙습니다. 나의 진심 어린 감사와 우리 고양이의 인사도 전합니다. 우리 고양이도 당신의 이야기를 흥미롭게 들었고 심지어 약간 질투했습니다. 왜냐하면 '타이거'라는 자기 이름은 여러분의 고양이처럼 아인슈타인 집안과 친족 관계에 있지 않기 때문이지요.

에드워드 모지스에게, 1946년 8월 10일. 모지스가 탄 배의 선원들이 독일에서 고양이를 구출하여 이름을 아인슈타인으로 붙였다는 이야기를 듣고. Einstein Archives 57-194

딘 박사의 진찰에 따르면 비보는—앵무새 이름입니다—앵무새 병에 걸려 있고, 내가 아팠던 것도 녀석에게 옮았기 때문이라고 합니다. …… 가엾은 새는 주사를 열세 대 맞아야 합니다. 못 버티겠지요. …… [나중에] 비보는 주사를 두 대만 맞아도 된다고 해서 아주 기뻐합니다. 어쩌면 결국 버텨낼지도 모르겠습니다.

다음에 인용됨. Fantova, "Conversations with Einstein," February 20 and March 4, 1955. 비보는 전해에 그의 팬들이 75세 생일 선물로 보낸 새였다. 새는 보통의 우편물처럼 상자에 담겨 소포로 왔다. 아인슈타인은 한눈에 불쌍하게 여겨 며칠이나 새의 기분을 돋우고 트라우마를 지워주려고 애썼다. 아인슈타인은 독일에서 살 때도 비보 혹은 '비브헨'이라는 이름의 새를 키웠다.

얘야, 나도 뭐가 잘못됐는지는 알지만 끄는 법을 모르겠구나.

수고양이 타이거가 비가 와서 집에만 묶여 있게 되어 우울해하자. 에른스트 슈트라우스가 UCLA에서 아인슈타인을 기리며 했던 연설 '인간 알베르트 아인슈타인'에서 떠올린 말, 1955년 5월. "Albert Einstein, the Man", 14~15

자기가 알면 됐지요.

친구네 개 모지스가 털이 하도 길어 앞뒤를 분간하기 어렵다고 하자. J. 세이엔이 1979년 1월 15일에 마르고트 아인슈타인과 했던 인터뷰에서 마르고트가 떠올린 말. Sayen, *Einstein in America*, 131

우리 개는 아주 똑똑합니다. 내가 우편물을 너무 많이 받는 걸 불쌍하게 생각하지요. 그래서 우편배달부를 물려고 하는 겁니다.

아인슈타인이 길렀던 개 치코에 대하여. 에를레스가 다음에서 인용함. *Liebes Hertz!* 162

예술과 과학

세상이 우리의 사적인 희망과 소망의 현장이 되기를 그칠 때, 우리가 자유로운 존재로서 세상에 감탄하고 의문하고 관찰할 때, 그때 우리는 예술과 과학의 영역으로 들어간다. 우리가 보고 겪은 것을 논리의 언어로 재구성한다면 과학을 하는 것이고, 의식적으로 접근할 순 없지만 직관적으로 의미 있다고 느끼는 관계를 지닌 형태들을 통해서 소통할 때는 예술을 하는 것이다.

현대 미술 잡지 《멘헨》에게. *Menschen. Zeitschrift neuer Kunst* 4 (February 1921), 19. 다음도 보라. *CPAE*, Vol. 7, Doc. 51

점성술

독자는 점성술에 관한 [케플러의] 발언에 주목해야 한다. 그의 내면에 있던 적이 정복되어 무해해지기는 했지만 아직 완전히 죽진 않았다는 것을 알 수 있다.

카롤라 바움가르트의 『요하네스 케플러: 삶과 편지』 '서문'에서. Carola Baumgardt, *Johannes Kepler: Life and Letters* (New York: Philosophical Library, 1951). 아인슈타인이 점성술을 믿었다는 주장을 반박하는 출처가 소개된 '아인슈타인이 했다는 말' 장도 참고하라.

산아제한

가톨릭의 일부 정치적, 사회적 활동과 관행은 이곳에서든 다른 곳에서든 사회 전체에 해롭고 심지어 위험하기까지 합니다. 예를 하나만 들자면, 여러 나라에서 인구 과잉이 사람들의 안녕을 심각하게 위협하고 전 세계적 평화 정착에 중대한 장애물이 되는 이 시점에 가톨릭은 산아제한에 반대하고 있습니다.

가톨릭의 브루클린과 퀸스 교구 신문인 〈태블릿〉의 독자에게, 1954년. 이 문제에 관한 아인슈타인의 의견이 정확하게 인용되었던 것이 맞느냐는 질문에 답하여

생일

사랑하는 내 귀여운 애인 …… 우선 늦었지만 어제 생일을 진심으로 축하해. 이번에도 또 잊었지 뭐야.

미래의 아내인 여자 친구 밀레바 마리치에게, 1901년 12월 19일. *CPAE*, Vol. 1, Doc. 130

생일을 기회로 삼아, 여기 미국에서 이상적인 연구 환경과 거주 환경을 누리게 된 데 대해 깊은 감사의 마음을 전합니다.

자신의 예순 생일을 맞아. *Science* 89, n.s. (1939), 242

축하할 게 뭐가 있지요? 생일은 기계적인 사건일 뿐입니다. 그렇지 않더라도 아무튼 아이들을 위한 일이지요.

〈뉴욕 타임스〉와의 인터뷰에서, 1944년 3월 12일

생일은 거의 자연재해였습니다. 편지가 쏟아지고 아부가 넘쳐나서 깔려 죽을 뻔했지요.

한스 뮈잠에게, 1954년 3월 30일. 자신의 75세 생일에 관하여. Einstein Archives 38-434

책

내가 이 책에 관해서 할 말은 이 책에 다 들어 있습니다.

레오폴트 인펠트와 함께 쓴 『물리학의 진화』에 대해 한마디 해달라는 〈뉴욕 타임스〉 기자의 질문에 답하여. 다음에 인용됨. Ehlers, *Liebes Herz!* 65

도스토옙스키를(『카라마조프의 형제들』을) 읽고 있습니다. 지금까지 내 손에 들어온 가장 멋진 책입니다.

하인리히 창거에게, 1920년 3월 26일. *CPAE*, Vol. 9, Doc. 361

『카라마조프의 형제들』에 열광하고 있습니다. 지금까지 내가 손에 쥔 책 가운데 가장 멋진 책입니다.

파울 에렌페스트에게, 1920년 4월 7일. *CPAE*, Vol. 9, Doc. 371

인과관계

사물을 인과적으로 바라보면 "왜?"라고만 묻게 될 뿐 "무슨 목적으로?"라고는 묻지 않게 됩니다. …… 그러나 누군가 "무슨 목적으로 우리는 서로 도와야 하고, 서로의 삶을 편하게 만들어주어야 하고, 함께 아름다운 음악을 연주해야 하고, 영감 어린 생각을 품어야 합니까?"라고 묻는다면, 그에게 할 대답은 "당신이 스스로 이유를 느끼지 못한다면 다른 사람이 설명해줄 도리는 없습니다"뿐입니다. 그런 기본적인 감정이 없다면 우리는 아무것도 아닙니다. 아예 살지 않는 게 나을 겁니다.

헤드비히 보른에게, 1919년 8월 31일. *CPAE*, Vol. 9, Doc. 97

우리가 행하고 추구하는 모든 일은 인과관계를 낳습니다. 그러나 그게 정확히 무슨 내용인지는 우리가 알 수 없는데, 모르는 게 차라리 잘된 일이지요.

인도의 신비주의자이자 시인이자 음악가인 라빈드라나트 타고르와 베를린에서 나눈 대화에서, 1930년 8월 19일. 다음에 발표됨. *Asia* 31 (March 1931)

중국과 중국인

* 나라면 중국인들과 함께 사는 게 썩 괜찮고 매력적인 일일 것 같은데요. 내가 만난 몇 안 되는 중국인은 모두 대단히 매력적인 사람들이었습니다. 인간적 관점에서 보자면 솔직히 그들의 섬세한 신체 비율이 우리보다 훨씬 더 나은 것 같습니다.

  톈진에서 가르치는 일을 하는데 외롭다고 하소연한 프란츠 루슈에게, 1921년 3월 18일. *CPAE*, Vol. 12, Doc. 105

* 중국 청년들이 미래의 과학에 크게 기여할 것이라고 믿습니다.

  상하이에 있는 화가 왕전의 집에서 열린 환영회에서 한 말, 1922년 11월 13일. 다음에 인용됨. Hu, *China and Albert Einstein*, 72

* 중국인을 겉에서 보면 근면하다는 점, 별로 많은 것을 필요로 하지 않는 생활양식을 따른다는 점, 자녀를 많이 낳는다는 점이 눈길을 끈다. …… 그러나 중국인은 대체로 무거운 멍에를 지고 있다. 겨우 몇 푼을 벌자고 날이면 날마다 바위를 깨서 나른다. 그들은 워낙 둔감해서 자신의 끔찍한 운명도 모르는 듯하다. …… 상하이에서 유럽인은 지배계급이고 중국인은 하인이다. …… 현재의 중국인은 과거의 위대한 지적 역사와는 아무런 관련이 없는 듯하다. 그저 성품 좋은 일꾼으로 유럽인에게 인정받을 뿐, 말했듯이 지적으로는 훨씬 열등하다.

  여행 일기에서, 1922년 12월 31일과 1923년 1월 1일. Einstein Archives

29-131

크리스마스

* 크리스마스는 일 년에 한 번씩 돌아오는 평화의 축제입니다. 하지만 우리 내면의 평화와 사람들 사이의 평화는 지속적인 노력을 통해서만 얻을 수 있습니다. 이 축제는 우리에게 모두가 평화를 갈구한다는 사실을 일깨웁니다. 모두의 내면에 도사리고 있는 평화의 적들을 경계하라고 타이릅니다. 그 적들이 크리스마스 시기만이 아니라 일 년 내내 해를 끼치지 못하도록 경계하라고 경고합니다.

국제 라디오 방송에 보낸 크리스마스 메시지에서, 1948년 11월 28일. Einstein Archives 28-850

명료함

나는 평생 냉철하게 고른 단어와 간결한 설명을 좋아했습니다. 거드럭거리는 문구나 단어는 상대성이론에 대한 글이든 다른 내용의 글이든 진저리가 납니다.

〈베를리너 타게블라트〉 1920년 8월 27일자에서. *Berliner Tageblatt*, August 27, 1920, 1~2. 다음도 보라. *CPAE*, Vol. 7, Doc. 45

계급

사회 계급을 나누는 구분은 거짓이다. 그런 계급은 결국 힘에 의지한 것일 뿐이다.

"What I Believe," *Forum and Century* 84 (1930), 193~194

옷

내가 몸치장에 신경 쓰기 시작한다면 더 이상 내가 아닐 거야. …… 그러니 그 이야긴 그만둬. 내가 역겹게 느껴진다면 여자들 취향에 어울리는 다른 남자를 찾아보든가. 아무튼 나는 계속 신경 쓰지 않을 테니까. 여기에는 이점도 있어. 내가 몸치장에 신경 쓸 경우에 나를 만나려들 외모 추종자들로부터 벗어나 평화롭게 지낼 수 있으니까.

두 번째 아내가 될 엘자 뢰벤탈에게, 1913년 12월 2일경. *CPAE*, Vol. 5, Doc. 489

쓸모없는 인간처럼 여겨지지 않기 위해서 지켜야 할 옷차림 등 행색에 관한 문제가 마음의 평화를 좀 어지럽히기는 하지만, 그 밖에는 괜찮습니다.

후르비츠 가족에게, 1914년 5월 4일. 베를린에서의 새로운 생활에 관하여. *CPAE*, Vol. 8, Doc. 6

* 그들이 보고 싶은 게 나라면, 나는 여기 있어. 그들이 내 옷을 보고 싶은 거라면 옷장을 열라고 해.

엘자에게. 독일 대통령 폰 힌덴부르크 대표단을 맞이하기 전에 옷을 갈아입으라는 제안에 대꾸하며, 1932년. Brain, *Einstein, a Life*, 235

나는 새 옷도 새 음식도 싫습니다.

Pais, *Subtle Is the Lord*, 16

(아내가 연구실에 갈 때는 옷을 제대로 입으라고 말하자) "왜 그래야 하지? 거기 사람들은 다들 나를 아는데." (처음으로 큰 학회에 참석할 때 옷을 제대로 입으라는 말을 듣자) "왜 그래야 하지? 거기 사람들은 아무도 나를 모르는데."

Ehlers, *Liebes Hertz!* 87

나는 이제 누가 양말 좀 신으라고 말해도 따르지 않아도 되는 나이입니다.

이웃이자 동료 물리학자였던 앨런 섄스턴이 다음에서 떠올린 말. Sayen, *Einstein in America*, 69

어릴 때 엄지발가락이 자꾸 양말에 구멍을 낸다는 걸 깨달았지요. 그래서 양말을 신기를 그만두었습니다.

필리프 홀스먼이 떠올린 말, 1947년. 다음에 인용됨. French, *Einstein: A Centenary Volume*, 27

경쟁

나는 이제 똑똑한 두뇌들의 경쟁에 참가하지 않아도 됩니다. 그런 경쟁은 돈과 권력에 대한 열망보다 더 낫다고 할 수 없는 끔찍한 노예 상태처럼 느껴졌습니다.

파울 에렌페스트에게, 1927년 5월 5일. 승진을 위한 학계의 생존경쟁에 관하여. 다음에 인용됨. Dukas and Hoffmann, *Albert Einstein, the Human Side*, 60. Einstein Archives 10-163

이해 가능성

세상의 영원한 수수께끼는 우리가 세상을 이해할 수 있다는 사실이다. …… 세상이 이해 가능하다는 사실이야말로 기적이다.

"Physics and Reality," *Journal of the Franklin Institute* 221, no. 3 (March 1936), 349~382. 다음에 재수록됨. *Ideas and Opinions*, 292. "우주에 대해서 가장 이해할 수 없는 점은 우주가 이해 가능하다는 점이다"라고 살짝 바꾼 문장으로 널리 인용된다.

타협

게으른 타협으로 가는 길은 유턴도 멈춤도 없는 일방통행이다.

요한나 판토바에게, 1948년 10월 9일. 판토바에게 보낸 세 편의 아포리즘 중 하나. Einstein Archives 87-347

양심

설령 국가가 요구하더라도, 양심에 반하는 짓은 절대 하지 마십시오.

버질 G. 힌쇼 주니어와의 대화에서. 힌쇼가 다음 책에 기고한 글에서 인용함. Schilipp, *Albert Einstein: Philosopher Scientist* (1949), 653

* 양심이 국가 법률의 권위에 앞섭니다.

위의 말의 또 다른 버전. 인권에 대한 기여로 그에게 시상한 '시카고 십계명 변호사 협회'에게 보낸 메시지 '인권'에서. 메시지는 1953년 12월 5일 직전에 씌어졌고(Einstein Archives 28-1012), 이후 번역되고 녹음되어 1954년 2월 20일 기념식에서 재생되었다. 다음을 보라. Rowe and Schulmann, *Einstein on Politics*, 497

창조성

독립적으로 생각하고 판단할 줄 아는 창조적 개인이 없다면 사회의 향상은 생각하기 어렵다. 거꾸로 공동체라는 자양분이 없으면 개인이 발전하기 어려운 것처럼.

'사회와 개인성'에서, 1932년. 다음에 발표됨. *Mein Weltbild* (1934), 12. 다음에 재수록됨. *Ideas and Opinions*, 14

시골에서 고독하게 살면서, 나는 고요하고 단조로운 삶이 창조성을 자극한다는 것을 깨달았습니다.

로열앨버트홀에서 했던 강연 '과학과 문명'에서, 1933년 10월 3일. 1934년에 '유럽의 위험 - 유럽의 희망'으로 발표되었다. 이 말은 1933년 10월 4일자 〈타임스〉(런던) 14면에 인용되었으나, 원래 연설문에는 없었던 말이다. Einstein Archives 28-253

위기

국가는 위기와 격변을 통해서만 발전할 수 있습니다. 현재의 격변도 우리를 더 나은 세상으로 이끌어주기를.

로열앨버트홀에서 했던 강연 '과학과 문명'에서, 1933년 10월 3일. 1934년에 '유럽의 위험 - 유럽의 희망'으로 발표되었다. 〈타임스〉(런던) 1933년 10월 4일자 14면에 인용됨. Einstein Archives 28-253

호기심

중요한 것은 질문을 멈추지 않는 것입니다. 호기심은 나름의 존재 이유가 있습니다. 우리는 영원이나 인생이나 현실의 경이로운 구조와 같은 수수께끼를 고찰할 때 경외감을 느낍니다. 그런 수수께끼의 작은 일부나마 이해하기 위해서 매일 노력하는 것으로 충분합니다.

편집자 윌리엄 밀러의 회고록에서. 다음에 인용됨. *Life*, May 2, 1955

[호기심이라는] 이 작고 민감한 식물에게 필요한 것은 약간의 자극을 제외하고는 주로 자유다.

1946년에 '자전적 기록'을 쓰고자 작성했던 메모에서, 17

사형

나는 사형 폐지가 바람직하다는 결론에 도달했습니다. 이유는 (1) 판결이 틀렸을 경우 돌이킬 수 없기 때문에 (2) 집행하는 사람들에게 도덕적으로 유해한 영향을 미치기 때문에.

베를린의 출판업자에게, 1927년 11월 3일. Einstein Archives 46-009. 그러나 몇 달 전 〈뉴욕 타임스〉에 따르면 이야기가 조금 다르다. "아인슈타인 교수는 사형 폐지를 선호하지 않는다. …… 그는 사회에 해로운 개인을 사회가 제거하지 못할 이유가 없다고 생각한다. 그는 사회가 어떤 사람을 사형에 처할 권리가 없다면 종신형에 처할 권리도 마찬가지로 없는 것 아니냐고 덧붙였다." *New York Times*, March 6, 1927. 다음에도 이 점이 지적되어 있다. Pais, *Einstein Lived Here*, 174

나는 처벌에 찬성하는 게 아닙니다. 사회를 구하고 보호하는 조치에 찬성할 뿐입니다. 그런 의미에서 원칙적으로는 무가치하거나 위험한 개인을 죽이는 데 반대하지 않습니다. 내가 반대하는 것은 그저 사람들을, 즉 법정을 믿기 어렵기 때문입니다. 나는 삶에서 양보다 질을 더 귀하게 여깁니다.

톨스토이의 비서였던 발렌틴 불가코프에게, 전쟁과 사형에 관한 아인슈타인의 생각을 묻는 질문에 답하여, 1931년 11월 4일. Einstein Archives 45-702

의사

* 의사들, 그들은 마법사들입니다.

수술을 앞둔 이웃 에릭 로저스를 격려하며. 훗날 프린스턴에서 로저스와 함께 가르쳤던 랄프 바이얼라인이 로저스로부터 들은 말이다(2006년 3월 21일에 바이얼라인이 내게 편지로 알려주었다).

영국, 영국인, 영어

* 정치적 열정보다 제 직업을 더 진지하게 여기는 학자라면 정치적 요인보다 문화적 요인에 따라 행동하겠지요. …… 이 점에서 영국인은 이곳 동료들보다 훨씬 더 고상하게 행동했습니다. …… 나와 상대성이론에 대한 그들의 태도가 얼마나 훌륭했던지! …… 내가 할 말은 이것뿐입니다. 모자를 벗어 영국인에게 경의를 표하자!

프리츠 하버에게, 1921년 3월 9일. 아인슈타인은 독일에서 상대성이론이 정치적 문제로 여겨지고 있다고 느꼈다. *CPAE*, Vol. 12, Doc. 88

* 영국에서의 멋진 경험이 아직도 생생하고 마치 꿈처럼 느껴집니다. 영국의 훌륭한 지적, 정치적 전통이 내게 미친 영향은 예상보다 훨씬 더 깊고, 크고, 오래갑니다.

리처드 B. S. 홀데인 경에게, 1921년 6월 21일. *CPAE*, Vol. 12, Doc. 155

독일에서는 내 이론에 대한 전반적 평가가 신문들의 정치 성향에 좌우되었던 데 비해 영국 과학자들은 그들이 정치적 견해 때문에 객관성을 흩뜨리지 않았다는 사실을 나에 대한 태도로 보여주었다.

"How I Became a Zionist," *Jüdische Rundschau*, June 21, 1921. 다음을 보라. *CPAE*, Vol. 7, Doc. 56

여러분 영국 사람들은 다른 어느 나라 사람들보다 전통의 유대를 세심하게 가꾸었고, 세대에서 세대로 이어지는 의식적 연속성이 생생하게 보존되도록 노력했습니다. 그럼으로써 영국의 독특한 정신에, 또한 인류의 원대한 기상에 생기와 현실성을 부여했습니다.

뉴턴 사망 200주기를 맞아 영국왕립학회에 보낸 편지에서, 1927년 3월. 다음에 재수록됨. *Nature* 119 (1927), 467. Einstein Archives 1-058

나는 영어로 잘 쓸 줄 모릅니다. 철자가 까다로워요. 읽을 때는 내용을 들을 뿐 글자가 어떻게 생겼는지는 기억이 안 납니다.

막스 보른에게, 1944년 9월 7일. 자신이 미국인이 되기를 갈망했음에도 불구하고 제2의 모국어를 배우기가 어렵다고 토로하며. Born, *Born-Einstein Letters*, 145. Einstein Archives 8-207

인식론

인정하건대, 내가 그동안 가르쳤던 학생들 중 가장 유능했던 학생들을 돌이켜보면—재주만 특출한 게 아니라 독자적으로 사고할 줄 아는 학생들을 말한다—다들 인식론에 활발한 관심을 품고 있었다. 인식론자들이 [상대성이론으로 향하는] 발전적 길을 닦았다는 사실은 부인할 수 없다. 최소한 흄과 마흐는 직간접적으로 내게 상당한 도움이 되었다.

"Ernst Mach," *Physikalische Zeitschrift* 17 (1916). *CPAE*, Vol. 6, Doc. 29

과학과 접촉하지 않는 인식론은 공허한 체계이다. 인식론이 없는 과학은—그런 것이 가능하다면 말이지만—원시적이고 혼란스럽다.

"Reply to Criticisms," in Schilpp, *Albert Einstein: Philosopher-Scientist*, 684

* 우리에게는 무언가를 생각할 때 모종의 개념들을 사용할 '권리'가 어느 정도 있다. 논리적으로 따지자면 사실 감각 경험으로부터는 접근할 도리가 없는 개념들을 말이다.

"Russell's Theory of Knowledge," in Paul Schilpp, ed., *The Philosophy of Bertrand Russell* (Library of Living Philosophers, 1944), 287. Einstein Archives 1-139

비행접시와 외계인

* 화성 같은 행성에 생명이 거주할 수 있다고 믿을 이유는 충분합니다. 그러나 그곳이든 우주의 다른 곳이든 정말로 지적 생명체가 존재하더라도 그들이 지구와 무선 전파로 교신하려고 시도하지는 않을 것 같습니다. 전파의 방향보다는 빛의 방향을 통제하기가 훨씬 쉽기 때문에, 그들이 처음 시도할 방법은 빛일 것입니다.

베를린에서 했던 인터뷰 중 '신비로운 무선 교신'에 관하여. 〈데일리 메일〉(런던) 1921년 1월 31일자 5면에 보도되었다. *CPAE*, Vol. 12, Calendar

'비행접시' 이야기들이 진짜라고 볼 근거는 없는 것 같구나.

코네티컷 주 하트퍼드의 소년에게, 1950년 11월 15일. Einstein Archives 59-510. 아인슈타인은 사람들이 과학소설(SF)을 읽지 말아야 한다고 생각했다. SF가 과학을 왜곡하고 사람들에게 과학을 이해했다는 착각을 안긴다고 여겼기 때문이다.

그 사람들은 아무튼 무언가 본 겁니다. 그게 뭔지는 나도 모르고 알고 싶은 호기심도 없지만.

L. 가드너에게, 1952년 7월 23일. Einstein Archives 59-803

힘

힘이 만능이라는 믿음이 정치에서 우위를 점하는 곳에서는 그 힘이 독자적인 생명력을 얻어, 그것을 도구로 쓰겠다고 생각하는 사람들보다 강해집니다.

'원 월드 상'을 받으면서 뉴욕 카네기홀에서 했던 연설에서, 1948년 4월 27일. 다음에 발표됨. *Out of My Later Years*. 다음에 재수록됨. *Ideas and Opinions*, 147

게임

나는 게임을 하지 않습니다. …… 그럴 시간이 없습니다. 일을 마친 뒤에는 무엇이 되었든 머리를 쓰는 일은 더 하고 싶지 않습니다.

〈뉴욕 타임스〉에서 재인용. *New York Times*, March 28, 1936, 34:2. 하지만 아인슈타인은 만년에 시작된 취미이기는 해도 퍼즐을 즐겨 풀었다.

선행

선행은 좋은 시와 같습니다. 쉽게 알아들을 수 있다고 해서 늘 합리적으로 이해되는 것은 아닙니다.

마우리체 솔로비네에게, 1947년 4월 9일. *Letters to Solovine*, 99, 101. Einstein Archives 21-250

필적학

필적을 그렇게 체계적으로 분류할 수 있다는 게 흥미롭습니다. 순전히 직관적인 측면과 객관적인 특징들을 선명하게 구분할 수 있다는 데도 감탄했습니다. 그런데 히틀러의 사례 때문에 그 직관적인 측면을 지나치게 깎아내려서는 안 될 것입니다.

필적학자 시어 르윈슨에게 보낸 손 편지에서, 1942년 9월 4일 (2003년 11월 5일 이베이 경매에 올라옴)

집

어디에 정착할 것인가는 그다지 중요한 문제가 아닙니다. 너무 많이 고민하지 말고 직감에 따르는 게 좋습니다.

막스 보른에게, 1920년 3월 3일. Born, *Born-Einstein Letters*, 25. *CPAE*, Vol. 9, Doc. 337

동성애

아이들을 보호하는 경우를 제외하고는 동성애를 처벌하지 말아야 합니다.

베를린의 '성 개혁을 위한 세계 연맹'에게, 1929년 9월 6일. 다음에 인용됨. Grüning, *Ein Haus für Albert Einstein*, 305~306. Einstein Archives 48-304

이민자

* [이민자들은] 나름의 방식으로 우리 사회가 융성하는 데 기여했습니다. 그러나 그들이 어떤 노력을 기울였고 어떤 고난을 겪었는지는 잘 알려지지 않았습니다.

  1939~1940년 뉴욕 세계 박람회의 '명예의 벽' 제막식에서. Einstein Archives 28-529

* 이민을 제한한다고 해서 실업이 줄지는 않습니다. [실업은] 가용 노동력에게 일이 제대로 분배되지 않아서 생기는 문제이기 때문입니다. 이민자들은 노동 수요를 늘리는 것만큼이나 소비도 늘립니다. 인구 밀도가 낮은 나라에서 이민자들은 내부 경제를 강화할 뿐 아니라 방어력도 강화합니다.

  상동

개인 · 개인성

우리의 부산한 삶에서 정말로 중요한 것은 국가가 아니다. …… 창조적이고 예민한 개인, 그런 개인성이다. 대개의 사람들이 둔한 생각과 무감각한 감정 상태에 빠져 있을 때도 혼자서 고결하고 숭고한 것을 만들어내는 개인이 중요하다.

"What I Believe," *Forum and Century* 84 (1930), 193~194. 다음을 보라. Rowe and Schulmann, *Einstein on Politics*, 229

누구나 개인으로서 존중받아야 하지만 누구도 우상화되어서는 안 된다.

상동

사회가 충분히 느슨해서 개인이 저마다 능력을 자유롭게 계발할 수 있을 때만 사회에서 귀중한 업적이 생겨날 수 있다.

관용에 관한 글에서, 1934년 6월. Einstein Archives 28-280

* 덩굴로만 이뤄진 숲은 있을 수 없다. 숲에는 스스로의 힘으로 서는 나무들이 필요하다.

요한나 판토바에게, 1948년 10월 9일. 그녀에게 보낸 세 아포리즘 중 하나. Einstein Archives 87-037

자유롭고 양심적인 인간을 죽일 수는 있을지언정 그런 본성을 지닌 인간을 노예로 삼거나 맹목적 도구로 이용할 수는 없을 것입니다.

이탈리아과학진흥협회를 위해서 쓴 '과학자의 도덕적 의무에 관하여'에서, 1950년 10월. Einstein Archives 28-882

모두의 공통의 이익을 위해서라도 개인성을 장려해야 합니다. 사회가 자신의 요구를 충족하고 끊임없이 발전하기 위해서, 달리 말해 척박해지고 화석화하는 것을 막기 위해서 필요한 신선한 발상은 개인만이 생산해낼 수 있기 때문입니다.

벤 셔먼 만찬에 보낸 메시지에서, 1952년 3월. Einstein Archives 28-931

지성

괜찮은 지성이 고약한 인간성과 결합한 경우는 딱 질색입니다.

야코프 라우프에게, 1909년 5월 19일. *CPAE*, Vol. 5, Doc. 161

우리는 현실에 직면하여 우리의 지성이 턱없이 부족하다는 사실을 똑똑히 알아차릴 수 있는 정도로만 지성을 부여받았습니다. 모든 사람들이 그렇게 겸손하다면 세상사가 좀 더 나아질 텐데요.

벨기에의 엘리자베트 왕비에게, 1932년 9월 19일. 다음에 인용됨. Grüning, *Ein Haus für Albert Einstein*, 305. Einstein Archives 32-353

지성을 신으로 섬기지 않도록 주의해야 합니다. 지성에게는 물론 강력한 근육이 있지만 인간성은 없습니다.

'인간의 존재 목표'에서, 1943년 4월 11일. 다음에 발표됨. *Out of My Later Years*, 235. Einstein Archives 28-587

직관

과학의 위대한 업적은 모두 직관적 지식, 즉 공리에서 출발하여 그것으로부터 연역해내야 합니다. …… 직관은 그런 공리를 발견하는 데 필수조건입니다.

1920년. 다음에 인용됨. Moszkowski, *Conversations with Einstein*, 180

나는 직관과 직감을 믿습니다. …… 가끔은 내가 옳다는 걸 아는 게 아니라 그저 내가 옳다고 느낍니다.

G. S. 피레크와의 인터뷰에서. "What Life Means to Einstein," *Saturday Evening Post*, October 26, 1929. 다음에 재수록됨. Viereck, *Glimpses of the Great*, 446

발명

발명은 논리적 사고의 산물이 아니다. 설령 발명의 최종 산물이 논리적 구조를 띠더라도.

〈슈바이체리셰 호흐슐차이퉁〉에 쓴 글에서, 1955년. 다음에 재수록됨. Seelig, *Helle Zeit, dunkle Zeit*. 다음에 인용됨. Pais, *Subtle Is the Lord*, 131. Einstein Archives 1-205

이탈리아와 이탈리아인

* [10월] 15일에 아들과 함께 볼로냐로 떠날 겁니다. 가서 내 자우어크라우트 이탈리아어를 뽐내야지요. 단테의 후손들이 무언가 단단히 준비해 두었겠지요!

헤르만 안쉬츠-켐페에게, 1921년 10월 11일. *CPAE*, Vol. 12, Doc. 263

보통의 이탈리아 사람들이 …… 쓰는 단어와 표현은 그 사고 수준도 문화적 수준도 뛰어납니다. …… 북부 이탈리아 사람들은 내가 지금까지 만난 사람들 중 제일 세련된 사람들이었습니다.

H. 코언이 《주이시 스펙테이터》에서 인용함. *Jewish Spectator*, January 1969, 16

이탈리아에서 보낸 행복한 몇 달은 가장 아름다운 추억입니다.

에르네스타 마란고니에게, 1946년 8월 16일. *Physis* 18 (1976), 174~178. Einstein Archives 57-113

일본과 일본인

* 당신이 베른에 왔던 것을 똑똑히 기억합니다. 내가 만난 첫 일본인, 아니 첫 동아시아인이었기 때문에 더 그렇지요. 당신은 대단한 이론 지식으로

나를 놀라게 했었습니다.

구와키 아야오에게, 1920년 12월. 아인슈타인은 1909년 3월에 구와키를 만났다. *CPAE*, Vol. 10, Doc. 246

* 도쿄의 초청에 굉장히 기뻤습니다. 내가 오래전부터 동아시아 사람들과 문화들에 관심이 있었기 때문에 더 그렇습니다.

무로부세 고신에게, 1921년 9월 27일. 아인슈타인이 1922년 동아시아 여행에 나서기 전에. *CPAE*, Vol. 12, Doc. 246

일본 사람들은 다른 어느 나라 사람들보다 자기 나라와 국민을 사랑합니다. …… 그렇지만 다른 어느 나라 사람들보다도 외국에 있을 때 이방인의 감정을 깊게 느낍니다. 나는 일본인이 왜 유럽인과 미국인에게 수줍은 태도를 보이는지를 이해하게 되었습니다. 서구의 교육은 개인으로서 생존하는 법을 가르치는 데 초점을 맞추지요. …… 가족의 유대는 약해졌고 …… 개인의 고립은 생존 투쟁의 불가피한 결과로 간주합니다. …… 일본은 전혀 다릅니다. 일본의 개인은 유럽이나 미국의 개인에 비해 외톨이로 존재하는 정도가 훨씬 낮습니다. 일본은 서구보다 여론이 강하고, 가족 구조가 약화되지 않도록 신경을 많이 씁니다.

Kaizo 5, no. 1 (January 1923), 339. 아인슈타인은 1922년 11월~12월에 6주 동안 일본을 여행하며 엄청난 환대를 받았다. 일본인은 아인슈타인의 다른 면면 외에도 '상대성원리'를 뜻하는 일본어 글자가 '사랑', '섹스'를 뜻하는 글자와 아주 비슷하다는 점 때문에 그에게 더 흥미를 느꼈을지 모른다(다음을 보라. Fölsing, *Albert Einstein*, 528). Einstein Archives 36-477.1

한 떨기 꽃과도 같은 존재. 그 앞에서 평범한 인간은 시인의 말을 쫓을 뿐입니다.

일본 여자들에 관하여. 상동

일본이 서양을 능가하도록 만들어준 위대한 유산을 부디 일본인들이 순수하게 지켜가기를. 일상을 예술적으로 꾸리는 태도, 단순하고 검박한 개인적 욕구, 순수하고 고요한 일본인의 정신을.

상동, 338

일본은 근사했습니다. 사람들의 품위 있는 행동거지, 모든 것에 대한 활발한 관심, 예술적 감각, 지적 성실성, 상식까지. 그림 같은 나라에 사는 멋진 사람들이었습니다.

마우리체 솔로비네에게, 1923년 5월 20일. *Letters to Solovine*, 58~59. Einstein Archives 21-189

사회 구성원들이 사회에 온전히 흡수되어 행복하고 건강하게 살아가는 모습은 난생 처음 보았습니다.

미셸 베소에게, 1924년 5월 24일. Einstein Archives 7-349

지금 일본은 안전밸브가 없는 대형 주전자와 같습니다. 인구를 유지하고 발전시킬 땅이 충분하지 않습니다. 어떻게든 이 상황을 처리하지 않으면 끔찍한 갈등을 빚게 될 것입니다.

〈뉴욕 타임스〉 1925년 5월 17일자에 실린 허먼 번스타인과의 인터뷰에서. 다음에 인용됨. Nathan and Norden, *Einstein on Peace*, 75. 일본은 삼 년 뒤 산둥성을 점령했고 이후 오랫동안 분쟁이 이어졌다.

지식

* 지식은 두 가지 형태로 존재합니다. 책에 저장된 생기 없는 형태와 사람들의 머릿속에 살아 있는 형태로. 결국에는 두 번째 형태가 핵심입니다. 첫 번째 형태는 필수 불가결한 것이기는 해도 열등한 위치일 뿐입니다.

'코언 학생 기념 기금'을 위해서 쓴 '모리스 라파엘 코언을 기리는 메시지'에서 마지막 문단, 1949년 11월 15일. 다음에 재수록됨. *Ideas and Opinions*, 80

사랑

사랑은 행복을 안겨줘. 누군가를 그리는 데서 느끼는 고통보다 훨씬 큰 행복을.

첫 여자 친구였던 마리 빈텔러에게, 1896년 4월 21일(17세였다). *CPAE*, Vol. 1, Doc. 18

사랑에 빠지는 것은 결코 인간이 저지르는 가장 어리석은 짓이 아닙니다. 어쨌든 중력이 거기에 무슨 책임이 있진 않습니다.

프랭크 월의 편지에 갈겨 써둔 답, 1933년. 월은 편지에서 "사람이 사랑에 빠지는 등 어리석은 짓을 저지르는 것은 그가 〔지구가 돌기 때문에〕 머리로 서 있는 동안이라고—혹은 위아래가 뒤집힌 동안이라고—봐도 합리적이지 않겠느냐고" 물었다. 다음에 인용됨. Dukas and Hoffmann, *Albert Einstein, the Human Side*, 56. Einstein Archives 31-845

사랑한다면 부담을 지울 수 없지요.

편집자이자 친구였던 잭스 커민스에게, 1953년 여름. 다음에 인용됨: Sayen, *Einstein in America*, 294

여자 친구를 [더블린에서 미국으로] 데려오는 데 애먹고 있다니 안됐습니다. 하지만 여자 친구가 거기 있고 당신이 여기 있는 동안에도 조화로운 관계를 유지할 수 있어야 합니다. 그런데 왜 그 문제를 밀어붙이려고 하는 겁니까?

코르넬 란초시에게, 1955년 2월 14일. Einstein Archives 15-328

결혼

부모님은 …… 아내란 남자가 안락한 생활을 누릴 수 있을 때나 취할 수 있는 사치품 같은 거라고 생각해. 그런 시각이 나는 못마땅해. 정말로 그렇다면, 여자가 사회적 지위가 나쁘지 않아서 남자와 평생 계약을 맺을 수 있을 때 그녀를 아내라고 부른다는 점 외에는 아내와 창녀를 구분할 수 없을 테니까.

밀레바 마리치에게, 1900년 8월 6일. 다음을 보라. *The Love Letters*, 23. *CPAE*, Vol. 1, Doc. 70

내가 결혼을 두려워하면서 자꾸 피하는 것은 애정이 부족해서가 아니야. 차라리 안락한 삶에 대한 두려움이랄까? 멋진 가구에 대한, 내가 짊어질 불명예에 대한, 혹은 안주한 부르주아가 되는 데 대한 두려움이랄까?

엘자 뢰벤탈에게, 1914년 8월 3일 이후. *CPAE*, Vol. 8, Doc. 32

고독과 마음의 평화를 아주 잘 누리고 있습니다. 여기에는 내가 사촌과 즐겁고 훌륭한 관계를 맺고 있다는 점이 크게 작용하고 있지요. 이 안정감은 결혼을 하지 않음으로써 보장될 것입니다.

미셸 베소에게, 1915년 2월 12일. *CPAE*, Vol. 8, Doc. 56. 물론 아인슈타인은 4년 뒤에 엘자와 결혼했다.

내 목적은 담배를 피우는 것이지만, 그 때문에 자꾸 파이프가 막히는 것일 테지요. 인생도 파이프 담배와 같습니다. 특히 결혼이.

일본 만화가 오카모토 잇페이가 회상한 말로, 아인슈타인이 1922년에 일본에서 한 말이라고 한다. 오카모토는 아인슈타인에게 담배를 피우는 게 좋아서 피우는 것인지 아니면 그저 파이프를 청소하고 도로 채우는 게 좋아서 피우는 것인지를 물었다. 다음에 인용됨. Kantha, *An Einstein Dictionary*, 199; *American Journal of Physics* 49 (1981), 930~940

자기 아내와의 피치 못할 전쟁 외에는 어떤 전쟁도 거부하는 …… 비열한 사람에게 왜 [미국의] 문호를 열어주겠습니까?

아인슈타인은 미국인에게 나쁜 영향을 미칠 테니 입국을 허락하지 말아야 한다고 주장했던 우익 단체 여성애국자협회에게 보낸 응답에서, 1932년 12월. Einstein Archives 28-213

결혼은 우발적 사건으로부터 무언가 영속적인 것을 만들어내려는 실패한 시도입니다.

오토 나탄이 1982년 4월 10일에 J. 세이엔과의 인터뷰에서 인용한 말. Sayen, *Einstein in America*, 80. 다음에도 인용됨. Fantova, "Conversations with Einstein," December 5, 1953

그것은 위험한 일입니다. 하지만 그렇게 따지자면 모든 결혼이 다 위험합니다.

프린스턴의 한 유대인 학생이 서로 종교가 다른 사람들끼리의 결혼을 관용해야 하느냐고 물은 데 답하여. Sayen, *Einstein in America*, 70

결혼은 문명적인 것처럼 보이는 노예 상태입니다.

콘라트 박스만이 다음에서 인용함. Grüning, *Ein Haus für Albert Einstein*, 159

결혼은 상대를 더 이상 자유로운 인간으로 대하지 않고 무슨 소유물처럼 대하게 만듭니다.

상동

물질주의

인간은 물질적 소망을 충족시키려는 고투에서 벗어날 때만, 물론 인간 본성의 한계 내에서 말이지만, 가치 있고 조화로운 삶을 영위할 수 있습니다. 그 삶의 목표는 사회의 정신적 가치를 드높이는 것입니다.

'히브리 대학의 친구들' 발기 모임에서, 1954년 9월 19일. 다음에 인용됨. *New York Times*, September 20, 1954. Einstein Archives 37-354

기적

생각이 육체에 영향을 미친다는 것을 인정합니다.

W. 헤르만스가 다음에서 인용함. *A Talk with Einstein*, October 1943. Einstein Archives 55-285

기적이란 법칙성의 예외를 뜻합니다. 따라서 법칙성이 존재하지 않는 곳에서는 그 예외인 기적도 존재할 수 없습니다.

다비트 라이힌슈타인이 다음에서 떠올린 말. *Die Religion des Gebildeten*

(Zurich, 1941), 21. 다음에 인용되고 논의되어 있다. Jammer, *Einstein and Religion*, 89

도덕성

설령 거창한 이름이 붙어 있더라도 수상쩍은 일이라면 피해야 합니다.

마우리체 솔로비네에게, 1923년 5월 20일. 아인슈타인이 국제연맹의 위원회를 사퇴한 것에 관하여. *Letters to Solovine*, 59. Einstein Archives 21-189

가장 중요한 것은 도덕성입니다. 그러나 우리 자신을 위해서이지 신을 위해서가 아닙니다.

M. 샤이어에게, 1927년 8월 1일. 다음에 인용됨. Dukas and Hoffmann, *Albert Einstein, the Human Side*, 66. Einstein Archives 48-380

과학 이론 그 자체는 우리가 살면서 품행의 도덕적 기반으로 삼을 만한 것을 제공하지 않습니다.

"Science and God: A Dialogue," *Forum and Century* 83 (June 1930), 373

문명화된 인류의 운명은 그 어느 때보다도 우리가 끌어낼 수 있는 도덕적 힘에 달려 있습니다.

'학생 군축 모임에게 하는 말'에서, 1932년 2월 27일. 다음에 발표됨. *Mein Weltbild*. 다음에 재수록됨. *Ideas and Opinions*, 94; *New York Times*, February 28, 1932

도덕성에 신적인 요소는 없다. 그것은 순수하게 인간의 일이다.

'과학의 종교성'에서. 다음에 발표됨. *Mein Weltbild* (1934), 18. 다음에 재수록됨. *Ideas and Opinions*, 40

지식과 기예만으로는 인류를 행복하고 품위 있는 삶으로 이끌 수 없음을 명심해야 합니다. 우리에게는 객관적 진리를 발견한 사람들보다 고귀한 도덕성과 가치를 주창하는 사람들을 우위에 두어야 할 이유가 충분합니다. 인류는 탐구하고 건설하는 정신들이 이뤄낸 모든 업적보다도 부처, 모세, 예수 같은 사람들에게 더 많은 빚을 지고 있습니다.

1937년 9월에 유니덴트(UNIDENT)의 '설교 미션'을 위해서 한 말에서. 다음에 인용됨. Dukas and Hoffmann, *Albert Einstein, the Human Side*, 70. Einstein Archives 28-401

도덕성은 고정되고 경직된 체계가 아닙니다. …… 그것은 언제까지나 완료되지 않는 작업입니다. 늘 우리 곁에서 우리의 판단을 이끌고 행동을 일깨우는 것입니다.

펜실베이니아의 스와스모어 칼리지에서 했던 졸업식 연설 '도덕과 감정'에서, 1938년 6월 6일. 다음에 인용됨. *New York Times*, June 7, 1938. Einstein Archives 29-083

인간이 하는 일 중에서 제일 중요한 것은 자신의 행동에서 도덕성을 추구하는 것입니다. 우리 내면의 균형이, 더 나아가 우리의 존재가 그것에 달려 있습니다. 행동에 드러난 도덕성만이 삶에 아름다움과 품위를 안겨 줍니다.

브루클린의 목사 C. 그린웨이에게, 1950년 11월 20일. 다음에 인용됨. Dukas and Hoffmann, *Albert Einstein, the Human Side*, 95. Einstein Archives 28-894, 59-871

'윤리적 문화'가 없다면, 인류에게는 구원이 없다.

'윤리적 문화의 필요성'에서, 1951년 1월 5일. Einstein Archives 28-904

신비주의

* 이른바 신지학과 심령학의 뜨거운 성장세에서 잘 드러난 오늘날의 신비주의 경향은 우리의 혼란과 나약함의 징후로 보입니다. 우리가 겪는 경험이란 감각 인상들을 재현하고 조합한 것이기 때문에, 육체 없는 영혼이란 개념은 공허하고 무의미하게 느껴집니다.

빈의 시인 릴리 할페른-노이다에게, 1921년 2월 5일. *CPAE*, Vol. 12, Doc. 41. 배경은 다음을 보라. Doc. 40, n. 3

나는 자연에 어떤 목적도 목표도 부과한 적 없습니다. 의인화로 해석될 수 있는 다른 어떤 요소도 부과한 적 없습니다. 내가 자연에서 보는 것은, 우리가 그저 불완전하게만 파악할 수 있으며 그것을 고찰하는 사람의 마음에 겸손함을 불어넣는 장대한 구조뿐입니다. 이것은 신비주의와는 무관한 감정이며, 이것이야말로 참된 종교적 감정이라 할 수 있습니다.

우고 오노프리에게, 1954년 혹은 1955년. 다음에 인용됨. Dukas and Hoffmann, *Albert Einstein, the Human Side*, 39. Einstein Archives 60-758

자연

자연의 가장 아름다운 선물은 우리가 눈앞에 펼쳐진 것을 이해하려고 노력하는 행위에서 기쁨을 느끼도록 해준다는 점이다.

아포리즘, 1953년 2월 23일. *Essays Presented to Leo Baeck on the Occasion of His Eightieth Birthday* (London: East and West Library, 1954). Einstein Archives 28-962

파이프 담배

파이프 담배는 인간사에 얽힌 모든 판단을 좀 더 객관적으로, 좀 더 침착하게 내리도록 도와줍니다.

'몬트리올 파이프 담배 피우는 사람들 클럽'이 수여한 평생 회원증을 수락하며, 1950년 3월 7일. 다음에 인용됨. *New York Times*, March 12, 1950. Einstein Archives 60-125. 아인슈타인은 파이프를 워낙 좋아해서 보트 사고로 물에 빠졌을 때도 꽉 쥐고 있었다고 한다. 다음을 보라. Ehlers, *Liebes Hertz!*, 149. 이번 장의 '결혼' 항목도 보라.

후세

친애하는 후세 인류에게. 여러분이 우리보다 좀 더 공정하고 좀 더 평화롭고 전체적으로 좀 더 분별 있는 존재가 되지 못했다면, 악마한테나 잡혀가시라! 삼가 이 엄숙한 희망을 밝힌 사람은 알베르트 아인슈타인이라고 합니다.

프린스턴에서, 1936년 5월 4일. 양피지에 적어 후세에 남긴 메시지. 금속 상자 속에 밀봉되어 뉴욕의 슈스터 출판사(오늘날의 사이먼 & 슈스터 출판사) 건물 기반에 묻혔다. Einstein Archives 51-798

언론

대체로 기득권에 의해 통제되고 있는 언론은 여론에 지대한 영향을 미친다.

'미국의 인상'에서, 1931년경. 다음에 출처가 잘못된 채 인용됨. *Ideas and*

Opinions, 5. Einstein Archives 28-167

금주법

집행할 수 없는 법을 통과시키는 것만큼 정부와 법률에 대한 존경심을 해치는 것은 없다. 미국의 위험천만한 범죄율 상승이 이 문제와 밀접하게 결부되어 있다는 것은 공공연한 비밀이다.

상동

나는 술을 안 마시기 때문에 정말로 아무 상관 없습니다.

샌디에이고에 도착했을 때 오클랜드 호 선상에서 했던 기자회견에서 금주법에 관하여, 1930년 12월 30일. PBS의 아인슈타인 전기 방송 '노바'와 1991년 A&E 텔레비전(VPI 인터내셔널)의 아인슈타인 전기 방송에 이 모습이 등장했다. 아인슈타인은 술을 싫어했고 말년에는 아예 금주했다. 소화계가 예민해서 그랬을 가능성이 높지만 말이다. 다음을 보라. Fölsing, *Albert Einstein*, 81

정신분석

나는 분석되지 않은 어둠 속에 남아 있는 편을 대단히 선호합니다.

독일 정신분석가 H. 프로인트에게, 아들러 심리학에 바탕을 둔 연구에 참가하지 않겠느냐는 권유를 받고, 1927년 1월. 다음에 인용됨. Dukas and Hoffmann, *Albert Einstein, the Human Side*, 35. Einstein Archives 46-304

현대인의 사고에서 아주 중요한 측면이 된 이 문제에 대해서는 내가 감히 뭐라고 판단할 처지가 못 됩니다. 다만 정신분석이 늘 유익한 건 아닌 것 같습니다. 무의식을 파헤치는 것이 늘 유익하지만은 않을지도 모릅니다.

G. S. 피레크와의 인터뷰에서. "What Life Means to Einstein," *Saturday Evening Post*, October 26, 1929. 다음에 재수록됨. Viereck, *Glimpses of the Great*, 442

꿈은 곧 억압된 희망이라는 주장이 말이 안 되는 일이라고 생각하진 않지만 그렇다고 믿지도 못하겠습니다.

다음에 인용됨. Fantova, "Conversations with Einstein," November 5, 1953

연설

내가 방금 새로운 영원성 이론을 세웠습니다.

미국국립과학아카데미에서 그를 기리는 만찬을 열었을 때, 길게 늘어지는 연설들을 들으면서 같은 식탁에 앉은 사람들에게 이렇게 말했다고 한다. 대니얼 그린버그가 다음에서 인용함. "A State without Stature," *Washington Post*, December 12, 1978

인력거꾼

인간을 그토록 고약하게 취급하는 짓에 가담한다는 게 엄청나게 부끄러웠지만, 어쩔 도리가 없었다. …… 그들은 어떻게 애걸하면 관광객이 굴복하는지 잘 알고 있다.

여행 일기에서, 1922년 10월 28일. 실론(오늘날의 스리랑카)의 콜롬보에서 쓴 글이다. 아인슈타인은 그곳을 거쳐 싱가포르, 홍콩, 중국 상하이, 일본을 여행했다.

항해

해안의 한적한 후미에서 배를 타는 것은 더없이 느긋한 일입니다. …… 나는 꼭 진지한 뱃사람처럼 캄캄한 데서도 빛을 내는 나침반을 갖고 있습니다. 그러나 이 기예에 재주가 썩 좋은 편은 아니라서, 배를 댄 모래톱에 멀쩡하게 내 몸을 내리기만 하면 만족합니다.

벨기에의 엘리자베트 왕비에게, 1954년 3월 20일. Einstein Archives 32-

385

최소한의 에너지를 요구하는 스포츠.

A. P. 프렌치가 다음에서 인용함. French, *Einstein: A Centenary Volume*, 61

조각

움직이는 사람을 묘사하는 능력에는 고도의 통찰과 재능이 요구됩니다.

콘라트 박스만이 다음에서 인용함. Grüning, *Ein Haus für Albert Einstein*, 240. 아인슈타인의 의붓딸 마르고트가 조각가였다. 아인슈타인 자신도 여러 차례 조각상 모델을 섰다.

성교육

성교육에 관하여. 아무것도 숨기지 말 것!

베를린의 '성 개혁을 위한 세계 연맹'에게, 1929년 9월 6일. Einstein Archives 48-304

성공

성공한 사람이 아니라 가치 있는 사람이 되도록 노력하십시오.

윌리엄 밀러가 다음에서 인용함. *Life*, May 2, 1955

생각

글로 적힌 것이든 말로 한 것이든, 언어는 내 사고 메커니즘에서 아무 역할도 하지 않는 듯합니다.

자크 아다마르에게, 1944년 6월 17일. 다음에 인용됨. ***An Essay on the Psychology of Invention in the Mathematical Field***, Appendix 2. Einstein Archives 12-056

좀 생각 해야겠습니다.

바네시 호프먼에 따르면, 아인슈타인은 어떤 문제에 대해서 생각할 시간이 필요할 때면 더듬거리는 영어로 늘 이렇게 말했다고 한다. 다음에 인용됨. French, *Einstein: A Centenary Volume*, 153. 다음 자료를 보면 레오폴트 인펠트도 아인슈타인에 대해서 그렇게 말했다고 한다. Hoffmann, *Albert Einstein: Creator and Rebel*, 231. 아인슈타인을 직접 알았던 전기 작가 아브라함 파이스도 내게 같은 이야기를 들려주었다.

생각은 대체로 기호(단어)를 활용하지 않은 채 진행된다. 더 나아가 상당한 정도까지 무의식적으로 진행되는 것 같다. 그렇지 않다면 어떻게 우리가 가끔 어떤 경험에 대해 상당히 자발적으로 '놀라워' 한단 말인가? 그런 '놀라움'은 그 경험이 우리 안에 미리 갖춰진 개념들의 세계와 충돌할 때 발생하는 듯하다. …… 사상의 세계를 발전시킨다는 것은 어떤 의미에서 그런 '놀라움'으로부터 지속적으로 달아나는 일이다.

1946년에 '자전적 기록'을 쓰고자 작성했던 메모에서, 8~9

진리

진리를 추구하는 노력이 다른 모든 노력에 앞서야 합니다.

알프레도 로코에게, 1931년 11월 16일. Einstein Archives 34-725

진리와 지식을 열렬히 추구하는 것은 인간의 가장 고귀한 특징입니다. 제일 적게 노력하는 사람들이 제일 큰 목소리로 그 자긍심을 표현하곤 하지만 말입니다.

'유대인 호소 연합'을 위해 했던 방송 '인간의 존재 목표'에서, 1943년 4월 11일. Einstein Archives 28-587

진리란 경험의 시험을 견뎌내는 것을 말한다.

필리프 프랑크의 책에 쓴 서문의 마지막 문장. Philipp Frank, *Relativity: A Richer Truth* (Boston: Beacon Press, 1950). 다음에 인용됨. *Out of My Later Years*, rev. ed., 115. Einstein Archives 1-160

가끔은 무엇이 진리인지 말하기는 어렵지만 무엇이 거짓인지 알아보기는 쉽습니다.

제러마이아 맥과이어에게, 1953년 10월 24일. Einstein Archives 60-483

작은 문제에서 진실을 대수롭지 않게 여기는 사람은 중요한 문제에서도 믿을 수 없습니다.

이스라엘 독립 7주기를 맞아 할 예정이었던 라디오 연설문의 초고에서. 아인슈타인이 죽기 일주일쯤 전인 1955년 4월에 작성되었다. 다음에 인용됨. Nathan and Norden, *Einstein on Peace*, 640. Einstein Archives 60-003

당신의 편지에 쓰인 거창한 어휘와 급진적인 분위기가 미심쩍습니다. 진리는 단순한 치장으로 겸손하게 모습을 드러내는 법입니다.

한스 비티히에게, 1920년 5월 3일. Einstein Archives 45-274

채식주의

그동안 외부 상황 때문에 엄격한 채식을 준수하지는 못했지만, 원론적으로 나는 오래전부터 채식주의를 옹호했습니다. 미학적, 도덕적 측면의 목표에 동의하는 것을 넘어서, 순수하게 육체적인 차원에서 인간의 기질에 미치는 영향만 보더라도 채식주의는 인류에게 유익하리라고 봅니다.

헤르만 후트에게, 1930년 12월 27일. 아마도 1882년에서 1935년까지 독일에서 발간되었던 잡지 《베게타리셰 바르테》에 실렸을 것이다. 후트는 그 잡지를 발간한 독일 채식 협회 '베게타리어분트'의 회장이었다. (이 정보를 알려준 다비트 후르비츠에게 고맙다.) Einstein Archives 46-756

나는 동물의 살을 먹을 때마다 늘 죄책감을 느꼈습니다.

막스 카릴에게, 1953년 8월 3일. Einstein Archives 60-058

당신이 밭을 사서 양배추와 사과를 심으려면, 먼저 고인 물을 빼야 합니다. 그러면 그 물에서 살던 온갖 동식물이 죽을 것입니다. 다음에는 작물을 먹을지도 모르는 각종 벌레와 애벌레를 죽여야 합니다. 만일 당신이 도덕적 근거에서 이런 살생을 꺼린다면, 결국에는 자신이 죽을 수밖에 없을 겁니다. 고차원적인 도덕률 따위는 전혀 모르는 생물들을 살려주기 위해서.

상동. 다음에 인용됨. *Vegetarisches Universum*, December 1957

나는 이제 기름도 고기도 생선도 안 먹습니다. 그래도 꽤 잘 지냅니다. 인간은 육식동물이 아니라는 생각이 들 정도입니다.

한스 뮈잠에게, 1954년 3월 30일. Einstein Archives 38-435. 아인슈타인이 채식주의를 자발적으로 선택한 건 아니었을 것이다. 그것을 윤리적 문제로 여긴다는 말은 어디에도 남기지 않았기 때문이다. 그는 평생 소화에 어려움을 겪었기 때문에 먹는 것을 늘 조심스럽게 살펴야 했다. 술을 꺼린 것도 같은 이유 때문이었을지 모른다.

폭력

폭력이 가끔 장애물을 신속히 해치우는 데 성공하기는 해도 창조성을 증명한 예는 한 번도 없었다.

J. 크루치의 글 '유럽은 성공이었는가?'(1934)에 대하여. 다음에 재수록됨. *Einstein on Humanism*, 49. Einstein Archives 28-282

부

부에는 의무가 따른다는 것을 잊지 말아야 합니다.

하인리히 창거에게, 1920년 3월 26일. *CPAE*, Vol. 9, Doc. 361

인류가 아무리 부유하더라도 인류의 발전에는 도움이 되지 않는다고 굳게 믿는다. 설령 누구보다도 헌신적인 일꾼이 그 사업을 맡더라도 말이다. 위대하고 순수한 인간성으로 우리에게 모범이 되는 사람들은 우리를 고결한 행동과 시각으로 이끌 수 있다. 그러나 돈은 이기심을 낳을 뿐이며, 반드시 그 소유자를 꾀어 악용하게끔 만든다. 모세, 예수, 간디가 카네기의 지갑을 가진 것을 상상할 수 있겠는가?

〈분테 보헤〉에 쓴 '부에 관하여'에서, 1932년 12월 9일. 다음에 발표됨. *Mein Weltbild* (1934), 10~11. 다음에 재수록됨. *Ideas and Opinions*, 12~13

경제학자들은 가치 이론을 손질해야 할 겁니다.

자신의 손글씨 원고가 전쟁 채권 마련을 위한 경매에서 1150만 달러에 팔렸다는 이야기를 듣고서. 역사학자 줄리언 보이드가 도로시 프랫에게 들려준 말, 1944년 2월 11일. Princeton University Archives. 다음에 인용됨. Sayen, *Einstein in America*, 150

식당에는 소나무 식탁 하나, 벤치 하나, 의자 몇 개만 있으면 충분해.

마야 아인슈타인이 직접 쓴 오빠의 전기에서 떠올린 말. *CPAE*, Vol. 1. 다음에도 인용됨. Dukas and Hoffmann, *Albert Einstein, the Human Side*, 14

지혜

지혜는 학교 교육의 산물이 아니라 평생 그것을 추구한 노력의 산물입니다.

J. 디스펜티에레에게, 1954년 3월 24일. Einstein Archives 59-495

여성

우리 남자들은 가련하고 의존적인 존재입니다. 그래도 여자들과 비교하자면 남자는 모두 왕이나 마찬가지입니다. 정도야 어쨌든 자립적인 존재이니까요. 누군가 의지할 사람이 나타나기만을 한없이 기다리진 않으니까요. 여자들은 자신에게서 쓸모를 발견해줄 남자가 나타나기를 언제까지나 기다립니다. 그러나 그런 날이 오지 않으면, 산산이 무너집니다.

미셸 베소에게, 1917년 7월 21일. 아인슈타인의 아내 밀레바에 대해서 이야기하다가. *CPAE*, Vol. 8, Doc. 239

창조적인 여성은 극히 드뭅니다. 나라면 딸에게 물리 공부를 시키지 않겠습니다. 내 아내가 과학을 전혀 모르는 게 다행입니다. 첫 번째 아내는 알았지요.

베를린에서 아인슈타인의 학생이었던 에스터 잘라만이 다음에 들려준 말. *Listener*, September 8, 1968. 다음에도 인용되었다. Highfield and Carter, *The Private Lives*, 158

다른 모든 분야처럼 과학에서도 여성이 진출하기가 더 쉬워져야 합니다. 그러나 그 결과에 대해 내가 약간 회의적인 견해를 갖고 있다고 해서 불쾌하게 여기진 마십시오. 자연이 여성에게 부여한 기질에는 다소 제한적인 면이 있기 때문에 여성에게 남성과 같은 수준의 기대를 적용하기는 어렵다는 말일 뿐이니까요.

1920년. 다음에 인용됨. Moszkowski, *Conversations with Einstein*, 79

여자들은 집에 있을 때 세간에 들러붙어서 …… 종일 그걸 가지고 난리법석을 피운다. 그런데 여자와 여행을 떠나면, 여자에게 있는 가구가 나밖에 없기 때문에, 여자는 종일 나를 이리 돌렸다 저리 돌렸다 하면서 더 낫게 만들려고 법석을 부린다.

다음에 인용됨. Frank, *Einstein: His Life and Times*, 126. 아인슈타인은 곧잘 이런 재치 있는 말도 했다.

일

일은 삶에 실체를 주는 유일한 요소란다.

아들 한스 알베르트에게, 1937년 1월 4일. Einstein Archives 75-926

사람이 무엇 때문에 자기 일을 그토록 진지하게 여기는지는 정말 수수께끼입니다. 누구를 위해서? 자신을 위해서? 그러나 누구나 언젠가는 세상을 떠나는 법인 것을. 그렇다면 다른 사람들을 위해서? 후세를 위해서? 아닙니다. 그 답은 여전히 수수께끼입니다.

화가 요제프 샤를에게, 1949년 12월 27일. Einstein Archives 34-207

정신적인 작업에서 순수한 기쁨을 느끼려면 그 일에 생계가 달려 있지 않아야 합니다.

L. 매너스에게, 1954년 3월 19일. Einstein Archives 60-401

젊음

정말로 신선한 발상은 젊을 때만 떠오릅니다. 나이 들면 좀 더 노련해지고, 유명해지고, 멍청해지지요.

하인리히 창거에게, 1917년 12월 6일. *CPAE*, Vol. 8, Doc. 403

네 편지를 읽으니 내 젊은 시절이 연상되는구나. 젊을 때는 머릿속에서 자신과 세상을 맞세우곤 하지. 자신의 강점을 다른 것들과 비교해보고, 의기소침과 자신감 사이를 오락가락하지. 인생은 영원할 것 같고, 자신이 하는 일과 생각은 전부 너무 중요한 것 같지.

아들 에두아르트에게, 1926년. Einstein Archives 75-645

젊은이들이여, 너희가 아름답고 자유로운 삶을 동경했던 첫 세대는 아니란 것을 아는지? 앞선 세대들도 똑같이 느꼈으나, 그러다가 결국 고난과 미움에 굴복했다는 사실을 아는지? 너희가 품은 열렬한 소망은 너희가 모든 사람과 동물과 식물과 별을 사랑하고 이해함으로써 모두의 기쁨이 너희의 기쁨이 되고 모두의 고통이 너희의 고통이 될 때만 충족될 수 있다는 것을 아는지?

독일 카푸트의 I. 슈테른이 모은 유명인 서명 앨범에 쓴 말, 1932년. 다음에 인용됨. Dukas and Hoffmann, *Albert Einstein, the Human Side*, 129

21장

아인슈타인의 시:
작은 컬렉션

1950년, 프린스턴 연구실에서.
(허먼 랜드쇼프 사진, © 뉴욕 FIT 뮤지엄의 허가를 받아 수록)

⊠

번역은 많은 것을 놓칠 수 있다는 걸 안다. 더군다나 시는. 아인슈타인이 빈틈없는 독일어로 썼던 시 몇 편을 여기에서 번역문으로 소개하는 것이 잘못일지도 모르겠다. 그러나 많은 사람이 내게 그렇게 해달라고 요청했다. 이런저런 자료에서 찾아낸 번역 시들은 어색한 부분이 많지만, 그래도 독자는 아인슈타인의 시적 재능이 어느 정도였는지—가끔은 그 한계도—짐작할 수 있을 것이다. 시의 운율과 압운은 〈막스와 모리츠〉로 유명한 독일 시인 빌헬름 부슈를 닮았다. 대개의 시에 유머가 어려 있고, 조롱하는 듯한 유머도 적지 않다. 안타깝게도 모든 시에 그런 효과가 있는 것은 아니다. 아인슈타인 아카이브에 포함된 운문, 시, 리머릭은 총 수백 편에 이른다. 대부분은 제목이 없으며, 친구들에게 편지 대신 보내거나 사진 혹은 엽서와 함께 보냈던 것이 많다. 번역한 사람의 이름을 알 때는 함께 적어두었다.

⊠

* 내가 어디 가고 어디 머물든
그곳에는 늘 내 사진이 전시되어 있다.
책상 위에 아니면 복도에,

목에 걸려 있거나 벽에 걸려 있거나.
여자들도 남자들도 이상한 게임을 하는데,
간곡하게 간청하길, "사인 좀 해주세요."
박식한 사내의 불평은 한마디도 참아주지 않으면서
어쨌거나 그가 끼적거린 글씨는 고집스레 원한다.

가끔은 이런 훈훈한 응원에 둘러싸여
듣는 말들 때문에 좀 헷갈리기까지 하는데,
잠시나마 내 정신이 흐릿하지 않은 순간에 문득 궁금해지니,
혹시 사실은 미친 것이 저들이 아니라 내가 아닌가 하고.

코르넬리아 볼프에게 바침, 1920년 1월. Dukas and Hoffmann, *Albert Einstein, the Human Side*, 73~74

* 이곳과 그곳에 있는 약간의 기술이
모든 곳에 있는 사상가들의 관심을 끌 수 있을 테니,
다음과 같이 대담하게 예상해봅니다.
우리 둘이 함께 알을 낳을 수 있을 거라고.

루돌프 골드슈미트에게 보낸 편지에서, 1928년 11월. 협동 작업을 요청하며. 애런 위너의 번역문이 다음에 인용됨. Neffe, *Einstein*, 43. Einstein Archives 31-071

* 남녀노소 모든 분들

이곳에 당신의 흔적을 남기십시오.
하지만 잠시 멈춰서서 수다 떠는 사람들의
말을 닮은 산문이 아니라,
고상한 시인들의 깔끔한 설계를 닮은
유려한 운문으로 풀어보십시오.
어서 시작하세요, 두려움은 밀어두시고.
당신의 글이 횡설수설 길을 잃진 않을 테니.

카푸트의 집 방명록 머리말로 쓴 글, 1930년 5월 4일. 애런 위너의 번역문이 다음에 인용됨. Neffe, *Einstein*, 306. Einstein Archives 31-067

* 길고 섬세하게 늘어진 나뭇가지와 같은
그녀의 시선에서 벗어날 수 있는 것은 아무것도 없다.
웃음 띤 친구들의 반가운 모습도,
여전히 흐느끼는 버드나무도.

아인슈타인의 숱한 여자 친구 중 하나였던 에텔 미샤노프스키에게, 1931년 5월 16일. Einstein Archives 84-103

* 머리에는 임무를 담고 손에는 파이프를 담고,
트라우어니히트 선장은 그렇게 서 있지.
활짝 웃는 얼굴에 눈동자는 형형하고
무엇도 그의 시선을 벗어날 수 없지.
그는 배와 바다를 살펴보고

선원들은 충실히 그를 따르지.
트라우어니히트는 침착하게 제자리를 지키며
주변의 모든 것을 받아들인다네.

1932년경에 씀. 애런 위너의 번역문이 다음에 인용됨. Neffe, *Einstein*, 28. 아인슈타인 아카이브의 바바라 울프에 따르면, "트라우어니히트"("근심 없는"이라는 뜻이다)는 실제 선장의 이름이었다. Einstein Archives 31-099

* 누구든 저 이브의 딸을
검은 심장에 품은 남자라면
그녀의 모습을 한 번도 보지 못한 채
조용히 흘러가는 하루를 아쉬워하네.

에텔 미샤노프스키에게, 1932년 혹은 1933년. Einstein Archives 84-108

* 우편함에는 편지가 천 통
잡지마다 실린 그의 이야기
이런 기분일 때 그는 어쩌리?
가만히 앉아서 고독을 바라네.

1934년에 씀. 애런 위너의 번역문이 다음에 인용됨. Neffe, *Einstein*, 16. Einstein Archives 31-161

* 친구들은 다들 나를 골린다
—내가 가족을 그만 만들도록 도와주오!

오랫동안 충실하게 감당해온
현실만으로도 벅차다.
하지만 내게 몰래 알을 낳을
배짱이 있다는 걸 확인한다면
그것도 나쁘지 않겠지—남들이
오해하지만 않는다면야.

의붓아버지 A. 아인슈타인

1936년에 친구 야노시 플레슈에게, 자신에게 사생아가 있다는 소문을 들은 뒤. 다음에 번역문이 실렸다. Highfield and Carter, *Private Lives*, 93~94. Einstein Archives 31-178

* 우편배달부는 매일 내게
산더미 같은 우편물을 가져와 질리게 한다.
어째서 아무도 깨닫지 못한단 말인가!
그들은 떼로 있지만 그는 한 사람이라는 사실을.

1938년에 씀. 페터 부퀴가 다음에서 인용함. Neffe, *Einstein*, 272. Einstein Archives 31-215

* 자신의 작은 바이올린을 밤낮으로
켜기를 즐기는 사람이라도
그 소리를 널리 퍼뜨리는 건 옳지 않다.
그랬다간 듣는 사람들의 비웃음을 살 테니.

온 힘을 다해서 활을 긁을 거라면—
그거야 분명히 당신의 권리이지만—
이웃들이 불평하지 않도록
창문은 닫아두시길.

에밀 힐프에게 보낸 시, 1939년 4월 18일(내가 직접 번역했다). Einstein Archives 31-279

변증법적 유물론의 지혜

* 비길 데 없는 땀과 노력을 쏟아서 도달한 것이
겨우 그렇게 시시한 진실 한 조각이라고?
어리석도다, 우리에게 기본으로 주어진 사실을
그토록 애써서 찾으려고 하는 사람은.

감히 의혹을 표현하는 사람이 있다면
당장 머리가 빠개지지.
그런 방식으로 우리는 대담한 정신의 소유자들에게
조화를 받아들이는 방법을 가르치고 있구나.

1952년에 씀. 같은 페이지에 아인슈타인은 다음과 같은 냉소적인 아포리즘도 써두었다. "마르크스-엥겔스 연구소를 위한 비문: 진리를 추구하는 사람들의 영역에서는 인간이 권위자가 될 수 없다. 통치자를 자처하는 자는 신들의 비웃음을 받고 말리라." 다음을 보라. Rowe and Schulmann, *Einstein on Politics*, 457. '인류에 관하여' 장에서 언급했던 출처에서는 이 아포리즘이 살

짝 다르게 번역되어 있다. Einstein Archives 28-948

* 그 고귀한 인간을 얼마나 사랑하는지!
말로 표현할 수 없을 정도다.
그러나 아마도 그는 자신만의 후광을 거느리고서
홀로 있는 편을 좋아하리라.

유대인 철학자 바뤼흐 스피노자에 대하여. Einstein Archives 33-264

'우리'라는 작은 단어를 나는 믿지 않는데 그 이유는
다른 누구도 그가 나라고 말할 수 없기 때문.
모든 합의 밑에는 뭔가 어긋난 것이 놓여 있고
겉으로 드러난 일치 밑에는 깊은 심연이 도사리고 있다.

다음에 인용됨. Dukas and Hoffmann, *Albert Einstein, the Human Side*, 100

* 음침한 동화를 쓰는 사람이 있다면
우리가 가장 혹독한 감옥에 가두고 만다.
그러나 감히 진실을 말하는 사람이 있다면
우리가 그 영혼을 지옥으로 던져버린다.

페터 부퀴가 다음에서 인용함. Neffe, *Einstein*, 285

* 주변의 유대인들을 보노라면

별로 기쁜 마음이 들지 않는다.
그래서 다른 사람들을 보노라면
내가 유대인인 것이 다행스럽다.

Einstein Archives 31-324. 요제프 아이징거의 번역문이 다음에 인용됨. Neffe, *Einstein*, 321

⌘

아래 시들은 아인슈타인이 마지막으로 친하게 지낸 여자 친구였던 요한나 판토바에게 1947년에서 1955년 사이에 써준 것이다. 번역은 내가 했다. 독일어 원문과 다른 버전의 번역들은 다음에 수록되어 있다. (*Princeton University Library Chronicle* 65, no. 1 (Autume 2003))

⌘

* 오늘은 토요일. 나는 혼자서
공책을 곁에 두고 램프를 켜고 앉아 있다.
탁자 위에는 내 파이프.
그만 잠자리로 가자, 밤이 늦었으니!

* 안달복달해봐야 소용없어요
하네는 나갔어요, 그녀는 말했다.

옳은 말이지, 집안일을 해야 하니까
그녀에게는 그것이 장난이 아니니까.

* 나는, 누구보다도 어설픈 나는
제법 세게 넘어졌을 것이다.
당신이 그때 도와주지 않았다면,
나는 굉장한 절망에 빠졌겠지.

* 2-8-4-2-J가 무슨 소용인가
침묵이 한사코 떠나려 하지 않는데?
나는 매일 혼자 집에서 고역을 치른다.
전화기가 없는 고아처럼.
[전화기가 고장 난 날 쓴 시다.]

22장

아인슈타인이 했다는 말

'내 이론을 공부해보세요. 그러면 소득세 계산이 간단하게 느껴질 테니!'

1929년 C. 베리먼의 만화. 아인슈타인이 한 비슷한 말이 본문에 수록되어 있다. (의회도서관 LC-USC62-102496)

지난 15년 동안 많은 사람이 내게 이전 판의 이 장에 수록된 항목들에 대한 출처를 알려주었다. 도움에 감사하며, 출처가 밝혀진 항목은 본문의 적절한 장으로 이동시켰다. 이 장에 남은 항목들은 아직 출처를 찾고 있다. 어떤 것은 진짜인 것 같고, 어떤 것은 의심스럽고, 또 어떤 것은 누군가 자기 주장이나 발상에 신뢰성을 더하고자 아인슈타인의 이름을 끌어들여 지어낸 가짜임에 분명하다. 인터넷이나 출처를 밝히지 않고 명언을 모아둔 선집에는 이런 사례에 해당하는 항목이 수백 개 있지만, 그중 호기심 많은 독자들이 내게 보내준 항목만을 골라 여기 소개했다.

아인슈타인이 했다지만 사실은 아닌 말

국제법은 교과서에만 존재한다.

실제로는 애슐리 몬터규가 아인슈타인과의 인터뷰에서 한 말이다. Ashley Mantagu, "Conversations with Einstein," *Science Digest*, July 1985

교육은 학교에서 배운 것을 모두 잊었을 때도 남는 무언가다.

원래 아인슈타인이 한 말은 아니지만 그는 이 말에 동의했다. 아인슈타인은 다음 책에 실린 '교육에 관하여'라는 글에서 무명의 "현자"가 한 말이라며 위의 말을 인용했다. *Out of My Later Years*, 38. 한편 『옥스퍼드 유머 명언 사전』(2001)에 따르면, 앨런 베넷이 자신의 책(*Forty Years On*)에서 비슷한 말을 했다. 그 밖의 다른 사람들도 비슷한 말을 많이 했을 것이다.

내게 경외감을 주는 것은 두 가지, 천상의 별들과 우리 내면의 도덕적 우주이다.

칸트가 『실천이성비판』에서 했던 제일 유명한 말("우리가 거듭 떠올릴 때마다 매번 새롭게 느껴지고 더욱 경이롭게 느껴지는 것이 두 가지 있다. 천상의 별들과 우리 내면의 도덕률이다.")을 부정확하게 바꾼 말일 뿐이다.

무선 전신은 이해하기 어렵지 않다. 보통 전신은 길쭉한 고양이다. 꼬리를 뉴욕에 두면 로스앤젤레스에서 야옹거린다. 무선 전신도 똑같은데 고양이만 없을 뿐이다.

아인슈타인 아카이브의 바버라 울프에 따르면, 이것은 오래된 유대인 농담으로 여러 책에 실려 있다고 한다.

* 미친 짓이란 똑같은 일을 몇 번이고 반복하면서 다른 결과를 기대하는 것이다.

리타 매 브라운이 다음 책에서 한 말이다. Rita Mae Brown, *Sudden Death* (New York : Bantam, 1983), 68. 출처를 알려준 바버라 울프에게 고맙다.

우리는 뇌의 10퍼센트만을 쓴다.

이 신화는 자주 이야기되지만 거짓이다. 여러 독자들이 이와 관련한 글을 내게 보내주었다. 다음을 참고하라. Michael Brand and Grace A. Reband, "Missing: 90% of the Human Brain," in www.chicagoflame.com, accessed 1/15/2008

내가 젊었을 때 가장 되고 싶은 것은 지리학자였다. 그러나 관세청에서 일하면서 고민해보았더니 그 주제는 너무 어려운 것 같았다. 그래서 좀 내키지 않았지만 물리학으로 바꾸었다.

사우스다코타의 지리국에서 일하는 사람이 내게 보내주면서 여러 지리 부서에서 회자되는 말이라고 알려주었다. 그러나 아인슈타인은 특허청(관세청이 아니다)에서 일할 때 이미 물리학자였으니 장래 직업으로 지리학을 염두에 두기에는 좀 늦었다.

아인슈타인이 말했을 가능성이 없지 않거나 아마도 했을 것 같은 말

모든 것은 최대한 단순하게 만들어야 하지만 그 이상 더 단순하게 만들어서는 안 된다.

가장 많이 조회되는 인용문이다. 《리더스 다이제스트》 1977년 7월호에 별다른 출처 없이 실렸다. 모두가 이 말을 아는 듯하지만 출처를 찾는 데 성공한 사람은 아무도 없다. 버전도 여러 가지인 듯하다. 가장 흔한 버전은 "이론은 최대한 단순해야 하지만 그 이상 더 단순해서는 안 된다"이다. '단순함의 원칙'이라고도 불리는 오캄의 면도날 정리는 과학에서나 철학에서나 무엇이든 불필요하게 중복되어서는 안 된다는 법칙이다. 보통 이것은 경쟁 이론들이 있을 때 복잡한 이론보다 단순한 이론을 선호해야 한다는 뜻으로 해석되며, 미지의 현상에 대한 설명을 찾을 때는 우선 알려진 것에서부터 찾아보아야 한다는 뜻으로 해석될 때도 있다. 어쩌면 누군가 오캄의 면도날 정리를 아인슈타인이 한 말로 잘못 인용했을 수 있다. 그렇다면 실제 이 말은 우리가 생각하는 것보다 600년 더 묵은 말일 것이다. (오캄의 윌리엄은 1285~1349년경에 살았다.) 아이작 뉴턴도 단순함의 팬으로서 이렇게 썼다. "자연은 단순함을 좋아하기 때문에 잉여의 원인들을 남발하여 꾸미지 않는다." 가장 그럴듯한 가능성은, 이 책에도 여럿 소개되었듯이 아인슈타인은 단순함에 대한 말을 많이 했는데, 그중 하나가 이 문장으로 와전되었을 가능성이다. 그리고 설령 아인슈타인이 실제로 이 말을 했더라도 우리가 이 말의 내용을 문자 그대로 받아들여서는 안 된다.

세계가 소통하기 위해서는 국제어를 통해서 국제적으로 이해를 진작해야 한다. 그것은 꼭 필요한 일일뿐더러 자명한 이치이다. 국제어의 가장 훌륭한 해법은 에스페란토어다.

진짜 아인슈타인이 한 말인 것 같지만 출처는 찾지 못했다. 에스페란토어 조직 '아소치아티온 몬디알레 아나티오날레'는 1921년에 프라하에서 창립되었다. 아인슈타인은 1923년에 카셀에서 그 단체의 명예 의장직을 수락했으므로, 정말로 그가 이렇게 말했을 가능성이 있다. 세계정부에 관한 그의 견해와도 합치한다. 나치와 스탈린은 둘 다 에스페란토어를 금지했고, 독일의 에스페란토어 지지자들은 강제수용소로 보내졌다.

내가 옳다는 것은 아무리 많은 실험으로도 증명할 수 없지만 내가 틀렸다는 것은 실험 하나로도 증명할 수 있다.

아인슈타인이 1919년 12월 25일에 쓴 '연역과 귀납'이라는 글에서 표현된 정서를 다르게 표현한 말인 듯하다. *CPAE*, Vol. 7, Doc. 28

우리가 직면한 난제들은 그것을 만들어낼 때 썼던 사고방식으로는 풀 수 없다. (덜 깔끔한 버전: 우리가 지금까지 사용한 사고방식으로부터 탄생한 오늘날의 세상에 존재하는 문제들은 그것을 만들 때 사용했던 사고방식으로는 풀 수 없다.)

역시 자주 조회되는 인용구. 어쩌면 1946년에 했던 다음 말이 바뀐 것인지도 모른다. "인류가 생존하고 더 높은 수준으로 나아가려면 새로운 사고방식이 필요하다." 혹은 "과거의 사고방식과 기법은 세계 전쟁을 막지 못했다. 미래의 사고방식은 막을 수 있어야만 한다." ('평화, 전쟁, 원자폭탄, 군대에 관하여' 장을 보라.) 다음을 보라. Rowe and Schulmann, *Einstein on Politics*, 383

그 순간, 인간은 자신이 작은 행성에 서서 무언가 영원하고 헤아릴 수 없는 것의 냉정하면서도 감동적인 아름다움을 경이롭게 응시하고 있다는 느낌을 받는다. 삶과 죽음이 하나가 되어 흘러가고, 진화도 영원도 없으며, 존재만이 남는다.

심리학자 디팩 초프라가 다음 책에서 인용했지만 출처를 밝히지 않았다. Deepak Chopra, *Ageless Body, Timeless Mind* (1993), 280

채식을 채택하는 것만큼 인간의 건강에 유익하고 인류가 지구에서 생존할 가능성을 높이는 일은 또 없을 것이다.

아인슈타인이 헤르만 후트에게 보낸 편지에서 했던 말의 다른 버전일지도 모른다('채식주의' 관련 항목을 참고하라).

* 직관적인 정신은 신의 선물이고 합리적인 정신은 충실한 하인이다. 우리가 만든 사회는 선물을 잊고 하인을 섬긴다.

지식의 실체는 그 분야의 상세한 전문용어에 담겨 있다.

과학에서는 개인의 작업이 선배들과 동료들의 작업과 긴밀하게 얽혀 있기 때문에 한 세대 전체가 이룬 비개인적 결과물로 보일 정도이다.

인류와 기술이 충돌한다면 언제든 인류가 이길 것이다.

아인슈타인이 말하지 않았을 가능성이 높은 말

* 천재성과 어리석음의 차이는 천재성에는 한계가 있다는 것이다. (다른 버전: 세상에서 무한한 것은 두 가지, 우주와 인간의 어리석음이다. 사실 우주에 대해서는 확신은 못 하겠다.)

귀스타브 플로베르가 1880년 2월 19일에 기 드 모파상에게 보낸 편지에서 쓴 말, "인간의 어리석음은 무한하다"와 비슷하다. 정보를 알려준 세실 카카모에게 고맙다.

* 룰렛에서 돈을 따는 방법은 딜러가 안 보고 있을 때 훔치는 것밖에 없다.

오스트레일리아의 독자가 내게 보내주었는데, 어디선가 아인슈타인이 카지노를 방문했을 때 룰렛 바퀴의 기계적 작동 방식에 흥미를 보였다는 이야기를 읽었다고 했다. 그러나 나는 이야기의 진위를 확인하지 못했다.

* 내가 입자들의 이름을 다 외울 수 있다면 차라리 식물학자가 되겠다.

'과학, 철학, 종교'에 나오는 말이라고 하지만 나는 그 글에서 찾지 못했다.

지성이 위험하다고 생각한다면 무지를 시도해보라.

데릭 복이 한 말 "교육이 비싸다고 생각한다면 무지를 시도해보라"와 비슷하다. 다음을 보라. *Random House Webster's Quotationary* (1998)

상대성이론보다 복리가 더 복잡하다. (다른 버전: 우주에서 가장 강력한 힘은 복리다. 19세기의 가장 중요한 발명은 복리다.)

버턴 말키엘이 1997년 5월 〈프린스턴 스펙테이터〉에서 인용한 것을 비롯하여 여러 경제학자들이 인용했고, 인터넷의 여러 금융 관련 웹사이트에도 인용되어 있다. (여러 버전을 알려준 스티븐 펠드먼에게 고맙다.)

세상에서 가장 이해하기 어려운 것은 소득세 신고다. (다른 버전: 세상에서 가장 이해하기 힘든 것은 소득세 신고다. 상대성이론은 쉽고 소득세 신고는 어렵다. 소득세 신고가 상대성이론보다 더 어렵다.)

다음에 인용되어 있으나 출처는 없다. M. Jackson, *Macmillan Book of Business and Economics Quotes* (1984). 이 말은 이 장 맨 앞에 실린 만화의 대사, "내 이론을 공부해보세요. 그러면 소득세 계산이 간단하게 느껴질 테니!"에서 나온 것이 분명하다. 달리 말해, 만화가의 생각이지 아인슈타인의 생각이 아니다.

벌이 멸종한다면 인류는 4년밖에 더 못 살 것이다. 벌이 없으면 꽃가루받이가 없고, 식물이 없고, 동물이 없고, 사람도 없다.

웹사이트 www.snopes.com에 따르면, 이 말은 1994년 무렵 양봉가들이 브뤼셀에서 시위를 했을 때 '프랑스 전국 양봉 연합'이 배포한 소책자에 실렸던 뒤로 여기저기 등장하기 시작했다. 그러나 아마도 이 말은 아인슈타인이 1951년 12월 12일에 학생들에게 보낸 편지('아이들에 관하여, 혹은 아이들에게' 장을 보라)의 내용이 왜곡된 것일 가능성이 크다.

점성술은 계몽적인 지식을 담고 있는 과학이다. 나는 점성술에서 많은 것을 배웠고 많은 덕을 보았다. 별들과 행성들이 지상의 존재에 영향을 미친다는 것은 지구물리학적 증거가 보여주는 사실이다. 점성술은 인류에게 생명을 주는 묘약이다.

누군가 자신의 주장에 신뢰성을 더하기 위해서 아인슈타인이 한 말이라고 가짜로 지어낸 경우에 해당하는 완벽한 사례. 아인슈타인의 점성술 신화를 철저히 반박한 자료는 다음을 보라. Denis Hamel, "The End of the Einstein-Astrologer-Supporter Hoax," *Skeptical Inquirer* 31, no. 6 (November/December 2007), 39~43.

아인슈타인의 '일의 삼법칙'

1. 어수선함에서 단순함을 끌어내라.

2. 부조화에서 조화를 끌어내라.

3. 어려움 속에 기회가 있다.

첫 번째 '법칙'은 아인슈타인이 단순성의 가치를 옹호하면서 했던 여러 말들을 변용한 것일 듯하다. 두 번째는 내가 추적하기로 로마의 시인이자 풍자가였던 호라티우스가 〈서간시〉(*Epistles* I, xii. 19)에서 쓴 말인 "부조화의 조화"에서 왔을 것이다. 세 번째는 그냥 오래전부터 세상에 널리 퍼져 있던 말일 것이다.

* 첫눈에 말이 안 되게 느껴지지 않는 발상이라면 희망이 없다.

* 나는 청소부에게든 대학 총장에게든 똑같이 말한다.

* 이론의 진실성은 머릿속에 있지 눈앞에 있는 게 아니다.

* 세상에는 영웅이 필요하다. 그렇다면 히틀러 같은 악당보다는 나처럼 무해한 사람이 낫다.

* "나는 아인슈타인 같은 사람이 못 됩니다." 아인슈타인은 겸손하게 말했다.

* 상식이란 열여덟 살까지 습득한 편견의 집합이다.

* 그가 보통 사람과 어떻게 다르냐는 질문에 아인슈타인은 이렇게 대답했다. "건초 더미에서 바늘을 찾으라고 하면 보통 사람은 바늘을 발견할 때까지 건초를 뒤지겠지만 나는 다른 바늘들을 다 살펴볼 겁니다."

* 모범을 보이는 것은 남에게 영향을 미치는 주요한 수단이 아니라 유일한 수단이다.

* 복리는 세상의 여덟 번째 불가사의다. (다른 버전: 복리는 인류 역사에서 가장 위대한 수학적 발견이다. 복리는 믿음직하고 체계적인 방식으로 부를 축적해주기 때문에 인류의 가장 위대한 발명이라 할 만하다. 우주에서 가장 강력한 힘은 복리다.)

* 나는 남들보다 더 똑똑한 것이 아니라 남들보다 문제를 더 오래 붙들고 있을 뿐이다.

* 논리는 A에서 B로 안내한다. 상상력은 어디로든 안내한다.

* 세상에 시간이 존재하는 이유는 모든 일이 동시에 벌어지지 않게 하기 위해서다.

* 더 나은 삶을 살려면, 삶의 방식을 지속적으로 다시 선택해야 한다.

* 무언가를 움직이지 않고는 아무 일도 벌어지지 않는다.

* 무언가를 할머니에게 설명할 수 없다면 제대로 이해한 게 아니다.

* 남자는 여자가 영원히 변하지 않을 것이라고 기대하며 결혼한다. 여자는 남자가 변할 것이라고 기대하며 결혼한다. 둘 다 반드시 실망한다.

* 예쁜 아가씨와 키스하면서 안전하게 운전하는 남자는 키스에 제대로 신경 쓰지 않는 것이다.

* 관료제는 모든 건전한 작업의 죽음을 뜻한다.

* 결심 1: 신을 위해 살겠다. 결심 2: 아무도 그러지 않더라도 나는 계속 그러겠다.

* 삶은 살아내야 할 수수께끼지 풀어야 할 과제가 아니다.

지식의 유일한 원천은 경험이다.

놀이는 가장 고차원적인 연구이다.

개인성이란 우리 피부가 만들어낸 망상이다.

중요하다고 해서 다 셀 수 있는 것은 아니고 셀 수 있다고 해서 다 중요한 것은 아니다.

지식은 경험이다. 나머지는 정보일 뿐이다.

첫눈에 미친 것처럼 느껴지지 않는 발상은 가망이 없다.

미래의 종교는 우주적 종교일 것이다. …… 불교는 이 조건에 맞는다.

생명이 우연히 발생했을 확률은 인쇄소가 폭발해서 우연히 사전이 만들어질 확률과 같다. (다른 버전: 대단히 정밀하고 질서 있는 우리 우주가 우연한 사건의 결과였다는 생각은 인쇄소가 폭발해서 활자가 몽땅 날아갔다가 다시 떨어져서 우연히 완벽한 사전을 만들어낸다는 생각과 같다.)

사실이 이론에 맞지 않는다면 사실을 바꾸라.

삶을 사는 방식은 두 가지뿐이다. 하나는 기적이란 없는 것처럼 사는 것이다. 다른 하나는 모든 것이 기적인 것처럼 사는 것이다.

빛의 원이 커질수록 어둠의 원주도 커진다.

과학은 전체적으로 진리를 발견하고 우주를 이해하도록 이끌지만, 실제 현실에서 수행되는 과학 연구는 실수와 인간의 약점이 남긴 앙금으로 가득하다.

인식의 가장 낮은 수준은 "나는 안다"이다. 그 다음은 "나는 모른다", "나는 내가 모른다는 것을 안다", "나는 내가 모른다는 것을 모른다"로 나아간다.

지성의 수준을 나열하자면 "똑똑함, 지적임, 뛰어남, 천재적임, 단순함"이다.

죽음은 더 이상 모차르트를 들을 수 없는 것이다.

* 아인슈타인의 수수께끼:
서로 다른 다섯 가지 색깔로 칠해진 집 다섯 채가 있다. 국적이 서로 다른 다섯 사람이 한 집에 한 명씩 살고 있다. 그들은 각자 특정한 음료를 마시고, 특정한 스포츠를 즐기고, 특정한 동물을 기른다. 같은 동물을 기르거나 같은 스포츠를 즐기거나 같은 음료를 마시는 사람은 없다. 그렇다면 물고기를 기르는 사람은 누구일까? 단서는 다음과 같다.

1. 영국인은 빨간 집에 산다.
2. 스웨덴인은 개를 기른다.
3. 덴마크인은 차를 마신다.

4. 초록 집은 흰 집 왼편에 있다.

5. 초록 집 주인은 커피를 마신다.

6. 축구를 하는 사람은 새를 기른다.

7. 노란 집 주인은 야구를 한다.

8. 한가운데 집에 사는 사람은 우유를 마신다.

9. 노르웨이인은 첫 번째 집에 산다.

10. 배구를 하는 사람은 고양이를 기르는 사람 옆집에 산다.

11. 말을 기르는 사람은 야구를 하는 사람 옆집에 산다.

12. 테니스를 치는 사람은 맥주를 마신다.

13. 독일인은 하키를 한다.

14. 노르웨이인은 파란 집 옆집에 산다.

15. 배구를 하는 사람은 물을 마시는 사람 옆집에 산다.

문제를 풀려면, 우선 격자를 그리자. 한 열列당 한 집씩 다섯 집을 나열하고, 국적, 집 색깔, 음료 종류, 스포츠 종류, 애완동물 종류를 각 행行에 배치한다. 해답(훔쳐보지 말 것!): 물고기를 기르는 사람은 네 번째 집(초록 집)에 살고 커피를 마시고 하키를 하는 독일인이다.

아인슈타인이 어릴 때 이 수수께끼를 지어냈다고 하지만 사실이 아니다. 인구의 2퍼센트만이 이 문제를 풀 수 있다는 말도 돌아다니는데, 사실은 누구나 끈질기게 매달리면 답을 알아낼 수 있을 것이다. 이 수수께끼를 굳이 여기에 실은 것은 아인슈타인이 만든 수수께끼라고 이야기되는 데다가 재미있기 때문이다. 인터넷에 여러 버전이 돌아다닌다. 이 버전은 제러미 스탱룸이 쓴 '아인슈타인의 수수께끼'라는 동명의 책에서 가져왔다.

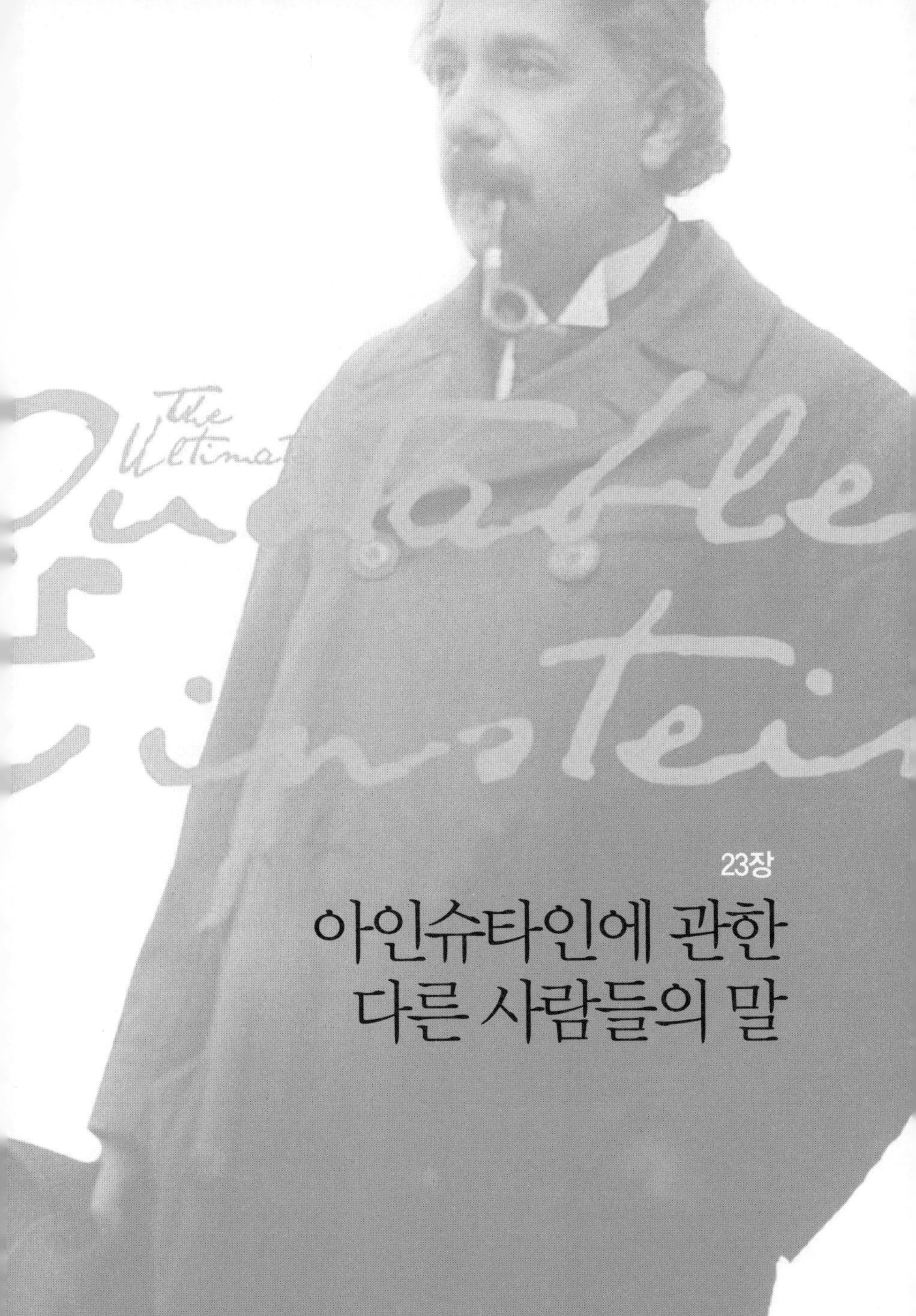

23장

아인슈타인에 관한 다른 사람들의 말

1920년대 초 레이던에서 아인슈타인과 물리학자들. 시계 방향으로
파울 에렌페스트, 빌럼 드 시터르, A. S. 에딩턴, H. A. 로런츠.
(예루살렘 히브리 대학의 알베르트 아인슈타인 아카이브 제공)

⊠

알베르트 아인슈타인 박사가 사망함으로써 세상은 최고의 과학자를 잃었고, 인류는 가장 윤리적이고 많은 영감을 주는 인간을 잃었으며, 유대 민족은 가장 충실한 아들을 잃었습니다.

예시바 대학 총장 사무엘 벨킨, 1955년. 다음에 인용됨. Cahn, *Einstein*, 121

그가 예스라고 대답하면 어떻게 할지 알려주십시오. 그에게 제안하지 않을 순 없어서 하긴 합니다만, 만일 그가 승낙한다면 우리는 곤란할 겁니다.

다비드 벤 구리온이 이츠하크 나본에게. 1952년 11월, 미국 주재 이스라엘 대사 아바 에반에게 이스라엘 대통령직을 아인슈타인에게 제안하라는 지시가 떨어진 뒤. 다음에 인용됨. Holton and Elkana, *Albert Einstein: Historical and Cultural Perspectives*, 295

우리 두 사람이 …… 얼마나 많은 유대로 묶여 있는지를 곰곰이 생각해 봤습니다. 당신은 내게 아내를 주었고, 그럼으로써 아들과 손자를 주었습니다. 직장을 주었고, 그럼으로써 성소와도 같은 평화로움과 …… 어려운 시절의 경제적 안정을 주었습니다. 당신의 우정이 없었다면 나 혼자서는 해내지 못했을 과학적 종합을 이루게 해주었습니다. …… 나로 말하자면, 1904년과 1905년에 나는 당신의 청중이었습니다. 양자에 관해서 오가는 이야기를 정리하는 것을 도움으로써 당신의 영광 중 일부를 내가 취했습니다.

미셸 베소가 아인슈타인에게, 1928년 1월 17일. 다음에 인용됨. Jeremy Bernstein, "A Critic at Large," *New Yorker*, February 27, 1989. Einstein Archives 7-101. 아인슈타인은 베소에게 아내 될 사람을 소개해주었고 베소가 오래 머물렀던 베른의 스위스 특허청 일자리도 추천해주었다.

아인슈타인은 뭔가 웃기는 말을 들으면 명랑하게 눈을 반짝이면서 온몸으로 웃었다. …… 유머를 받아들일 줄 알았다.

앨저넌 블랙, 1940년. Einstein Archives 54-834

* 당신도 알다시피 아인슈타인은 시온주의자가 아닙니다. 그를 시온주의자로 만들려고 애쓰거나 우리 조직에 가담시키려고 애쓰지 말 것을 부탁드립니다. …… 사회주의로 기운 아인슈타인은 유대인 노동자를 위한 운동에 관심이 깊습니다. [그는] …… 우리로서는 반갑지 않은 순진한 말을 하곤 합니다.

쿠르트 블루멘펠트, 『시오니즘에 관한 전쟁』에서. *The War about Zionism* (Stuttgart: Deutsche Verlagsanstalt, 1976), 65~66. 다음에 인용됨. Jerome, *Einstein on Israel and Zionism*, 25

알베르트 아인슈타인의 업적 덕분에 인류의 지평은 헤아릴 수 없이 넓어졌고, 우리의 세계관은 이전에는 꿈도 꾸지 못했던 수준의 통일성과 조화를 달성했다. 그 업적의 토대는 앞선 세대의 전 세계 과학자 사회가 닦아주었으며, 그 업적의 진정한 결과는 미래 세대만이 알 수 있을 것이다.

물리학자 닐스 보어. 〈뉴욕 타임스〉 1955년 4월 19일자에 실린 아인슈타인 부고에 인용됨.

아인슈타인의 고결한 인간성에 대한 추억은 그를 개인적으로 아는 행운을 누렸던 사람들에게 언제까지나 신선한 영감과 힘을 제공할 것이다.

닐스 보어, 1955년에 아인슈타인이 죽은 뒤. 다음에 인용됨. Cahn, *Einstein*, 122

* 그는 이제 침묵하게 되었지만, 그의 목소리를 들었던 사람들은 삶의 마지막까지 계속 그 목소리를 들을 것이다.

물리학자 막스 보른의 아내이자 아인슈타인의 막역한 친구였던 헤디 보른. 보른 부부가 쓴 『양심의 사치』에서. *Der Luxus des Gewissens* (Munich: Nymphenburger, 1969). 아들 구스타프 보른이 다음에서 인용함. *Born-Einstein Letters*, vi

아인슈타인은 상대성이론을 한 줄도 쓰지 않았더라도 역사를 통틀어 가장 위대한 이론물리학자 중 한 명이 되었을 것이다.

물리학자이자 아인슈타인의 막역한 친구였던 막스 보른. 다음에 인용됨.

Hoffmann, *Albert Einstein: Creator and Rebel*, 7

소크라테스처럼, 그는 자신이 아무것도 모른다는 사실을 알았다.

막스 보른, 아인슈타인이 죽은 뒤. 다음에 인용됨. Clark, *Einstein*, 415

* 아인슈타인은 오늘날의 양자역학을 전통적인 고전물리학과 아직 완전하게 알려지지 않은 "미래의 물리학" 사이에 존재하는 유용한 중간 단계로 여겼다. 일반상대성이론에 기반한 미래의 물리학에서는 …… 물리적 실재와 결정론이라는 고전적 개념이 다시 진가를 발휘할 것이라고 믿었다. 그래서 그는 통계적인 양자역학이 틀린 건 아니지만 "불완전하다"고 보았다.

막스 보른. *Born-Einstein Letters*, 199

* [아인슈타인은] 토론할 때 시험 삼아 관점을 바꿔보고, 잠정적으로 정반대 관점을 취하여, 문제 전체를 완전히 다른 각도에서 새롭게 바라보곤 했다. 그가 어찌나 쉽게 그렇게 해내는지, 나는 볼 때마다 놀라워서 열광하다시피 했다.

작가이자 편집자로서 프라하에서 아인슈타인과 친구가 되었던 막스 브로트. Brod, *Streitbares Leben* (Munich, 1969). 다음도 보라. Fölsing, *Albert Einstein*, 283

그는 자신의 명성을 늘 웃음거리로 받아들였고 자신을 대단하지 않게 여졌습니다.

집안 친구 토마스 부퀴가 A&E 텔레비전(VPI 인터내셔널)의 아인슈타인 전기 방송에 나와서, 1991년

* 이곳의 똑똑한 아이들은 다들 수학을 공부하지,
앨비 아인슈타인이 그들에게 길을 보여준다네.
그는 좀처럼 밖에 나오지 않지만,
그래도 우리는 그가 머리카락을 자르게 해달라고 기도한다네.

프린스턴의 노래책 『카르미나 프린스토니아』(1968년까지 이어진 연례 행사였다)에 실린 '교직원 노래'에서. 정확한 날짜는 미상. 정보를 제공해준 트레버 립스콤에게 고맙다.

아인슈타인은 물론 위대한 석학이었으나, 그것을 넘어서 문명의 많은 가치들이 위태로워 보이는 순간에 인류 양심의 기둥이 되어주기도 했습니다.

파블로 카살스가 카를 젤리히에게. 다음에 인용됨. French, *Einstein*, 43. Einstein Archives 34-350

20세기 인물들 중 아인슈타인처럼 고도로 정련된 지성, 통찰, 상상력을 모두 특출한 수준으로 갖춘 사람은 없었다. 한 사람 안에서 그런 힘들이 결합하는 것은 드문 일이지만, 정말로 그럴 때 우리는 그를 천재라고 부른다. 이 천재가 과학 분야에서 나타난 것은 어쩌면 필연적인 일이었다.

20세기 문명은 무엇보다도 기술 문명이었기 때문이다.

휘태커 체임버스, 《타임》 표지 기사에서, 1946년 7월 1일

사람들이 내게 환호하는 것은 나를 이해하기 때문이고, 당신에게 환호하는 것은 당신을 이해하지 못하기 때문입니다.

배우 찰리 채플린이 1931년 1월 로스앤젤레스에서 아인슈타인을 초대해 함께 〈시티 라이트〉 개봉 상영을 본 뒤. 다음을 보라. Fölsing, *Albert Einstein*, 457

위아래로 짧은 머리통은 옆으로는 보기 드물게 넓다. 안색은 번들거리지 않는 연갈색이다. 크고 육감적인 입술 위에 가늘고 까만 콧수염이 있다. 코는 살짝 매부리코다. 강렬한 갈색 눈동자는 깊고 부드럽게 빛난다. 목소리는 첼로의 진동처럼 매력적이다.

아인슈타인의 제자 루이 샤방. 다음에 인용됨. Max Flückiger, *Albert Einstein in Bern* (1972), 11~12

* [아인슈타인의 사망은] 정의로운 인류의 손실이다. 그가 과학에 남긴 업적은 신기원을 여는 것이었다. 그는 과학과 인간을 사랑했다. …… 평화, 민주주의, 자유를 위해서 지칠 줄 모르고 노력했다. 중국 인민은 뛰어난 과학자이자 인류 평화를 위해 싸우는 훌륭한 군인이었던 그를 대단히 애통한 마음으로 애도한다.

중국물리학회 회장 페이위안 저우, 〈인민일보〉(베이징) 1955년 4월 21일자

에서. 다음에 인용됨. Hu, *China and Albert Einstein*, 144

* 알베르트 아인슈타인이 나를 품에 안았다

데이비드 클레웰

우리 부모님은 그때 그 사실을 몰랐지만.
나는 혹시 막연한 분자적 차원에서나마 뭘 알았더라도,
말을 못 하는 게 분명했다. 모두가 그렇게 멍청했지만, 물론
아인슈타인은, 내 작은 매력에 빠진 그는 예외였다.
그는 내가 자꾸 방글방글 웃는 데 반했다,
나는 침 흘리며 유모차에 앉은 채 일요일 오후 프린스턴에 있었는데
그곳은 어머니가 홀딱 반해서 하릴없이 차를 몰고 갔다 오곤 하는 동네였다. 어디까지나 보행자인 아버지는
어머니에게 반했으므로, 그 때문에 뉴저지의 잘나신 동네로 또 한 번 망할 소풍을 나가야 하더라도,
한 번도 빠지지 않고 함께하여 언제나 함께 드라이브를 했다.
훗날 내가 전해들은 바에 따르면, 무릎을 꿇고 앉은 아인슈타인은
스웨터에, 구겨진 치노 바지에, 운동화 차림으로 잡초를 뽑고 있었다—
'그저 그 자신이었지', 압도된 표정으로 아버지는 나중에 말했다.
아인슈타인은 머서 가 112번지에서 그저 그 자신으로 존재하는 데 도가 텄는데, 수수하고
뼈대가 하얀 그 집에서 그는 꽃을 가꾸었고, 밤 늦게까지

좋아하는 음반에 딱딱 맞춰가며 바이올린을 켰다.
그곳에서 그는 유명인답게 버트런드 러셀, 쿠르트 괴델, 그리고
볼프랑 파울리를 만나 슈냅스 속으로 철학적으로 진출했고, 결국에는 아니나 다를까 더 높은 수학으로 진출했다.
그러나 내가 태어난 첫 해 봄의 역사적인 그 일요일,
아인슈타인은 우리 어머니와 아버지 같은 무명의 인물들을 몸소 맞이했다.
이십 세기 거장은 나를 들어올려 까꿍 놀이를 좀 해주었고
오후의 마지막 희미해지는 햇빛 속에서 잡담을 좀 나누었는데, 이윽고 천재를,
아니 천재가 아니라도 그를 더 이상 견디지 못했던 내가 고사리손으로
야성적이고 이론적인 그의 머리카락을 움켜쥐었다. 그것을 마지막으로
프린스턴 시간으로 십 분 동안 융성했던 우리의 임시변통 문명은 막을 내렸다.
육 주 뒤 아인슈타인이 죽자 신문마다 사진이 실렸고, 아버지는 눈을 믿을 수 없었다: '이 사람 그 정원사 아니야?
아기가 좋아서 못 살던? 이 사람이 아인슈타인이라고 여기 적혀 있어, 시간과 공간에 대한 우리의 사고에 혁명을 가져온 사람이라고!'
그것은 아버지에게 정확히 어떤 의미였을까? 아버지는
아인슈타인이 아니었지만 그 두 가지에 대해서라면 못지않게 많이 고민해보았고
자신은 평생 둘 중 어느 쪽도 충분히 갖지 못하리라는 결론을 내렸다.
부모님은 오랫동안 그날에 대해서 한마디도 꺼내지 않았다, 마치

그 기억을 말로 꺼내는 것은 꼴사나운 일이라는 듯이—
부모님은 뭐든 떠벌리는 것을 좋아하지 않았고—그저 그
뜻밖에 근사했던 일요일의 드라이브를 기념할 뿐이었다, 행복한 사건이 다 그렇듯이,
과학사 속 사건이나 현실에서 벌어질 법하지 않은 옛 이야기 속 사건이 다 그렇듯이,
그런 사건의 신비로운 지속력으로 우리는 자꾸 되돌아가지 않을 수 없다. 그래서 이제 나는
이렇게 적어둔다, 알베르트 아인슈타인은 죽기 전에 나를 품에 안았다고.
누구나 이르든 늦든 자신의 입자적 존재를
자신만의 비딱한 상대성이론을 동원하여 설명하려고 노력하기 마련.
언젠가는 가족 중 누군가—어머니 혹은 아버지가, 어쩌면 내가—
진실의 일부라도 윤색하지 않을 수 없는 법, 이윽고 그 진실은
이렇게 막을 내렸다:
어머니는 겁이 났다
내가 딱한 아인슈타인의 머리카락을 잡아당겼기 때문에, 그래서 어머니는 물러났다,
한숨을 쉬며 '이제 가봐야겠어요.' 일부러 못되게 굴려던 건 아님을 증명하기 위해,
아인슈타인은 뭔가 아인슈타인다운 말을 했다, '그래요. 그런데 지금 몇 십니까?' 같은—
그 순간 아버지는 그것이 자신이 대답할 수 있는 질문이라고 착각했기에

대답했다, '다섯 십니다.' 그러고는 내가 뭐가 뭔지도 모르는 사이,
왜냐하면 나는 뭐가 뭔지 알기에는 너무너무 어렸기에,
모두가 서둘러 불확실한 미래로 돌아가버렸다,
마치 이 일이 실제로는 전혀 벌어지지 않았던 것처럼, 그리고 금세
오십 년이 흘렀고, 나만이 아직까지 살아남아서, 남겨진
이야기를 스스로에게 들려준다: 그래, 정말로 그랬어. 아니, 사실은 아니었어. 아니, 사실은 그랬어.

《조지아 리뷰》 2006년 여름호에 처음 실린 시. 시를 보내준 주디스 메이에게 고맙다. 데이비드 클레웰의 허락을 받아 수록함.

아인슈타인의 눈은 거의 늘 젖어 있었다. 그는 웃음을 터뜨리는 순간에도 눈물을 닦아내곤 했다. …… 조용한 말투와 쩌렁쩌렁한 웃음의 대비가 엄청났다. …… 자기가 좋아하는 이야기를 할 때마다, 혹은 마음에 드는 이야기를 들을 때마다, 온 방에 쩌렁쩌렁 울리도록 화통하게 웃음을 터뜨렸다.

I. 버나드 코언의 '아인슈타인의 마지막 인터뷰'에서, 1955년 4월. 다음에 발표됨. *Scientific American* 193, no. 1 (July 1955), 69~73. 다음에 재수록됨. Robinson, *Einstein*, 212~225

아인슈타인이 위대한 것은 우리로 하여금 세상을 좀 더 진실된 관점에서 바라보게 해주었고 우리가 우주와 맺고 있는 관계를 좀 더 분명히 이해하도록 해주었기 때문이다.

노벨 물리학상 수상자 아서 콤프턴. 다음에 인용됨. Cahn, *Einstein*, 88

아인슈타인의 명석한 정신, 폭넓은 학식, 심오한 지식에 감탄했습니다. …… 우리가 그에게 큰 희망을 걸 이유가, 그에게서 미래의 선구적 이론가를 기대할 이유가 충분합니다.

마리 퀴리가 피에르 바이스에게 보낸 편지에서, 1911년 11월 17일. 다음에 인용됨. Hoffmann, *Albert Einstein: Creator and Rebel*, 98~99

그가 그토록 심오하면서도 그토록 독창적인 업적을 불과 몇 년 만에 이뤘다는 사실에 누구나 놀라움과 감탄을 금할 수 없다.

프랑스과학아카데미 종신 서기였던 루이 드브로이가 한 말. 다음에 인용됨. Cahn, *Einstein*, 121

너는 존재만으로도 나에 대한 반 전체의 존경심을 무너뜨리는구나.

아인슈타인의 7학년 선생님이었던 요제프 데겐하르트 박사가 했다는 말. 그는 아인슈타인에게 "너는 평생 아무것도 해내지 못할 것"이라고 예측하기도 했다. 아인슈타인이 필리프 프랑크에게 보낸 편지 초고에서, 1940년. Einstein Archives 71-191. 편지에서 아인슈타인은 당시 학교를 떠나 이탈리아에 있는 부모님에게 가고 싶었다는 말도 적었다. 이 주제에 관해서는 다음도 보라. *CPAE*, Vol. 1, lxiii

아인슈타인 박사가 자연에 대한 인류의 지식에 기여한 바는 워낙 심오하여 우리 시대에는 제대로 평가할 수 없을 정도이며, 미래 세대만이 그 온전한 의미를 파악할 수 있을 것이다.

프린스턴 대학 총장 해롤드 도즈, 1955년. 다음에 인용됨. Cahn, *Einstein*, 122

교수님은 양말을 절대 안 신습니다. 루스벨트 대통령의 초대로 백악관에 갈 때도 안 신고 갔습니다.

아인슈타인의 비서 헬렌 두카스. 필리프 홀스먼이 다음에서 들려준 말. French, *Einstein: A Centenary Volume*, 27

아인슈타인은 신에 대한 말을 하도 많이 해서 혹시나 정체를 가장한 신학자가 아닌가 의심될 지경이었다.

작가 프리드리히 뒤렌마트. Dürrenmatt, *Albert Einstein: Ein Vortrag*, 12

사진판들을 꼼꼼하게 검토한 결과, 그것이 아인슈타인의 예측을 확증하는 게 분명하다고 말할 수 있습니다. 그것은 빛이 아인슈타인의 중력 법칙에 일치하는 형태로 굽는다는 것을 확실히 보여주는 결과입니다.

영국 왕립 천문학자 프랭크 다이슨 경. 1919년 5월 에딩턴의 탐사로 아인슈타인의 일반상대성이론이 확증된 뒤. *Observatory* 32 (1919), 391

과학자 아인슈타인 박사와 유대인 아인슈타인은 완벽한 조화를 이루고 있다. 여기에 유럽 유대인들이 겪은 고난에 대한 깊은 연민이 더해졌으니 …… 그가 이스라엘의 국가적 재건을 열렬히 옹호하고 지원하는 이유를 이해할 수 있다.

1950년대 미국 주재 이스라엘 대사였던 아바 에반. 다음에 인용됨. Cahn, *Einstein*, 92

여기에는 당신의 대뇌겉질이 아니라 당신을 사랑하는 사람들만 있습니다.

친한 친구였던 파울 에렌페스트가 아인슈타인에게 보낸 편지에서, 1919년 9월 8일

* [아인슈타인은] 자연의 경이라고 할 만하다. …… 단순함과 복잡함이, 강함과 부드러움이, 정직함과 유머가, 심오함과 고요함이 멋지게 얽혀 있다.

마틴 클라인이 다음에서 인용함. *The Lesson of Quantum Theory* (North Holland, 1986), 329

* 그이는 지적인 여자에게는 매력을 느끼지 못합니다. 육체적인 일을 하는 여자들에게 연민을 느껴 끌리지요.

아인슈타인의 두 번째 아내 엘자 아인슈타인이 하임 바이츠만의 아내인 매력적인 베라에게 한 말. 다음에 인용됨. *The New Palestine*, April 1, 1921, 1. 사실 아인슈타인은 여러 지적인 여자들과 연애를 즐겼다.

신은 그에게 엄청난 아름다움을 선사했습니다. 나도 그이가 놀라운 사람이라고 느낍니다. 그 곁에서 살아가는 것이 모든 면에서 진 빠지고 어려

운 일이기는 해도.

엘자 아인슈타인, 헤르만 스트루크와 그 아내에게 보낸 편지에서, 1929년. 다음에 인용됨. Fölsing, *Albert Einstein*, 429

천재의 아내가 되는 것은 썩 좋은 일이 아니다. 자기 삶이 자기 것이 아니라 남의 것이 된다. 나는 거의 일 분 일 초까지 몽땅 남편에게 바친다. 그것은 곧 다른 모든 사람들에게 바친다는 뜻이다.

엘자 아인슈타인. 그녀가 죽은 지 이틀 뒤인 1936년 12월 22일 〈뉴욕 타임스〉에 실린 그녀의 부고에 인용됨.

우리 남편은 그걸 낡은 봉투 뒷면에 해낸답니다!

엘자 아인슈타인. 캘리포니아 윌슨 산 천문대의 관장이 그녀에게 자신들은 거대 망원경으로 우주의 형태를 알아내려고 애쓴다고 설명한 뒤. 다음에 기록됨. Bennett Cerf, *Try and Stop Me* (New York : Simon & Schuster, 1944). 다음에도 인용됨. *The Folio Book of Humorous Anecdotes* (2005)

아버지가 중도 포기한 작업은 나뿐일 것이다. 아버지는 내게 조언을 주려고 했지만, 내가 워낙 고집불통이라 자기 시간만 낭비한다는 사실을 금세 깨달았다.

한스 알베르트 아인슈타인이 〈뉴욕 타임스〉 1973년 7월 27일자에서. 다음에 인용됨. Pais, *Einstein Lived Here*, 199

아버지는 자연을 사랑했다. 거대하고 인상적인 산맥 같은 것에는 관심이 없었고, 순하고 알록달록하고 기분을 가볍게 만들어주는 일상의 풍경을 좋아했다.

한스 알베르트 아인슈타인. 버나드 메이스와의 인터뷰에서. 다음에 인용됨. Whitrow, *Einstein*, 21

아버지는 자기 인생에서 제일 중요한 것은 음악이라고 자주 말했다. 일이 한계에 부딪히거나 어려운 국면으로 접어들었다고 느끼면 늘 음악으로 도피하셨는데 그러면 보통 문제가 풀렸다.

상동

오빠는 일 버릇이 좀 이상했다. …… 주변이 몹시 시끄러워도 펜과 종이를 들고 소파에 앉아서 등받이에 잉크병을 위태롭게 얹어둔 채 문제에 완전히 몰입했다. 배경 소음이 방해가 되기는커녕 자극이 되는 것 같았다.

마야 아인슈타인. 다음을 보라. *CPAE*, Vol. 1, lxiv

* 내가 알베르트와 같은 병원에 있었다는 거 아세요? 그를 두 번 더 만나서 몇 시간 더 이야기 나눌 수 있었습니다. …… 처음에는 알아보지 못할 정도였습니다. 통증과 빈혈로 모습이 싹 바뀌어 있었어요. 하지만 성격은 그대로였습니다. 그는 …… 자기 상태에 대해 마음을 다스리고 있었습니다. 아주 평온하게 의사들 이야기를 했고—심지어 유머도 섞었습니다—죽음을 마치 임박한 자연 현상처럼 기다렸습니다. 평생 그랬듯이 전혀

두려워하지 않고 겸허하고 차분하게 죽음에 직면했습니다.

마르고트 아인슈타인이 헤디 보른에게 보낸 편지에서, 1955년 4월 이후. Born, *Born-Einstein Letters*, 229

그와 함께 보트에 타면 그가 꼭 자연의 일부처럼 느껴졌습니다. 그에게는 어딘지 자연스럽고 강인한 데가 있어서 꼭 한 조각 자연 같았습니다. …… 항해할 때 그는 오디세우스 같았습니다.

마르고트 아인슈타인, 1978년 5월 4일. 제이미 세이엔과의 인터뷰에서. Sayen, *Einstein in America*, 132

20세기에 인류의 지식을 넓히는 데 아인슈타인만큼 크게 기여한 사람은 없었습니다.

아인슈타인이 사망했을 때 드와이트 D. 아이젠하워 대통령이 한 말. 〈뉴욕타임스〉 1955년 4월 19일자에 실린 아인슈타인 부고에 인용됨.

아인슈타인 박사의 급진적 사상을 고려할 때, 대단히 신중한 조사를 거치지 않고서는 기밀 임무에 그를 고용하지 않을 것을 권합니다. 그런 배경을 지닌 사람이 단기간에 충성스러운 미국인이 되기는 어려울 것으로 보입니다.

미국 연방수사국(FBI)의 권고. FBI는 아인슈타인이 루스벨트 대통령에게 독일의 원자폭탄 제조 가능성을 경고하는 편지를 보냈다는 사실을 전혀 몰랐다. 리처드 슈워츠가 다음에서 인용함. *Isis* 80 (1989), 281~284. 다음도 보라. Rowe and Schulmann, *Einstein on Politics*, 59

* 아인슈타인 같은 사람을 보면, 탁월하게 간결한 이론적 연구와 연구자 자신의 인간적 단순미가 연결되어 있을 수밖에 없다는 생각이 듭니다. 스스로 단순한 사람만이 그런 발상을 떠올릴 수 있다는 느낌이 듭니다.

세라 로런스 칼리지의 헨리 리로이 핀치, 1970년 6월. 다음 책 서문에 인용됨. Moszkowski, *Conversations with Einstein*, xxiii

* 아인슈타인은 물리만큼 몸에도 흥미가 많았습니다.

어느 시청자가 '폭스 뉴스'에서 들었다는 말, 2006년 7월경

아인슈타인의 대화는 기분 나쁘지 않은 농담과 뼈 있는 조롱이 결합된 것일 때가 많았다. 그래서 어떤 사람들은 웃어야 할지 기분 나빠 해야 할지 알지 못했다. …… 그런 태도는 종종 예리한 비판으로 여겨졌고 가끔은 냉소주의라는 인상도 주었다.

필리프 프랑크. Frank, *Einstein: His Life and Times*, 77

늘 보헤미안다운 데가 있었던 그가 …… 부유한 베를린 가정의 전형과도 같은 집에서 중산층의 삶을 살기 시작했다. …… 집에 들어선 사람은 …… 아인슈타인이 그런 환경에서도 여전히 '이방인'으로 남아 있다는 사실을 알아차렸다. 그는 꼭 중산층 가정에 묵는 보헤미안 손님 같았다.

상동, 124

아인슈타인은 쾌활하고, 자신만만하고, 정중하고, 내가 물리를 이해하는

것만큼 심리학을 이해했습니다. 그래서 우리는 유쾌하게 잡담을 나누었습니다.

지그문트 프로이트가 1926년에 베를린을 방문해서 아인슈타인을 만났을 때의 이야기, 1927년 1월 2일 샨도르 페렌치에게 보낸 편지에서. *The Collected Papers of Sigmund Freud*, ed. Ernest Jones (절판)

'아인슈타인과의 대화'라고 불리는 지루하고 쓸데없는 원고를 [마침내 다 썼습니다].

지그문트 프로이트가 막스 아이팅곤에게 보낸 편지에서, 1932년 9월 8일. 국제연맹이 1933년에 『왜 전쟁인가?』라는 제목으로 펴낸 프로이트와 아인슈타인의 서신 교환을 언급한 것이다. 상동, 175

물론 나는 당신이 나를 '예의상' 존경했을 뿐임을 줄곧 알고 있었습니다. 내 주장을 거의 믿지 않는다는 것도 …… 당신이 내 나이가 되었을 때는 부디 내 제자가 되어 있기를 바랍니다.

지그문트 프로이트가 아인슈타인에게, 1936년 5월 3일. 프로이트의 여든 생일을 축하하는 아인슈타인의 편지에 답장하여. *Letters of Sigmund Freud*, ed. Ernst L. Freud (New York: Basic Books, 1960). Einstein Archives 32-567

아인슈타인의 바이올린 솜씨는 벌목꾼이 톱으로 통나무를 써는 것 같다.

바이올리니스트 발터 프리드리히. 다음에 인용됨. Herneck, *Einstein privat* (Berlin, 1978), 129

그야 그렇겠지, 이 늙은이는 요즘 거의 아무거에나 다 동의하니까.

우주론학자 조지 가모브. 1948년 8월 4일 아인슈타인이 보낸 편지 아래쪽에 적은 글. 편지에서 아인슈타인은 가모브의 생각 중 하나가 아마도 옳을 것이라고 말했다. Frederick Reines, ed., *Cosmology, Fusion and Other Matters* (Boulder: University Press of Colorado, 1972), 310

인류는 가장 훌륭한 아들을 잃었다. 그의 정신은 우주 끝까지 뻗었지만 그의 마음은 세상의 평화와 안녕에 대한 염려로 가득했다. 추상적 인류가 아니라 세상 어디에나 있는 평범한 사람들에 대한 염려로.

미국유대인협회 의장 이즈리얼 골드스타인. 다음에 인용됨. Cahn, *Einstein*, 122

그에게 경건함을 느끼는 마음이 있었기 때문이라고 생각합니다.

프린스턴 대학 부속 교회 사제 어니스트 고든. 아인슈타인이 대단한 지성과 언뜻 단순해 보이는 성격을 함께 지녔던 것을 어떻게 설명하겠느냐는 질문에 답하여. 다음에 인용됨. Richards, "Reminiscences," in *Einstein as I Knew Him*

* 당신의 [영국] 방문은 두 나라의 관계 개선에 다른 어떤 사건보다도 더 구체적인 결과를 가져왔습니다. 우리나라에서 당신의 이름은 아주 강한 힘이 있습니다.

리처드 B. S. 홀데인 경, 1921년 6월 26일. *CPAE*, Vol. 12, Doc. 159

가급적 나서지 않으려고 하지만, 그 소유자를 한순간도 가만히 내버려두지 않는 명백한 천재성 때문에 나서지 않을 수 없는 사람.

홀데인 경. 〈타임스〉(런던) 1921년 6월 14일자에 인용됨

아인슈타인은 코페르니쿠스, 갈릴레오, 심지어 뉴턴보다도 더 거대한 사고 혁명을 일으켰다.

홀데인 경. 다음에 인용됨. Cahn, *Einstein*, 10

책에 수식이 하나 나올 때마다 판매량이 반으로 준다는 이야기를 들었다. 그래서 나는 수식을 하나도 넣지 않기로 결심했다. 그러나 결국에는 딱 하나를 넣었는데, 바로 아인슈타인의 유명한 $E = mc^2$다. 이 때문에 잠재 독자의 절반이 겁먹고 떨어져 나가는 일은 없기를 바란다.

스티븐 호킹. Hawking, *A Brief History of Time* (London: Bantam, 1988), vi

쿼크, 스트레인지니스, 그리고 참

아인슈타인은 미남이 아니었지
아무도 그를 앨이라고 부르지 않았지
그는 잡아당겨도 될 것 같은 콧수염을 길게 길렀지, 노란 콧수염을
그에게 한 번이라도 애인이 있었을 것 같진 않아
시간과 공간과 상대성에 관한

그의 이론에서 그가 한 가지 빠뜨린 걸 보면
분명히 그랬을 거야
그는 우리처럼 여자를 잘 유혹하진 못했을걸
왜냐하면 그는 몰랐으니까
쿼크, 스트레인지니스, 그리고 참을
쿼크, 스트레인지니스, 그리고 참을
쿼크, 스트레인지니스, 그리고 참을

나는 위험한 밀회를 했어
발각되더라도 창피하지 않을 만한
우리는 언젠가 랑데부해야 해
아직 발견되지 않은 장소의 한구석에서
우리는 재잘재잘재잘대는 데 질렸어
사람들의 얼굴에 떠오른 표정에도 질렸어
하지만 이제 그 모든 건 중요하지 않아
우리는 이제 우주의 블랙홀에 있으니까
그리고 우리는 이야기하지
쿼크, 스트레인지니스, 그리고 참을
쿼크, 스트레인지니스, 그리고 참을
쿼크, 스트레인지니스, 그리고 참을

코페르니쿠스에게는 그의 망원경에 홀딱 반한

르네상스 아가씨들이 있었어
갈릴레오는 그가 바랐던 것보다 명성을 더 높여준
이름이 있었지
어째서 그런 천문학자들 중 누구도 몰랐을까
그들이 캄캄한 밤하늘을 응시하는 동안
숙녀가 연인에게서 정말로 바라는 것은
참, 스트레인지니스, 그리고 쿼크라는 사실을
그리고 우리는 이야기하지
쿼크, 스트레인지니스, 그리고 참을
쿼크, 스트레인지니스, 그리고 참을
쿼크, 스트레인지니스, 그리고 참을

영국 록 그룹 호크윈드의 1977년 노래 가사. 정보를 보내준 트레버 립스콤에게 고맙다. © 1977 Anglo Rock, Inc. 허락을 받아 수록함.

아직 교수형 당하지 않았음.

히틀러 정권은 1933년에 '국가의 적'들을 수록한 공식 사진집을 발간했는데 거기 실린 아인슈타인의 사진 밑에 붙은 설명이다. 그의 목에는 2만 마르크 상금이 걸려 있었다. 다음을 보라. Sayen, *Einstein in America*, 17

아인슈타인의 심오함의 핵심은 단순함이었다. 그의 과학의 핵심은 예술성이었다. 경이로운 미의식이었다.

바네시 호프먼. Hoffmann, *Albert Einstein: Creator and Rebel*, 3

[우리가 문제를 풀 수 없다는] 사실이 분명해지면, 아인슈타인은 조용히 일어나서 더듬거리는 영어로 이렇게 말했다. "좀 생각 해야겠습니다." 그러고는 앞뒤로 오락가락 걷거나 동그라미를 그리면서 걸었다. 세어가는 긴 머리카락을 내내 손가락으로 꼬면서.

바네시 호프먼. 다음에 인용된 회상. Whitrow, *Einstein*, 75

알베르트 아인슈타인은 세상에 존재했던 가장 위대한 과학자였지만, 그의 핵심을 한 단어로 설명해보라고 한다면 나는 단순함을 고르겠다.

바네시 호프먼. 《리더스 다이제스트》 1968년 1월호에 실린 '내 친구 알베르트 아인슈타인'의 첫 문장.

"위대한 친족."

아인슈타인이 캘리포니아에서 뉴욕으로 기차를 타고 돌아오던 중 1931년 2월 28일에 들른 그랜드캐니언에서 호피 원주민들이 그에게 붙여준 이름. A&E 텔레비전(VPI 인터내셔널)의 아인슈타인 전기 방송에서 회상됨, 1991년. 다음에도 기록되어 있다. Fölsing, *Albert Einstein*, 640

세월이 아무리 흘러도

우리가 살아가는 오늘날은
속도도 빠르고 새로운 발명도 많고
사차원 같은 것도 있어서

어떨 땐 걱정도 되죠.
그러나 가끔은 아인슈타인 씨의 이론이
약간 지겹기도 해요.
그러니 가끔은 현실로 내려가서
긴장을 풀어야 해요.
그리고 세상이 얼마나 발전하든
아직 증명되지 않은 일이 얼마나 많든
인생의 단순한 사실들은
영원히 달라지지 않죠.
이걸 기억해요.
키스는 키스일 뿐, 한숨은 한숨일 뿐.
기본적인 것들은 늘 그대로죠.
세월이 아무리 흘러도.

허먼 홉펠드가 작곡하고 작사한 〈세월이 아무리 흘러도〉의 가사. 이 노래는 주디 덴치가 출연한 동명의 영국 장수 텔레비전 시리즈와 1942년 영화 〈카사블랑카〉로 유명해졌다. 가사 중 아인슈타인에 관계된 첫 세 연은 거의 알려지지 않았다. (로스앤젤레스 앨프리드 출판사의 허락을 받아 수록함)

아인슈타인은 아내에게 최대한의 보살핌과 연민을 주었다. 그러나 죽음이 다가오는 분위기에서도 줄곧 차분했으며 쉬지 않고 일했다.

레오폴트 인펠트. 아인슈타인이 아내 엘자의 치명적인 심장 및 콩팥 질환에

대처한 자세에 대하여. Infeld, *The Quest*, 282

아인슈타인이 위대한 것은 상상력이 어마어마했으며 문제에 매달릴 때 믿어지지 않을 만큼 끈질겼기 때문이다.

상동, 208

프린스턴의 한 동료는 내게 물었다. "아인슈타인이 명성을 싫어하고 프라이버시를 지키고 싶어했다면 왜 …… 머리를 길게 기르고, 우스꽝스러운 가죽 재킷을 입고, 양말을 안 신고, 멜빵을 안 하고, 넥타이를 안 맸지요?" 답은 간단하다. 필요를 제약하겠다는 것, 그럼으로써 자유를 늘리겠다는 것. 우리는 수많은 것들의 노예로 살아간다. …… 아인슈타인은 그 대상을 가능한 최소로 줄이려고 했다. 머리를 기르면 이발소에 갈 필요가 준다. 양말은 없어도 그만이다. 가죽 재킷 하나면 몇 년 동안 코트 걱정을 안 해도 된다.

상동, 293

아인슈타인에게 삶은 약간의 관심을 품고 구경하는 흥미로운 볼거리였을 뿐, 그것이 사랑이나 미움과 같은 비극적인 감정으로 파열되는 일은 없었다. …… 아인슈타인의 생각은 현상들의 세상을 향하여 외부로 쏠려 있었다.

인펠트. Infeld, *Einstein*, 123

만일 파티장에 아인슈타인이 들어와서 누군가 당신에게 "아이젠슈타인 씨"를 소개해주었다면, 그런데 당신이 그에 대해 아무것도 모른다면, 그래도 당신은 그에게 반할 것이다. 그의 반짝거리는 눈동자에, 수줍고 다정한 태도에, 재미난 유머 감각에, 진부한 이야기도 그가 하면 지혜롭게 들린다는 사실에 …… 눈앞에 있는 이 사람은 스스로 생각할 줄 아는 사람임을 느낄 것이다. …… 그는 당신이 하는 말을 믿어준다. 그는 친절한 사람이기 때문에, 친절한 사람이 되고 싶어 하기 때문에, 안 믿는 것보다 믿는 것이 훨씬 쉽기 때문에.

상동, 128

* 아인슈타인의 영어는 아주 단순했고 약 300단어로만 이루어졌는데, 그는 그 단어들을 아주 괴상하게 발음했다.

레오폴트 인펠트. Infeld, *Leben mit Einstein* (Vienna: Europa Verlag, 1969), 73. 다음에 번역되어 있다. Neffe, *Einstein*, 35

* 아인슈타인은 논리와 고찰의 문제에서는 모든 사람을 잘 이해하는 편이었지만 정서적인 문제를 이해하는 것은 훨씬 더 어려워했다. 자신의 삶과 관계없는 충동이나 감정을 상상하는 것은 그에게 어려운 일이었다.

상동, 54. 다음에 번역되어 있다. Neffe, *Einstein*, 372

$E = mc^2$이 성차별적 방정식일까? …… 그럴지도 모른다. 이 방정식이 우리에게 꼭 필요한 다른 속도들을 다 제치고 빛의 속도만을 특별하게 취

급하는 한 그렇다고 할 수 있다. 이때 방정식의 성차별적 속성을 암시하는 요소는 이 방정식이 핵무기에 사용될 수 있다는 직접적인 사실이 아니라 가장 빠른 것만을 특별 취급했다는 점이다.

페미니스트 뤼스 이리가레의 '과학의 주제가 성차별적일까?'에서. "Is the Subject of Science Sexed?" *Hypatia: A Journal of Feminist Philosophy* 2, no. 3 (1987), 65~87. 다음에 인용됨. Francis Wheen, *How Mumbo-Jumbo Conquered the World: A Short History of Modern Delusions* (London: Fourth Estate, 2004), 88

아인슈타인은 우리가 먹고 있던 마카로니에는 일말의 관심도 없었다.

러시아 물리학자 A. F. 이오페. 아인슈타인의 베를린 집에서 저녁을 먹으면서 두 사람이 관여된 작업에 관해 토론한 뒤. 다음에서 회상한 말. *Die Wahrheit* (Berlin), March 15~16, 1969

아인슈타인은 취미가 별로 없었다. 그중 하나는 퍼즐이었다. 그는 전 세계에서 모은 신기한 퍼즐들을 갖고 있었다. …… 내가 조립 퍼즐 중에서 제일 복잡하기로 유명한 중국 십자가 퍼즐을 주었더니 그는 그걸 삼 분 만에 맞췄다.

친구 앨리스 칼러. 다음에 인용됨. *Princeton Recollector* (1985), 7. 다음을 보라. Roboz Einstein, *Hans Albert Einstein*, 38

경이적인 지적 능력에도 불구하고 그는 여전히 순진하고 더없이 자연스러운 한 인간이었다.

친구 에리히 칼러, 1954년. Einstein Archives 38-279

당신의 모습이 아직 생생합니다. …… 당신의 상냥한 얼굴이 기쁨에 반짝거리는 것 같습니다! [아이 같은 쾌활함은] 당신이 이곳 과학계에 끼칠 영구적인 영향을 암시하는 멋진 증표처럼 느껴집니다.

헤이커 카메를링 오너스가 보낸 편지에서, 1920년 2월 8일. *CPAE*, Vol. 9, Doc. 304

경계하는 게 좋아, 조심하는 게 좋아,
알베르트는 *E*는 *mc* 제곱과 같다고 말했지.

팝 그룹 랜드스케이프의 노래 〈아인슈타인 아-고-고〉 가사에서

그것은 바티칸이 로마에서 신대륙으로 옮기는 것만큼 중요한 사건이다. 물리학의 교황이 자리를 옮겼으니 이제 미국은 자연과학의 중심지가 될 것이다.

폴 랑주뱅, 아인슈타인이 미국으로 옮긴 것에 관하여. 다음에 인용됨. Pais, *A Tale of Two Continents*, 227

아인슈타인과 친하게 지내는 즐거움을 누린 사람이라면, 그가 누구에게도 뒤지지 않을 만큼 남들의 지적 재산을 존중하고, 겸손하고, 대중의 관심을 꺼린다는 것을 알 것이다.

막스 폰 라우에, 발터 네른스트, 하인리히 루벤스. 독일 물리학자들 사이에

반유대주의와 반상대성이론 분위기가 퍼지자 아인슈타인을 지지하기 위해서 발표한 공동 성명서에서. *Tägliche Rundschau*, August 26, 1920

여기[영국] 사람들은 아인슈타인 얘기밖에 안 합니다. 그가 온다면 개선장군처럼 환영받을 겁니다. 독일인의 이론을 영국인의 관찰이 증명했다는 사실이 날이 갈수록 분명해지고 있는데, 그것은 두 나라의 협력 가능성을 크게 앞당기는 사건입니다. 아인슈타인은 탁월한 이론의 높은 과학적 가치와는 별개로 인류에게 이루 헤아릴 수 없이 큰 봉사를 한 셈입니다.

훗날 아인슈타인의 『상대성이론의 의미』(1922)를 영어로 옮긴 로버트 로슨이 아르놀트 베를리너에게 보낸 편지에서, 일반상대성이론의 확증에 대한 영국인의 반응에 관하여. 베를리너는 1919년 11월 29일에 아인슈타인에게 보낸 편지에서 로슨의 말을 인용했다. 로슨은 셰필드 대학의 물리 강사였다. Einstein Archives 7-004

* 유대인이 자연과학에 미치는 유해한 영향을 제일 잘 보여주는 사례는 아인슈타인입니다. 그의 소위 이론은 기존의 훌륭한 지식에 그가 함부로 추가한 요소들을 수학적으로 뒤섞은 것입니다. 이제 그 이론이 차츰 쇠퇴하고 있는 것은 모든 부자연스러운 생산물이 겪기 마련인 운명에 따른 결과입니다. 우리는 애초에 그런 '상대성 유대인'을 독일에 정착시킨 책임을 연구자들에게 묻지 않을 수 없습니다. 훌륭한 업적을 이룬 학자들도 예외일 수 없습니다. 그들은 설령 학문과 무관한 관계에서라도 그 유대인을 '훌륭한 독일인'으로 간주하는 것이 큰 잘못이란 사실을 알지 못했습니다. 혹은 알려고 하지 않았습니다.

독일 물리학자이자 1905년 노벨상 수상자인 필리프 레나르트. *Völkischer Beobachter* 46 (May 13, 1933)

유대 물리학의 특징이 잘 드러난 사례를 꼽으라면, 가장 두드러진 대변인이자 순혈 유대인인 알베르트 아인슈타인의 작업을 떠올리면 된다. 그의 상대성이론은 물리학을 혁신할 것으로 여겨졌지만, 막상 현실에 직면하니 아무 근거가 없었다. 아리안 과학자들에게는 굳세고 세심하게 진리를 추구하려는 마음이 있는 데 비해 그 유대인은 충격적일 만큼 진리를 이해하지 못한다.

필리프 레나르트가 자신의 책 『독일 물리학』(Munich : Lehmann's Verlag, 1936)에서. 레나르트와 아인슈타인은 20세기 초에 서로 존경했지만 이후 일반상대성이론을 놓고 갈등을 빚었다. 아인슈타인이 광자 가설을 떠올린 것은 광전효과에 대한 레나르트의 실험 덕분이었다.

알베르트 아인슈타인의 죽음과 함께 우리는 인류의 명예를 증명한 인물을 잃었다. 그의 이름은 영원히 잊히지 않을 것이다.

토마스 만, '알베르트 아인슈타인의 죽음에 부쳐'에서. Mann, *Autobiographisches* (Frankfurt am Main : Fischer Bücherei, 1968)

사상가의 정신을 지닌 시인 타고르와 시인의 정신을 지닌 사상가 아인슈타인이 함께 있는 모습을 보는 것은 흥미로웠다. 마치 두 행성이 대화를 나누는 것처럼 보였다.

저널리스트이자 마르고트 아인슈타인의 남편이었던 드미트리 마리아노프가 〈뉴욕 타임스〉에 한 말. 인도의 시인이자 음악가이자 신비주의자인 라빈드라나트 타고르와 아인슈타인이 1930년 7월 14일에 만나 대화하는 모습을 보았던 것에 대하여. 다음을 보라. Tagore, "Farewell to the West" (1930~1931), 294~295; 같은 책 *The Religion of Man* (New York: Macmillan, 1931), Appendix 2, 221~225

남편은 독일 과학자 모임에 참석하려고 잘츠부르크에 가 있습니다. 그곳에서 강연할 거예요. 그는 이제 독일 출신의 일류 물리학자 동아리에 속하게 되었습니다. 그의 성공이 아주 기쁩니다. 그럴 만하니까요.

밀레바 아인슈타인-마리치가 헬레네 사비치에게, 1909년 9월 3일. Roboz Einstein, *Hans-Albert Einstein*, 95

알베르트는 이제 물리학계에서 존경받는 유명 물리학자입니다. …… 그는 물리에 완전히 헌신해왔고, 가족과 함께할 시간은 거의 없는 것 같습니다.

상동, 1913년 3월 12일, 96

스파이와 사보타주 공작원에 관한 정보를 갖고 있을지도 모르는 미국인에게 그 정보를 비밀로 하라고 조언하는 사람은 그 자신이 미국의 적이다.

상원의원 조지프 매카시. 아인슈타인이 하원비미활동위원회 청문회에서 증언하기를 거부해야 한다고 주장한 것에 관하여. *New York Times*, June 14, 1953

여행자들이 알려준 바에 따르면, 보통 사람들은 상대성이 뭔지 전혀 모른다고 합니다. 이 책이 남녀 관계를 다루는 내용이라고 생각하는 사람도 적지 않은 것 같습니다.

영국의 메수엔 출판사가 아인슈타인의 글을 번역한 로버트 로슨에게, 1920년 2월. *CPAE*, Vol. 9, Doc. 326

젊은 물리학자 알베르트 아인슈타인의 수학 교육은 그다지 탄탄하지 않았다. 그가 오래전에 취리히에서 바로 나한테 그 교육을 받았기 때문에 잘 안다.

헤르만 민코프스키. 다음 사이트에 인용됨. www.gap.dcs.st-and.ac.uk/~history/Quotations/Minkowski.html (나는 인터넷의 출처 없는 인용문을 대개 믿지 않지만, 이 말만큼은 마음에 쏙 들기 때문에 사실이기를 바란다.)

아인슈타인은 평소처럼 저지 천으로 된 헐렁한 바지를 입고 슬리퍼를 신었다. 그가 문간으로 다가오는 모습에서 특히 인상적인 점은 걷는 게 아니라 자기도 모르는 무슨 춤을 추는 것처럼 미끄러져 왔다는 것이다. 매혹적이었다. 그렇게 그가 나타났다. 또렷하고 슬픈 눈, 늘어진 흰 머리카락, 반기는 미소를 띤 얼굴로, 그는 악수하려고 내민 내 손을 굳게 맞잡았다.

인류학자 애슐리 몬터규. 《사이언스 다이제스트》 1985년 7월호에 실린 '아인슈타인과의 대화'에서 우리 시대 최고의 과학자였던 아인슈타인은 악과 거짓과 타협하지 않고 진정으로 진리만을 추구하는 사람이었다.

인도 총리 자와할랄 네루, 1955년

* 우리가 이토록 독창적인 젊은 이론가를 발견한 것은 물리학의 발전에 다행스러운 일입니다. …… 아인슈타인의 '양자 가설'은 지금까지 등장한 이론들 중 제일 주목할 만한 이론일 겁니다. …… 설령 잘못된 것으로 밝혀지더라도 언제까지나 '아름다운 기억'으로 남을 겁니다.

독일 물리화학자이자 1920년 노벨상 수상자인 발터 네른스트가 1910년 3월 17일에 아르투르 슈스터에게 보낸 편지에서. *CPAE*, Vol. 3, xxiii, n. 36. 다음에 번역되어 있다. Neffe, *Einstein*, 330

아인슈타인은 중요한 마지막 연구를 출판업자들에게 넘기면서 그 내용을 이해할 사람은 전 세계에서 열두 명밖에 안 될 것이라고 경고했다. 그러나 출판업자들은 모험을 해보기로 했다.

〈뉴욕 타임스〉 1919년 11월 10일자에서 기자가 일반상대성이론에 대해 보도한 이 말은 사실이 아니었지만, 이후 아인슈타인 신화로 굳어버렸다. 1919년 12월 3일에 또 다른 〈뉴욕 타임스〉 기자가 아인슈타인에게 이 말이 사실이냐고 묻자 "박사는 기분 좋게 웃어넘겼다"고 한다. 다음을 보라. Fölsing, *Albert Einstein*, 447, 451

사람들의 머리에 아인슈타인 상대성이론의 가장 극적인 증거가 번뜩 떠올랐다. 그 이론은 원자에 간직된 에너지라는 보물 창고를 여는 열쇠였다.

〈뉴욕 타임스〉 1945년 8월 7일자, 원자폭탄에 관하여

이 인물은 세상에 대한 사람들의 생각을 바꿔놓았다. 그와 비길 만한 인물은 뉴턴과 다윈뿐이다.

아인슈타인이 죽은 뒤 〈뉴욕 타임스〉, 1955년. 다음에 인용됨. Cahn, *Einstein*, 120

"이론물리학에 중요하게 기여한 데 대해, 특히 광전효과 법칙을 발견한 데 대해."

노벨상 위원회가 공식적으로 밝힌 1921년 노벨 물리학상 시상 이유. 상대성이론에 관한 언급은 없는 점을 눈여겨보라. 당시 상대성이론은 아직 논쟁적인 주제였다. 아인슈타인은 1910년에서 1918년까지 1911년과 1915년을 제외하고는 매년 후보로 추천되었다. 다음을 보라. Pais, *Subtle Is the Lord*, 505

아인슈타인의 걸음걸이는 자기 때문에 진실이 놀라서 달아날까 봐 걱정하는 것처럼 아주 차분했다.

일본 만화가 오카모토 잇페이. 1922년 11월에 일본을 방문했던 아인슈타인에 대해. '아인슈타인의 1922년 일본 방문'이라는 원고를 보라. Einstein Archives 36-409

* 물리계에 관한 지식에 그토록 크게 기여한 사람은 많지 않습니다. …… 우리는, 특히 그를 조금이라도 아는 사람들이라면, 그에게서 위대한 업적

과는 반대되는 듯한 인간적 특징을 발견합니다. 그는 이기적이지 않고, 유머러스하고, 대단히 친절합니다.

로버트 오펜하이머, 1939년 3월 16일. 아인슈타인의 예순 생일을 맞아 한 라디오 연설에서. 다음에 재수록됨. *Science* 89 (1939), 335~336

신화의 구름을 걷어내고 그것이 가렸던 위대한 봉우리를 제대로 바라볼 때가 되었다. 모름지기 신화에는 나름의 매력이 있지만, 진실은 그보다 훨씬 더 아름답다.

로버트 오펜하이머가 아인슈타인에 대해서, 1965년. 아인슈타인 탄생 백주기였던 1979년 3월 14일 〈로스앤젤레스 타임스〉 사설에 인용됨

그는 세련미가 없다시피 했고 세속성도 없다시피 했다. …… 아이 같으면서도 대단히 고집스러운 순수함을 품고 있었다.

로버트 오펜하이머. 《뉴욕 리뷰 오브 북스》 1966년 3월 17일자에 실린 '알베르트 아인슈타인에 대하여'에서

* 그는 [생애 마지막 25년 동안] 처음에는 양자 이론에 부정합한 측면이 있다는 것을 증명하려고 노력했다. 그는 남들은 미처 생각지 못했던 기발한 사례를 잘도 떠올렸지만, 결국 부정합성은 존재하지 않는 것으로 밝혀졌다. 더구나 그가 제시한 문제의 해결책은 그가 이전에 했던 연구에서 발견되는 경우도 많았다. 연구가 잘 풀리지 않자 …… 아인슈타인은 그냥 그 이론이 싫다는 말밖에 할 게 없었다.

상동

* 아인슈타인은 보어와 고상하면서도 맹렬하게 싸웠고, 자신이 기초를 닦았지만 싫어했던 이론과도 싸웠다. 물론 과학에서 이런 경우가 처음은 아니다.

상동

* 인간미와 친절함을 떠나서도, 심지어 엄청난 분석력과 깊이를 떠나서도 그에게는 그를 남들과는 다르게 만들어주는 특징이 있었다. 자연에 질서와 조화가 존재하며 인간의 정신이 그것을 이해할 수 있을 것이라는 굳은 신념이었다.

로버트 오펜하이머. 《프린스턴 패킷》 1955년 4월호에 실은 아인슈타인 추모사에서. Oppenheimer Papers, Box 256, Library of Congress. 그러나 슈베버에 따르면(Schweber, *Einstein and Oppenheimer*, 276), "오펜하이머는 아인슈타인에 대해서 훨씬 안 좋게 말했다. 아인슈타인이 현대 물리학에 대한 이해나 흥미가 없다고 말했고 …… 그가 중력과 전자기력 통합에 시간을 허비하고 있다고 말했다. …… 오펜하이머는 프린스턴고등연구소가 25년간 그를 지원했음에도 불구하고" 아인슈타인이 모든 문서를 이스라엘 히브리 대학에 남긴 것을 불평했다.

아인슈타인은 아주 특별한 웃음으로 반응했다. …… 웃음이라기보다 물개가 짖는 소리 같았다. 행복한 웃음이었다. 그때부터 나는 재미난 이야기가 있으면 다음번 그를 만날 때 들려주려고 잘 기억해두었다. 오직 그의 웃음소리를 듣는 기쁨을 위해서.

아브라함 파이스. 다음에 인용됨. Jeremy Berstein, *Einstein* (Penguin, 1978), 77

* 아인슈타인은 내가 아는 가장 자유로운 인간이었다. …… 그는 전후 세대를 통틀어 다른 누구보다도 불변 원칙을 발명하고 통계적 요동搖動을 활용하는 일에 정통했다.

파이스. Pais, *Subtle Is the Lord*, vii

아인슈타인의 말이 말짱 헛소리는 아니었습니다.

물리학자이자 미래의 노벨상 수상자인 볼프강 파울리가 학생 시절 자신보다 22살 더 많은 아인슈타인의 강연을 들은 뒤. 다음에 인용됨. Ehlers, *Liebes Hertz!* 47

그 연설은 잊지 못할 것이다. 아인슈타인은 나를 자신의 후계자로 내세우고서 퇴위하는 왕 같았다.

볼프강 파울리. 파울리가 노벨상을 탄 뒤 열린 만찬에서 아인슈타인이 자신을 칭송한 말을 듣고. 아인슈타인은 자신은 이제 지혜가 다했기 때문에 앞으로 통일장 이론을 추구하는 것은 파울리의 몫이라고 말했다. 다음에 인용됨. Armin Hermann, "Einstein und die Österreicher," *Plus Lucis*, February 1995, 20~21

텁수룩한 머리카락의 박사여

당신이 빨갱이가 아니라고 말해줘요.
길에서 자본주의자들을
잡아먹지 않는다고 말해줘요.
그 아이들까지 집어삼킨다는 소문이
사실이 아니라고 말해줘요.
말해줘요, 제발 말해줘요, 당신은 무슨 스키가 아니라
굽은 공간형 트로츠키일 뿐이라고 말해줘요.

유명 칼럼니스트였던 H. I. 필립스가 매카시즘 시절에 쓴 글. 그 20년 전에 반공주의자들이 아인슈타인의 미국 입국을 반대했던 것을 조롱한 내용이다. 노먼 F. 스탠리가 다음에서 인용함. *Physics Today*, November 1995, 118

귀하는 오랫동안 우리 곁에 머물면서 우리가 품은 최고의 열망을 더없이 친근하고 개인적인 방식으로 상기시키는 존재였습니다. 우리는 무엇보다도 온화하면서도 충만한 그 영향력에 감사드립니다.

프린스턴 대학 물리학부가 아인슈타인의 75세 생일을 맞아 보낸 편지에서. 로버트 디키, 유진 위그너, 존 휠러, 발렌티네 바르크만, 아서 와이트먼, 조지 레이놀즈, 프랭크 슈메이커, 에릭 로저스, 샘 트라이먼 등이 서명했다. 1954년 3월 12일. Einstein Archives 30-1242

대담함으로 따지자면 그것은 사변적 자연과학과 철학적 인지 이론의 다른 어떤 업적도 능가합니다. 그에 비한다면 비유클리드 기하학은 어린애 놀이입니다.

막스 플랑크. 1909년 봄에 컬럼비아 대학에서 했던 강연에서 아인슈타인의 시간 정의를 언급하며. 1910년에 라이프치히에서 발표됨, 117ff

비록 정치적 문제에서는 우리 사이에 깊은 골이 파여 있지만, 다가올 세기에 아인슈타인이 우리 협회를 비췄던 가장 밝은 별 중 하나로 칭송받으리라는 것을 절대적으로 확신합니다.

막스 플랑크가 하인리히 폰 피커에게, 1933년 3월 31일. 아인슈타인이 프로이센과학아카데미에서 탈퇴한 것에 관하여. 다음에 인용됨. Christa Kirsten and H.-J. Treder, *Albert Einstein in Berlin*, 1913~1933 (Berlin, 1979)

* 아인슈타인은 여간해서는 적을 두지 않는 사람이지만, 일단 그가 누군가를 자기 마음에서 몰아내면 그것으로 그와는 끝입니다.

아인슈타인의 주치의였던 야노시 플레슈. 다음에 인용됨. Herneck, *Einstein privat* (Berlin, 1976), 89

아인슈타인은 여자를 좋아했다. 평범하고 땀 냄새 나는 여자일수록 좋아했다.

피터 플레슈가 아버지 야노시의 말을 인용하여. Highfield and Carter, *The Private Lives of Albert Einstein*, 206

아인슈타인에게서 특히 높이 사야 하는 점은 그가 새로운 개념에 융통성 있게 적응할 줄 안다는 것, 그리고 그로부터 가능한 모든 결론을 끌어낼 줄 안다는 것이다.

앙리 푸앵카레, 1911년. 다음에 인용됨. Hoffmann, *Albert Einstein: Creator and Rebel*, 99

* 아인슈타인은 물리계가 의심의 여지없이 객관적이고 결정론적이기를 바랐다. 그가 현대 양자 이론을 거부한 것은 그 때문이었다. 그 입장 때문에 그는 최초의 현대인이 아니라 최후의 위대한 고대인이 되었다.

물리학자이자 영국 성공회 사제인 존 폴킹혼. 다음에 인용됨. *Science and Theology News* (online), November 18, 2005

* 자연과 자연법칙들은 어둠에 감춰져 있었다.
신이 말했다, 세상에 뉴턴이 있으라! 그러자 사방이 빛이었다.

그 상태는 오래가지 않았다. 악마가 "어이!
세상에 아인슈타인이 있으라!"라고 외쳐서 원상 복귀시켰다.

신은 주사위를 굴림으로써 아인슈타인을 몹시 실망시켰는데,
"세상에 파인먼이 있으라!", 그러자 세상이 다시 대낮처럼 명료해졌다.

첫 두 줄은 시인 알렉산더 포프가 아이작 뉴턴 경을 기리며 쓴 묘비명 중에서(Epithaph XII, *The Works of Alexander Pope* [1979], Vol. 2, 403). 이에 대해 《뉴 스테이츠맨》과 《런던 머큐리》의 문예 편집자였던 존 콜링스

스콰이어 경이 '뉴턴에 대한 포프의 시를 이어'라는 제목으로 다음 두 줄을 덧붙였다(*Poems*, 1926). 마지막 두 줄은 과학사학자 스티븐 브러시가 '파인먼의 성공: 양자역학을 탈신비화하다'라는 제목으로 자그디시 메라의 리처드 파인먼 전기(*The Beat of a Different Drum*, 1994)에 대한 서평을 《아메리칸 사이언티스트》에 발표하면서 덧붙였다(*American Scientist* 83 [September–October 1995], 477). (마지막 두 줄의 출처를 확인해준 브러시 교수에게 고맙다.)

자연과학의 위대한 혁명가가 떠났다.

모스크바의 〈프라브다〉. 아인슈타인의 사망에 부쳐. 다음에 인용됨. Cahn, *Einstein*, 121

이 외국인 선동가는 우리 군인들이 집으로 돌아오도록 만들기는커녕 공산주의를 전 세계에 좀 더 널리 퍼뜨리기 위해서 유럽의 또 다른 전쟁에 우리를 빠뜨리려고 합니다. …… 미국 국민들은 아인슈타인의 정체를 알아차려야 합니다. 그의 행동은 불법이니 마땅히 고발되어야 합니다. …… 법무부가 이 아인슈타인이란 자의 행동을 중단시키기를 촉구합니다.

하원의원 존 랭킨(민주당 소속 미시시피 주). *Congressional Record-House*, October 25, 1945. 사본이 다음에 수록되어 있다. Cahn, *Einstein*, 101. 아인슈타인은 '스페인의 자유를 위한 미국 위원회'가 스페인을 장악한 프랑코에게 반대하는 운동을 계속할 수 있도록 자금을 지원해달라는 요청서를 의회에 보냈는데, 랭킨을 비롯한 몇몇 의원들은 그것을 공산주의자들의 음모로 여겼다.

아인슈타인에게 카메라 앞에 앉기 전에 몸단장을 하라는 요구는 거의 하지 못했다. 몇 번인가 내가 그의 머리 뒤편의 조명을 조정하다가 그의 머리카락을 슬쩍 귀 뒤로 넘기기는 했지만 말이다. 그마저도 어쩌다 보니 그렇게 된 것이었고, 그래 봐야 늘 헝클어진 머리카락 한 뭉치가 고집스럽게 도로 튀어나오곤 했다. 머리는 포기했지만 발은 계속 마음에 걸렸다. …… 아인슈타인 교수는 양말을 신지 않았다. 그래서 그의 사진을 찍을 때는 무릎까지만 나오거나 상체만 나오게 찍으려고 했지만 그래도 자꾸 헐벗은 발목으로 눈길이 갔다.

프린스턴 대학 사진사 앨런 리처즈. 리처즈는 아인슈타인에게 불려가서 그의 생일맞이 공식 초상 사진을 찍었다. Richards, "Reminiscences," in *Einstein as I Knew Him*

한번은 어떤 회사가 그에게 자문료를 상당히 두둑하게 보냈는데, 그는 그 수표를 책갈피로 쓰고는 책을 잃어버렸다.

상동

아인슈타인은 시간을 현명하게 쓰기 위해서 관심사를 단순화했다. …… 거추장스러운 것은 다 떨어내는 태도의 연장에서, 그는 아이든 어른이든 만나는 사람 모두에게 외적인 요소를 다 무시하고서 아무런 가식 없이 상냥하고 정중하게 직설적으로 말했다.

상동

* 아인슈타인은 대의의 적일 때보다 지지자일 때 더 위험한 사람입니다. 그의 천재성은 과학에 국한됩니다. 다른 문제에서는 바보입니다. …… 그는 그 일에서 물러나 있어야 합니다! 그는 오로지 방정식을 위해 태어난 사람입니다.

평화주의자 로맹 롤랑이 작가 슈테판 츠바이크에게 보낸 편지에서, 1933년 9월 14일. 다음에 인용됨. Grüning, *Ein Haus für Albert Einstein*, 386~387

아인슈타인은 과학에서는 천재이지만 자기 분야 밖에서는 나약하고 우유부단하고 모순적이다. …… 끊임없이 의견을 바꾸고 …… 행동을 바꾸는 그의 태도는 적으로 선언된 상대의 완고한 고집보다 더 나쁘다.

평화주의자 로맹 롤랑이 1933년 9월에 쓴 일기에서. 다음에 인용됨. Nathan and Norden, *Einstein on Peace*, 233

* 아인슈타인은 가끔 말을 하는 과정에서 생각을 펼쳐나가는 것 같았다. 듣는 사람이 있다는 사실도 잊어버린 채. 그러다 우리가 있다는 걸 알아차리면, 환하고 극적이고 늘 적절한 특유의 미소를 지어 보였다.

아인슈타인의 학생이었던 일제 로젠탈-슈나이더. Rosentahl-Shneider, *Reality and Scientific Truth*, 91

아인슈타인에게, 그의 머리카락과 바이올린에게
마지막 목례를 전한다.

그는 단 두 종류의 사람들에게만 이해 받았다.
그 자신과 …… 가끔은 신에게.

잭 로제터가 쓴 시. 인도의 독자가 보내주었다

물리학이 수많은 위대한 인물들과 어지럽도록 다양한 새로운 사실들과 이론들을 생산해낸 시대에도 아인슈타인의 업적은 그 넓이와 깊이와 종합성 면에서 여전히 최고다.

버트런드 러셀, 1928년경. 캐나다 온타리오 주 해밀튼의 맥마스터 대학에 보관된 러셀 아카이브의 미발표 원고에서. Einstein Archives 33-154

아인슈타인은 반박할 여지없이 우리 시대 가장 위대한 인물 중 하나였다. 그는 뛰어난 과학자들에게 공통되는 특징인 단순성을 누구보다 많이 갖고 있었다. 그 단순성은 자신과는 전혀 무관한 사물들을 알고 이해하려는 외곬의 마음에서 오는 것이었다.

버트런드 러셀, 〈뉴 리더〉 1955년 5월 30일자에서

아인슈타인은 뉴턴 이래 모두가 썩 내키지 않지만 풀 수 없다고 단념하고 있었던 중력의 수수께끼를 제거했다.

버트런드 러셀. 다음에 인용됨. Whitrow, *Einstein*, 22

아인슈타인은 내가 아는 모든 공인들 중에서 내가 가장 진심으로 존경한 인물이었다. …… 그는 위대한 과학자였을 뿐 아니라 위대한 인간이었다.

그는 전쟁을 향해 떠내려가는 세상에서 평화를 위해 나섰다. 미친 세상에서 제정신을 지켰고, 광신자들의 세상에서 자유주의자로 남았다.

상동

아인슈타인이라는 학생은 베토벤 소나타의 아다지오 악장을 연주할 때도 깊은 이해를 드러냈다.

아르가우 주립 학교의 음악 감독관 J. 뤼펠이 기말 음악 시험에서 아인슈타인의 연주를 평가하며, 1896년 3월 31일경. *CPAE*, Vol. 1, Doc. 17

맙소사 알베르트, 셀 줄도 모릅니까?

피아니스트 아르투르 슈나벨. 1920년대에 베를린의 멘델스존 빌라에서 열린 사중주 리허설에서 아인슈타인이 들어가는 박자를 여러 차례 놓치자. 마이크 립스킨이 회상한 말로, 허브 카엔이 〈샌프란시스코 크로니클〉 1996년 2월 3일자에서 인용했다.

우리는 편지를 주고받지 않더라도 정신으로 통합니다. 오늘날의 무서운 시대에 똑같은 방식으로 반응하고 있고 인류의 미래를 걱정하며 똑같이 떨고 있기 때문입니다. …… 우리 이름이 같은 것이 마음에 듭니다.

알베르트 슈바이처. 1955년 2월 20일에 아인슈타인에게 보낸 편지에서. Einstein Archives 33-236

아인슈타인

작은 생쥐 같은 남자가
분필을 들고 칠판 앞에 섰다.
수많은 사람들은 경외감을 느꼈는데 왜냐하면
그를 이해할 수 없었기 때문이다.
그가 말했다. “*E*는 *mc* 제곱과 같다.
내가 증명해 보이겠다.”
물론 할 수 있겠지, 그대 놀라운 인간이여,
하지만 그것이 우리에게 무슨 도움일지?
우리의 수명을 늘려주거나
식량을 늘려줄지?
국가들 사이에 평화를 가져올지?
그 방정식을 만드는 일이?
그야 물론 우리는 당신에게 감사해야 마땅하다.
우리의 이해를 벗어난 진실에 대해서.
하지만 그래서 결국 당신이 무엇을 했는지?
사람들의 인생에 도움이 되는 일을?
예수 한 명과 비교하여
‘당신들’ 천 명의 가치는 얼마나 될지?

시인 로버트 서비스. 시인은 아인슈타인의 휴머니즘 활동을 몰랐던 모양이다. Robert Service, *Later Collected Verse* (New York: Dodd, Mead, 1965). (로버트 서비스의 유산을 관리하는 M. 윌리엄 크라실로프스키의 허락을 받아 수록)

강력한 탐조등과도 같은 정신으로 미지의 어둠을 꿰뚫었던 불빛이 꺼지고 말았다. 세상은 최고의 천재를 잃었고 유대 민족은 현 세대에서 가장 걸출한 아들을 잃었다.

이스라엘 총리 모셰 샤레트, 1955년. 다음에 인용됨. Cahn, *Einstein*, 120

당신은 이 개탄스러운 세상에서 내가 희망을 느끼는 유일한 존재입니다.

조지 버나드 쇼, 1924년 12월 2일에 아인슈타인에게 보낸 엽서에서. Einstein Archives 33-242

아인슈타인에게 말해주세요. 내가 그를 존경한다는 것을 보여주는 가장 강력한 증거는 이 [유명인] 초상들 중에서 돈 내고 산 것은 그의 초상뿐이라는 사실이라고요.

조지 버나드 쇼. 아치볼드 헨더슨이 〈더럼 모닝 헤럴드〉 1955년 8월 21일자에서 회상한 말. Einstein Archives 33-257. 아인슈타인의 답은 다음과 같았다. "돈이 세상에서 제일 중요하다고 선언했던 버나드 쇼다운 말이로군요."

프톨레마이오스가 만든 우주는 1400년 동안 지속되었습니다. 뉴턴도 우주를 만들었고 그 우주는 300년 동안 지속되었습니다. 아인슈타인도 이제 우주를 만들었는데, 그것이 얼마나 갈지는 나는 모릅니다.

조지 버나드 쇼, 영국에서 아인슈타인을 기념하여 열린 만찬에서. 다음에 인용됨. David Cassidy, *Einstein and Our World* (Humanities Press, 1995), 1. 1979년에 PBS 텔레비전의 '노바' 프로그램이 방송한 아인슈타인

전기 방송에서도 나왔다

아인슈타인의 우주적 종교에는 흠이 딱 하나 있다. 단어에 불필요한 알파벳 하나를 더 넣은 것. 알파벳 's'를.

풀턴 J. 신 주교. 다음에 인용됨. Clark, *Einstein*, 426. 주교가 아인슈타인의 종교적 견해에 동의하지 않은 것 같은데도 아인슈타인은 여전히 그를 존경했다. 다음을 보면 아인슈타인이 그를 칭찬한 말이 있다. Fantova, "Conversations with Einstein," December 13, 1953. (아인슈타인의 종교적 견해를 표현한 용어인 '우주적 종교'는 영어로 'Cosmical religion'인데, 여기에서 's'를 빼면 'comical religion' 즉 '우스꽝스런 종교'가 된다_옮긴이)

나는 그의 체격에 놀랐다. 그는 배를 타다 왔고, 반바지만 걸치고 있었다. 근육이 발달한 듬직한 체격이었다. 배허리와 위팔에 살이 붙기 시작해서 중년의 축구 선수 같아 보이기는 했지만 보기 드물게 강한 사람이었다.

C. P. 스노. 1937년에 아인슈타인을 방문하고서. 다음에 인용됨. Richard Rhodes, *The Making of the Atom Bomb* (New York: Touchstone Books, 1995)

아인슈타인은 이번 세기의 가장 위대한 지성임에 틀림없고, 가장 위대한 도덕적 화신임에 거의 틀림없다. 많은 면에서 그는 우리 종의 나머지 인간들과는 다르다.

C. P. 스노, '아인슈타인과의 대화'에서. 다음에 인용됨. French, *Einstein: A Centenary Volume*, 193

나는 그를 사랑했고 깊이 존경했다. 그의 기본적인 선함을, 지적인 천재성을, 불굴의 도덕적 용기를. 이른바 지식인들이 대부분 한심할 만큼 우유부단한 데 비해 그는 불의와 악에 맞서 지칠 줄 모르고 싸웠다. 미래 세대의 기억 속에서 그는 특출한 과학적 천재만이 아니라 위대한 도덕적 모범으로 살아남을 것이다.

평생지기 마우리체 솔로비네. 『솔로비네에게 보낸 편지』 서문에서. 다음에 인용됨. Abraham Pais, "Albert Einstein as Philosopher and Natural Scientist," 1956

* 크고, 건장하고, 거의 발자크적인 체격. 그러나 더없이 순수하고, 감미롭고, 동양인 같은 혈색의 핼쑥한 얼굴. 깊고, 생각에 빠져 있고, 우수 어린 눈동자는 숱한 소란을 겪으며 순교자에게 가해진 고난과 불안을 견뎌낸 지난 세대 유대인들의 모든 정신적 패배와 승리를 담고 있는 듯했다. 그 알베르트 아인슈타인은 …… 지친 듯하지만 다정하게 주의를 기울이며 질문에 답해주었다.

알도 소라니, 이탈리아 신문 〈일 메사제로〉에서, 1921년 10월 26일. *CPAE*, Vol. 12, Appendix G

* 신과 함께 차를 마시는 것 같았다. 성경의 무시무시한 신이 아니라 친절하고 현명한 신, 어린아이의 아버지 같은 신과. 그러나 사실은 아인슈타인 자신이 어린아이 같았다.

진보적 저널리스트 I. F. 스톤. 다음에 인용됨. Brian, *Einstein*, 403

아인슈타인은 국수주의적인 시온주의자가 아니라 보편적 휴머니스트로서의 시온주의자였다. 그는 시오니즘이 유럽의 유대인들에게 정착할 곳을 마련해줄 유일한 방안이라고 생각했다. …… 공격적 국가주의는 결코 찬성하지 않았지만, 유럽에 남은 유대인들을 구하려면 팔레스타인에 정착지를 마련해야 한다고 믿었다. …… 이스라엘이 설립된 뒤, 아인슈타인은 그곳의 도덕적 기풍이 다소 일탈했음을 감지하고는 자신이 그곳에서 문제에 관여하는 처지가 아닌 것이 어쩐지 다행스럽다고 말했다.

에른스트 슈트라우스. 다음에 인용됨. Whitrow, *Einstein*, 87~88

아인슈타인이 없는 과학은 상상조차 할 수 없다. 모든 과학에 그의 정신이 침투해 있다. 그는 내 사고와 관점의 일부이다.

노벨 생리의학상 수상자인 얼베르트 센트죄르지. 다음에 인용됨. Cahn, *Einstein*, 122

그의 새하얗고 부스스한 머리카락, 이글이글한 눈, 다정한 태도에 나는 더없이 추상적인 기하학과 수학 법칙을 다뤄온 이 사람의 인간적인 면모를 새삼 느꼈다. …… 그는 뻣뻣한 데가 전혀 없었다. 지식인 특유의 초연함도 없었다. 인간관계를 귀하게 여기는 사람인 것 같았고, 내게 진심 어린 관심과 이해를 보였다.

인도의 시인이자 음악가이자 화가이자 신비주의자인 라빈드라나트 타고르. 1930년에 독일에서 아인슈타인을 만난 뒤. 〈뉴욕 타임스〉 2001년 8월 20일자에 인용됨

축구 선수를 천재라고 불러선 안 된다. 천재란 노먼 아인슈타인 같은 사람을 말하는 것이다.

선수 출신 축구 해설가 조 사이즈먼. 다음에 인용됨. *The Book of Truly Stupid Sports Quotes* (New York : HarperCollins, 1996)

인류 사상사에서 가장 위대한 업적 중 하나, 어쩌면 정말로 가장 위대한 업적.

전자를 발견한 J. J. 톰슨. 아인슈타인의 일반상대성이론 연구를 언급하며, 1919년. 다음에 인용됨. Hoffmann, *Albert Einstein: Creator and Rebel*, 132

20세기 가장 위대한 사상가이자 억압을 피해 자유로 도피한 이민자이자 정치적 이상주의자로서 아인슈타인은 역사학자들이 20세기의 중요한 요소라고 꼽는 특징들을 갖추고 있었다. 또한 그는 과학의 아름다움과 신의 작품에 깃든 아름다움을 모두 믿었던 철학자로서 20세기가 21세기에 물려준 유산을 체화한 존재이다.

《타임》 2000년 1월 3일자. 20세기를 대표하는 인물로 아인슈타인을 고른 이유를 설명하며

아인슈타인에게는 남자다운 아름다움이 있었다. 그 때문에 특히 세기 초에는 상당한 법석이 벌어지곤 했다.

안토니나 발렌틴. Antonina Vallentin, *Le Drame d'Albert Einstein* (Paris,

1954); *Das Drama Albert Einsteins* (Stuttgart, 1955), 9

* 아인슈타인이 야외에서의 단순한 삶에 강하게 뿌리내리고 있다는 사실은 그가 작은 보트에 탄 모습만 보아도 알 수 있었다. 그는 샌들을 신고 낡은 스웨터를 입고 머리카락을 미풍에 나부끼면서 …… 보트의 움직임에 맞추어 부드럽게 몸을 까딱거렸다. 자신이 조종하는 돛과 하나가 되었다. …… 돛을 당기느라 근육이 밧줄처럼 불룩 튀어나왔을 때는 …… 바다의 신이나 해적 시대 사람이라고 해도 될 것 같았다. …… 절대 과학자만은 아닌 것 같았다.

안토니나 발렌틴. Vallentin, *The Drama of Albert Einstein* (Doubleday, 1954), 168

* 어깨는 여전히 탄탄했고 드러난 목은 둥글고 튼튼했다. 그러나 통통한 뺨에는 세월이 깊은 주름을 새겼고 입꼬리는 처졌다. …… 훤한 이마에는 주름이 깊게 져 있었다. …… 별스러운 자기만의 생명력이 있는 것 같은 머리카락은 늘 그렇듯이 꼬불꼬불했다. …… 가장 뭉클한 변화는 눈이었다. 이글이글한 눈빛에 눈 밑의 살갗이 그을린 것 같았다. …… 하지만 그 눈에서는 여전히 강한 힘이 쏟아져 나와, 쇠락하는 모든 것을 압도했다.

상동, 295. 오랜 시간이 흐른 뒤 아인슈타인의 일흔 생일 전에 그를 다시 만나고서

철 가루가 자석에 이끌리듯이 여자들은 [아인슈타인에게] 이끌렸다. 하지만 그도 여자들과 함께 있는 것을 즐겼고 모든 여성적인 것에 매료되었다.

카푸트에서 아인슈타인의 집을 설계한 건축가 콘라트 박스만. 다음에 인용됨. Grüning, *Ein Haus für Albert Einstein*, 158

바다를 건너는 동안 아인슈타인은 매일 자신의 이론을 설명해주었다. 미국에 도착할 무렵에는 나도 이제 확실히 알 수 있었다. 그가 그 내용을 잘 이해하고 있다는 사실을.

하임 바이츠만, 1921년 봄. 시온주의자 대표단 자격으로 아인슈타인을 모시고 SS 로테르담 호로 미국으로 간 뒤. 다음에 인용됨. Seelig, *Albert Einstein und die Schweiz*, 82

[아인슈타인은] 목소리가 쇠하기 시작한 프리마돈나 같은 심리에 빠졌다.

하임 바이츠만, 1933년. 히브리 대학의 개혁을 요청한 아인슈타인에 대한 반응. 다음에 인용됨. Norman Rose, *Chaim Weizmann* (New York, 1986), 297

세상은 걸출한 과학자를, 위대하고 용감한 정신을, 인권을 위해 싸운 투사를 잃었다. 유대 민족은 왕관에 박힌 가장 빛나는 보석을 잃었다.

작고한 이스라엘 대통령의 아내 베라 바이츠만이 아인슈타인의 사망에 부쳐, 1955년. 다음에 인용됨. Cahn, *Einstein*, 121

아인슈타인은 물리학자이지 철학자가 아니다. 그러나 순진하리만치 솔직한 그의 질문들은 철학적이다.

C. F. 폰 바이츠제커. 다음에 인용됨. P. Aichelburg and R. Sexl, *Albert Einstein* (Vieweg, 1979), 159

오늘 이 자리에서, 그의 능력을 헤아릴 능력이 부족한 우리는, 다만 그의 천재성과 성실성을 기리며, 오로지 생각에만 의지하여 이 희한한 바다를 헤쳐온 과학의 새로운 콜럼버스에게 경의를 표합니다.

프린스턴 대학 학장 앤드루 플레밍 웨스트. 1921년 5월 9일 존 그리어 히벤 총장이 아인슈타인에게 명예 박사 학위를 수여하기에 앞서 감사장을 읽은 뒤. *Princeton Alumni Weekly*, May 11, 1921, 713~714. 다음도 보라. Illy, *Albert Meets America*, 166

* 모든 장소와 시대를 아울러 모든 위대한 사상가들이 몰두했던 모든 문제들 중에서 우주의 기원을 능가하는 문제는 없었다. 그리고 그 문제에 기여한 어느 시대 어느 사람의 업적 중에서도 아인슈타인의 업적만큼 많은 것을 알려준 것은 없었다.

프린스턴의 물리학자 존 휠러. Wheeler, "Einstein," *Biographical Memoirs of the National Academy of Sciences* 51 (1980), 97

아인슈타인과 에딩턴

태양은 골프장 너머로 지고
달은 고요하게 아래를 굽어보고
캐디들은 다 자러 갔지만,
아직도 모습을 드러낸 것은
십삼 번 그린을 호위하는
벙커 가장자리에 어정거리는 두 선수.
아인슈타인과 에딩턴은
점수를 세고 있었다.
아인슈타인의 카드에는 구십팔이라고 적혔고
에딩턴은 그보다 더 높았다.
그리고 둘 다 벙커에 빠졌고
둘 다 거기 서서 욕을 뱉었다.
아인슈타인이 말했다. 정말 질색이야,
모래가 이렇게 많다니.
대체 왜 여기 벙커를 두었는지
이해가 안 가.
이 풍경을 평탄하게 만들 수 있다면
아주 멋질 텐데.
일곱 하녀가 일곱 개의 대걸레로
페어웨이를 깨끗하게 쓸어버린다면,

장담하는데 나는 이 홀에
십칠 타 미만으로 넣을 수 있어.
에딩턴이 말했다. 과연 그럴까,
네 슬라이스는 형편없는데.
그때 작은 골프공들이 나타나서
두 사람이 뭘 하는지 구경했다.
일부는 크고 호리호리했고
일부는 짧고 뚱뚱했고
소수는 둥글고 매끄러웠지만,
대부분은 납작했다.
에딩턴이 말했다. 시간이 됐어,
많은 것에 대해 이야기할 시간이.
주사위와 시계와 미터 자에 대해서,
왜 추가 흔들리는지에 대해서.
공간이 추의 수직선으로부터 얼마나 뻗어 있는지,
시간에 날개가 달렸는지 아닌지.
학교에서 배우기로 사과의 낙하는
중력 탓이라고 했는데,
이제 너는 그게 그저
지-뮤-뉴 때문이라고 하니,
네 말이 정말로 사실인지
도무지 믿을 수 없군.

그러니까 네 말은 중력의 힘이
결코 인력이 아니라는 거지.
공간은 대체로 비어 있고,
시간은 거의 가득 차 있고.
네 말을 의심하긴 싫지만
좀 헛소리 같은걸.
그리고 공간은 사차원이라는 거지,
삼차원이 아니라.
삼각형의 빗변의 제곱은
예전 그 값이 아니라는 거지.
네가 평면기하학에 저지른 짓이
나를 몹시 비통하게 만드는군.
네 주장은 시간이 굽어 있다는 거지,
심지어 빛마저도 굽는다는 거지.
내가 네 생각을 제대로 이해했다면
아마 이런 뜻일 텐데.
우체부가 오늘 가져온 편지가
내일 부쳐진다는 거잖아.
내가 빛의 속도의 두 배로
팀북투로 가는데,
오늘 오후 네 시에 떠나면
어젯밤에 집에 돌아온다는 거잖아.

아인슈타인은 말했다. 이제야 이해했군,
정확히 그 말이 맞아.
하지만 만일 수성이
태양을 돌 때
한 바퀴를 다 돌았는데도
원래 있던 자리로 돌아오지 못한다면,
우리가 시작한 일들은
시작되지 않는 편이 나았을 거 아니야.
과거가 다 끝나기도 전에
미래가 끼어든다면
세상사가 다 무슨 소용이야.
양배추들과 여왕들이 다 무슨 소용이지?
제발 내게 알려줘, 그렇다면 지긋지긋한
총장들과 학장들이 다 무슨 소용이냐고.
아인슈타인은 대답했다. 최단 거리는
일직선이 아니야.
마치 숫자 8처럼
꼬여 있는 모양이지.
그리고 네가 너무 급하게 간다면
너무 늦게 도착하고 말 거야.
하지만 부활절은 크리스마스이고
먼 곳은 가까운 곳이고

2 더하기 2는 4보다 크고
저곳은 이곳이지.
에딩턴이 말했다. 좀 이상하게 들리긴 하지만,
네가 옳을지도 모르겠어.
어쨌든 고마워, 아주 고마워,
수고롭게 설명해줘서.
내 눈물은 용서해줬으면 해,
머리가 아파오기 시작했거든.
노망이 온 것 같은
증상을 느끼기 시작했거든.

버클리 캘리포니아 대학에서 아서 에딩턴과 사무실을 함께 썼던 W. H. 윌리엄스 박사의 시. 윌리엄스는 1924년에 에딩턴이 버클리를 떠나기 전날 마련된 교수 만찬을 위해서 이 시를 썼다. 물론 루이스 캐롤의 『거울 나라의 앨리스』(1872)에 나오는 '해마와 목수'를 패러디한 것이다.

정신적으로 게을러서 그저 공책이나 메웠다가 시험이 닥치면 그 내용을 외우려고만 하는 학생에게 아인슈타인은 좋은 선생이 못 됩니다. 그러나 스스로 철학적 발상을 구축하고, 모든 전제를 세심하게 점검하고, 허점과 문제점을 파악하고, 자기 생각의 가능성을 검토하는 방법을 배우고 싶어 하는 사람에게는 아인슈타인이 일류 선생일 것입니다.

하인리히 창거가 루트비히 포러에게 보낸 편지에서, 1911년 10월 9일. 취리히에 있는 스위스연방공과대학의 교수직에 아인슈타인을 추천하며. *CPAE*, Vol. 5, Doc. 291

아인슈타인은 진작 신비주의자로 교수형에 처해졌을 것이다. 그는 빛이 모서리를 감싸고 굽는다고 말했으니까.

하인리히 창거, 1919년 10월 17일. 러시아의 상황과 얼마 전에 등장한 일반상대성이론에 대한 증거를 언급하며

아인슈타인의 [바이올린] 연주는 훌륭하지만 세계적 명성을 누릴 정도는 아닙니다. 그만큼 잘하는 사람은 많아요.

어느 음악 비평가가 1920년대 초에 아인슈타인의 연주를 듣고서. 그는 아인슈타인이 음악이 아니라 물리학 때문에 유명하다는 사실을 몰랐다. 다음에 인용됨. Reiser, *Albert Einstein*, 202~203

"아인슈타인 교수 새 아기를 낳다: 아직도 공식에 잠 못 이루는 거장."

아인슈타인의 책 『상대성이론의 의미』에 대한 〈데일리 미러〉(뉴욕) 1953년 3월 30일자 서평의 제목. 아인슈타인이 죽기 2년 전에 그 책에 끼워 넣은 부록을 언급한 것인데, 부록에서 아인슈타인은 일반상대성이론 방정식 유도 과정을 대단히 단순화해서 보여주었다. (트레버 립스콤 제공)

이상한 수학

아인슈타인이 말했다. "내게 방정식이 하나 있다.
누군가는 라블레풍이라고 부를 만한 방정식이.
*P*를 처녀성이라고 하자,

그것은 무한으로 다가가는 값.

*U*는 설득을 뜻하는 상수라고 하자.

자, 이때 *P* 나누기 *U*를 뒤집고,

*U*의 제곱근을 *P* 위에

*X*번 삽입하면,

그 결과는, *Q.E.D.*,

친족이다." 아인슈타인은 선언했다.

어느 익명의 익살꾼. 인터넷에서 발견했다, 2003년 11월 11일. (성적인 농담인 이 시에서 '친족'이라는 뜻으로 쓰인 'relative'는 상대성이론의 'relativity'를 연상시킨다_옮긴이)

튜턴 사람 아인슈타인

진취적인 튜턴 사람이었던 아인슈타인이 여기 잠들었다.

상대적으로 말해서, 그는 뉴턴을 침묵시켰도다.

이름을 알 수 없는 누군가가 쓴 아인슈타인 묘비명. 다음에 인용됨. Ashley Montagu, "Conversations with Einstein," *Science Digest*, July 1985. 아인슈타인은 자신을 "튜턴 사람"으로 규정한 데 이의를 제기했을 것이다.

스타인들 (두 가지 버전)

멋진 스타인이 세 명 있지.

거트와 엡과 아인.

거트는 무미건조한 시를 쓰고,

엡의 조각은 그보다 더 별로고,

아인은 아무에게도 이해받지 못한다네.

이름을 알 수 없는 누군가가 쓴 시. 상동

스타인 가족이 싫어!

거트와 엡과 아인인데

거트의 글은 시시하고,

엡의 조각은 쓰레기 같고,

아인의 말은 아무도 이해하지 못한다네.

1920년대에 미국에서 유행했던 라임. 『옥스퍼드 명언 사전』(1999) '익명의 저자' 장에 수록되었다

빠른 아가씨

브라이트라는 아가씨가 있었지.

그녀는 빛보다 더 빨랐지.

하루는 그녀가 외출을 했지.

상대적인 방식으로.

그러고는 그 전날 밤 돌아왔다네.

상대성이론에 관한 리머릭, 1919년경. 익명의 저자가 쓴 것으로 〈뉴 스테이

츠맨〉 1999년 8월 9일자에 실렸다(웹사이트에서 발견했다).

남자애들은 다 바보야. 알베르트 아인슈타인만 빼고.

그리고 마지막 항목이다. 나의 옛 동료 트레버 립스콤의 딸인 8세의 메리 립스콤이 역시 옛 동료 프레드 아펠의 딸인 6세의 로티 아펠에게. 1999년 12월 21일에 열린 프린스턴 대학 출판부 크리스마스 파티에서 엿들었다.

1940년 2월 10일, 연구를 돕던 발렌티네 바르크만, 페터 베르크만과 함께
프린스턴 거리를 걷는 아인슈타인.
(루치엔 아이그너 사진. © 루치엔 아이그너 신탁의 허가를 받아 수록.)

참고 문헌

Abraham, Carolyn. *Possessing Genius: The Bizarre Odyssey of Einstein's Brain.* New York: St. Martin's, 2001.

Born, Max, ed. *Einstein-Born Briefwechsel, 1916-1955.* Munich: Nymphenbürger, 1969.

________________. *The Born-Einstein Letters.* Trans. Irene Born. New York: Macmillan, 2005.

Brian, Denis. *Einstein, a Life.* New York: Wiley, 1996.

Brockman, John. *My Einstein: Essays by Twenty-four of the World's Leading Thinkers on the Man, His Work, and His Legacy.* New York: Pantheon, 2006.

Buchwald, Diana Kormos, Ze'ev Rosenkranz, et al., eds., *The Collected Papers of Albert Einstein,* Vol. 12, *The Berlin Years: Correspondence, January-December 1921.* Princeton, N.J.: Princeton University Press, 2009. (Trans. Ann Hentschel, 2009.)

Buchwald, Diana Kormos, Tilman Sauer, et al., eds., *The Collected Papers of Albert Einstein,* Vol. 10, *The Berlin Years: Correspondence, May-December 1920.* Princeton, N.J.: Princeton University Press, 2006. (Trans. Ann Hentschel, 2006.)

Buchwald, Diana Kormos, Robert Schulmann, et al., eds., *The Collected Papers of Albert Einstein,* Vol. 9, *The Berlin Years: Correspondence, January 1919-April 1920.* Princeton, N.J.: Princeton University Press, 2004. (Trans. Ann Hentschel, 2004.)

Cahn, William. *Einstein: A Pictorial Biography.* New York: Citadel Press, 1960.

________________. *The Expanded Quotable Einstein.* Princeton, N.J.: Princeton University Press, 2000.

________________. *Dear Professor Einstein: Albert Einstein's Letters to and from Children.* Foreword by Evelyn Einstein. Amherst, N.Y.: Promethus, 2002.

________________. *The Einstein Almanac.* Baltimore: Johns Hopkins University Press, 2005.

________________. *The New Quotable Einstein.* Princeton, N.J.: Princeton University

Press, 2005.

Calaprice, Alice, and Trevor Lipscombe. *Albert Einstein: A Biography*. Greenwood Biographies (For young adults). Westport, Conn., and London: Greenwood Press, 2005.

Cassidy, David. *Einstein and Our World*. Atlantic Highlands, N.J.: Humanities Press, 1995.

Clark, Ronald W. *Einstein: The Life and Times*. New York: World Publishing, 1971.

CPAE. See Stachel et al. for Vols. 1 and 2; Klein et al. for Vol. 5; Kox et al. for Vol. 6; Janssen et al. for Vol. 7; Schulmann et al. for Vol. 8; Buchwald et al. for Vols. 9, 10, 12.

Dukas, Helen, and Banesh Hoffmann. *Albert Einstein, the Human Side*. Princeton, N.J.: Princeton University Press, 1979.

Dürrenmatt, Friedrich, *Albert Einstein: Ein Vortrag*. Zurich: Diogenes, 1979.

Dyson, Freeman. "Writing a Foreword for Alice Calaprice's New Einstein Book." *Princeton University Library Chronicle* 57, no. 3 (Spring 1996), 491-502.

Ehlers, Anita. *Liebes Hertz!* Berlin: Birkhäuser, 1994.

Einstein, Albert. *Cosmic Religion with Other Opinions and Aphorisms*. New York: Covici-Friede, 1931.

____________. *About Zionism*. Trans. L. Simon. New York: Macmillan, 1931.

____________. *The World as I See It*. Abridged ed. New York: Philosophical Library, distributed by Citadel Press. Orig. in Leach, *Living Philosophies*, 1931.

____________. *The Origins of the Theory of Relativity*. Glasgow: Jackson, Wylie, 1933.

____________. *Essays in Science*. Trans. Alan Harris. New York: Philosophical Library, 1934.

____________. *Mein Weltbild*. Amsterdam: Querido Verlag, 1934. Paperback ed., Berlin: Ullstein, 1993.

____________. "Autobiographical Notes." In Schilpp, *Albert Einstein: Philosopher-Scientist*.

____________. *Out of My Later Years*. Paperback ed. New York: Wisdom Library of the Philosophical Library, 1950. (Other editions exist as well; page numbers refer to thie edition.)

____________. *The Meaning of Relativity*. 5th ed. Princeton, N.J.: Princeton University Press, 1953. Includes Appendix to 2d ed.

____________. *Ideas and Opinions*. Trans. Sonja Bargmann. New York: Croan, 1954. (Other editions exist as well; page numbers refer to this edition.)

____________. *Correspondance avec Michèle Besso, 1903~1955*. Paris: Hermann, 1979.

____________. *Albert Einstein/Mileva Marić: The Love Letters*. Ed. Jürgen Renn and Robert Schulmann. Trans. Shawn Smith. Princeton, N.J.: Princeton University Press, 1992.

____________. *Einstein on Humanism*. New York: Carol Publishing, 1993.

____________. *Letters to Solovine, 1906~1955*. Trans. from the French by Wade Baskin, with facsimile letters in German. New York: Carol Publishing, 1993.

____________. *Relativity: The Special and the General Theory*. London: Routledge Classics, 2001.

Einstein, Albert, and Sigmund Freud. *Why War?* Paris: Institute for Intellectual Cooperation, League of Nations, 1933.

Einstein, Albert, and Leopold Infeld. *The Evolution of Physics*. New York: Simon & Schuster, 1938.

Einstein: A Portrait. Introduction by Mark Winokur. Corte Madera, Calif.: Pomegranate Artbooks, 1984.

Fantova, Johanna. "Conversations with Einstein," October 1953~April 1955. Manuscript. Fantova Collection on Albert Einstein. Manuscript Division. Department of Rare Books and Special Collections. Princeton University Library, Princeton, N.J.

Flückiger, Max. *Albert Einstein in Bern*. Bern: Haupt, 1972.

Fölsing, Albrecht. *Albert Einstein*. Trans. Ewald Osers. New York: Viking, 1997.

Frank, Philipp. *Einstein: His Life and Times*. New York: Knopf, 1947, 1953.

____________. *Einstein: Sein Leben und seine Zeit*. Braunschweig, Germany: Vieweg, 1979.

French, A. P., ed. *Einstein: A Centenary Volumn*. Cambridge, Mass.: Harvard University Press, 1979.

Galison, Peter L., Gerald Holton, and Silvan S. Schweber. *Einstein for the Twenty-first Century*. Princeton, N.J.: Princeton University Press, 2008.

Grüning, Michael. *Ein Haus für Albert Einstein*. Berlin: Verlag der Nation, 1990.

Hadamard, Jacques. *An Essay on the Psychology of Invention in the Mathematical Field*. Princeton, N.J.: Princeton University Press, 1945.

Highfield, Roger, and Paul Carter. *The Private Lives of Albert Einstein*. London: Faber and Faber, 1993.

Hoffmann, Banesh. *Albert Einstein: Creator and Rebel.* New York: Viking, 1972.

_______________. "Einstein and Zionism." In *General Relativity and Gravitation*, ed. G. Shaviv and J. Rosen, New York: Wiley, 1975.

Holton, Gerald. *The Advancement of Science and Its Burdens.* New York: Cambridge University Press, 1986.

Holton, Gerald, and Yehuda Elkana, eds. *Albert Einstein: Historical and Cultural Perspectives. The Centennial Symposium in Jerusalem.* Princeton, N.J.: Princeton University Press, 1982.

Hu, Danian. *China and Albert Einstein.* Cambridge, Mass.: Harvard University Press, 2005.

Illy, József. *Albert Meets America: How Journalists Treated Genius during Einstein's 1921 Travels.* Baltimore: Johns Hopkins University Press, 2006.

Infeld, Leopold. *The Quest: The Evolution of a Scientist.* New York: Doubleday, 1941.

_____________. *Albert Einstein.* Rev. ed. New York: Charles Scribner's Sons, 1950.

Isaacson, Walter. *Einstein: His Life and Universe.* New York: Simon & Schuster, 2007.

Jammer, Max. *Einstein and Religion.* Princeton, N.J.: Princeton University Press, 1999.

Janssen, Michel, Robert Schulmann, et al., eds. *The Collected Papers of Albert Einstein*, Vol. 7, *The Berlin Years: Writings, 1918–1921.* Princeton, N.J.: Princeton University Press, 2002. (Trans. Alfred Engel, 2002.)

Jerome, Fred. *The Einstein File: J. Edgar Hoover's Secret War against the World's Most Famous Scientist.* New York: St. Martin's, 2002.

___________. *Einstein on Israel and Zionism.* New York: St. Martin's Press, 2009.

Jerome, Fred, and Rodger Taylor. *Einstein on Race and Racism.* New Brunswick, N.J.: Rutgers University Press, 2005.

Kaller's autographs catalog. "Jewish Visionaries," 1997. Kaller's Antiques and Autographs, at Macy's, 37th St., New York City.

Kantha, Sachi Sri. *An Einstein Dictionary.* Westport, Conn.: Greenwood Press, 1996.

_____________________________________. "Medical Profile of Einstein: Six Analytical Papers." Available through author, Gifu University, Japan.

Klein, Marin, A. J. Kox, and Robert Schulmann, eds. *The Collected Papers of Albert Einstein*, Vol. 5, *The Swiss Years: Correspondence, 1902–1914.* Princeton, N.J.: Princeton University Press, 1993. (Trans. Anna Beck, 1995.)

Kox, A. J., Martin J. Klein, and Robert Schulmann, eds. *The Collected Papers of Albert Einstein*, Vol. 6, *The Berlin Years: Writings, 1914-1917*. Princeton, N.J.: Princeton University Press, 1996. (Trans. Alfred Engel, 1996.)

Leach, Henry G., ed. *Living Philosophies: A Series of Intimate Credos*. New York: Simon & Schuster, 1931.

Levenson, Thomas. *Einstein in Berlin*. New York: Bantam, 2003.

Marianoff, Dmitri, with Palma Wayne. *Einstein: An Intimate Study of a Great Man*. Garden City, N.Y.: Doubleday, Doran, 1944.

Michelmore, P. *Einstein: Profile of the Man*. New York: Dodd, 1962.

Moszkowski, Alexander. *Conversations with Einstein*. Trans. Henry L. Brose. New York: Horizon Press, 1970. (Conversations took place in 1920, tarns. 1921, published in English in 1970.)

Nathan, Otto, and Heinz Norden, eds. *Einstein on Peace*. New York: Simon & Schuster, 1960.

Neffe, Jürgen. *Einstein*. Trans. Shelley Frisch. New York: Farrar, Straus and Giroux, 2005.

Ohanian, Hans C. *Einstein's Mistakes: The Human Failings of Genius*. New York: Norton, 2008.

Pais, Abraham. *Subtle Is the Lord: The Science and the Life of Albert Einstein*. Oxford and New York: Oxford University Press, 1982.

____________. *Einstein Lived Here*. Oxford and New York: Oxford University Press, 1994.

____________. *A Tale of Two Continents*. Princeton, N.J.: Princeton University Press, 1997.

Planck, Max. *Where Is Science Going?* New York: Norton, 1932.

Popović, Milan, ed. *In Albert's Shadow: The Life and Letters of Mileva Marić, Einstein's First Wife*. Baltimore: Johns Hopkins University Press, 2003.

Regis, Ed. *Who Got Einstein's Office?* Reading, Mass.: Addison-Wesley, 1987.

Reiser, Anton. *Albert Einstein: A Biographical Portrait*. New York: Boni, 1930.

Richards, Alan Windsor. *Einstein as I Knew Him*. Princeton, N.J.: Harvest Press, 1979.

Robinson, Andrew. *Einstein: A Hundred Years of Relativity*. Bath, U.K.: Palazzo, 2005.

Roboz Einstein, Elizabeth. *Hans Albert Einstein: Reminiscences of His Life and Our Life Together*. Iowa City: Iowa Institute of Hydraulic Research, University of Iowa, 1991.

Rosenkranz, Ze'ev. *The Einstein Scrapbook*. Baltimore: Johns Hopkins University Press,

2002.

Rosenkranz, Ze'ev, and Barbara Wollff, eds. *Einstein: The Persistent Illusion of Transience.* Jerusalem: Magnes Press of Hebrew University. 2007.

Rosenthal-Schneider, Ilse. *Reality and Scientific Truth.* Detroit, Mich.: Wayne State University Press, 1980.

Rowe, David E., and Robert Schulmann. *Einstein on Politics: His Private Thoughts and Public Stands on Nationalism, Zionism, War, Peace, and the Bomb.* Princeton, N.J.: Princeton University Press, 2007.

Ryan, Dennis P., ed. *Einstein and the Humanities.* New York: Greenwood Press, 1987.

Sayen, Jamie. *Einstein in America.* New York: Crown, 1985.

Schilpp, Paul, ed. *Albert Einstein: Philosopher-Scientist.* Evanston, Ill.: Library of Living Philosophers, 1949.

Schulmann, Robert. "Einstein Rediscovers Judaism." Unpublished manuscript, 1999.

Schulmann, Robert, A. J. Kox., Michel Janssen, and József Illy, eds. *The Collected Papers of Albert Einstein*, Vol. 8, Parts A and B, *The Berlin Years: Correspondence, 1914-1918.* Princeton, N.J.: Princeton University Press, 1998. (Trans. Ann Hentschel, 1998.)

Schweber, Silvan S. *Einstein and Oppenheimer: The Meaning of Genius.* Cambridge, Mass.: Harvard University Press, 2008.

Seelig, Carl. *Albert Einstein und die Schweiz.* Zurich: Europa Verlag, 1952.

Seelig, Carl, ed. *Helle Zeit, dunkle Zeit: In Memorium Albert Einstein.* Zurich: Europa Verla, 1956.

Sotheby's auction catalog, June 26, 1998.

Stachel, John. "Einstein's Jewish Identity." Unpublished manuscript, 1989.

Stachel, John, ed., with the assistance of Trevor Lipscombe, Alice Calaprice, and Sam Elworthy. *Einstein's Miraculous Year: Five Papers That Changed the Face of Physics.* Princeton, N. J.: Princeton University Press, 1998.

Stachel, John, et al., eds. *The Collected Papers of Albert Einstein*, Vol. 1, *The Early Years: 1879-1902.* Princeton, N. J.: Princeton University Press, 1987. (Trans. Anna Beck, 1987.)

Stachel, John, et al., eds. *The Collected Papers of Albert Einstein*, Vol. 2, *The Swiss Years: Writings, 1900-1909.* Princeton, N.J.: Princeton University Press, 1989. (Trans. Anna Beck, 1989.)

Stern, Fritz. *Einstein's German World.* Princeton, N.J.: Princeton University Press, 1999.

Viereck, George S. *Glimpses of the Great.* New York: Macauley, 1930.

Whitrow, G. J. *Einstein: The Man and His Achievement.* New York: Dover, 1967.

찾아 보기

아인슈타인이 말합니다

2015년 10월 24일 초판 1쇄 인쇄
2015년 11월 1일 초판 1쇄 발행

지은이 알베르트 아인슈타인 · 앨리스 칼라프리스
옮긴이 김명남
펴낸이 박래선 · 신가예
펴낸곳 에이도스출판사
출판신고 제25100-2011-000005호

주소 서울시 은평구 진관4로 17, 810-711
전화 02-355-3191
팩스 02-989-3191
이메일 eidospub.co@gmail.com

표지 디자인 공중정원 박진범
본문 디자인 김경주

ISBN 979-11-85415-07-9 03420

잘못 만들어진 책은 구입하신 서점에서 바꾸어 드립니다.

이 도서의 국립중앙도서관 출판예정도서목록(CIP)은 서지정보유통지원 시스템 홈페이지(http://seoji.nl.go.kr)와 국가자료공동목록시스템 (http://www.nl.go.kr/kolisnet)에서 이용하실 수 있습니다.
(CIP제어번호: CIP2015027933)

알베르트 아인슈타인 Albert Einstein

1879년 3월 14일 독일 울름에서 태어났다. 1900년 스위스연방공과대학를 졸업하고 1906년 취리히 대학에서 박사 학위를 받았다. 1903년 베른에서 밀레바 마리치와 결혼했으나 1919년 이혼하고 그해 사촌인 엘자 뢰벤탈과 재혼했다. 이른바 '기적의 해'로 불리는 1905년에는 특수상대성이론에 관한 논문을 포함 광전효과, 브라운 운동 등 놀라운 논문을 여러 편 발표했다. 1916년 《물리학 저널》에 논문 '일반상대성원리의 기원'을 발표했다. 1910년부터 1918년까지 1911년과 1915년을 제외하고 매년 노벨상 후보로 추천되었으며, 1921년 광전효과 법칙을 발견한 공로로 노벨 물리학상을 받았다. 1933년 나치가 독일의 실권으로 부상하자 독일 시민권을 포기했고 두 번 다시 독일로 돌아가지 않았다. 이후 미국 프린스턴으로 와서 고등연구소 교수가 되었다. 1940년 미국 시민권을 땄으며 1945년 프린스턴고등연구소 교수에서 공식 은퇴했다. 1952년 이스라엘 대통령직을 제안받았으나 거절했다. 1955년 4월 18일 대동맥의 동맥경화성 동맥류 파열로 사망했다. 《타임》은 20세기를 대표하는 인물로 아인슈타인을 뽑으면서 "20세기 가장 위대한 사상가이자 억압을 피해 자유로 도피한 이민자이자 정치적 이상주의자로서 아인슈타인은 역사학자들이 20세기의 중요한 요소라고 꼽는 특징들을 갖추고 있었다. 또한 그는 과학의 아름다움과 신의 작품에 깃든 아름다움을 모두 믿었던 철학자로서 20세기가 21세기에 물려준 유산을 체화한 존재"라고 썼다.

앨리스 칼라프리스 Alice Calaprice

1941년 독일 베를린에서 태어났으며, 미국 UC 버클리에서 공부했다. 프린스턴 대학 출판부에서 편집자로 오래 일했으며 알베르트 아인슈타인의 전문가로 정평이 나 있다. '알베르트 아인슈타인 문서 출간 사업'이 처음 꾸려졌을 때인 1970년대부터 그 작업을 맡아 모든 책을 교열하고 제작을 감독했으며 미국국립과학재단의 자금 지원으로 이뤄진 번역 작업도 관리했다. 아인슈타인에 관한 대중적인 책을 여러 권 썼고 '리터러리 마켓 플레이스'가 학술서 편집자의 공로를 인정하여 주는 상을 받았다.

옮긴이 **김명남**金明南

KAIST 화학과를 졸업하고 서울대 환경대학원에서 환경 정책을 공부했다. 인터넷서점 알라딘 편집팀장을 지냈고, 지금은 전문 번역가로 활동하고 있다. 『우리 본성의 선한 천사』로 제55회 한국출판문화상 번역상, 『세계를 삼킨 숫자 이야기』로 제24회 한국과학기술도서상 번역상을 수상했다. 옮긴 책으로 『현실, 그 가슴 뛰는 마법』 『불편한 진실』 『특이점이 온다』 『지상 최대의 쇼』 『버자이너 문화사』 『내 안의 물고기』 『이보디보, 생명의 블랙박스를 열다』 『포크를 생각하다』 등이 있다.